TRAITÉ PRATIQUE

D'OBSTÉTRIQUE

OU

DE LA PARTURITION

DES

PRINCIPALES FEMELLES DOMESTIQUES

COMPRENANT : TOUT CE QUI A RAPPORT
A LA GÉNÉRATION ET A LA MISE BAS NATURELLE ; LES SOINS A DONNER
A LA MÈRE ET AU NOUVEAU-NÉ, DE SUITE APRÈS LA NAISSANCE,
PENDANT L'ALLAITEMENT ET A L'ÉPOQUE DU SEVRAGE ; LES MALADIES
LES PLUS IMPORTANTES QUI ATTAQUENT LES FEMELLES
ET LES NOURRISSONS ; AINSI QUE L'EXPOSÉ DES DIFFICULTÉS DU PART
ET DES MOYENS D'Y REMÉDIER

Par FRANÇOIS DENEUBOURG,

Ancien vétérinaire du Gouvernement.

OUVRAGE UTILE AUX VÉTÉRINAIRES ET AUX ÉLEVEURS

38 figures, dessinées par l'auteur, sont intercalées dans le texte

BRUXELLES,

H. MANCEAUX, LIBRAIRE-ÉDITEUR,
IMPRIMEUR DE L'ACADÉMIE ROYALE DE MÉDECINE DE BELGIQUE,
Rue des Trois-Têtes, 12 (Montagne de la Cour).
MONS. — HECTOR MANCEAUX, LIBRAIRE

1880

TRAITÉ PRATIQUE D'OBSTÉTRIQUE

TRAITÉ PRATIQUE

D'OBSTÉTRIQUE

OU

DE LA PARTURITION

DES

PRINCIPALES FEMELLES DOMESTIQUES

COMPRENANT : TOUT CE QUI A RAPPORT
A LA GÉNÉRATION ET A LA MISE BAS NATURELLE ; LES SOINS A DONNER
A LA MÈRE ET AU NOUVEAU-NÉ, DE SUITE APRÈS LA NAISSANCE,
PENDANT L'ALLAITEMENT ET A L'ÉPOQUE DU SEVRAGE ; LES MALADIES
LES PLUS IMPORTANTES QUI ATTAQUENT LES FEMELLES
ET LES NOURRISSONS ; AINSI QUE L'EXPOSÉ DES DIFFICULTÉS DU PART
ET DES MOYENS D'Y REMÉDIER

Par FRANÇOIS DENEUBOURG,

Ancien vétérinaire du Gouvernement.

—

OUVRAGE UTILE AUX VÉTÉRINAIRES ET AUX ÉLEVEURS

—

38 figures, dessinées par l'auteur, sont intercalées dans le texte

BRUXELLES,

H. MANCEAUX, LIBRAIRE-ÉDITEUR,
IMPRIMEUR DE L'ACADÉMIE ROYALE DE MÉDECINE DE BELGIQUE,
Rue des Trois-Têtes, 12 (Montagne de la Cour).

—

1880

A mes aïeux maréchaux-ferrants et praticiens vétérinaires de père en fils, à Bouvignies (Hainaut). A ces hommes de cœur et de dévouement qui, pendant de longues années, même en l'absence de tout enseignement scientifique, ont su, par une étude attentive des phénomènes de la nature, perfectionner les moyens curatifs en usage et rendre ainsi d'importants services à l'industrie animale !

A mon bon et regretté père, Benjamin, dont la grande expérience, éclairée par un esprit judicieux et observateur, a guidé mes pas dans le chemin si ardu de la pratique vétérinaire.

Hommage de pieux souvenir et de vive reconnaissance.

PRÉFACE

—

L'art d'accoucher les femelles domestiques, cette branche si importante de l'exercice vétérinaire, n'a guère fait, il faut en convenir, de progrès sensibles depuis la fondation des écoles; on pourrait presque dire qu'il a reculé et que l'enseignement en est la cause. Imprégné de doctrines empruntées à la médecine humaine, il inculque à ses adeptes des principes d'une prudence exagérée, incompatibles avec l'exigence des manœuvres que nécessitent les difficultés du part chez les grandes femelles. Les auteurs étrangers, ou à peu près, à la pratique, dans leur embarras, pour échaffauder des théories sur des règles fixes, pataugent au milieu des faits, parfois d'une réalité plus que douteuse, souvent contradictoires ou chimériques, qui fourmillent dans toutes les publications périodiques et autres. Finalement, ils sont forcés de reconnaître cette vérité que, pour être accoucheur vétérinaire, il faut avoir appris cet art aux leçons de la pratique.

Est-il étonnant, dès lors, que le jeune praticien effrayé par cet état de choses, manquant de confiance en ses maîtres, soit craintif, agisse avec hésitation et timidité, perde son sang-froid et sa présence d'esprit?

Il est donc vrai de dire : que bon nombre de femelles et de produits périssent chaque année, par suite de l'insuffisance des connaissances pratiques en matière d'accouchement.

En entreprenant de combler, dans la limite de ce que nous savons, les lacunes laissées par les auteurs et par l'enseignement dans la pratique des accouchements, nous n'avons d'autre but que d'être utile à l'industrie animale, et au bien être de l'agriculture qui en dépend. Nous espérons aussi rassurer nos jeunes confrères contre des appréhensions plus imaginaires que fondées, et pourtant bien légitimes ; en effet, l'accouchement des grandes femelles est, sans contredit, pour le vétérinaire qui exerce à la campagne, dans un pays d'élève, la partie la plus importante en même temps que la plus épineuse de son art. En raison des intérêts qui lui sont confiés, une grande responsabilité lui incombe, et de l'évidence des faits, des moyens employés et des résultats obtenus, il a à redouter des conséquences qui pourraient être, quelquefois, telles que son amour propre en soit profondément humilié et sa réputation compromise. Aussi la pensée de devoir intervenir dans un cas de parturition difficile se dresse-t-elle dans l'imagination des débutants sous l'aspect d'un fantôme effrayant. C'est que la plupart n'ont pas eu, pendant leur séjour à l'école, l'occasion d'assister à une opération obstétricale ; plusieurs même n'ont jamais vu une vache vêler, ou une jument pouliner. Il faut qu'ils abordent ce côté ardu de la profession, l'écueil de tant de confrères instruits, n'ayant pour toute expérience que des exercices sur un mannequin, et sans autre guide que des ouvrages de théoriciens aussi peu expérimentés qu'eux dans cette branche, essentiellement pratique et toute manuelle de la chirurgie vétérinaire.

C'est une chose incontestable que non-seulement les exercices sur le mannequin ne servent de rien, mais qu'ils sont nuisibles : on contracte à ce jeu, des habitudes dangereuses, en se faisant, au sujet de la jument surtout, une fause idée des accouchements laborieux et contre nature ; et pour qu'un livre soit un guide utile et sûr, il doit être l'œuvre d'un accoucheur ayant eu souvent à lutter avec les obstacles et les difficultés du part : on ne sait bien que ce qu'on a vu et pratiqué soi-même ; et en bâtissant des théories sur des faits et des procédés publiés par d'autres, à défaut de l'expérience nécessaire pour les contrôler, on propage des erreurs.

Certes, la combinaison des manœuvres, en vue de redresser les déviations du fœtus et rendre possible son passage à travers les voies génitales, n'exige pas, de la part de l'accoucheur, tout le génie calculateur d'un archimède ; mais autre chose, quand on sait ce qu'il faut faire, est de le savoir faire sur une femelle en chair et en os, vivante, énergique, vigoureuse ; et qui, irritée, affolée par les douleurs du part, que des manipulations cruelles rendent plus atroces encore, est portée à se défendre alors que nos plus grands efforts sont, instantanément paralysés à la moindre résistance qu'elle y oppose.

Toutefois, avec autant de hardiesse que de prudence, on brave les difficultés qui naissent de l'opposition de la femelle, et, avec du courage, de l'énergie, de la bonne volonté, du jugement et du sang-froid, on triomphe des obstacles, rarement irrémédiables, dûs à la présentation ou à la position du petit sujet.

Les procédés simples, d'une exécution facile auxquels nous devons les nombreux succès que nous avons obtenus sont encore ignorés, incompris, ou mal appréciés ; en les faisant connaître, en mettant en évidence leur utilité, nous osons prédire à ceux qui sauront les employer avec dextérité et intelligence, qu'ils ne tarderont pas à dire avec nous : que la pratique des accouchements n'est qu'un jeu ; parfois assez fatigant sans doute ; mais à combien de jeux ne prend-on pas plaisir et qui, pourtant, sans moins de fatigue, ne procurent pas des satisfactions aussi vraies, aussi bien senties ?

Si nous n'étions retenu par la crainte d'être taxé de présomption, nous dirions : qu'on suive nos conseils, qu'on mette en pratique nos procédés, on sera accoucheur, si bien entendu on en a les aptitudes.

C'est que nous sommes profondément convaincu qu'à l'aide de ces moyens tout homme ayant de la taille, des longs bras et une solide constitution, excellera dans l'art des accouchements si, à ces avantages physiques, il joint un peu d'intelligence, et est animé de beaucoup d'amour-propre et de dévouement.

Le livre que uous nous décidons à publier aujourd'hui, nous a été demandé, il y a plus de 25 ans, par des confrères haut placés dans l'enseignement. Chaque fois que nous avions l'honneur de siéger au jury vétérinaire, nous étions amené, en raison de cette fonction, à faire des communications qui, apparemment, démontrèrent suffisamment à nos collègues que nous en possédions les éléments. Les matériaux, en effet, ne nous manquaient pas ; recueillis sur l'étendue d'une grande clientèle, dans un riche pays d'élève et amassés pendant plus de deux siècles de pratique, ils nous ont été transmis de père en fils. Cet héritage de famille grossi des faits que, notre frère et nous, avons observés, devait amplement suffire à l'édification d'une œuvre utile. Mais notre ignorance au sujet des progrès réalisés dans l'art des accouchements, et notre peu d'aptitude aux travaux de cabinet, nous ont empêché d'entreprendre cette tâche au-dessus de nos forces. Nous avons trouvé plus commode de divulguer ce que nous savons sur les parturitions difficiles, dans les nombreuses occasions qui nous ont été offertes, notam-

ment : toutes les fois que nous avons siégé au jury
d'examen à l'école de médecine vétérinaire; en donnant, chargé par le Gouvernement, aux aspirants,
maréchaux vétérinaires le cours des matières sur
lesquelles ils avaient à subir un examen et dans nos
fréquents rapports avec nos confrères, principalement
du corps enseignant, à tel point, que nous avions
renoncé comme étant désormais, pensions-nous, sans
utilité, à tout autre mode de publication.

Maintenant qu'un ouvrage intitulé : *Traité complet
d'obstétrique*, aussi savant que bien écrit, publié récemment par M. Saint-Cyr, professeur distingué à l'École
de médecine vétérinaire de Lyon, et composé, comme
l'auteur l'affirme, d'éléments puisés aux meilleures
sources, a marqué le niveau des connaissances pratiques dans l'art des accouchements, nous nous faisons
un devoir, malgré notre peu d'aptitude à tenir une
plume, de consacrer nos loisirs à combler les nombreuses lacunes qui nous paraissent exister encore,
relativement à cette branche, de la profession vétérinaire, dont les progrès intéressent à un si haut point
le bien être de l'industrie animale et de l'agriculture.

Néanmoins, ce n'est pas sans hésitation ni sans
éprouver de vives appréhensions, bien qu'en ces matières, le fond doive couvrir la forme, que nous livrons
au grand jour de la publicité cette œuvre conçue et
élaborée dans un sens exclusivement pratique. Pouvons-nous espérer que ses avantages sous ce rapport

étant bien appréciés la relèveront de son infériorité scientifique et littéraire? Tout ce qu'elle contient, nous l'avons appris à l'école de notre père et vu et expérimenté par nous même; c'est donc de confiance que nous l'offrons au public : dégagée des théories et des méthodes encombrantes des auteurs classiques; purgée des procédés chimériques impraticables ailleurs que dans l'imagination de ceux qui les ont préconisés; débarrassée de l'appareil d'instruments, inventions d'accoucheurs inhabiles; et rédigée, autant que notre faible talent d'écrivain l'a permis, dans un style simple, clair et précis et en termes connus, elle est à la portée de toutes les intelligences. Pénétré de cet axiôme : ce qui abonde ne nuit pas, vrai, surtout dans son application au sujet que nous traitons, nous ne négligeons aucun des détails les plus minutieux, compatibles avec la précision nécessaire à la compréhension facile de procédés ou les mains jouent le principal rôle.

S'il était rigoureusement vrai que l'homme de l'art, quelque vigilant et actif qu'il puisse être, ne saurait que rarement intervenir avant que le produit de la jument ne fût perdu et la vie de la mère compromise, ne serait-il pas désirable que les éleveurs s'initiassent à la pratique des accouchements? Que de cas où une manœuvre, une manipulation simple et facile, exercée intelligemment en temps opportun, suffirait pour terminer le part, en conservant à l'agriculture une bête précieuse et son poulain : tandis qu'un retard de quelques heures, peut aggraver la situation, au point de la rendre irrémédiable sans de grandes difficultés, sinon absolument.

La Belgique ne possède aucun ouvrage sur la parturition des femelles domestiques. Elle doit en importer qui ne répondent qu'imparfaitement aux besoins qu'ils ont pour but de satisfaire. Puisse ce livre être bien accueilli de nos confrères et des éleveurs, et par les services que, malgré ses imperfections, nous en espérons, combler cette lacune en affranchissant notre pays d'un tribut prélevé par l'étranger. Ce sera notre récompense!

INTRODUCTION

—

La parturition est un acte essentiellement physiologique. Il s'accomplit par les seuls efforts de la nature chez les femelles vivant en liberté ou à l'état sauvage; tandis que, pour les femelles dont les espèces ont été, par l'asservissement, détournées de leur destination, la mise bas est plus souvent difficile et accompagnée d'accidents qui rendent les secours de l'homme indispensables. Créés pour être libres, les animaux éprouvent par la domestication des modifications d'autant plus profondes que la servitude les éloigne davantage de leurs conditions primitives. Les femelles en subissent, peut-être plus que les mâles, la fâcheuse influence, et la fonction de la génération n'en est pas la moins impressionnée. Non-seulement les aptitudes à la fécondation se perdent, mais le nouvel être est à peine conçu que, déjà, il se ressent des effets de l'esclavage auquel celle qui le porte est assujettie.

Il incombe à l'homme de suppléer à la nature, en réparation de ses torts envers elle, par une surveillance constante et active de tout ce qui peut assurer ou compromettre la conservation et la propagation des espèces animales qu'il a soumises et façonnées à ses besoins.

Cette surveillance ne saurait être efficace si elle n'est suffisamment éclairée par quelque rayons du flambeau des sciences. En vue de satisfaire à ce besoin, on a rassemblé autour de la partie chirurgicale du part tout ce qui, dans l'enseignement vétérinaire, touche de près ou de loin à la grande et intéressante fonction de la génération et innové la science des accouchements ou l'*obstétrique*, de *ob* devant et *stare* se tenir, que les Latins appelaient *obstetrica*, de *obstetrix*, accoucheuse, désignation provenant sans doute du mot *obstaculum*, en français obstacle, qui a les mêmes dérivés, et dont la chose se tient devant tout accouchement aussi longtemps qu'il n'est pas entièrement terminé. Cette dénomination, adoptée par Bourgelat, n'est donc pas aussi impropre que feu Rainard l'a prétendu, parce que le vétérinaire se tient derrière les femelles et non devant; appliquée à l'attitude de l'accoucheur devant la femme elle serait puérile. D'ailleurs, le vétérinaire ne se tient-il pas, comme le médecin, devant la porte par où le nouvel être doit venir au monde?

Les traités que cette science nouvelle a fournis ont été publiés autant à l'usage des cultivateurs que des vétérinaires. Si l'on s'était borné à vulgariser les connaissances relatives à la parturition naturelle et à tout ce qui s'y rattache, partie de l'obstétrique que M. Saint-Cyr en enrichissant le langage technique d'un néologisme, appelle *eutocie*, de *εὖ* bien et *τόχος*, accouchement, n'aurait-on pas atteint le but en satisfaisant à tous les besoins sans blesser aucun intérêt? L'intervention du vétérinaire, si elle n'est jamais nécessaire quand le part s'accomplit selon les lois de la nature, eût été mieux appréciée dans les cas difficiles.

Les écoles vétérinaires existaient depuis près d'un siècle qu'aucun ouvrage traitant spécialement des accouchements n'avait encore été publié. Les opérations pour remédier aux anomalies du part ressortissaient au cours de chirurgie et fournissaient à peine la matière de quelques leçons *ex professo*. Certes, bien que nous eussions toujours été partisan de l'initiation des propriétaires à la pratique des accouchements, comme moyen de diminuer les pertes que l'agriculture subit de ce chef, nous éprouverions des scrupules si nous étions les premiers à livrer au public les choses du domaine de notre profession, dont les intérêts nous seront toujours chers. Mais les exemples donnés par les professeurs des écoles tranquillisent notre conscience.

En posant les jalons de notre œuvre, nous nous proposions de nous occuper seulement des difficultés et anomalies du part ou de la *Dystocie*. δυσ difficile τοχετ accouchement. En vue d'être agréable en même temps qu'utile à ceux de nos lecteurs qui ne possèdent aucune notion des sciences naturelles, nous avons cru devoir lui donner plus d'étendue en la divisant en deux parties. Dans la première, nous exposons succinctement tout ce qui se rattache à l'histoire attrayante de la noble fonction de la génération ; il se peut qu'on y rencontre des indications non dépourvues de toute valeur et qui ont été omises par les auteurs. Nous commençons par faire connaître, sommairement, les organes qui composent l'appareil génital de la femelle ; le rôle de chacun d'eux dans les grands actes de la reproduction et les différences qu'ils présentent dans les diverses espèces domestiques. Nous examinons,

ensuite, les phénomènes de la fécondation, de la gestation et de la mise bas naturelle, d'une manière aussi
substantielle que le comporte notre désir d'être bref,
et l'importance de ces matières qui préparent à la
compréhension des choses que nous voulons inculquer,
aux personnes de bonne volonté, convaincu que nous
sommes qu'elles les utiliseront avec succès.

Nous complétons cette première partie de notre
travail par les soins à donner, à la mère et au nouveau-né, après le part et pendant l'allaitement, en
indiquant les précautions à prendre pour le sevrage,
et nous terminons par les maladies et accidents qui
affectent les jeunes sujets à la mamelle et les femelles
à la suite du part. Les mémoires que nous avons
publiés, dans les *Annales de médecine vétérinaire de
Belgique*, relativement à quelques-uns de ces cas
pathologiques retrouveront ici leur place.

La seconde partie sera exclusivement consacrée à la
Dystocie et aux moyens de remédier aux difficultés du
part.

APPAREIL GÉNITAL DE LA FEMELLE

—

L'appareil génital de la femelle se compose : 1° des *ovaires* ; 2° des *oviductes* ou *trompes de Fallope* ; 3° de l'*utérus* ; 4° du *vagin* ; 5° de la *vulve* ; 6° des *mamelles* qui en sont le complément, et 7° du *bassin* qui les soutient et les protège :

LE BASSIN, *pelvis*. — Bien que purement passif dans

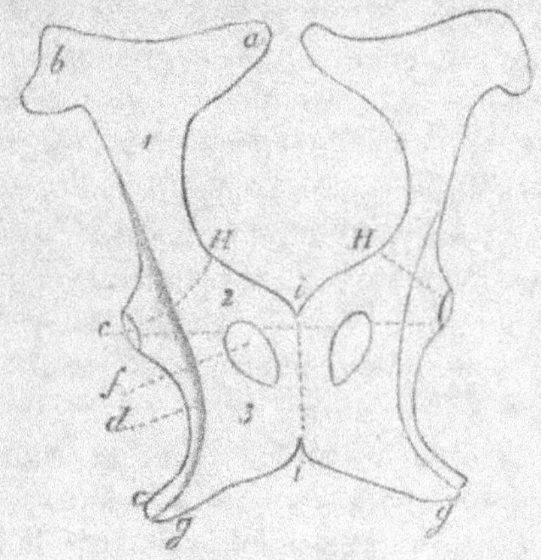

Figure 1. Les coxaux ou l'os du bassin.
1. l'ilium ; 2, le pubis ; 3, l'ischium. *a* pointe de la croupe ; *b* base de la hanche ; *c* cavité cotyloïde ; *d* crête ischiale ; *e* pointe de la hanche ; *f* ouverture sous-pubienne ; *g g* arcade ischiale ; *H H* arcade pubienne ; *i i* symphyse ischio-pubienne.

'acte de la parturition, son rôle est si important que

nous croyons devoir en faire connaître les principales dispositions.

C'est un canal à parois osseuses et ligamenteuses; il est continu à la cavité abdominale qu'il complète. Il contient le vagin, le corps de l'utérus, les parties postérieures de l'intestin et la vessie. Il a pour base les deux coxaux, le sacrum et les premiers coccygiens.

Le coxal est formé dans le jeune âge de trois os distincts : 1° l'*ilium* ou l'os de la hanche; 2° le *pubis* ou l'os du bassin; 3° l'*ischium* ou l'os de la fesse. Ces trois os se soudent un peu plus tard par l'ossification du cartilage qui les unit, et concourent à la formation de la cavité cotyloïde destinée à recevoir la tête du fémur ou l'os de la cuisse.

L'*ilium* sert de base à la hanche, premier rayon du membre postérieur, et forme la partie antérieure, latérale et supérieure du bassin; le pubis forme la partie antérieure et inférieure de l'arcade du bassin, et l'ischium la pointe de la fesse et la partie postérieure et inférieure du bassin. Vers l'âge adulte, les deux coxaux sont soudés par la symphyse ischio pubienne et ne font plus qu'une seule pièce : l'os du bassin. Chez les vaches portières la symphyse pubienne se soude beaucoup plus tard.

L'os du bassin est articulé avec le sacrum par les angles internes et supérieurs des surfaces iliaques qui, extérieurement, représentent le sommet de la croupe.

Le sacrum —Cet os serait-il ainsi désigné parce qu'il sert de base à cette région sur laquelle les prêtres du paganisme imposaient leurs mains ou portaient leurs investigations dans les sacrifices pour consulter ou implorer les dieux? ou parce que les chairs étant plus savoureuses et plus délicates en cette partie du corps, les prêtres, en raison de leur caractère sacré, se les appropriaient? ou bien serait-ce plutôt parce qu'il couvre et protége les organes essentiels de la fonction sacrée de la génération? C'est un os impair, aplati de dessus en dessous, triangulaire, composé de la réunion de cinq vertèbres soudées entre elles. Il est traversé par le canal rachidien, et sert de rempart à la portion de la moelle épinière qui fournit les nerfs aux organes de la génération. Sa face inférieure lisse et concave forme la paroi supérieure de la cavité du bassin, et sa face supérieure représente extérieurement l'épine su-sacrée qui s'étend de la pointe de la croupe à la base de la queue. Sa partie antérieure, beaucoup plus grosse que la postérieure, s'articule par le centre et par la face antérieure des branches avec le corps et les apophyses transverses de la dernière vertèbre lombaire, et, par la face supérieure et postérieure des branches, avec l'os du bassin. La partie postérieure est unie au premier coccygien.

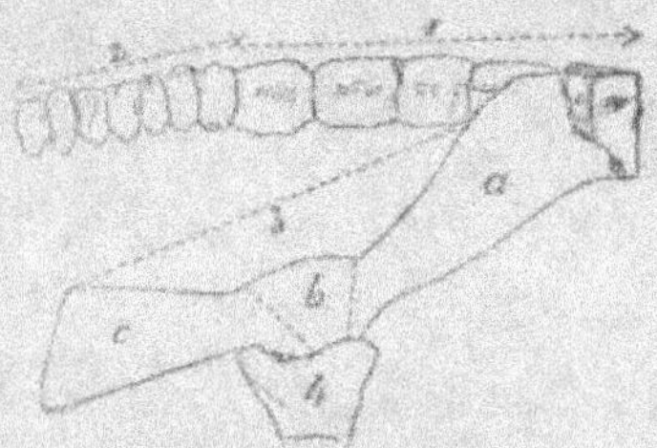

Figure 2. Bassin vu de profil.
1, le sacrum; 2, le coccyx; 3, le coxal; a l'ilium; b le pubis; c l'ichium; 4, la tête du fémur articulé avec le canal.

Dans l'espèce bovine, le sacrum n'a de connexion avec la dernière vertèbre lombaire que par son corps; ses branches ne s'articulent nullement avec les apophyses transverses. C'est ce qui explique pourquoi la bête bovine est impropre à porter de lourdes charges, et pourquoi on recommande expressément de se garder de presser les jeunes veaux sur la région des reins.

Les os *coccygiens*, nommés, collectivement, le *coccyx*, forment la base de la queue et sont, en quelque sorte, des vertèbres rudimentaires ou avortées. Le premier coccygien tient au sacrum, et le canal rachidien se termine dans les deux ou trois os qui suivent. Les os du coccyx concourent à la formation du bassin et sont unis entre eux par un cartilage flexible.

Ainsi, le bassin est formé : la voûte par le sacrum et le coccyx ; le plancher et les côtés par l'ilium, le pubis et l'ischium ; et ces os sont réunis entre eux : les iliums avec le sacrum par les articulations sacro-iliaques ; les deux pubis et les deux ischiums par la symphyse pubienne, ou articulation ischio-pubienne ; le sacrum avec les lombes par l'articulation sacro-lombaire ou sacro-vertébrale ; le sacrum et le coccyx par l'articulation sacro-coccygienne ; et il est complété par le ligament sacro-ischiatique. Ce ligament très-large, de forme quadrangulaire, remplit tout l'espace compris entre le sacrum, les premiers coccygiens et l'ischium au bord interne duquel il est fixé tout le long de la crête ischiale.

Le bassin représente un cône tronqué dont la base est antérieure et le sommet postérieur. La circonférence de la base est ovalaire : le gros côté de l'ovale est en bas et correspond à la symphyse pubienne ; le petit en haut et la plus grande largeur sur les côtés ; de là l'indication de diriger autant que possible sur ce point les parties du fœtus à redresser : le bout du nez ou les pieds pour les amener dans le bassin. Outre que l'entrée est plus large en cet endroit, le rebord de l'ilium ne forme pas escalier comme celui de l'arcade pubienne.

La circonférence du sommet du cône, ou le détroit postérieur, est formée en haut par le coccyx, en bas par les protubérances des ischiums, et latéralement par les ligaments sacro-ischiatiques. Ce détroit postérieur, en apparence plus étroit que l'antérieur, est, au contraire, plus large par suite de l'extensibilité de ses parois supérieures et latérales qui se prêtent au passage du fœtus.

Les circonférences antérieures et postérieures du bassin s'appellent *détroits*, parce qu'ils sont plus étroits que l'excavation pelvienne qui est l'espace compris entre les deux détroits. L'ensemble de l'excavation pelvienne est susceptible de se prêter à une forte pression, par suite de la distension des articulations et des ligaments, principalement du sacro-ischiatique si remarquable aux approches du part, et par la mobilité du coccyx.

Le bassin est plus horizontal chez la vache et plus incliné chez la jument; de là l'indication pratique de diriger, chez celle-ci, les efforts de traction sur le fœtus un peu obliquement de haut en bas, surtout chez les femelles de race commune qui ont la croupe plus avalée.

Les ovaires sont deux organes parenchymateux de forme ovoïde et bosselés; ils correspondent aux testicules du mâle, fournissent le principe *proligère*, et sont soutenus à la suite des trompes, sans faire corps avec elles, par les ligaments suspenseurs. Ils offrent dans leur milieu une dépression ou scissure qui fait face au pavillon de la trompe. Avant les premières chaleurs ils sont blancs et très-petits et, au moment de la manifestation de celles-ci, ils entrent en activité, se gonflent et prennent une teinte rougeâtre. Formés par la réunion de vésicules dans lesquelles, d'après les

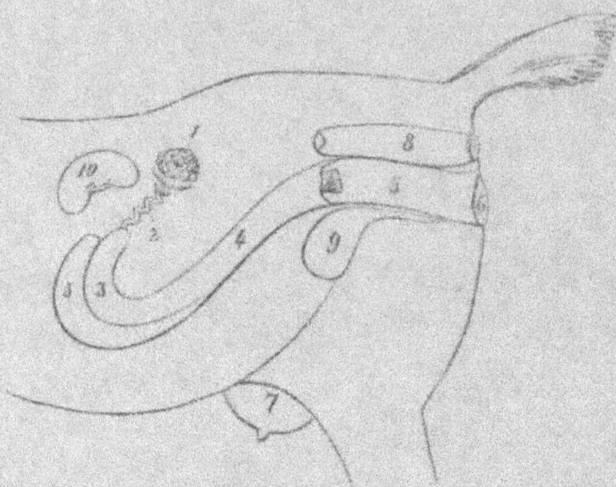

Figure 5. 1, L'ovaire; 2, les trompes de Fallope; 3, les cornes de la matrice ; 4, corps de la matrice; 5, le vagin; 6, la vulve; 7, les mamelles ; 8, le rectum; 9, la vessie; 10, les reins.

physiologistes modernes, se développent les ovules qui s'en échappent par déhiscence à leur maturité, ces organes sont indispensables à la génération; et, comme chez le mâle, on peut les retrancher par la castration pour empêcher cette fonction, faciliter l'engraissement et remédier à la nymphomanie ou bien, encore, pour prolonger la sécrétion laiteuse et bénéficier ainsi du temps pendant lequel la vache, lorsqu'elle est pleine, cesse de donner du lait.

Les TROMPES UTÉRINES dites de *Fallope*, ou les *oviductes*, sont deux petits conduits flexueux, à parois musculeuses, soutenus dans un repli des ligaments souslombaires. Ils forment des zigzags qui vont en diminuant à partir du milieu jusque proche des ovaires, et s'insèrent à l'extrémité arrondie de chaque corne de la matrice en s'ouvrant dans leur intérieur par un petit mamelon. De l'autre côté, ils se terminent en infundibulum ou en forme d'entonnoir. Cette espèce de pavillon, appelé *corps frangé*, très-contractile, s'arrête devant chaque ovaire sans être en communication directe avec lui. Les trompes servent, sans aucun doute, à transmettre par un mouvement vermiculaire, analogue à celui des intestins, le principe fécondant du mâle aux ovaires, et à ramener l'ovule fécondé de l'ovaire dans la matrice; ou bien à amener les ovules dans la matrice pour y être fécondé.

L'UTÉRUS ou la MATRICE, vulgairement *le portant*, est le sac musculo-membraneux dans lequel se développe le produit de la conception et qui, au terme de la gestation, est le premier agent de son expulsion. Ce viscère dont la capacité est représentée par sa configuration extérieure fait continuité : d'un côté, avec le vagin dans lequel il pénètre par son extrémité plissée ou le *col, fleur épanouie, museau de tanche, rose,* grosse éminence formée d'un grand nombre de plis frangés, ayant dans son centre une dépression indiquant l'ouverture et l'entrée de la matrice; de l'autre côté il se divise en deux prolongements, ou *cornes de l'utérus,* qui s'écartent l'un de l'autre en se recourbant en demi-cercle, dont la concavité est supérieure et donne insertion à une production membraneuse très-large fournie par un repli du péritoine. Ces productions sont désignées par les anatomistes de *ligaments suspenseurs* ou *sous-lombaires* parce que, fixées dans les lombes, elles maintiennent les cornes de l'utérus suspendues dans la région de l'abdomen qu'elles occupent et où elles flottent.

Chez la femelle bovine les cornes de la matrice sont

disposés en sens inverse, c'est-à-dire que la convexité de la courbure est supérieure. Cette disposition a cela de remarquable : qu'elle donne la raison de la torsion ou de l'inclinaison plus fréquente de cet organe chez la vache.

L'utérus est formé : 1° d'une couche superficielle ou séreuse, prolongement du péritoine qui tapisse la face interne de l'abdomen ; 2° d'une membrane musculeuse qui, pendant la gestation, acquiert un très-grand développement ; et 3° d'une membrane interne muqueuse dont la sécrétion lubrifie l'intérieur du viscère. Au fond de l'extrémité arrondie de chaque corne se trouve un petit mamelon dans lequel s'ouvre un oviducte ou le conduit des trompes utérines.

La matrice est maintenue dans la position qu'elle occupe : 1° par le péritoine qui la relie aussi au rectum et à la vessie ; 2° par les ligaments suspenseurs ou sous-lombaires qui, pendant la gestation, augmentent considérablement de force et de volume et acquièrent une texture fibreuse et charnue, pour se déprimer après la mise bas ; et 3° par sa continuité avec le vagin.

Dans la jeunesse, avant l'apparition des premières chaleurs, cet organe jouit de si peu de vitalité, son rôle est si effacé dans l'économie, qu'on peut impunément le retrancher en vue du développement d'autres parties. On a même pu le retrancher avec succès après son renversement, à la suite du part, alors qu'il est en pleine activité.

Chez la vache et les autres ruminants, la face interne de la matrice est parsemée de mamelons, appelés *cotylédons*, destinés à recevoir après la fécondation les cotylédons placentaires.

Chez les multipares le corps de la matrice est très-court ; ses branches très-longues présentent des renflements, ou bosselures, dans le genre de ceux des intestins.

Le vagin, vulgairement le *bonnet*, est un conduit musculo-membraneux très-extensible. Il s'étend de la vulve, qui en est l'ouverture extérieure, jusqu'à la matrice, en embrassant dans son cul-de-sac le col de ce viscère. Il est composé d'une couche externe charnue et d'une interne muqueuse. Par sa surface externe, entourée d'un tissu cellulaire abondant et lâche, il est en rapport : en haut avec l'intestin rectum, et en bas avec la vessie. Sa surface interne présente de nombreux plis longitudinaux dont le nombre augmente avec celui des parturitions. A droite et à gauche de l'entrée, se trouve un corps érectile : *le bulbe vaginal*, appartenant autant à la vulve qu'au vagin. Ce corps mis en action resserre l'entrée de l'organe et favorise l'acte du coït.

C'est par ce canal que s'opère la copulation et le passage du fœtus.

La vulve, vulgairement *la nature*, est l'ouverture extérieure de l'appareil génital de la femelle. Elle représente une fente allongée verticalement et dont les lèvres sont réunies par deux commissures : la supérieure est séparée de l'anus par un petit espace appelé *périnée* et l'inférieure cache le *clytoris*, espèce de mamelon, assez gros chez la jument, plus allongé et plus mince chez la vache, formé d'un tissu érectile. A quelques centimètres en arrière de cet organe se trouve, sur le plan médian, le *méat urinaire* couvert par une valvule membraneuse fixée au-dessus du méat, et flottante du côté de la vulve. Chez la vache il existe à l'entrée du canal de l'urètre, une seconde valvule insérée, par son bord adhérent, à la partie inférieure de la paroi du canal; et son bord libre a la même direction que celui de la première valvule. Cette disposition exige beaucoup d'attention de la part du chirurgien vétérinaire ; elle nous a souvent rendu difficile l'introduction du doigt et surtout d'une sonde dans le conduit urétral. Les lèvres de la vulve sont recouvertes d'une peau fine, onctueuse, dépourvue de poils chez la jument. Chez la vache un petit bouquet de poils garnit la pointe de la commissure inférieure, en prolongeant l'espèce de bec d'aiguière qui la termine et destiné, probablement, à écarter les dernières gouttes d'urine dont l'écoulement sur la peau produirait des excoriations.

La vulve mise en action par les chaleurs ou le rut exhale des fluides odorants, vaporeux, magnétiques dont les effluves se répandent au loin et surexcitent l'instinct génésique des mâles. Elle livre passage aux urines, à l'agent et au produit de la fécondation.

Les MAMELLES sont des organes glanduleux qui sécrètent le lait ; liqueur que tout le monde connaît, essentiellement nutritive et assimilable, et parfaitement appropriée aux organes de la digestion et aux besoins du nouveau né.

La glande mammaire est le résultat de l'agglomération de petits grains glanduleux qui se groupent pour former des lobules, et les lobules des lobes; de chaque grain part un petit conduit qui, se réunissant de proche en proche, acquièrent insensiblement une plus grande capacité, et deviennent les canaux galactophores. Cet appareil excréteur, qu'on compare avec justesse à un arbre dont les petites brindilles se réunissent pour former des rameaux, les rameaux des branches, aboutit à un tronc ou *sinus* près de la base du mamelon ou dans son intérieur.

Les mamelles complètent l'appareil de la génération. Elles continuent, dans le milieu où l'a jeté son expulsion de la matrice, les relations du jeune sujet avec sa mère, jusqu'à ce qu'il ait acquis assez de force pour se suffire à lui-même. Situées dans l'aine, elles sont recouvertes d'une peau fine, souple, onctueuse qui exhale un parfum particulier produisant sur les sens du nouveau-né une action magnétique et appétissante éveillant et excitant en lui l'instinct de conservation.

Ces organes sont au nombre de deux chez la jument et de quatre chez la vache ; la brebis et la chèvre n'en ont que deux. La chienne en a de huit à dix ; la truie dix à douze ; et la chatte et la lapine six. Chez ces dernières ou multipares, les mamelles sont situées sous le ventre, de chaque côté de la ligne médiane qu'elles longent depuis l'aine jusqu'à la poitrine. Les deux premières s'appellent *inguinales*, les deux dernières *pectorales*, et les autres *ventrales*. Dans l'inaction elles semblent isolées ; mais, après la mise bas, elles sont continues les unes aux autres, renflées au centre et séparées par une légère dépression. Chaque mamelle est pourvue d'un mamelon dans lequel aboutissent les canaux galactophores, réunis en un seul conduit s'ouvrant dans le centre.

Chez la jument, le mamelon beaucoup plus court que celui de la vache, est aplati latéralement et présente deux jets dont l'un, dirigé antérieurement, a un calibre plus fin.

Chez la vache les mamelons sont quatre : un pour chaque mamelle ; souvent, en arrière des deux derniers, il en existe un ou deux, quelquefois trois supplémentaires. Beaucoup plus petits et plus courts chez les génisses et les primipares les mamelons acquièrent, avec le nombre des portées et chez les vaches bonnes laitières, un grand développement en grosseur et en longueur. On les appelle *tétines*, *trayons* et *têtes* vulgairement ; on désigne par le mot *pis* l'ensemble des mamelles et chacune des mamelles par *quartier*. Les quartiers sont isolés, c'est-à-dire que chacun jouit de son autonomie; qu'il a son organisation propre; que son tissu sécréteur et son réseau excréteur n'ont aucune connexion avec ceux du voisin. Les auteurs qui ont pensé le contraire seraient revenus de cette erreur, s'ils avaient suivi la marche des phénomènes morbides qui se produisent lorsque l'inflammation envahit un quartier : la sécrétion laiteuse est altérée, la matière est caillebotée, puriforme ou sanguinolente, tandis que le lait des autres quartiers est parfaitement naturel ; et, dans le cas de l'oblitération des canaux ou du sinus galactophore, la glande s'atrophie et perd complétement ses facultés sécrétoires, sans que les autres quartiers y participent autrement que par la répartition, sur chacun d'eux, d'une partie de l'activité fonctionnelle de la glande frappée d'inertie.

Quelquefois une tétine supplémentaire, rarement deux, paraît jouir d'un semblant d'activité ; il en sort par la pression un petit filet de lait preuve, sans doute, de l'existence aussi d'un tissu glanduleux rudimentaire Cette observation a donné l'idée qu'à l'aide d'excitations particulières on pourrait augmenter, dans une certaine mesure, le volume de la glande et la quantité du produit sécrété. Si le principe est physiologiquement vrai, prétendre en faire l'application en vue d'avantages économiques est tout bonnement absurde. En supposant que l'activité d'une ou même de deux glandes rudimentaires soit égale à celle des autres mamelles, le résultat serait négatif; car ce qu'on gagnerait d'un côté on le perdrait de l'autre; cela est incontestable. Une chose à laquelle on ne paraît pas avoir pensé et qui pourtant mérite bien d'être prise en considération, c'est qu'il faut plus de temps et qu'il est plus difficile et fatigant de traire une mamelle impaire que deux à la fois. C'est pour cette raison, et non parce que le rendement est moindre, qu'on se défait d'une vache qui ne donne plus que par trois trayons. L'inconvénient ne serait pas moins grand si, au lieu de donner du lait par trois trayons, elle en donnait par cinq.

Mentionnons ici un fait remarquable : la sécrétion laiteuse n'attend pas toujours pour s'établir d'y être sollicitée par l'état de gestation. On voit des femelles vierges ou qui n'ont pas été fécondées et même au moment de leur naissance, donner du lait en quantité assez notable. Nous avons observé, tant dans l'espèce chevaline que bovine, quelques exemples de ce dernier phénomène connu sous la désignation de *lactose*. Les mamelles étaient gonflées, tendues et occupaient tout l'espace inguinal comme chez une nourrice. On a pu en extraire un liquide dont la quantité allait parfois jusqu'à un litre et qui offrait absolument l'aspect du lait naturel. Abandonnée à elle-même, cette sécrétion anormale s'est tarie, dans chacun des cas, sans donner suite à aucun accident.

DES CHALEURS OU DU RUT.

Les organes de la génération entrent en activité, chez les femelles, à un âge qui varie selon les espèces, et, parmi les femelles de la même espèce, il y en a de plus précoces et de plus tardives ; cela dépend, sans doute, de la constitution et du régime auquel elles sont soumises. Il est certain que les femelles douées d'une riche constitution, bien soignées et bien nourries, éprouvent plus tôt les excitations génésiques et sont, conséquemment, aptes à la reproduction avant celles qui se trouvent dans des conditions opposées. Il en est de même des mâles. Mais si chez les femelles les organes de la génération paraissent ne jouir que de la vie végétative jusqu'au moment où ils entrent en activité, il n'en est pas absolument ainsi des mâles qui, encore à la mamelle, manifestent déjà certaines excitations, propres au développement plus actif des organes, en qui la nature a mis ses espérances pour la conservation et la propagation de ses œuvres.

Le rôle du mâle, dans la propagation et la conservation des espèces, étant prépondérant, ses organes, par une gymnastique naturelle, acquièrent la force et l'énergie voulues pour répondre aux vœux de la création. En même temps que les manifestations deviennent plus sérieuses, les organes génitaux augmentent de volume, la voix se modifie, son timbre est plus sonore et son expression plus mâle ; tout en lui, la crinière, les formes, etc., prend un cachet qui permet, à première vue, de distinguer son sexe ; bref l'instinct de la reproduction, chez le mâle comme chez la femelle, se manifeste longtemps avant que l'animal ait atteint son accroissement normal.

Chez les femelles, les organes génitaux qui, jusque là, avaient paru sommeiller, sont tout-à-coup réveillés par la grande voix de la nature et les excitations dont ils deviennent le siége retentissent dans toute l'économie. Ce phénomène, connu sous le nom de *chaleurs*, de *rut* (cette dernière expression est surtout employée pour les animaux sauvages), se manifeste chez la pouliche à 15 ou 18 mois ; chez la génisse à 12 ou 15 mois. Les femelles des espèces ovine, caprine, porcine et canine, entrent en chaleur du 5ᵉ au 10ᵉ mois. On a des exemples de pouliches qui ont donné un poulain à 30 mois et même à 22 mois ; des genisses qui ont vêlé à 14, 15, 16 et 18 mois ; les chaleurs ont donc dû se manifester à 11 mois chez les pouliches et à cinq mois chez les genisses. Ce sont là des faits exceptionnels, mais qui indiquent suffisamment que, déjà avant cet âge, les mâles doivent être séparés des femelles ; car il est évident que c'est à leurs provocations que cette précocité chez les femelles doit être attribuée. La science en assignant ce terme moyen pour l'apparition des chaleurs chez les femelles chevaline et bovine, serait-elle d'accord avec la nature ; ou ne devons-nous y voir qu'un effet de la domesticité ?

Quoi qu'il en soit, et malgré le proverbe : *Il n'est rien d'aussi beau qu'agneau né d'agneaux*, l'industrie animale ne trouverait pas son compte, en livrant à la reproduction des animaux de cet âge. Aussi attend-t-elle que mâles et femelles aient acquis, presqu'entièrement, leur développement normal, avant de leur permettre de se reproduire. L'étalon et surtout la pouliche doivent avoir 4 ans accomplis. Dans les races communes, l'étalon est ordinairement employé à la

monte à 3 ans ; la genisse et le taureau à 18 mois ;
la chèvre et la brebis à un an, ainsi que la chienne et
la truie.

Signes des chaleurs. — C'est généralement vers
le milieu du printemps que les chaleurs se manifestent chez les grandes femelles. Les juments cha-
touilleuses, irritables, difficiles à conduire deviennent
tout-à-coup plus faciles : elles aiment les caresses.
Tout contact, soit d'un animal de la même espèce, soit
du frottement des traits ou de l'action de l'étrille et
même des éperons, etc., qui, hier encore, provoquait
des ruades, leur procure actuellement des sensations
agréables, qu'elles trahissent en se campant et en levant
la queue comme pour recevoir l'étalon, et par les
contractions convulsives et spasmodiques des lèvres de
la vulve qui mettent le clitoris en évidence, ainsi que la
couleur rouge de la membrane muqueuse. Ces manifestations sont accompagnées du rejet, espèce d'éjacu-
lation, d'une matière glaireuse, filante, quelquefois
épaisse jaunâtre et mêlée d'une certaine quantité
d'urine sédimenteuse très-odorante ; on dit alors,
vulgairement, que la jument est *chaude* (1).

Il faut éviter de confondre les chaleurs naturelles
avec les chaleurs anomales ; les saillies répétées loin
d'éteindre celles-ci ne font que les animer. Elles sont
continues ; et, si elles disparaissent pendant quelque
temps, c'est pour revenir à des époques irrégulières. Les
juments chez lesquelles cet état se présente sont ordinairement âgées ; on dit qu'elles sont *nymphomanes* ou vul-

---

(1) Les anciens désignaient, ce produit de la cavale en chaleur, sous
le nom d'hippomone, du grec ιππος cheval et μανια fureur, et les
exploiteurs de l'imbécilité humaine en composaient des philtres.

gairement qu'elles *se dénaturent*. Au lieu de mettre ces femelles à l'étalon, il faut au contraire les en éloigner; les soumettre à un régime tonique, leur administrer des préparations ferrugineuses; et, en désespoir de cause, avoir recours à la castration.

La vache en chaleur appelle le taureau par des beuglements fréquents. Si elle est aux pâturages elle ne mange pas, elle va et vient, est très-agitée; s'arrête, tient la tête haute, les oreilles tendues, le regard fixe, comme si elle était attentive à écouter si, au loin, des beuglements d'amour ne répondent pas aux siens; elle porte la queue levée et constamment écartée de la vulve qui est gonflée, la muqueuse rouge, et donne écoulement à des mucosités glaireuses, visqueuses, filantes, que les paysans appellent *frou-chures*, quelquefois mêlées, principalement chez les jeunes bêtes, à une certaine quantité de sang; ce qui fait dire que la *vache taureille au sang*. Les accès d'excitation se manifestent par un mouvement voluptueux des lombes aux approches et au contact des autres bêtes de son espèce, sur lesquelles elle monte en mettant la déroute dans tout le troupeau : les autres vaches cessent de manger pour la suivre et, chacune à l'envie, cherche à la calmer en simulant sur elle l'action du mâle.

Chez la brebis et la chèvre les signes des chaleurs sont peu marqués; mais au lieu de fuir le bélier ou le bouc, elles s'en rapprochent, le suivent, l'entourent, et elles cèdent lorsqu'il plaît à ce sultan de s'apercevoir qu'on le désire.

La truie qui est en chaleur, vulgairement qui *verreille* grogne d'une manière particulière, recherche les caresses, aime à être grattée ; sa gueule est pleine d'une salive gluante, écumeuse et, comme la vache, monte sur les animaux de son espèce ; la vulve est gonflée et rouge.

La chienne a la vulve plus gonflée, plus rouge, donnant écoulement à des mucosités roussâtres, quelquefois mêlées de sang, dont l'odeur se répand au loin et attire les mâles. Elle est si extravagante, si folâtre dans ses relations avec ceux-ci, qu'on a caractérisé cet état en disant : que la chienne est en *folie*. Les chaleurs chez cette femelle, exercent, sur tout le système nerveux, une action si puissante qu'il y a danger, pour sa sa santé, de la forcer à une continence absolue. C'est là croyons-nous une cause fréquente, sinon unique, de la rage spontanée.

La chatte manifeste ses désirs pour le matou par des mouvements et des miaulements significatifs.

La lapine mise n'importe à quelle époque, une nuit auprès du mâle, il est rare qu'elle ne soit pas fécondée.

D'après les physiologistes modernes, les chaleurs, chez les femelles, correspondraient à la maturation et à la déhiscence de vésicules dites : de Graaf, et seraient l'effet de la déchirure d'une vésicule et de la projection d'un ovule. Le pavillon de la trompe, mis en activité par ce phénomène, s'érige en s'étalant sur la surface de l'ovaire ; il reçoit l'ovule et le fait pénétrer dans son conduit, ou le canal de la trompe de Fallope, dont le mouvement vermiculaire, analogue à celui de l'intestin, le force à cheminer vers la matrice.

Chez les grandes femelles les chaleurs n'ont qu'une durée de quelques jours ; si la saillie n'a pas été fructueuse, elles se renouvellent trois semaines après et ainsi de suite, aussi longtemps que la fécondation ne les a pas interrompues. On ne doit pas négliger de représenter, en temps, les femelles à l'étalon ou au taureau, sinon on courrait le risque de ne pas les avoir pleines de l'année : les chaleurs peuvent ne plus reparaître ou qu'irrégulièrement et la monte pour l'espèce chevaline cesse à la fin de juin.

Dans notre pays, la poulinière de race commune, à laquelle on demande un poulain tous les ans, est remise à l'étalon le 9me jour qui suit le poulinage ; il est rare qu'elle ne le reçoive pas et que la saillie ne soit pas fructueuse. Trois semaines après, on la représente de nouveau ; si elle refuse, on peut être presque certain qu'elle est pleine.

Dans l'espèce ovine la lutte commence en juillet.

La chèvre entre en chaleur vers la fin de l'été jusqu'en octobre, mais il suffit qu'elle soit près du bouc pour être disposée à le recevoir. Il n'y a pas d'époque fixe pour le part de cette femelle.

La chienne n'entre que deux fois en folie par an : vers les mois de janvier et de février et juillet et août. Il en est de même de la chatte : en février et mars, et juillet à la fin d'août. Le rut chez ces femelles dure de 9 à 11 jours.

La durée des chaleurs est moins longue lorsque l'accouplement a été fécondant ; elle se prolonge un peu plus longtemps s'il n'a pas eu de résultat. Les exemples de la continuité des chaleurs sont plus fréquents chez la vache que chez la jument. Quand cet état se perpétue, la femelle est affectée de *nymphomanie*. Les fermiers et les marchands de bestiaux désignent la vache nymphomane de *taurelière* et, plus vulgairement, de *burloire*. Cette expression wallonne peint d'un trait les caractères de la maladie. La vache qui en est affectée a, dans ses moments d'excitations, toutes les allures du taureau furieux : ses beuglements sont fréquents, rauques, effrayants, elle laboure et creuse le sol de ses cornes et lance dans l'air les objets qu'elle saisit, déchire les arbres, brise ses clôtures ; elle *court la vache*, comme on dit, monte sur les individus de son espèce ; enfin elle présente tous les signes des fureurs utérines à leur paroxysme.

Dans les moments de calme, l'existence de cette maladie est décelée par un enfoncement sur les côtés et à la base de la queue, semblable à celui qu'on remarque aux approches du part. Ce signe, résultat du relâchement des tissus et des ligaments sacro ischiatiques, est d'autant plus prononcé que la maladie est plus intense et dure depuis plus longtemps.

Cette affection est quelquefois la conséquence d'une altération des ovaires. La castration dans ce cas peut souvent y remédier ; mais elle coïncide fréquemment, aussi avec la phthisie tuberculeuse ou pommelière.

Le propriétaire, en engraissant la vache qui en est atteinte, s'expose à en être pour ses frais, car, bien qu'elle prenne assez rapidement de la chair et de la graisse en la nourrissant isolément dans une étable obscure, les bouchers ne sont que trop bien servis dans leurs exigences par les vétérinaires. Il faut bien le dire : avec le nombre des vétérinaires s'accroissent les difficultés des transactions. Jadis, et naguère encore, il ne surgissait aucune réclamation au sujet de vaches grasses, le poumon fût-il entièrement envahi par les *pocques*, les chairs étant intactes. Il n'en est plus de même aujourd'hui : quelques tubercules ramollis dans les poumons — on sait que peu de vieilles laitières en sont exemptes — peuvent être une source d'embarras et de tracasseries pour les cultivateurs qui, presque toujours, doivent se résigner à tout perdre. L'état sanitaire et l'hygiène publique en sont-ils plus satisfaisants qu'autrefois? Oh! si tous ceux qui ont mangé de la viande de vache pommelière ou pneumonique avaient dû en mourir, il y a longtemps que l'espèce humaine n'existerait plus!

Nous le disons en vérité : du train dont vont les savants, il ne serait pas étonnant qu'on vît des gens crédules et timorés se laisser mourir de faim, de peur d'introduire dans leur corps des agents qui l'empoisonnent, ou des êtres qui le dévorent.

LA COPULATION.

Les femelles en chaleur recherchent et souffrent le contact du mâle.

La copulation est l'union intime du mâle et de la femelle, pendant laquelle l'action du mâle, favorisée par celle de la femelle, a pour résultat la production du germe d'où doit sortir un être semblable à eux.

Pour que ce phénomène s'accomplisse, il faut que la liqueur prolifique du mâle, répandue dans le vagin par la copulation, soit mise en contact avec l'œuf proligère de la femelle. Des circonstances particulières peuvent faire obstacle à l'aspiration du sperme par la matrice, l'empêcher de pénétrer dans le viscère et d'aller à la rencontre de l'œuf qui attend son action pour être vivifié; ainsi, si le col de la matrice qui,

au moment du coït, doit se dilater restait hermétiquement fermé, la fécondation ne saurait s'opérer. En
vue de remédier à ce cas de stérilité, on conseille la
dilatation du col de l'utérus le jour même ou la veille
de l'accouplement. Ce procédé connu et en usage
depuis un temps immémorial chez les arabes, consiste
à introduire doucement et avec précaution, d'abord un
doigt, puis deux, puis trois dans le col de l'utérus, de
les y laisser un instant, et les retirer l'opération étant
terminée. Il est de fait qu'on obtient assez facilement
par ce procédé la dilatation du col de la matrice et des
praticiens l'ont préconisé pour provoquer l'avortement.
Mais dans ce cas l'utilité de cette pratique ne nous est
pas démontrée.

Cette opération, pour favoriser la fécondation, était
tombée dans l'oubli. Elle est de nouveau rappelée à
l'attention des vétérinaires et des éleveurs. Des savants
et des praticiens proposent la substitution d'une sonde
du diamètre d'un cathéter ordinaire à l'action des doigts.
Nous ne voyons pas quel serait l'avantage de ce changement du mode opératoire. En effet, il est évident,
qu'en se généralisant, cette pratique passerait dans les
mains des éleveurs et surtout des étalonniers qui se
serviraient plus facilement des doigts que de n'importe
quel instrument.

Il va sans dire, que ceux qui ont rajeuni cette pratique, sont satisfaits des résultats qu'ils en obtiennent.
C'est désormais l'expérience qui aura le dernier mot.
Immédiatement après l'acte de la copulation, la femelle,
la jument principalement, fait des efforts expulsifs et
rejette certaines humeurs au préjudice, croit-on de la
fécondation. On dit, vulgairement, *qu'elle lâche*. Dans

le but de la faire retenir, dès que l'étalon, ou le taureau s'est retiré, on projette vivement un seau d'eau froide sur le derrière et la croupe de la jument et de la vache, d'autres frictionnent vigoureusement les lombes avec un bâton, ou ils administrent une volée de coups de fouet, ou bien ils enfoncent dans les chairs un instrument piquant; d'autres enfin moins cruels se contentent de lancer la femelle dans une course rapide, ou de lui faire prendre un bain froid. L'expérience devrait maintenant avoir raison de ces préjugés plus ou moins barbares.

DE LA FÉCONDATION.

La fécondation, est le résultat animé de l'action fécondante de la liqueur prolifique du mâle sur l'ovule proligère de la femelle; pour que ce phénomène se produise le contact des deux principes est indispensable. Leur rencontre peut avoir lieu dans le corps de la matrice, ou dans les cornes utérines, ou bien sur un point quelconque du conduit des trompes, ou dans l'ovaire même. La preuve de cette dernière assertion est fournie par des faits, rares à la vérité, de gestation extra-utérine : l'ovule fécondé dans l'ovaire ou dans le pavillon de la trompe, n'ayant pu enfiler le conduit de celle-ci, par suite de circonstances qui ont échappé jusqu'à ce jour aux investigations des savants, tombe dans l'abdomen s'y greffe et s'y développe. Telle est l'explication assez rationnelle de ce grave accident.

C'est donc de la rencontre et de l'action réciproque, dans les conditions établies par la nature, de deux principes émanant l'un du mâle, l'autre de la femelle, sans vertu, complétement nuls, et facilement altérables isolément, que s'allume la vie, comme de l'échauffement par le choc ou le frottement de deux corps durs et inertes électrisés différemment, jaillit l'étincelle qui allume la flamme en tombant sur des matières propres à son alimentation.

Une foule de causes inappréciables, et qui, sans doute, dépendent de la domestication, et de l'état de servitude dans laquelle nous tenons les animaux, ont pour effet, de diminuer les aptitudes à la fécondation; de sorte qu'en vue d'y remédier, on a recours à divers moyens : les uns leur font prendre des préparations plus ou moins médicamenteuses; d'autres ne font saillir la femelle qu'après lui avoir fait faire une course assez longue et rapide; d'autres lui font une saignée la veille, le jour même, ou au moment de la présenter à l'étalon; d'autres, enfin, croient pouvoir obtenir la procréation des sexes à volonté, en menant la vache laitière au taureau avant ou après la mulsion : dans le premier cas les produits seront femelles, et mâles dans le second. Ne saurait-on pas, encore, à quoi s'en tenir sur l'utilité de ces moyens?

DE LA GÉNÉRATION.

La génération est un mystère dont la nature garde, et gardera, sans doute, toujours le secret. En dehors des faits matériels les regards curieux de la science n'ont pu rien découvrir. Des physiologistes ont vu, dans un fluide vaporeux qu'ils appellent *aura seminalis*, esprit, essence, vapeur, parfum, émanant de la liqueur séminale du mâle, l'agent destiné à donner la vie à l'œuf de la femelle. De nos jours, les physiologistes

paraissent d'accord pour attribuer ce rôle aux animalcules microscopiques du sperme ou spermatozoaires,
en se fondant sur cette observation que le sperme
dépourvu de ces êtres est infécond. Ne serait-ce pas,
plutôt, à cause de son infécondité que le sperme manque d'animalcules? Ne verrait-on pas dans ceux-ci
des parasites comme en nourrissent tous les liquides
animaux et qui, semblables à tous les parasites, dézer-
tent une table qui n'est plus servie à leur goût? Nous
ne doutons pas qu'on ait constaté leur présence dans la
matrice, dans le conduit des trompes, sur l'ovaire et
même sur l'œuf, mais ce fait est-il suffisant pour qu'on
les proclame les agents opérants de la fécondation
alors qu'ils seraient, tout au plus, les transmetteurs
du principe fécondant?

Quoi qu'il en soit de cette théorie, qu'elle soit basée
sur des faits véritables ou seulement hypothétiques,
toujours est-il que les savants, après avoir suivi pas à
pas, et jour par jour, le développement de l'œuf
fécondé, et les changements qu'il subit pour devenir
un être parfait, se sont trouvés, dès qu'ils ont voulu
pénétrer le secret de l'action du sperme sur l'ovule, et
en vertu de quelle force, de quelle puissance, il allume
la vie et se produisent les transformations du nouvel
être, ils se sont trouvés, disons-nous, au pied du poteau
planté par la nature avec cette injonction : *nec plus
ultrà*.

DE LA GESTATION.

La gestation, *de gestare* porter *portée, grossesse*, ou *plénitude*, est l'état de la femelle qui porte en elle le produit de la conception.

Lorsque l'acte du coït a été fécondant, les chaleurs se calment peu à peu, prennent fin et s'éteignent tout-à-fait.

La femelle des animaux, dit Rabelais, ne reçoit pas le mâle masculant sur sa ventrée. C'est une vérité que lorsque la femelle a conçu elle oppose aux approches du mâle une résistance furieuse; et si, par violence ou autrement, elle succombe, l'expulsion du produit de ses amours en est presque toujours la conséquence immédiate. Les philosophes, que l'avenir de la race humaine préoccupe, ne verraient-ils pas dans ce fait un grave sujet de méditation? Bien que les choses ne se passent pas de même dans notre espèce, est-il admissible que la nature ait accordé à la femme et au fruit de ses entrailles des immunités contraires aux lois d'harmonie et de gradation qui ont présidé à toutes ses œuvres? Si les actes qu'elle réprouve ne sont pas, par la force de l'habitude, suivis d'effets aussi prompts et aussi éclatants que chez la femelle des animaux, ils n'en doivent être que plus redoutables et désastreux. Ne trouverait-on pas là l'origine de ces terribles maladies organiques et mentales dont le nombre et la gravité augmentent avec les siècles d'une manière vraiment effrayante?

Mais laissons là ces questions dont la haute portée philosophique est au dessus de notre compétence et revenons à nos bêtes.

La femelle fécondée est moins vive, elle recherche la tranquillité et l'isolement, fuit le mâle qui de son côté ne lui manifeste plus que de l'indifférence. A ces signes s'ajoute l'augmentation de l'appétit qui, avec des digestions plus complètes, dispose à l'embonpoint.

Cette remarque n'a pas échappé aux nourrisseurs. Pour profiter de cette disposition favorable, dont jouissent les femelles pendant les premiers mois de la gestation, ils font saillir, avant de les soumettre à l'engraissement, celles qui, par leurs défauts ou leurs qualités, sont destinées à la boucherie.

La durée de la gestation s'étend depuis le moment de la copulation jusqu'à la mise bas; elle varie selon les espèces; chez les femelles de la même espèce, toutes ne mettent pas leur produit au monde à la même époque. Ainsi, on voit fréquemment des vaches et des juments, qui ont été saillies le même jour, pouliner ou vêler plusieurs jours plus tôt ou plus tard; pourquoi? Personne ne le sait; c'est encore un secret de la nature, et probablement aussi, de la domestication.

La jument et l'ânesse portent environ 11 mois, quelquefois 12 mois et plus, et parfois 10 mois seulement. Des relevés statistiques donnent comme durée la plus courte 322 à 327 jours, et la plus longue 394 à 419 jours, la moyenne est donc de 346 à 347.

Chez la vache la durée de la gestation est de 9 mois, la plus courte est d'environ de 240 jours, et la plus longue de 300 jours; ce qui donne une moyenne de 370. Le veau peut naître viable à 7 mois.

Chez la truie la durée de la gestation est de 3 mois, 3 semaines et 3 jours.

La brebis et la chèvre portent 4 mois et demi à 5 mois; la chienne 60 à 66 jours; la chatte 54 à 56 jours et les lapins 30 jours.

D'après les auteurs les naissances précoces ou à terme sont plus communes que les naissances retardées.

Développement du fœtus. — Le produit de la conception, situé, d'abord dans le bassin où son développement commence, descend peu à peu vers l'abdomen; et la matrice en s'étendant de toutes parts, chasse de la cavité pelvienne les portions de l'intestin qui y étaient logées : la courbure du côlon chez la jument, le cul de sac postérieur droit du rumen chez la vache; passe par dessous les intestins, s'applique immédiatement sur les parois inférieures du ventre, et s'avance au-delà de l'ombilie. Chez la jument, la matrice occupe la ligne médiane, seulement, elle est portée un peu à gauche, par la grande masse du gros intestin, située dans le flanc droit. Chez la vache et les ruminants le rumen, qui est placé dans le flanc gauche, repousse à droite le fœtus et la matrice.

Cette progression de l'utérus et de son contenu chez la jument en déplaçant l'intestin explique la disparition, dans certain cas, de la hernie ombilicale ; nous avons observé plusieurs fois ce fait.

En même temps que la vitalité et le volume de l'utérus augmentent, le produit de la conception s'accroît, se développe, se transforme. Dans le principe ce n'est qu'une petite masse gélatino-albumineuse amorphe qui devient de plus en plus épaisse, consistante et prend l'aspect d'une vésicule ovoïde, dont l'organisation se manifeste, d'abord, par de petites traînées rougeâtres apparaissant çà et là ; ce sont des petits vaisseaux sanguins; puis, des membranes se forment; et, dans le centre se trouve un germe l'*embryon* qui bientôt se transforme pour passer à l'état de *fœtus*.

Vers le milieu de la gestation, à 4 ou 5 mois, le

fœtus est plongé dans un liquide, et est enveloppé de plusieurs membranes qui constituent ce qu'on appelle des annexes.

Ainsi le produit de la conception se compose du fœtus et de ses annexes.

Exposons ici, brièvement, en quoi consistent les annexes du fœtus et leur rôle pendant la vie intra-utérine.

ANNEXES DU FŒTUS.

Les annexes du fœtus sont : 1° le placenta ; 2° le chorion ; 3° l'allantoïde ; 4° l'amnios ; et 5° le cordon ombilical. Il y a encore la *vésicule ombilicale* qui n'existe que pendant la vie embryonnaire et n'a d'intérêt que pour les savants.

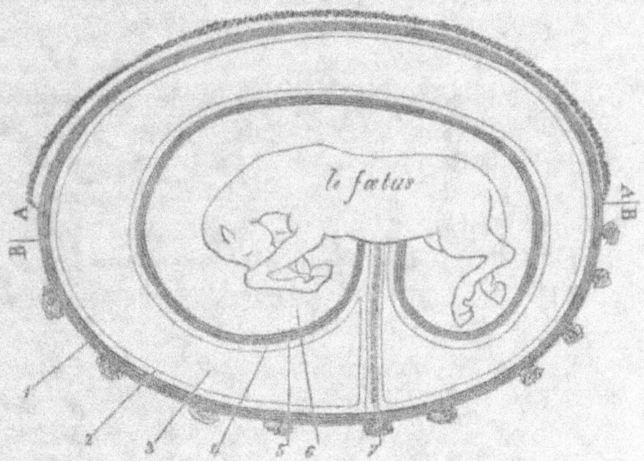

Figure 4. AA, placenta de la jument ; BB, placenta de la vache et des ruminants. — 1, le chorion ; 2, le feuillet externe de l'allantoïde ; 3, le sac de l'allantoïde ; 4, le feuillet interne de l'allantoïde ; 5, l'amnios ; 6, le sac de l'amnios ; 7, le cordon ombilical.

Le *placenta* est une production, espèce de végétation vasculaire, qui adhère à la matrice et au chorion, et entretient la circulation fœtale. C'est par elle que le petit sujet est, en quelque sorte, greffé sur sa mère.

Chez la jument, le placenta est uni par sa surface externe à la membrane muqueuse de l'utérus dans toute son étendue, au moyen de houppes vasculaires, ou mamelons hémisphériques, reçues dans les cavités de l'utérus qui leur correspondent, sa surface interne recouvre entièrement le chorion et y est accolée.

Chez la vache, la chèvre et la brebis, le placenta se compose de plusieurs masses distinctes, représentant des petits gâteaux adhérents au chorion, et qui s'engrènent avec des gâteaux de grosseur et de forme semblables, qui existent et se développent à la surface interne de l'utérus; ces gâteaux s'appellent *cotylédons* placentaires, et utérins, suivant qu'ils appartiennent au placenta ou à l'utérus.

Chez la vache, le cotylédon placentaire embrasse le cotylédon utérin, chez la brebis c'est, au contraire, le cotylédon utérin qui embrasse le cotylédon placentaire.

Chez la chienne, le placenta forme une sorte de zône, de ceinture, espèce de cravate, qui entoure la masse fœtale par son milieu et l'accole à l'utérus.

Le placenta de la truie est assez semblable à celui de la jument.

Le *chorion* est une membrane cellulo-fibreuse blanche, située sous le placenta auquel elle adhère par sa face externe; sa face interne constitue les parois externes du sac de l'allantoïde. Chez les ruminants sa surface externe est en contact avec la matrice dans tous les endroits non occupés par les cotylédons.

L'*allantoïde* membrane séreuse ainsi désignée parce qu'elle a la forme d'une saucisse, d'un boudin, du grec αλλας allas, saucisse ειδος, aidos forme. Elle est formée de la continuité de l'ouraque et située entre le chorion et l'amnios elle constitue le sac, le réservoir, où s'accumulent les urines du petit sujet. Elle adhère intimement au chorion et à l'amnios dans la jument, chez les ruminants elle représente un boyau bifurqué.

Le liquide de l'allantoïde est moins onctueux, plus limpide que celui de l'amnios. On y rencontre quelquefois, nageant dans son milieu, des productions mollasses, spongieuses, brunâtres, aplaties et de grosseur variable appelées *hippomanes*. Serait-ce à cause d'une certaine analogie d'aspect que ces productions ont avec la rate? On disait dans le vieux temps que le poulain était *dératé*, quand il naissait ayant dans son berceau un de ces hippomanes, ce qui faisait bien augurer de sa constitution et de sa vigueur! Dans des temps plus reculés encore cette substance, de même que celle dont nous avons parlé plus haut et qui porte la même dénomination, était l'objet de légendes sérieuses et servait à la préparation de philtres auxquels on attribuait une grande puissance tant sur l'espèce chevaline que sur les hommes!

L'*amnios*, membrane plus forte que le chorion, forme complètement le sac qui contient le fœtus plongé dans un liquide, très-abondant, visqueux, assez semblable à de l'eau fortement mucilagineuse. Ce liquide d'après des physiologistes servirait à la nutrition du fœtus. Toujours est-il que les humeurs amniotiques, ou les eaux de l'amnios, sont le produit de l'exhalation qui s'opère à la surface perspirable de cette membrane fibro-séreuse. Il sert à garantir le petit sujet des chocs extérieurs; à lui procurer une température douce et constamment la même; à favoriser, au moment du part, sa marche et son entrée dans l'axe du détroit pelvien et à faciliter son expulsion en lubrifiant les voies génitales.

Le *cordon ombilical* est un gros faisceau vasculaire qui va de l'ombilic du fœtus au placenta, traverse le sac de l'amnios et celui de l'allantoïde, et fait communiquer le fœtus avec ses enveloppes. En partant de l'abdomen, il présente une sorte de rétrécissement, et semble fixé au ventre par un anneau blanchâtre. Il est formé de l'assemblage de deux artères qui reportent dans le placenta, le sang noir qui a servi à la nutrition du petit sujet, pour y être repris et revivifié par la mère; d'une veine qui rapporte au petit sujet du sang rouge réoxygéné par la mère, et d'un canal, nommé ouraque, qui fait communiquer la vessie avec le sac de l'allantoïde. Le tout est contenu dans une gaîne commune fournie par l'amnios.

Ainsi, le fœtus est en relation avec sa mère et reçoit d'elle, par le placenta, les matériaux nécessaires à son accroissement; et communique avec ses annexes ou ses dépendances par le cordon ombilical.

Des deux parties qui composent le produit de la conception : le fœtus après avoir acquis dans le ventre de sa mère le développement et les forces nécessaires pour croître et vivre dans le même milieu que ses semblables en est expulsé; et ses annexes, leur rôle accompli, se détruisent : les humeurs en s'écoulant facilitent la sortie du fœtus qui est suivie, immédiatement ou un peu plus tard, de la chute des enveloppes.

SIGNES DE LA GESTATION.

Pouvoir reconnaître si la femelle a conçu, si elle porte dans ses flancs le fruit de la fécondation, est une chose de la plus haute importance, car cet état exige des précautions et des soins particuliers.

Les *signes qui décèlent la grossesse* ne sont guère apparents dans les premiers temps qui suivent la conception. La disparition des chaleurs et le refus réitéré des approches du mâle ne sont pas des signes certains ; mais s'ils coïncident à une propension à l'isolement, à des allures plus calmes, plus tranquilles, plus pesantes, et à prendre de l'embonpoint, on peut en avoir sinon la certitude, du moins, une forte présomption. Ce n'est, ordinairement, qu'à partir du quatrième et vers le cinquième ou sixième mois après la saillie, que les signes de la gestation deviennent moins douteux, à cette époque le ventre commence à prendre de l'ampleur, le flanc se creuse, il semble que la colonne vertébrale a une tendance à fléchir, les muscles de la croupe à s'affaisser, les hanches, l'épine su-sacrée et la base de la queue à devenir plus saillantes. Chez les génisses pleines du premier veau les mamelles moins plaquées dans la région qu'elles occupent se détachent de plus en plus. Un léger travail s'y établit et les tétines tendent à s'allonger ; et si par la pression on en exprime une matière visqueuse, un peu plus épaisse mais assez semblable au colostrum, ce signe, sans être une garantie suffisante de plénitude, est très-favorablement interprété par les éleveurs et les marchands de bestiaux.

Ces signes s'accentuent davantage au fur et à mesure que la gestation approche de son terme. Mais, déjà, à cette époque, le fœtus se remue, et on peut apercevoir ses mouvements surtout le matin à jeun, ou de suite après que la femelle a bu, ou quand elle est couchée sur le côté gauche, le fœtus est ainsi plus rapproché du flanc droit où ses mouvements sont plus perceptibles. Les secousses du fœtus seraient plus apparentes si on examinait la femelle au moment où elle boit de l'eau froide ou de suite après ; mais ce moyen pouvant avoir des dangers, nous ne saurions le conseiller ; car, le fœtus ne se remue aussi fortement qu'à cause du malaise que lui fait éprouver l'impression du froid qu'il ressent.

Quand les yeux ne suffisent pas pour reconnaître les signes de la grossesse, le toucher y supplée : en étendant la main sur la partie inférieure du flanc droit, et l'y maintenant simplement quelques instant, on perçoit les mouvements du fœtus. C'est surtout pendant que la femelle boit ou mange, de suite après sa rentrée à l'écurie, de retour du travail, ou le matin quand elle est à jeun, que cette exploration réussit.

Chez la vache le moyen de s'assurer de la présence d'un fœtus dans la matrice, est aussi simple que facile : en imprimant assez fortement dans le flanc droit, avec le poing fermé, deux ou trois secousses successives dirigées obliquement de bas en haut, et en attendant, la main étendue sur cette région, le retour du fœtus, que ces secousses ont déplacé, on perçoit le choc d'un corps dur, ordinairement, la tête du petit sujet, ou une partie quelconque de son corps ou des membres. Nous avons maintes et maintes fois pratiqué et vu pratiquer cette manipulation, souvent sans trop de ménagement et jamais, bien qu'elle n'exclue pas toute prudence, nous n'avons appris qu'elle ait été suivie d'accident.

Par l'exploration rectale, on peut aisément s'assurer de la plénitude de la jument et de la vache ; mais, bien que ce procédé, pratiqué avec intelligence, soit peu dangereux, à moins d'y être tenu par une raison de force majeure ou de ne pas faire grand cas du produit et de la mère, nous croyons qu'il est préférable de douter de l'état de grossesse jusqu'au moment de la parturition, que d'y avoir recours.

Plus la gestation approche de son terme, plus deviennent apparents les signes que nous avons indiqués : le ventre ample et avalé ; les mouvements du fœtus ; le creusement des flancs ; le développement des mamelles ; le relâchement des parties molles de la croupe qui se déforme, vulgairement qui se *croque*, annoncent que la mise bas est prochaine.

Cependant, on a vu des juments mettre au monde un poulain bien conformé, robuste, et plein de santé, sans que, jusqu'au dernier moment, rien ait fait soupçonner l'état de grossesse.

Soins à donner aux femelles pendant la gestation. — L'état de plénitude ou de gestation étant établi, ou fortement soupçonné, la femelle doit être l'objet de précautions et de soins particuliers et constants ; non-seulement, afin d'écarter d'elle les causes capables d'ébranler son fruit, mais encore pour la maintenir dans des conditions favorables au développement, à la mise au monde, et à la nutrition du fœtus. C'est principalement des sources de l'hygiène que découlent les moyens d'obtenir ces résultats. Les femelles pleines demandent à être logées à l'aise, dans un local assez spacieux et large d'entrée; bien éclairé et aéré, tenu proprement et à une température égale et modérée, l'excès du froid ou du chaud étant également nuisible. La litière doit être renouvelée chaque jour et offrir une couche épaisse et moelleuse. Le pansage à l'aide de l'étrille, de la brosse de l'écouvette et du bouchon, sera fait, et bien fait, régulièrement tous les jours. Il n'y a que les conducteurs et les propriétaires paresseux et insouciants, qui se refusent à croire à la vertu de ce puissant agent de conservation de la santé des chevaux : les plus étroites sympathies existent entre les fonctions de la peau et celles des organes internes, en entretenant l'activité fonctionnelle de la surface cutanée, on favorise considérablement le fonctionnement des autres appareils organiques, et cette condition est plus salutaire encore pour les femelles pleines.

Les femelles en état de gestation doivent être mises à l'abri de tout ce qui peut les tourmenter ou les effrayer, on les éloignera des mâles de leur espèce, surtout des jeunes qui sont plus turbulents et agaçants. A ce propos, nous devons dire que, dans beaucoup de fermes bien tenues, le taureau cohabite constamment avec les vaches, et les accompagne en liberté, dans les pâturages. Les fermiers se félicitent des résultats de cette méthode : toutes les vaches, à peu d'exceptions près, sont pleines chaque année; la femelle qui *taureille* ne met pas le désordre dans le troupeau, le taureau se charge de la calmer et, la prenant à volonté, il saisit instinctivement le bon moment, le moment physiologique, celui où elle est le mieux disposée pour la fécondation. Sautée trois ou quatre fois, pendant la durée des chaleurs, la vache se tranquillise et s'éloigne du mâle devenu indifférent. Les saillies trop répétées et épuisantes ne sont pas à craindre, le taureau s'abstenant de saillir les vaches pleines. Cette méthode aurait en outre l'avantage d'influencer le moral des reproducteurs qui, en général, se montrent beaucoup plus doux que ceux qu'on tient constamment attachés à l'étable.

Les femelles qui vivent en liberté dans les pâturages doivent être garées contre les grandes chaleurs et le froid, les orages et les giboulées. Pour celles qu'on ne *tourne* que pendant le jour, on les laissera à l'étable par les mauvais temps, et aussi longtemps que les herbes sont couvertes de rosée ou gelée blanche.

Une nourriture trop abondante et substantielle est nuisible dans les premiers mois de la gestation, par suite des dispositions à l'embonpoint qu'ont les femelles à cette époque ; l'obésité étant une condition défavorable à la gestation, à la parturition, et à ses suites. Une nourriture insuffisante et de mauvaise qualité est plus nuisible encore ; outre son entretien la femelle a à subvenir aux besoins, chaque jour plus grands, du produit qu'elle porte.

Quelques mois avant la mise bas, et plus le terme approche, une bonne nourriture est indispensable ; mais, elle doit être composée de substances de facile digestion et qui, sous un moindre volume, sont riches en principes alibiles. Les aliments fibreux de mauvaise qualité, sont indigestes et peu réparateurs ; ils bourrent l'estomac et les intestins et, par leur masse, gênent le développement du produit de la conception.

La nourriture qui convient le mieux aux juments de travail pleines est le *mash* des anglais. Il consiste dans le mélange, de deux parties d'orge et une d'avoine concassées, sur lequel on verse de l'eau bouillante et que l'on donne tiède ; les féveroles concassées peuvent aussi servir à cet usage ; cet aliment est aussi nourrissant que l'avoine sans avoir l'inconvénient d'être aussi excitant.

Pour la vache, la nourriture doit être rafraîchissante, c'est-à-dire, composée en plus grande partie de buvées ou de soupes faites, surtout dans les derniers temps de la gestation, de racines, de tubercules, d'herbes, etc., Il faut éviter tout ce qui, pour être digéré, exige un long séjour dans les estomacs, peut irriter les intestins, occasionner des coliques et de la constipation ; en un mot tout ce qui est susceptible d'engendrer des maladies.

La question de travail et de repos, pendant l'état de grossesse, a soulevé de nombreuses discussions, mais ici, comme en toute chose, il faut se garder des extrêmes. Un repos trop absolu est certainement aussi nuisible aux bêtes de travail qu'un service excessif. Il convient donc d'employer, avec modération, les femelles pleines au travail auquel elles sont habituées. Les travaux des champs ne sauraient que leur être avantageux, continués, même jusqu'aux derniers jours de la gestation, si elles ont un conducteur intelligent, patient et soucieux des intérêts de son maître. Toutefois, il est prudent de les laisser en repos pendant les grands froids, et les heures du jour où la chaleur est la plus intense ; et de les rentrer par les temps de giboulées et d'orage.

Pour les femelles soumises à un travail plus pénible

le voiturage, le roulage accéléré, le portage à dos, et le service du luxe, on se gardera d'exiger d'elles de trop grands efforts de tirage, des courses rapides au trot, de faire usage des éperons, et de leur mettre sur les reins des charges trop lourdes. Ces précautions sont d'autant plus urgentes qu'on approche davantage du moment du part; et, lorsqu'on n'en est plus éloigné que d'un mois ou trois semaines, il est bon d'interrompre tout service, et se contenter de les promener à la main deux ou trois fois par jour.

Malgré les controverses animées auxquelles la saignée a donné lieu, nous persistons à reconnaître l'utilité de ce moyen lorsqu'il est mis en pratique, avec discernement, vers le milieu du terme de la gestation ou au commencement du dernier mois, sur des femelles d'une constitution sanguine, bien soignées, bien nourries et jouissant d'une santé exubérante.

Les purgatifs drastiques et même salins sont dangereux à toutes les époques de la gestation et pour toutes les femelles, n'importe à quelle espèce elles appartiennent.

Lorsque la femelle primipare est chatouilleuse, irritable, on doit la caresser fréquemment de la voix et promener doucement la main sur toutes les parties du corps, en la dirigeant insensiblement vers les mamelles; afin de parvenir à les toucher, à prendre les mamelons et à les manipuler de manière à rendre ce contact agréable, pour qu'elle y soit habituée à la naissance du petit sujet.

Un fait qui, par sa fréquence et ses conséquences funestes pour le petit de la cavale, méritait pourtant bien de fixer l'attention n'a été, que nous sachions,

traité par aucun auteur; nous voulons parler des
juments qui poulinent sans que, non-seulement, la
sécrétion laiteuse soit établie, mais sans que l'activité
des mamelles ait été éveillée par l'état de gestation.
En 1852, si nos souvenirs ne nous trompent, nous
avons adressé au *Moniteur des campagnes*, publication
qui paraissait à cette époque sous la direction, croyons-
nous, de M. Max Le Docte, un mémoire sur ce sujet
que nous avions déjà signalé, plusieurs années auparavant, dans un rapport trimestriel remis à M. le gouverneur du Hainaut.

Le *Bulletin agricole* du journal l'*Indépendance belge*
avait donné, sous le titre : *Moyen de provoquer la sécrétion laiteuse chez les animaux devenus stériles*, la formule
d'une préparation ayant, cette propriété, selon l'auteur qui en attribuait la découverte à un client de notre
père, M. Collin fermier et alors bourgmestre à Gal-
laix. Les explications qu'il en donnait était insuffisantes
et inexactes. C'est en vue de les compléter, en les
rectifiant, que nous avons écrit l'article qui a paru
au *Moniteur des campagnes*, et dont il ne nous semble
pas inutile de rappeler ici les points essentiels :

Il arrive que la femelle chevaline met au monde,
au terme de la gestation, le produit qu'elle a nourri
dans ses flancs sans que les mamelles, qui doivent lui
fournir l'élément de son existence pendant les premiers
temps de la vie extra-utérine, soient le siège d'aucun
travail sécrétoire; de sorte que le poulain, constamment suspendu à un mamelon aride, se fatigue, s'épuise,
gagne la fièvre de la faim et de la soif, tombe dans
l'inanition, et meurt deux ou trois jours après sa naissance.

Cette inertie des mamelles occasionne des pertes considérables. Nous l'avons observée dans les conditions les plus opposées : chez des femelles vieilles, maigres, épuisées de fatigue de mauvais traitements et mal nourries, et chez d'autres jeunes, douées d'une riche constitution, d'une bonne santé, bien soignées et nourries abondamment avec des aliments très-substantiels. Nous avons aussi remarqué que les cas étaient plus fréquents une année, que l'autre. L'état de l'atmosphère, dont l'action est si puissante sur les animaux, sur la végétation et la qualité des fourrages, y est peut-être pour quelque chose. Toujours est-il qu'en 1837, le nombre des juments qui poulinèrent sans lait fut si grand, qu'on eût pu croire à une épizootie. C'est à l'occasion de ce fait que nous avons adressé, à M. le gouverneur le rapport mentionné plus haut, en indiquant les moyens d'y remédier avec efficacité, lorsqu'ils sont mis en usage en temps opportun.

Quand un mois ou trois semaines avant la mise bas on s'aperçoit que les mamelles restent flasques, mollasses, et collées dans la région des aines, qu'il y a absence de toute apparence d'activité fonctionnelle, qu'il est à craindre, en un mot, que la sécrétion laiteuse ne soit pas établie pour le moment de la naissance du poulain, il ne faut pas tarder à employer les moyens propres à remédier à cette inertie. Un breuvage composé d'un demi litre d'hydromel, mélangé à un demi litre d'une infusion de semences stimulantes chaudes en poudre : anis, cumin, fenouil ou coriandre — l'anis est préférable — à la dose de 2 et 1/2 onces administré le matin à jeun, et réitéré le lendemain, nous a toujours donné de bons résultats. Cet agent

doit être secondé par de caressantes tractions et manipulations sur les mamelons et les mamelles, pratiquées pendant 5 à 6 minutes, et repétées plusieurs fois
dans la journée ; ainsi que par des frictions douces faites
avec la main, le long des veines mammaires. Une nourriture substantielle et rafraîchissante composée de mashs,
de barbotages avec la farine d'orge, d'orge cuite, etc ,
et de beaucoup de boissons tiédes, sont le complément indispensable de ce traitement. Une saignée de
trois ou quatre livres est toujours avantageuse, quand
la jument est jeune, irritable et pléthorique.

Si, aux approches du part, l'état des mamelles laissait
encore à désirer on réitérerait l'administration du
breuvage.

Dans le cas où l'on ne pourrait se procurer de l'hydromel on ferait infuser la poudre d'anis dans un litre de
bon lait chauffé jusqu'à l'ébullition, et on ajouterait à l'infusion, ainsi préparée, un verre à vin ordinaire de
bonne eau-de-vie, de cognac, de fine champagne.

Nous avons toujours eu à nous louer de l'efficacité
de ces moyens que nous tenons de nos pères ; non pas,
comme l'auteur du *Bulletin agricole de l'Indépendance
belge* l'a pensé, pour provoquer la *sécrétion laiteuse chez
les animaux devenus stériles* ou *augmenter la production
normale du lait* ou, encore, *pour prolonger la durée
ordinaire de la lactation*, mais uniquement pour exciter,
vers la fin de la grossesse ou de suite après la naissance
du poulain, les glandes mammaires restées inactives.

Un remède d'une préparation simple et d'un usage
aussi utile que fréquent devait se populariser : il est
en effet connu dans nos contrées de la plupart des
éleveurs.

C'est un fait certain que, si le poulain ne trouve pas dans les 24 ou 48 heures l'élément de sa subsistance dans le pis de sa mère, il est presque toujours perdu ; ou il faut lui donner un autre nourrice ce qui est très-difficile et rarement possible ; ou le nourrir à la main ou au biberon. C'est à peine, si par ce dernier moyen, on peut en élever un sur dix ; et au prix de quels sacrifices encore !

L'emploi, après la parturition, des agents propres à activer la sécrétion des mamelles, est souvent inutile quand il ne crée pas des embarras, voire même un danger. Leur effet ne peut guère se produire avant le troisième ou le quatrième jour quand hélas ! il est déjà trop tard. La petite bête est morte ou va mourir, elle n'a plus la force de se soutenir et de prendre le mamelon ; et si on a pu lui conserver la vie, par l'allaitement artificiel, elle refuse de téter sa mère. Dès lors il faudra après l'avoir provoquée, supprimer la sécrétion laiteuse. Si les épanchements de lait ne sont pas aussi redoutables que le vulgaire le croit, pour faire *passer le lait* des précautions sont nécessaires ; on ne saurait les négliger sans avoir à craindre des maladies graves : l'inflammation des mamelles, etc.

Il convient donc que les moyens que nous recommandons en vue d'activer le travail sécrétoire des organes mammaires, soient mis en usage autant que possible avant le poulinage, après cet acte, ils ont moins de chance de réussir.

DE L'AVORTEMENT.

En dépit de toutes les précautions ci-dessus indi-

quées, ou pour les avoir négligées, la gestation peut
être enrayée dans sa marche. Les liens qui unissent le
produit de la conception à la mère, se brisent avant le
terme fixé par la nature et le fœtus ou le fruit est
expulsé sans avoir atteint son parfait développement. Il est ordinairement mort ou il meurt, n'étant
pas viable, quelque temps après sa naissance. Cet acte
accidentel appelé *avortement*, se distingue de la parturition, en ce que celle-ci a lieu au terme naturel de la
gestation, le fœtus réunissant les conditions indispensables de viabilité. Ainsi, il y a avortement, toutes les
fois que le fœtus est expulsé non viable; que cette
expulsion ait lieu au commencement ou à la fin de la
gestation, qu'il soit mort ou vivant; il y a parturition
quand il naît dans les conditions voulues pour pouvoir
vivre, que la gestation ait atteint, ou non, son terme;
seulement dans ce cas, on dit la parturition *prématurée*,
pour la distinguer de celle qui s'accomplit après le
terme écoulé et qui est dite : *tardive*.

L'avortement peut se produire sans que rien ait pu
le faire prévoir. La femelle rentrée le soir du travail,
boit et mange à son ordinaire; aucun signe n'annonce
un malaise ou un dérangement quelconque. Le matin
on trouve derrière elle un avorton, sans qu'elle
paraisse, autrement inquiétée de ce qui s'est passé.
Mais il n'en est pas toujours ainsi, surtout, quand
le fœtus a déjà acquis un certain développement.
Assez souvent l'avortement s'annonce, plus ou moins
longtemps d'avance, par des signes que nous distingue-
rons en éloignés, précurseurs ou prodromiques; et en
plus rapprochés; immédiats ou symptomatiques.

Les signes précurseurs sont généralement fort obscurs

surtout dans les premiers temps de la gestation, et pour qu'ils puissent être saisis, il faut que l'on soit bien certain que la femelle a conçu, qu'elle est pleine. Ce fait acquis, si la femelle devient tout-à-coup plus paresseuse, plus lourde, obéit moins aux excitations; et si, avec cela, on remarque une certaine turgescence ou épaississement des lèvres de la vulve et des mamelles, que le ventre moins rond soit avalé, que la jument hennisse de temps à autre; que la vache mugisse, vulgairement *muse*; que la brebis bêle; que la truie grogne; que la chienne et la chatte se plaignent, et que ces cris aient un certain accent de tristesse, on peut s'attendre à un avortement.

Les signes immédiats ne laissent plus de doute; la jument est inquiète, trépigne, agite la queue, éprouve des épreintes assez vives, de légères coliques ou tranchées, regarde ses flancs, expulse fréquemment des urines et des excréments en petite quantité à la fois. Les *douleurs* ou les *maux*, — c'est ainsi qu'on désigne les effets sensibles des contractions de la matrice — d'abord éloignées et sourdes, acquièrent en se rapprochant plus d'intensité; la vulve se dilate, se gonfle, et donne écoulement à des mucosités glaireuses parfois sanguinolentes, vulgairement *frouchures*; les flancs sont très-agités — la femelle *bat des flancs*; — le fœtus, quand il a déjà pris beaucoup de développement, bondit par soubresauts et vient frapper les parois du flanc; puis il cesse de remuer, perd ses forces, il est mort ou va mourir. Avec la continuation des efforts expulsifs la poche des eaux apparait rapidement, et, souvent, le fœtus est chassé avec ses annexes dans lesquelles il reste enveloppé.

La vache ne mange, ni ne rumine plus ; la sécrétion laiteuse est tarie ou notablement diminuée ; elle s'appuie tantôt sur un membre postérieur tantôt sur l'autre ; se couche, se relève, garde peu de temps la même position ; regarde son flanc, agite la queue, expulse fréquemment des petites quantités d'urine et d'excréments. Le veau qu'on avait vu quelques instants auparavant se remuer vivement, ne bouge plus ; le ventre s'avale, la vulve se gonfle, la croupe se détend, la femelle pousse des mugissements plaintifs, des efforts expulsifs se manifestent avec écoulement par la vulve de matières glaireuses sanguinolentes ; puis, apparaît la poche de l'allantoïde suivie, après un intervalle plus ou moins long, de la poche de l'amnios et du fœtus. Quelquefois celui-ci est expulsé, comme chez la jument, avec ses enveloppes dans lesquelles il reste renfermé.

Ces signes ou symptômes ne sont pas toujours aussi apparents que nous venons de le dire, ou plutôt la marche de l'avortement est si rapide qu'on n'a pas eu le temps de les reconnaître.

Le plus souvent, on ne peut que constater la présence d'un cordon membraneux pendant en dehors de la vulve, et l'écoulement, par cette ouverture, de matières glaireuses quelquefois sanieuses et fétides. Ces signes suffisent pour être certain qu'on est en face d'un travail d'avortement non terminé. La main exploratrice introduite dans le vagin en retire, presque toujours, un avorton renfermé dans ses enveloppes. La matrice après s'en être débarrassée, s'est refermée, et les efforts expulsifs cessant avec les douleurs utérines, il est retenu dans le vagin par suite de la dilatation insuffisanté de ce canal et de la vulve. Lorsque le fœtus est plus fort on le trouve dans la matrice dont le col est plus ou moins dilaté, mais pas assez, dans bien des cas, pour lui livrer passage.

C'est ordinairement vers les 5e, 6e ou 7e mois que l'avortement a lieu chez les grandes femelles à moins qu'il n'ait été provoqué par une violence externe ou interne.

Chez les petites femelles les signes de l'avortement sont rarement apparents, ou plutôt, sont rarement aperçus s'il ne suivent de près l'action de la cause violente qui l'a provoqué.

L'avortement et ses suites sont d'autant plus à craindre, que l'économie a été plus profondément troublée par l'action des causes qui l'ont occasionné, et que la gestation est plus avancée. Quand il est le résultat d'une cause directe : d'un heurt, d'une contusion, n'ayant ébranlé que les attaches du fœtus le pronostic est moins fâcheux ; et il n'y a guère à s'en inquiéter lorsqu'il se produit dans les premiers mois qui suivent la conception, alors que le fœtus n'est encore qu'à l'état embryonnaire ou peu développé : que la femelle a *jeté*, a eu *une perte* comme disent les éleveurs.

Mais lorsque l'avortement est dû à des dispositions constitutionnelles, ou à des causes ayant modifié profondément l'organisme, il est à redouter que la femelle ait contracté ou ne contracte des prédispositions à de nouveaux avortements. L'intérêt du propriétaire en serait fortement lésé. Outre la perte des produits en élève et en lait chez la vache, dont la sécrétion finirait par se pervertir, il aurait encore à subir celles qui résultent du besoin de s'en défaire.

Avant de faire saillir la femelle qui a avorté, il est indispensable de laisser passer entièrement le temps normal de la gestation. Des faits assez nombreux nous ont démontré, soit qu'elle ait été suivie ou négligée, l'importance de cette mesure qui nous élevons à la hauteur d'un principe.

Lorsque l'avortement se produit à une époque assez avancée de la gestation les suites sont plus redoutables. Il y a à craindre : les difficultés de la parturition laborieuse ; la non-délivrance qui en est une conséquence très-fréquente ; et les phlegmasies de l'utérus et leurs complications, toujours plus rebelles qu'après la mise bas naturelle. Mais à cela, il y a une compensation chez la femelle bovine : quand tout va bien et qu'elle se remet promptement, la sécrétion laiteuse s'établit comme après un part dans de bonnes conditions.

L'expulsion du fœtus ne suit pas toujours immédiatement la manifestation des phénomènes de l'avortement. Le fœtus mort peut rester sur la mère. Il se dessèche et s'enkyste dans la matrice (1) ; ou il se

(1) Nous avons conservé longtemps sur la tablette d'une cheminée, en guise de bibelot d'art, un avorton de vache. Il était de la grosseur d'un rat, il avait, croyons-nous, lorsque son développement s'est arrêté, environ deux mois. Les membres, la tête, la queue, et même le sexe, toutes les parties en un mot, étaient parfaitement conformées et très-distinctes. Quand nous l'avons retiré on eût dit qu'il était fait de poix ; quelques jours plus tard il devint dur comme le bois et cassant comme le verre. La vache n'a présenté pour tout signe d'avortement qu'un cordon membraneux pendant par la vulve. La main introduite dans le vagin rencontra l'objet dont il est question, enveloppé dans une membrane très-mince et comme du parchemin humecté d'un peu de matière grasse et gluante. Le col de la matrice était complétement fermé et ne paraissait pas avoir été dilaté de longtemps. On croyait la vache pleine de plus de 12 mois et on attendait toujours le veau (c'était une primipare) quelque temps plus tard les chaleurs reparurent et la bête fut remise au taureau, elle donna plusieurs veaux à terme et bien portants.

décompose et les résidus sont expulsés peu à peu, sans que quelquefois, il en résulte la moindre perturbation autre que la suppression des chaleurs. On remarque derrière la femelle, à des intervalles plus ou moins éloignés, des flaques de matières sanieuses, purulentes, fétides qui s'écoulent pendant le décubitus et qui, parfois, entraînent avec elles des os du petit sujet. Chose surprenante! il arrive, et nous avons été témoin de ce fait, que des os du fœtus sont rejetés par l'anus poussés, évidemment, par une action éliminatrice à travers les parois du vagin et du rectum.

Parmi les femelles chez lesquelles le fœtus, mort à une époque assez avancée de la gestation, a séjourné et s'est décomposé dans la matrice : quelques unes en ont paru relativement peu incommodées ; d'autres ont pu se rétablir à la longue ; d'autres ont été emportées en peu de temps ; et d'autres enfin, et c'est le plus grand nombre, sont tombées dans le marasme et ont péri après un temps plus ou moins long.

Les obstacles qui s'opposent à l'expulsion du fœtus par avortement, étant les mêmes que ceux de la parturition à terme, nous renvoyons pour les moyens d'y remédier, à la partie dystocique de cet ouvrage. Seulement, nous dirons que le travail de l'accoucheur est ordinairement beaucoup plus long et difficile, fort répugnant, et souvent dangereux ; le fœtus étant presque toujours en état de décomposition plus ou moins avancée. Quelquefois, il ne forme qu'une bouillie qu'il faut retirer par poignées ; d'autres fois il est tellement gonflé et distendu par les gaz qu'il n'y a pas d'autre moyen de l'extraire que par l'embryotomie ; d'autres fois, encore, quoique le fœtus soit peu développé, on éprouve des difficultés extrêmes pour l'attirer hors de la matrice à cause du resserrement du col; car, on ne peut agir qu'avec les mains : les cordons, et à plus forte raison les crochets, n'ont de prise sur aucune partie que le plus léger effort déchire ou arrache. Enfin ce n'est qu'après un travail obstiné qui peut durer plusieurs heures, le nez au-dessus de puanteurs insupportables qui font fuir tout le monde, que l'accoucheur parvient à débarrasser la femelle. Que de fois, notre père, notre frère et nous, avons été, après des accouchements de ce genre, victimes du dévouement à la profession et aux intérêts qui nous étaient confiés ! Que de fois n'avons nous pas eu les bras et les mains criblés d'éruptions charbonneuses qui nous mettaient pendant plusieurs jours, dans l'impossibilité de nous en servir même pour manger ! Que de fois, enfin, ne nous sommes nous pas dit : que nous ferions mieux de payer au propriétaire le prix de sa vache que d'entreprendre la besogne pour laquelle nous étions requis!

On ne guérit pas l'avortement, on le prévient. Qu'on ait pris des phénomènes gastralgiques par exemple, comme la faim-vale, etc., qui sont des fruits de la gestation, pour des signes d'avortement, cela ne nous étonnerait pas; mais qu'on dise avoir rétabli entre le fœtus et sa mère des relations interrompues ou seulement en voie de s'interrompre, voilà ce qui nous paraît être de la pure prétention. Combattre la cause n'est que prévenir.

Causes de l'avortement. — Pour écarter les causes qui peuvent produire l'avortement, il faut bien les connaître. On en invoque de très-nombreuses; mais, nous devons avouer qu'à part celles dont l'action porte directement sur la matrice ou sur le fœtus, la cause à laquelle on l'attribue est souvent fort éloignée de celle qui le produit.

Quoiqu'il en soit, nous allons examiner toutes les causes réputées capables d'occasionner et de déterminer l'avortement.

Ces causes sont *particulières* ou *générales*.

Les causes particulières sont *directes* ou *indirectes*; parmi les premières nous comprendrons : 1° les coups donnés sur les parois du ventre des femelles pleines, par des palfreniers, vachers et conducteurs brutaux, ou par d'autres animaux; les coups de timon, les heurts ou contusions contre les brancards et les châssis des portes, l'entrée des étables, écuries et bergeries étant trop étroites. On éviterait cette dernière cause d'avortement, plus fréquente qu'on ne le croit généralement, par un ou deux escaliers à l'entrée des locaux, ou en ne permettant aux bêtes de rentrer que une à une. La mauvaise habitude d'approvisionner les rateliers, avant la rentrée des animaux, est pour beaucoup dans la précipitation de ceux-ci à se jeter sur les portes pour arriver les premiers. On peut considérer encore comme causes directes de l'avortement : les coups d'éperon, les courses rapides, les travaux pénibles, les grands efforts de traction, vulgairement les coups d'*aïe*, et les maladies aiguës des organes pulmonaires et intestinaux. Nous avons presque constamment vu l'avortement faire suite à ces maladies : la toux et les désordres qui les accompagnent servent à l'expliquer. La copulation est aussi une cause directe de l'avortement, nous avons observé que la plupart des vaches et surtout des juments, qui avaient été saillies de force, soit qu'on ne les croyait pas pleines, soit qu'elles aient été surprises, ont avorté peu de temps après cet acte. Au nombre des causes directes doivent se ranger naturellement tous les médicaments dits emmenagogues : la rue, la sabine, le seigle ergoté, etc., auxquels on attribue des propriétés spécifiques. Le sel dit-on agirait de même sur la brebis, et le trèfle sur la truie.

Les causes *indirectes* prédisposent à l'avortement ou l'occasionnent par contre-coup : 1° le passage subit du du chaud au froid, ou du froid au chaud, en détruisant l'équilibre des fonctions, provoque dans l'économie des désordres pouvant réagir sur le produit de la conception et déterminer sa chute. Ainsi l'ingestion d'eau froide, surtout par les grandes chaleurs et le pâturage, les herbes étant encore recouvertes de gelée blanche; occasionnent un abaissement subit de température, qui fait éprouver au petit sujet un malaise tel que ses attaches peuvent en être brisées ; 2° un repos trop prolongé à l'écurie ou à l'étable dispose aux congestions; 3° un travail excessif jusqu'à la mise bas échauffe et irrite le sang ou épuise la femelle ; 4° les excitations du mâle. Nous ne croyons pas à l'action de cette cause à moins qu'elle ne soit suivie du fait matériel, la femelle pleine étant insensible à ces provocations; 5° l'indigestion, la météorisation, la réplétion des gros intestins chez la jument, du rumen chez la vache, par des substances sèches, indigestes, peu nutritives et de mauvaise qualité sont des causes de gêne et de souffrance pour le fœtus; 6° une nourriture trop abondante et substantielle, ou insuffisante et de mauvaise qualité, prédispose aux stases sanguines par trop de richesse

ou de pauvreté du sang, dans le premier cas la congestion est sthénique ou active et dans le second
asthénique ou passive; 7° l'obésité, comment expliquer l'action de cette cause? Serait-ce la masse de suif
accumulée dans l'abdomen qui ferait obstacle au développement de la matrice et du fœtus; ou, faut-il y voir
l'effet de la débilité et de la lenteur de la circulation,
conséquences de l'excès d'embonpoint? Toujours est-il
que nous avons souvent vu les femelles obèses jeter
leur produit; 8° une grande frayeur occasionnée par
l'attitude aggressive des chiens, par des mauvais traitements accompagnés de cris et de coups, par les éclairs
et les violents éclats de tonnerre. Ces causes, qui
impressionnent très-vivement les brebis, n'ont pas
moins d'action sur les autres femelles qui, toutes, sont
plus ou moins accessibles à la peur. C'est un fait,
qu'une grande émotion, qu'une impression forte, provoquent l'avortement chez toutes les femelles pleines;
9° les femelles débiles saillies trop jeunes; le fœtus est
mal à l'aise dans un espace trop étroit, et ne reçoit pas
les éléments nécessaires à son accroissement; 10° les
purgatifs drastiques et même salins; serait-ce par suite
de l'irritation des intestins, ou des phénomènes tumultueux qui en résultent, ou bien l'action du purgatif se
communique-t-elle directement ou par voie de sympathie ou autrement au fœtus? Quoiqu'il en soit de
nombreux avortements ont été constatés à la suite de
l'administration de purgatifs; 11° une évacuation
sanguine inconsidérée. Autant une saignée modérée et
pratiquée selon l'indication peut être utile, autant une
saignée trop large et intempestive sera nuisible.

Les causes particulières ne sauraient donner lieu

qu'à des avortement isolés se produisant çà et là, c'est l'avortement *sporadique*. Mais des circonstances atmosphériques, climatériques, telluriennes et particulières, mêmes, engendrent des causes dont l'action peut s'étendre à toutes les femelles d'un troupeau, d'une localité, ou d'une contrée. Sous l'influence de ces causes *générales*, les femelles des mêmes espèces avortent en très-grand nombre et l'avortement est *enzootique* ou *épizootique*. Ainsi 1° dans les années pluvieuses, l'air surchargé d'humidité et les végétaux de principes aqueux ne fournissent à l'organisme animal, par la respiration et la digestion, que des éléments peu réparateurs. Le sang, où la sérosité domine, s'appauvrit et répand, dans toute l'économie, la débilitation dont les fâcheux effets sont doublement ressentis par les femelles pleines qui, outre leurs propres besoins, ont encore à satisfaire à ceux du produit qu'elles portent en elles. Dès lors, le fœtus ne recevant pas de sa mère, qui en manque pour elle-même, les matériaux nécessaires à sa nutrition, et à son développement, s'en détache et est expulsé avant terme; ou, s'il arrive à terme, il n'est pas viable. 2° Par les mauvaises années, trop sèches ou trop humides, les fourrages manquent ou sont mal récoltés; dans le premier cas la disette sévit; les animaux sont mal nourris et avec parcimonie; la nécessité forçant de faire flèche de tout bois, on leur donne ce qu'on a et qui peut, sinon les nourrir, du moins tromper leur faim; dans le second cas, les aliments sont avariés, vasés, rouillés, moisis, poudreux, peu nutrifs et indigestes. Dans les deux cas il y a appauvrissement du sang par l'insuffisance des principes réparateurs; et, de plus, réplétion des organes digestifs par des substances inertes et nuisibles. Après ce que nous venons de dire plus haut, il est inutile de faire ressortir l'influence pernicieuse d'un pareil régime sur l'état sanitaire des femelles pleines et de leur produit. 3° Dans les très-bonnes années, l'air est pur et sain, les fourrages verts et secs sont abondants et d'excellente qualité. Les animaux reçoivent à profusion une nourriture très-substantielle. Cet excès de bien-être engendre une cause qui, étant tout-à-fait le contraire de la précédente, donne cependant lieu aux mêmes résultats. On a raison de dire : que les extrêmes se touchent. Sous son influence l'avortement peut aussi prendre de vastes proportions et revêtir les caractères d'une enzootie ou d'une épizootie. Mais ici l'apparition du fléau est due à une exubérance de vitalité ; le sang très-riche en principes fortifiants et excitants, fourni par de bonnes digestions, et vivifié par une oxygénation complète, est plus épais, plus plastique et circule plus difficilement. En vertu de cet axiome : *ubi stimulus ibi fluxus* il est attiré en plus grande masse vers la matrice et le placenta, organes très-vasculaires, et y occasionne des congestions qui détruisent les communications du fœtus avec sa mère.

4° Un mâle en disproportion de force avec les femelles, serait, d'après les auteurs, une cause générale d'avortement. Cette assertion fort hasardée est démentie chaque jours par des faits, chez toutes les espèces animales le mâle est plus fort que la femelle ; et il n'est pas admissible qu'on introduise, en vue de la reproduction, des géants dans le pays des naines. Qu'un mâle affaibli par l'obésité, ou épuisé par des saillies trop répétées ne donne la vie, quand il la donne, qu'à des avortons, la chose est, certainement, plus vraie.

5° Par suite de la remarque que, après un avortement dans un troupeau, le mal s'étend à d'autres femelles, on a été amené à en attribuer la cause à la contagion. Il en est, du reste, ainsi de toutes les maladies dues à des causes générales. Lorsque quelques bêtes sont atteintes en même temps, ou successivement, aussitôt on crie à la contagion. Il est pourtant bien facile de comprendre qu'une cause morbide, ayant exercé son influence sur un grand nombre d'individus, également prédisposés, si l'un est atteint du mal, il n'y a pas de raison pour que les autres en échappent. Il en est sans doute de même de l'avortement, dont l'extension, à plusieurs ou à toutes les femelles pleines d'un troupeau, est attribuée à la viciation de l'air des locaux par des gaz infectes résultat de la décomposition des humeurs, des enveloppes fétales et du fœtus lui-même ; mais ne voit-on pas, et que de fois n'avons nous pas vu, l'atmosphère des étables corrompue après l'extraction d'un fœtus en putréfaction, ou par la présence de femelles non délivrées de l'arrière faix, sans que nous sachions que des avortements aient jamais été observés dans ces circonstances, malgré la persistance, quelquefois prolongée, des mauvaises odeurs? En tous cas, ce serait l'*infection* et non la contagion qui jouerait ici son rôle. Disons plutôt que c'est la goutte d'eau qui fait déborder le vase. En effet, si aux prédispositions que les femelles recèlent déjà en elles, par suite de l'influence de causes particulières ou générales, on ajoute l'action sur le sang d'un air corrompu, il ne paraîtra plus étonnant qu'un avortement soit suivi par d'autres.

Quoi qu'il en soit, c'est toujours une sage précaution de faire enlever immédiatement l'arrière-faix et d'éloigner de l'étable, de l'écurie et de la bergerie la femelle qui vient d'avorter ou qui n'a pas délivré (*paré*); de bien nettoyer la place qu'elle occupait et même de purifier l'air par des agents désinfectants.

Telles sont les causes les plus ordinaires de l'avortement. Les éleveurs ont le plus grand intérêt à les bien connaître, afin d'éviter les grandes pertes qui en sont la conséquence.

Nous avons dit, plus haut, que l'avortement artificiel par la dilatation du col de la matrice et la déchirure des enveloppes fœtales, tendait à recevoir une application pratique dans certains cas déterminés : pour prévenir les inconvénients et les accidents qui peuvent résulter de la parturition chez des femelles trop jeunes, ou pour anéantir le fruit d'une mésalliance ou d'un mariage disproportionné; ou bien, encore, pour obvier à la perte qui résulterait de l'engraissement d'une femelle pleine.

Le remède, dans tous les cas, ne serait-il pas pire que le mal? Telle est la question que nous posons; quant à nous, nous y répondons affirmativement.

Les accidents graves de l'avortement, tels que le renversement du vagin et de la matrice, la non-délivrance et les maladies qui en sont la suite, se produisent également après la parturition naturelle. Nous les rencontrerons plus loin.

DE LA PARTURITION NATURELLE.

Quand la marche de la gestation n'a pas été entravée, que rien d'anormal ou d'accidentel ne s'est déclaré et qu'elle est arrivée à son terme, la parturition s'annonce par des signes qu'on distingue en *précurseurs* et *prochains*.

Signes précurseurs. Chez la jument, quelques jours avant le part, le ventre est complétement avalé, le flanc creux, la colonne vertébrale affaissée et comme ensellée ; la base de la queue est saillante et présente de chaque côté un enfoncement prononcé; les membres sont empâtés, les lèvres de la vulve gonflées, flasques et pendantes; la marche est lourde et vacillante. Les mamelles sont tendues, le lait blanchit et l'apparition d'une goutelette, comme un bouchon de cire blanche, à l'ouverture du mamelon, précède la mise bas de 24 ou 30 heures au plus, et indique que le moment est venu de redoubler de surveillance.

Chez la vache, la croupe est tout à fait détendue et déformée par le relâchement complet des ligaments sacro-ischiatiques. *La vache est toute croquée*, comme on dit à la campagne.

Les signes prochains s'annoncent par la présence à la vulve de glaires, quelquefois sanguinolents ; par l'expulsion plus fréquente des excréments et des urines dont la quantité diminue à chaque évacuation. La femelle est agitée, piétine en s'appuyant tantôt sur un membre, tantôt sur l'autre, regarde son flanc; on dirait qu'elle souffre d'un mal de ventre, indice d'un grand malaise. Elle se campe fréquemment comme pour uriner et n'expulse que quelques gouttes d'urine. La vache fait entendre de temps en temps un mugissement plaintif; *elle muse.*

A ces signes en succèdent d'autres plus caractéristiques. Les douleurs du part commencent. La queue, d'abord constamment en mouvement, reste immobile, levée et droite. C'est le moment marqué par la nature pour que le fœtus, dont les organes sont assez parfaits pour qu'il puisse vivre dans un autre milieu, se détache de sa mère et en soit expulsé. Devenu corps étranger, sa présence provoque l'entrée en action de la matrice. Les efforts expulsifs annoncent ses contractions et en sont l'expression; leur intensité est proportionnée à la violence des maux ou douleurs. La nature dans sa prévoyante sagesse a admirablement tout disposé afin de favoriser la sortie du nouvel être de l'autre où il s'est développé; les muscles, le diaphragme, les parois abdominales et la matrice, dont les fibres sont disposées de façon à ce que son contenu soit poussé dans l'axe de son col, en agissant simultanément, ont pour premier effet de déplacer les humeurs qui, par leur mobilité, refluent vers l'ouverture encore fermée de la matrice pour la dilater, peu à peu, par la douce et suffisante pression qu'elles exercent sur cette partie, en obéissant à l'impulsion des efforts expulsifs et des contractions de l'utérus.

Les eaux du sac le plus superficiel, de l'allantoïde par conséquent, sont les premières à recevoir cette action; ce sont donc elles aussi qui les premières doivent s'introduire dans le col de la matrice. Elles y pénètrent à la manière d'un coin mou, élastique et par leur accumulation qui augmente à chaque con-

traction, agrandissent petit à petit cette ouverture,
s'avancent dans le vagin et viennent apparaître à la
vulve et en dehors de ses lèvres sous la forme d'une
vessie plus ou moins grosse, arrondie ou piriforme.
Celle-ci, petite d'abord, rentre pendant l'intervalle des
contractions pour reparaître de plus en plus volumineuse à chaque reprise et se déchirer. Ainsi le sac de
l'allantoïde distendu par les eaux qu'il renferme,
poussé à travers du col de l'utérus et cheminant dans
le canal vaginal, en même temps qu'il dilate le passage
et prépare la voie, il soutient et protége l'amnios en le
remorquant, ainsi que son contenu. Ces dispositions

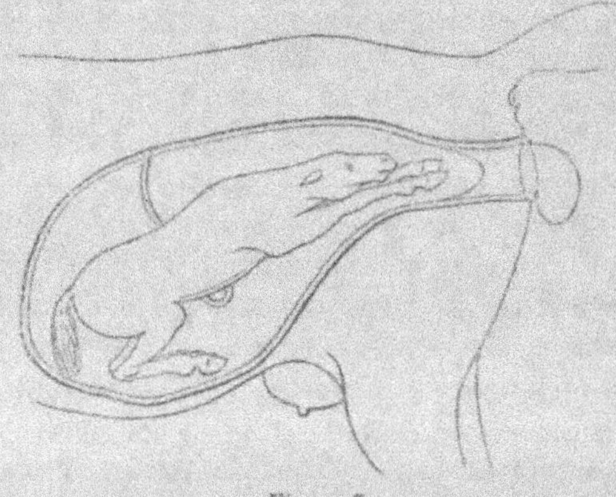

Figure 5.

permettent le déplacement, dans les eaux de l'amnios,
des parties détachées du fœtus, la tête et les membres,
et leur extension en position favorable pour qu'elles
entrent sans encombre dans le détroit pelvien. Le sac
de l'amnios attiré par les eaux de l'allantoïde, et chassé
par les efforts expulsifs et les contractions de l'utérus,

forme en quelque sorte un second cône engagé par le sommet dans la base du premier représenté par l'allantoïde. Par son volume qui augmente à chaque contraction, il concourt à agrandir l'ouverture de la matrice, en même temps qu'il comprime les eaux de l'allantoïde qui, sous cette pression de plus en plus forte, déchirent le sac qui les contient et s'échappent avec un certain bruissement.

La poche de l'allantoïde étant brisée et la plus grande partie de ses eaux écoulée, la femelle éprouve un soulagement annoncé par un moment de calme, ordinairement de peu de durée chez la jument; car, chez cette femelle, la rupture de l'allantoïde et presque constamment suivie immédiatement de l'apparition et de la déchirure de l'amnios; assez souvent même les deux sacs se brisent à peu près en même temps; mais il est évident que la rupture du plus superficiel doit précéder celle du plus profond.

Chez la vache, l'écoulement des eaux de l'allantoïde pourrait être facilement confondu, lorsque le sac se déchire à l'intérieur du vagin, avec une forte évacuation d'urine. Ces premières eaux écoulées la femelle éprouve un moment de calme, plus ou moins long, après lequel les douleurs reparaissent plus intenses, et poussent au dehors une seconde boule, qui apparaît et se forme absolument comme la précédente; d'abord plus petite, elle est chassée à l'extérieur par chaque contraction et ramenée à l'intérieur pendant les intervalles; puis elle reste sortie, se gonfle quand les efforts se produisent et s'affaise quand ils cessent.

Cette seconde boule, formée par le sac et les humeurs de l'amnios, offre une teinte moins foncée que la première, ce qui est dû à la présence des pieds du nouvel être dont la couleur des sabots est réflétée par le liquide; elle augmente ordinairement aussi plus rapidement de volume et tarde moins à se déchirer; et les eaux qu'elle contient étant plus épaisses s'écoulent sans bruit à l'instar des huiles grasses et des liquides très-mucilagineux.

Tous les auteurs n'avaient parlé que d'une seule poche des eaux dans laquelle *se trouvait quelqu'une des parties du petit sujet*. Évidemment il ne pouvait être question que de l'amnios. De l'allantoïde, ils ne disaient pas le moindre mot. Nous avons réparé cet oubli et démontré dans un mémoire, que nous reproduisons plus loin, *sur la non-délivrance chez les grandes femelles domestiques* publié par les *Annales de médecine vétérinaire de Belgique*, numéro de juin 1861, le rôle des eaux de l'allantoïde dans l'acte du part et les indications pratiques qui en découlaient. Étions-nous dans le vrai ou non? Il nous semble que M. Saint-Cyr aurait bien dû le dire. Il préfère se glisser silencieusement entre les auteurs et nous : en faisant *rompre les membranes en même temps* et écouler les liquides, *celui de l'allantoïde d'abord, puis celui de l'amnios un instant après*. Pourquoi, de la part d'un professeur qui se targue d'être consciencieux et impartial, cette exposition équivoque et illogique d'un fait ayant une importance scientifique et pratique? En présence de l'affirmation qu'un phénomène physiologique avait été mal observé par les auteurs, ne convenait-il pas qu'il prît une attitude plus correcte en déclarant franchement de quel côté était la vérité? Il a bien voulu nous reconnaître ailleurs assez de mérite pour nous citer et nous discuter.

Quoi qu'il en soit, nous maintenons entièrement ce que nous avons écrit à ce sujet, en y ajoutant, que quand chez la vache particulièrement, les premières eaux, les eaux de l'allantoïde, tardent, sous les efforts expulsifs, à apparaître au dehors, ou qu'elles se brisent à l'intérieur et que les secondes, celles de l'amnios, ne les suivent pas, après un certain délai, c'est qu'il se passe quelque chose d'insolite et une parturition mauvaise est à craindre et à prévoir.

Pendant la marche des eaux destinées à dilater, à frayer et à lubrifier le passage, le fœtus, amené en présentation et position favorables, est dirigé dans l'axe du col de l'utérus et du bassin; et, poussé par les efforts expulsifs, il entre dans la voie de sortie, et arrive au dehors en glissant à travers ses parois.

L'explication du mécanisme naturel du part est simple et facile à comprendre : le fœtus étant étendu la tête allongée sur les membres antérieurs et la queue entre les fesses, représente deux œufs réunis par leur gros bout, ou deux cônes soudés par leurs bases; de sorte que, quelle que soit l'extrémité qui s'offre au passage, sa forme conique, qui est, comme on sait, la plus avantageuse pour ouvrir un chemin à travers les résistances, favorise sa progression et permet au part de s'accomplir sans aucun secours étranger. Les parties antérieures ou postérieures du fœtus sont donc disposées de manière à représenter un troisième cône, dont le sommet est emboîté dans la base de celui formé par le sac de l'amnios. A la faveur de cette disposition le fœtus, attiré dans le mouvement de déplacement en avant que les eaux de l'allantoïde ont communiqué aux humeurs de l'amnios dans lesquelles il nage, est chassé dans le col de la matrice, et, à mesure qu'il avance dans cette ouverture, il en complète la dilatation et détermine la déchirure des enveloppes. La rupture de l'allantoïde coïncide avec l'entrée dans le bassin du sommet du cône représenté par les parties antérieures ou postérieures du fœtus, et celle de l'amnios avec la présence au détroit pelvien de sa partie renflée. A chaque effort, les parois du vagin étant lubrifiées par une nouvelle quantité d'humeurs, la marche du fœtus fait des progrès ; le bout du nez apparaît ; bientôt la tête entière est sortie ; mais l'entrée du tronc et des épaules dans le passage est le moment le plus douloureux et des efforts les plus violents et les plus soutenus. Enfin le mauvais pas est franchi, et le reste suit facilement. Si la femelle met bas étant debout ses jarrets font l'office d'un plan incliné sur lequel le fœtus glisse pour arriver mollement à terre.

Lorsque le fœtus vient du derrière, le moment difficile est le passage de la croupe ; celle-ci sortie, le reste vient, la poitrine et les épaules traversent le détroit presqu'aussi aisément dans ce sens que dans l'autre. Néanmoins, cette présentation est moins favorable que la première : le fœtus, venant au rebours du poil, s'il est très-développé, la forte pression qu'il subit déssèche le poil et le relève en rendant le glissement plus difficile (1).

(1) Des praticiens prétendent, par la raison que des déchirures du foie chez le fœtus, peuvent en être la conséquence, que cette présentation n'est pas naturelle ou physiologique. Nous ne nions pas que des accidents de ce genre aient été observés ; mais nous affirmons qu'ils ont été le résultat de tractions intempestives et maladroites, et qu'ils ne se produiraient pas en laissant agir la nature ou en lui venant en aide avec intelligence.

Ainsi donc le fœtus se présente bien soit qu'il vienne du devant ou du derrière si, étant placé sur son ventre le dos en haut (position *vertébro-sacrée et lombo-sacrée* des théoriciens), il a, dans le premier cas, le cou et la tête allongés sur les membres (voir planche n° 5) et, dans le second, la queue appliquée sur les fesses et les membres allongés dans le bassin (voir planche n° 6). Les positions inverses, c'est-à-dire sur le dos le ventre en haut (*vertébro-pubienne et lombo-pubienne*), sont également physiologiques, le part pouvant avoir lieu sans l'assistance de l'homme. Cependant il est prudent, dans tous les cas, d'explorer les parties afin de se rendre compte de la situation et pouvoir, le cas

Figure 6.

échéant, remédier au plus tôt aux déviations qui tendraient à se produire. Placé sur l'un de ses côtés, droit ou gauche, qu'il se présente du devant (*vertébro-iliale droite ou gauche*) ou du derrière (*lombo-iliale droite ou gauche*), le fœtus ne saurait sortir, les dispositions de l'entrée de la cavité pelvienne s'y opposant, à moins que la position ne se modifie ; c'est ce qui arrive ordinairement quand le fœtus est vivant. Secondé dans ses mouvements par les contractions de la matrice et les efforts expulsifs, il se remet de lui-même en première ou en seconde position. Lorsqu'il est mort les positions latérales sont constamment dystociques.

Il existe bien encore une position qui permettrait, dans certains cas, chez la jument, l'expulsion du fœtus par les seuls efforts de la mère ; c'est lorsque, placé sur son ventre, il se présente dans le détroit par la pointe des fesses et la queue. Mais, dans cette position le travail de la parturition est souvent très-long et le poulain vient rarement vivant. Cependant, à l'aide d'une traction bien dirigée et exécutée en temps utile, on pourrait quelquefois, croyons-nous, abréger la durée des souffrances de la mère et prendre le poulain vivant. Nous reviendrons plus loin sur ce sujet.

Toutes les autres présentations et positions appartiennent à la dystocie, le part étant impossible sans le secours de l'homme. Toutefois, après avoir indiqué succinctement les soins que réclame la femelle avant et pendant la parturition naturelle, nous parlerons de deux situations obstétricales qui, sans être physiologiques ni anomales, sont plutôt du domaine de la médecine que de la chirurgie.

PRÉCAUTIONS A PRENDRE AVANT ET PENDANT LA PARTURITION.

La femelle, au moment de mettre bas, ne doit pas être abandonnée à elle-même.

Sa conservation et particulièrement celle de son produit exigent qu'elle soit surveillée. Dès la manifestation des premiers phénomènes du part, il convient de la soustraire à toutes les causes capables de troubler sa tranquillité. On lui fera une épaisse litière et, autour d'elle, régnera le silence et une demi obscurité. Une personne intelligente, et qui a l'habitude de la soigner, restera près d'elle, tiendra la porte de l'écurie ou de l'étable fermée et en écartera les importuns. Si c'est une jument jeune, irritable qui pouline pour la première fois, et que les phénomènes du part se manifestent avec véhémence, il sera urgent de fouiller le rectum pour le débarrasser des crottins desséchés qu'il peut contenir, ou de passer un lavement fortement huileux. Pour avoir négligé cette précaution, il est à notre connaissance que des juments ont péri par suite de la déchirure des parois de l'intestin.

On se gardera bien d'intervenir, intempestivement, en perçant la poche des eaux, pas plus des premières que des secondes; il importe de laisser ce soin à la nature.

Après l'écoulement des premières eaux et la déchirure naturelle, dans un délai normal, de la poche des secondes, lorsque, chassés par les efforts expulsifs, les pieds du fœtus sortiront de la vulve jusqu'au-dessus des boulets, et que le bout du nez ou de la queue apparaîtra à l'entrée de cette ouverture, la personne préposée à la surveillance de la femelle pourra, sans inconvénient, saisir les deux membres, un de chaque main, et tirer sur ces parties pendant que la mère fait des efforts expulsifs. Cette traction, opérée au moyen de la main seulement, ne saurait être que très-modérée : les parties sur lesquelles elle s'exerce ne donnant que peu de prise, recouvertes qu'elles sont par des humeurs extrêmement glissantes. Dans l'immense majorité des cas, cette légère assistance suffit, sans que la nature en soit contrariée, pour soulager la mère, aider à la sortie du fœtus et à le soutenir pour qu'il arrive mollement à terre si la femelle met bas étant debout.

Quand le fœtus est fort et surtout s'il vient du derrière, il est nécessaire d'intervenir un peu plus activement en se servant de lacs fixés dans les paturons. On ne saurait rien employer de mieux pour cet usage qu'un écheveau, ou *manée (jeture)* de fil brut de lin. Tous les éleveurs devraient avoir ces lacs appendus en permanence dans les écuries et les étables. Une seule personne, agissant sans précipitation et en faisant coïncider ses efforts avec ceux de la mère, termine le part avec facilité.

Mais les choses ne se passent pas toujours aussi régulièrement ; quelquefois les douleurs se manifestent brusquement et avec intensité ; la femelle est très-agitée, se couche et se relève fréquemment, elle fait de violents efforts expulsifs presque continus. Ou bien les maux se déclarent sourdement ; ils sont peu intenses, de peu de durée et reparaissent à des intervalles assez éloignés ; la femelle reste longtemps couchée, dans une situation de tranquillité relative, interrompue par quelques légers efforts expulsifs, peu fréquents et peu soutenus.

Quand, dans l'un et l'autre cas que l'on désigne : le premier de *parturition tumultueuse*, et le second de *parturition languissante*, la situation se prolonge sans

que le travail du part fasse des progrès, l'homme doit
intervenir, mais plutôt comme médecin que comme
accoucheur. Cependant, il est indispensable d'explorer
d'abord les organes génitaux avec douceur et précaution ; ces états pouvant dépendre de causes diverses.
Dans le premier cas, nous avons trouvé le col de la
matrice fermé, plus ou moins rigide, sans aucune
anomalie ni altération des tissus ; la femelle était
ordinairement primipare, jeune, vigoureuse, irritable
et d'une constitution riche et énergique. Nous avons
toujours temporisé et nous nous en sommes chaque
fois bien trouvé. La tranquillité, une petite saignée,
quelques lavements émollients et anodins, et des injections de même nature dans le vagin, des boissons
adoucissantes et rafraîchissantes, des bouchonnements
fréquents, la promenade, si c'est une jument, ra-
mènent constamment, après un certain temps, vingt-
quatre heures plus ou moins, le calme et, avec lui, la
marche régulière du travail du part.

Dans le second cas le col de la matrice est peu,
ou point, ou insuffisamment dilaté ; la femelle vieille,
maigre, débile, ou affaiblie par les mauvais soins, la
misère ou la maladie. Ici, il faut relever les forces par
quelques breuvages cordiaux, avec de la bière, du vin,
des plantes aromatiques : absinthe, sauge, camomille, etc., et combattre l'inertie de la matrice par le
passage à diverses reprises, après quelques moments
d'intervalle, de la main dans les voies génitales et
l'ouverture du col. Ces manipulations ont pour résultat
de solliciter l'action de l'utérus, de provoquer ses
contractions et d'activer le travail du part ; et cette
excitation directe est d'une application plus facile,

moins douteuse, plus efficace et moins dangereuse, que
tous les médicaments dits utérins et emménagogues.

DES SOINS A DONNER A LA MÈRE ET AU NOUVEAU-NÉ.

A la jument. — Après le part naturel, les femelles
sont ordinairement peu dérangées; il suffit de les tenir
chaudement et à l'abri des courants d'air.

On bouchonne la jument qui vient de pouliner et on
lui donne un demi seau environ d'eau blanchie et
tiède, pour étancher sa soif, conséquence du travail du
part. Sa litière refaite et recouverte d'une couche
épaisse de paille fraîche, on la laisse tranquille en
fermant la porte de l'écurie afin qu'elle puisse se
reposer, et se livrer à son aise à ses joies maternelles
et aux soins que réclame son petit. Elle s'en fait reconnaître et aimer par des hennissements empreints de la
plus grande tendresse et en le léchant avec amour.

Les primipares, quelquefois, sont effrayées à la vue de
leur œuvre, elles la regardent et la flairent avec un sentiment de défiance, manifesté par un mouvement de
recul avec abaissement des oreilles et de fortes expira-
tions qui font vibrer bruyamment les parties mobiles
des naseaux. Il convient alors de la caresser et de lui
parler avec douceur, d'approcher peu à peu sa tête de
celle de son petit, de l'amener à le lécher, soit naturellement, soit en répandant sur le corps du nouveau né un peu de sel fin ou du son; une fois qu'elle
l'a léché elle le reconnaît et s'en passionne. Après
une demi heure, une heure, on présente de nouveau
à boire à la mère; et si le poulain n'a pas encore

trouvé de lui-même, le chemin des mamelles on approche sa bouche du pis, et on y introduit le mamelon. Cet exercice n'est pas longtemps nécessaire; le petit ne tarde pas à savoir où est la bouteille et à y aller seul.

Si la jument était chatouilleuse, et si les attouchements du poulain à la recherche des mamelles et du mamelon lui étaient désagréables, et qu'elle voulût s'y soustraire, il faudrait la soumettre en employant beaucoup de ménagement et de douceur, relevés au besoin par des menaces; ou en détournant son attention par des caresses : en la grattant autour des oreilles, du toupet, du garrot, du sommet de la queue, siéges ordinaires de démangeaisons, et en lui donnant de petites choses dont elle est friande. Quelquefois on réussit mieux en parlant plus haut et durement, et en montrant la main prête à frapper. Ces moyens ne sont nécessaires que pendant les premiers jours.

Dans les premiers moments qui suivent le part, la bonne mère, après avoir séché son petit à force de le lécher, le réchauffe par son contact. Mais il y a des mauvaises mères qui ne veulent pas le reconnaître, en ont peur, et cherchent à se soustraire à ses approches en le menaçant des dents et des pieds. On devra d'abord, pour le faire sécher, essuyer le petit avec du lainage ou du regain ; puis on l'approchera de temps en temps de sa mère, qu'on tâchera de soumettre par les moyens indiqués ci-dessus, sans pourtant trop l'importuner, et on placera le poulain hors de ses atteintes, dans un local séparé de son boxe, par un latis à claires voies, où elle pourra le voir et le sentir. Il est rare qu'après un certain temps, l'empissement douloureux des mamelles aidant, elle ne se laisse pas attendrir par les appels pressants de son petit (1).

La jument devra être tenue au repos pendant 7 ou 8 jours, et à un régime rafraîchissant et adoucissant composé, en grande partie, de barbotages avec la farine d'orge ou de froment.

Après huit ou dix jours, les juments qui allaitent doivent être bien nourries. On ne doit pas oublier cette maxime : *que la bonne nourriture fait le bon lait, et le bon lait les bons poulains*. La meilleure alimentation est celle fournie par les prairies naturelles et artificielles. Quand le poulinage a lieu à une époque où les fourrages verts manquent, on donnera du foin, bien récolté, de l'avoine, de l'orge, des barbotages, et, surtout, des mashs anglais. Lorsque la belle saison est là, il n'y a rien de mieux que de mettre la mère et le poulain dans une bonne prairie ; en y établissant une cabane ou remise, où ils pourront trouver un abri contre le froid, les mauvais temps et les ardeurs du soleil.

Quelques jours après sa naissance, le poulain a déjà assez de force pour suivre sa mère ; cependant, on ne doit pas lui permettre de l'accompagner lorsqu'elle est employée à des travaux exigeant une marche accélérée, ou lorsqu'elle doit faire un long trajet. Les juments

(1) Bon nombre d'éleveurs ne déplacent pas la jument qui vient de pouliner ; ils la laissent dans la même écurie, sans autres précautions que de la mettre dans un coin. Le poulain se livre à ses ébats au milieu des autres chevaux sans qu'il soit, jamais, l'objet de mauvais traitements de leur part. Tant il est vrai que, dans toutes les espèces animales, les adultes et les vieux sont portés, par instinct, à aimer et à protéger l'innocente et folle jeunesse.

qui, peu de temps après le poulinage, sont remises aux travaux des champs, doivent être ramenées au moins une fois par *dételure*, pour allaiter leur petit. Pendant l'absence de la mère on fera autour du poulain le silence et l'obscurité, il est ainsi plus tranquille ; si les poulains sont plusieurs, on les mettra ensemble dans le même local ; ils s'amuseront et seront moins impatients.

Au poulain. — Lorsque le poulain vient au monde renfermé dans ses enveloppes, il faut se hâter de les déchirer, sinon, il serait promptement étouffé ; ne recevant plus par sa mère du sang oxygéné il doit respirer. L'établissement de cette fonction est en quelque sorte mécanique. Sorti du ventre de sa mère, où il séjournait dans un liquide chaud, le nouvel être reçoit, subitement sur toute la surface de son corps, l'action refroidissante de l'air et de l'évaporation ; de là un malaise qui retentit sur tout le système nerveux et sur l'appareil respiratoire. Les muscles qui concourent à cette fonction sont mis en jeu, et, par leur contraction, ouvrent les voies aériennes. La nature ayant horreur du vide, l'air s'y engouffre et pénètre jusqu'au fond des vésicules pulmonaires. Le contact de cet agent excitant sur des surfaces d'une sensibilité extrême, produit d'abord une impression pénible, douloureuse, contre laquelle réagissent les forces vitales : les muscles expirateurs se contractent et l'en chassent violemment par des ébrouements, des éternuements et des quintes de toux. Pendant ces efforts, la dilatation et le resserrement des organes respiratoires se succèdent précipitamment ; l'air étant attiré et expulsé avec force, déblaie les conduits aériens des mucosités glaireuses qui les obstruent, et habitue à son contact, la muqueuse qui les tapisse ; d'où naît bientôt la tolérance nécessaire à la régularisation des mouvements d'inspiration et d'expiration. Ainsi s'établit la respiration qui durera jusqu'à la mort.

Bien que l'hémorrhagie par le cordon ombilical, après que le poulain a respiré, ne soit plus à craindre il est toujours prudent de le lier à quelques centimètres du ventre, sur l'espèce d'anneau qui, comme nous l'avons dit plus haut, l'unit à la peau de cette région, et on le retranche un peu au dessous de la ligature.

Lorsque le poulain est faible presque mourant, il faut le frictionner vigoureusement par tout le corps avec des chiffons de laine ou du regain.

Beaucoup d'éleveurs sont dans l'habitude, pour faciliter l'établissement de la respiration, de souffler dans les narines du petit sujet ou de lui mettre dans la bouche une petite poignée de sel. Ces moyens sont rationnels : ils provoquent les éternuements et la toux, et partant la mise en action des puissances respiratoires.

La respiration établie, on approche le poulain de sa mère ; celle-ci le lèche avec tendresse et amour et débarrasse la peau, en la séchant, des mucosités glaireuses qui la mouillent. Quand, après quelques heures, le poulain ne sait pas se lever et aller à la mamelle, il faut le guider ; on le lève, et en le soutenant on approche sa tête du pis pour lui mettre le mamelon dans la bouche. S'il ne voulait pas téter, on ferait couler entre les lèvres le lait qu'on exprimerait des mamelons ; et, en cas qu'il fut trop faible pour tenir le mamelon, on lui ferait avaler du lait extrait du pis de la mère, en y ajoutant un peu de bière, ou du vin chaud sucré ou miellé. Cependant, on ne peut guère conseiller l'usage de ce moyen qu'en cas de nécessité absolue; car, après que le petit a bu au biberon ou autrement, il est ordinairement plus difficile et souvent même impossible de le faire téter.

Lorsque la mère meurt après la mise bas, ou si elle a pouliné sans la moindre apparence que la sécrétion laiteuse s'établisse, il faut donner au petit orphelin une autre nourrice, ce qui n'est pas facile : outre qu'on n'a pas toujours une seconde jument à poulain, il est bien rare que celle-ci veuille l'accepter et lui permettre de s'approcher de ses mamelles, alors même que son nourrisson serait mort depuis peu de temps. Nous ignorons quel résultat on obtiendrait en enveloppant dans la peau fraîche du mort celui qu'on veut lui faire adopter.

S'il n'y avait pas moyen de lui procurer une autre nourrice, on allaiterait le poulain artificiellement en lui faisant prendre tiède une boisson composée, à parties égales, d'une forte décoction d'orge, ou de pain, et de bon lait sortant du pis de la vache, en ajoutant à cette préparation une cuillerée de miel par litre de boisson. On augmentera la quantité de lait et on rendra la décoction plus substantielle, au fur et à mesure que le poulain gagnera de l'âge et de la force.

Plusieurs éleveurs nous ont assuré, et nous avons eu occasion de nous en convaincre par nous même, que des poulains se sont parfaitement développés en ne prenant que du bon lait de vache mélangé avec de la bière jeune, dans la proportion d'une partie de bière sur cinq ou six de lait. Quelques œufs frais par jour, pris avec la coquille, qui, par sa composition chimique, neutralise l'excès des acides de l'estomac, sont un supplément très-avantageux de l'allaitement artificiel.

À la vache. — *La vache* entourerait son veau d'autant de sollicitude et d'amour que les femelles des autres espèces si on la laissait nourrir. Mais, dans nos contrées, par mesure économique, on condamne cette mère à la perte des plus douces jouissances octroyées par la nature au sexe faible, en compensation des sujétions auxquelles il est soumis. A l'homme qui a fait cette situation, incombe le devoir d'en atténuer, autant que possible, les effets moraux pouvant donner lieu à des désordres physiques plus ou moins graves. Son premier soin doit donc être d'empêcher le développement de l'amour maternel. Pour cela, il fera enlever le veau, avant que sa mère ait pu le voir et le lécher, en profitant du moment qu'elle est encore étourdie des secousses du part et pendant qu'on la distrait par des caresses, des bouchonnements, et qu'on lui fait prendre une boisson rafraîchissante; un seau d'eau blanchie et tiède, qu'elle avale avec avidité.

Lorsque, remise de ses fatigues et de ses douleurs, elle appellera son petit et le cherchera des yeux, la personne habituée à la soigner continuera à la caresser, à lui parler avec douceur, et la traira plusieurs fois dans la journée

Il ne faut pas, comme bien des personnes en ont l'habitude, donner à la mère le premier lait, ou le *colostrum*, ni le jeter dans le fumier, il convient au veau : par ses propriétés légèrement purgatives il débarrasse l'intestin du *meconium* qui les remplit.

Nous ne critiquerons pas le système cruel, contre nature, et si contraire à la production de bons produits, en usage dans notre pays. Il nous suffira de dire, qu'on se conduit autrement, là, où on comprend mieux l'élève du bétail et l'amélioration des races. Ce serait aussi perdre notre temps que de discuter les avantages de l'allaitement naturel ; observons, seulement, que le veau trouve, à sa soif, dans le pis de sa mère, la liqueur nutritive que la nature y distille pour lui, jouissant de toutes ses propriétés physiques et chimiques ; tandis que chez nous, le veau est nourri d'un lait dépouillé de son principal élément, la crême. Il ne le prend que quand on le lui donne ; c'est toujours en quantité trop, ou trop peu copieuse à la fois et, alors qu'il est déjà plus ou moins altéré dans ses autres principes et privé de cette température qu'une chaleur artificielle ne saurait jamais remplacer. Ces différents modes d'élevage exercent sur la valeur des produits, une influence considérable, bien appréciée dans les contrées où on élève des bœufs de travail.

Avant de traire la vache, comme c'est généralement l'habitude, sitôt le part terminé, ne ferait-on pas mieux d'attendre le moment que le veau fût disposé à boire, afin qu'il profite entièrement des propriétés salutaires, déposées à son intention par la nature dans le colostrum?

Le lait de la vache fraîche vêlée ne convient à la nourriture de l'homme qu'après sept ou huit jours.

La nourriture des vaches pendant les trois ou quatre premiers jours qui suivent le part doit consister principalement en soupes ou buvées tièdes, peu épaisses et faites avec des herbes, des racines, des tubercules, feuilles de choux et autres fourragères et plantes de saison, etc. Cette alimentation favorise la sécrétion laiteuse et l'écoulement des lochies, et prévient les mauvaises suites du part. On ne doit pas en donner trop à la fois, mais plus souvent.

Après trois ou quatre jours on augmentera la quantité des buvées et on les rendra plus substantielles. Les aliments secs sont contraires à la production du lait; on devra donc continuer l'emploi des soupes jusqu'au moment des fourrages verts. Entre temps du bon foin de prairie artificielle : trèfle, luzerne et du regain de bonne qualité, ne sauraient, en alternant avec les soupes, être nuisibles, au contraire!

Il est convenable d'attendre une quinzaine de jours, et que le temps soit beau, avant de conduire au pâturage les vaches nouvellement renouvelées.

Au veau. — Le veau qu'on a soustrait brusquement à sa mère, avant que celle-ci ait pu le sécher en le léchant, doit être placé dans un local à l'abri du froid et assez éloigné pour que ses cris ne soient pas entendus par elle. On le nettoiera des matières glaireuses dont sa peau est mouillée; on le séchera et on le réchauffera au moyen de frictions faites avec une poignée de regain ou de chiffons de laine.

La respiration s'établit comme chez le poulain; on la favorise en soufflant dans les narines, et en lui mettant une petite poignée de sel dans la bouche. On lie rarement le cordon ombilical du veau, il suffit qu'il soit coupé ou déchiré. Quand il est bien séché et réchauffé, qu'il a acquis assez de force, on le fait boire, en plongeant sa tête dans le vase qui contient le lait de sa mère qu'on vient de traire, et en lui introduisant un doigt dans la bouche. Ce mode de faire boire le veau est l'origine sans doute, de cette expression : *il ne faut pas lui donner le doigt*, en parlant d'un homme qui ne boit que trop bien. Le veau ne reçoit le lait qui vient du pis de sa mère que pendant sept ou huit jours ; alors que, à cause du colostrum, il ne peut encore être employé à d'autre usage. Après cette époque, le lait étant propre à la consommation, le veau en est frustré, et celui qu'on lui donnera, désormais, sera écrémé et allongé avec d'autres boissons de moindre qualité. Peut-on espérer obtenir par ce procédé des produits de grande valeur?

Les personnes versées dans la pratique de l'élévage recommandent, expressément, de ne jamais presser les veaux sur la région du dos et des reins.

Pour les autres femelles, un régime adoucissant et rafraîchissant, pendant deux ou trois jours, suffit et, souvent même, on ne change rien aux habitudes antérieures.

A la truie. — L'approche du part chez cette femelle s'annonce : par le gonflement des mamelles et le soin qu'elle prend de ramasser de la paille, et de la briser avec les dents, pour en faire un nid ; dès ce moment il convient de la surveiller activement. Quand les maux commencent, ils sont accompagnés de grognements plaintifs, il faut, alors, être près d'elle afin de l'aider, et d'empêcher qu'elle dévore ses petits. Après qu'elle a *cochonné*, elle est plus portée à manger son arrière faix et à dévorer ses petits, et plus sujette à les blesser que les autres femelles ; elle exige donc une surveillance très-attentive au moment du part. C'est aussi chez cette femelle que l'abattement et la faiblesse sont le plus marqués. On enlève les petits et les arrières faix au fur et à mesure qu'ils sortent. Après que les gorets sont bien essuyés on les dépose dans un panier ou caisse garnie d'une litière chaude; et, quand ils sont tous venus on les met près de la mère afin qu'elle les reconnaisse. Pour prévenir qu'elle les dévore, chose a craindre si la truie est primipare, on conseille de leur frotter le dos avec des substances amères : la coloquinte par exemple. Il est urgent de la surveiller jusqu'à ce qu'elle les ait tous reconnus; dès qu'ils auront pris la mamelle on peut être sans inquiétude, elle sera bonne mère et les entourera de soins affectueux.

La parturition terminée, la femelle est abattue, suite des douleurs de la mise bas. On relèvera ses forces en la bouchonnant avec douceur sur tout le corps, et en lui faisant prendre une boisson composée : d'eau tiède, de lait et d'un peu de farine.

La truie qui allaite doit être bien nourrie avec des soupes de racines, carottes, pommes de terre cuites et écrasées, mêlées de son, de farineux et de lait, données tièdes. Mais on doit les distribuer avec ménagements, peu et souvent, principalement les premiers jours.

Aux gorets. — Les gorets choisissent chacun un mamelon qu'ils ne quittent plus pendant toute la durée de l'allaitement. Des éleveurs, ayant remarqué que les mamelles pectorales donnent plus de lait, conseillent d'en faire prendre les mamelons par les gorets les plus faibles, afin de rétablir l'équilibre dans la portée, pour que tous soient à peu près égaux entre eux de force et de valeur. La persévérance à retourner au même mamelon est telle que, si un petit meurt, la sécrétion laiteuse tarit dans la mamelle abandonnée, si le nombre des gorets est moindre que celui des mamelons, les mamelles inoccupées ne donnent pas de lait.

Dans les premiers jours qui suivent le part si on craignait que la truie dévorât des petits on les laisserait dans le panier, qu'on déposerait près de l'âtre par les temps froids ; et on les porterait toutes les deux heures, environ, près de la mère pour les faire téter.

Quand il y a plus de petits que de mamelles on fait téter un peu à chaque mamelles ceux qui sont en trop.

Après quatorze ou quinze jours, on leur fait boire un peu de lait de vache, auquel on ajoute un peu de farine d'orge, ou de seigle et une petite quantité des aliments de la mère. A cette époque, si le nombre des porcelets excède celui des mamelles, ou les forces de la mère, on vend pour la cuisine, ceux qui sont de trop ; les cochons de lait sont très-recherchés des gourmets.

Les toits doivent être tenus proprement, à l'abri du froid, et garnis d'une abondante litière de paille courte.

A la brebis. — *La brebis* qui a *agnelé* lèche son petit comme les autres femelles, et comme elles aussi elle est portée à manger son arrière faix. Quand après quelques heures, elle ne s'occupe pas de son agnelet, on l'approche d'elle pour le faire téter, et on fait boire à la mère de l'eau farineuse tiède. La brebis peut nourrir deux petits. Il serait quelquefois avantageux de faire adopter un agnelet par une autre nourrice ; mais, cela n'est pas toujours facile. On a recours à différents moyens pour obtenir d'une brebis, qui a perdu son petit, qu'elle en adopte un autre ; ainsi on le frotte avec la dépouille du sien mort ; ou bien, on met ensemble, la brebis et l'agneau dans un endroit obscur, ou pendant la nuit, et on enferme avec eux un chien. (Attaché certainement.) La peur que cause celui-ci excite chez la brebis le sentiment de la maternité qui la porte à protéger l'agnelet et à l'adopter.

Les brebis qui nourrissent doivent recevoir une alimentation succulente et abondante : des choux, des carottes, des pommes de terre, des betteraves, des graines concassées, etc. Il convient de mélanger un peu de sel à leurs aliments. Dix ou quinze jours après l'agnelage on peut, pendant quelques heures, soustraire à l'importunité des agneaux les brebis qui, jusque là, sont restées constamment avec eux.

A l'agnelet. — L'agnelet doit être placé près de sa mère pour qu'elle le sèche en le léchant ; si elle n'y était pas disposée on l'y engagerait en répandant sur le dos du petit un peu de son mêlé de sel fin. Lorsque la brebis est trop faible le berger doit y suppléer, en frottant doucement le petit avec du foin ou des chiffons de laine et au besoin avec sa capotte; quelques heures après il approchera l'agnelet des mamelles, lui mettra le mamelon dans la bouche et y fera couler le lait.

Quand l'agneau a perdu sa mère, et qu'on ne parvient pas à le faire adopter par une autre, on le nourrit artificiellement avec du lait de vache tiède, coupé d'un peu d'eau, qu'on lui fait prendre au moyen d'un biberon, ou bien dans un vase, en lui mettant, comme au veau, un doigt dans la bouche. Il doit être tenu dans un endroit chaud. Après quinze jours, ou trois semaines, on pourra lui donner, entre temps, une décoction d'orge ou de son, à laquelle on ajoute un peu de farine, ou de fécule de pomme de terre et des carottes bien cuites et écrasées.

A la chèvre. — La chèvre est dans nos contrées la vache du pauvre, du bourgeois et du rentier que révoltent les procédés frauduleux des laitiers ; elle est l'amie et la nourrice des enfants. Lorsqu'elle a *chevroté* elle réclame les mêmes soins que la brebis ; seulement la chèvre est meilleure mère ; elle lèche son petit et l'essuie. Elle mangerait aussi son délivre si on la laissait faire. Elle peut nourrir deux et même trois chevreaux ; mais pour ne pas l'épuiser on ne lui en laisse ordinairement qu'un. On lui ferait facilement adopter un agneau. L'allaitement varie selon les localités. En général, le lait de la chèvre servant à d'autres usages, par économie, on traite le chevreau à peu près comme le veau : quand il a pris tout le premier lait ou colastrum on le rationne.

Au chevreau. — Le chevreau est très-frileux ; il doit être placé avec sa mère dans un endroit chaud, bien éclairé et aéré. Quand il fait froid, on tient le petit près du foyer, et on le porte de temps en temps téter sa mère.

A la chienne. — La chienne fait ses jeunes sans trop de difficulté, surtout s'ils sont nombreux, car moins il y en a, plus ils sont forts ; aussi en fait-elle plus facilement sept ou huit qu'un ou deux.

La chienne mange les arrière-faix et quelquefois les petits à mesure qu'ils sont sortis. Ce fait insolite d'une mère qui dévore ses petits, commun aux femelles de plusieurs espèces et particulièrement aux primipares, est expliqué de diverses manières plus ou moins judicieuses ou fantaisistes. Quant à nous, nous croyons qu'il doit être attribué à un excès d'amour maternel dont l'ivresse se développe par l'ardeur passionnée que mettent les mères à lécher leurs petits.

Les chiens naissent les yeux fermés; ils ne les ouvrent que vers le huitième jour. Ils ne marchent pas, ils rampent. Lorsque la mère les a séchés à force de les lécher, couchée sur un de ses côtés, elle les pousse vers ses mamelles. Ils s'emparent du mamelon le premier venu, le plus à leur portée et tètent indistinctement à tous. Quand la chienne s'approche d'eux et leur présente ses mamelles, il est vraiment curieux de voir ces petits affamés lutter de vivacité à la recherche des tettes libres et pour reprendre même, les occupées en chassant les occupants. Ils ne sont pas, comme les gorets, attachés à une seule mamelle.

On ne doit laisser à une chienne que quatre jeunes au plus; et si on tient à avoir des chiens vigoureux et de forte taille, c'est assez de deux.

Bien que les jeunes chiens aient la mâchoire forte, ils pressent le mamelon avec douceur, du moins aussi longtemps que les dents incisives ne sont pas sorties; aussi emploie-t-on avec avantage, en médecine humaine, les jeunes de chien pour dégorger le sein des femmes. Mais quand les dents incisives font éruption, elles sont si pointues que la pression sur le mamelon oblige, par les douleurs qu'elle en ressent, la femelle à sevrer ses petits.

Les chiennes qui ont des jeunes sont dangereuses, même celles qui, en autre temps, ont le caractère le plus doux; on doit s'en défier. L'attachement qu'elles portent à leur progéniture est tel qu'elles méconnaissent leur maître. Elles se jettent sur les étrangers qui, par mégarde, s'en approchent et sur les enfants qui

veulent y toucher. La sollicitude avec laquelle elles
veillent sur leurs petits est si constante, si opiniâtre,
qu'elles ne s'en éloignent qu'à regret et chassées par
les plus impérieux besoins, pour, au moindre cri,
accourir près d'eux.

La chienne n'adopte que très-difficilement d'autres
petits, et, surtout, ceux d'une autre race que la sienne.
Ce n'est qu'en la trompant, comme la brebis, par le
sens de l'odorat, ou en versant de son lait sur le petit
étranger, qu'on parvient à le lui faire accepter. Cependant, on voit parfois des chiennes qui nourrissent des
jeunes d'une autre race, et même des chats, et qui sont
pour eux pleines de sollicitude.

Aux jeunes. — On peut élever, assez facilement, des
jeunes chiens par l'allaitement artificiel, avec du lait
de vache qu'on leur fait boire dans un vase, ou au
moyen d'un biberon, et en les tenant chaudement et
proprement.

A la chatte. — La chatte fait deux fois et quelquefois
quatre fois des jeunes dans une année. Quand elle a
perdu ses petits, elle entre plus vite en chaleur. Elle
cherche un endroit écarté et caché pour faire ses
jeunes et les mettre en sûreté contre la cruauté des
matoux qui, par un instinct cruel, les étranglent lorsqu'ils les trouvent. Cet acte de férocité n'a d'autre
mobile que la passion de l'amour et d'autre but que le
retour du rut chez les femelles. Cet instinct est commun au lapin, principalement à celui de garenne,
ainsi qu'aux souris et aux rats, etc. La chatte met bas
plus facilement encore que la chienne; elle mange les
arrière-faix et quelquefois même les petits à mesure
qu'ils sortent. Cette femelle a pourtant pour ses jeunes

un attachement excessif : elle les lèche, les réchauffe et les défend à outrance contre tout ce qui menace leur existence. Elle va les chercher et les transporte à des distances incroyables. Pendant qu'elle allaite, il faut bien la nourrir, sinon elle deviendra voleuse, rapineuse, s'attaquera aux poussins, pigeons, oiseaux, à tout enfin.

Le *jeune de chat*, comme le jeune de chien, naît les yeux fermés ; il ne voit que le sixième ou huitième jour. Il prend le mamelon avec douceur, l'allonge de temps en temps pour y attirer le lait, et presse sur la mamelle avec ses petites pattes.

A la lapine. — La lapine en liberté fait six portées par an. En domesticité, elle pourrait faire des jeunes presque tous les mois ; dès qu'elle a fait ses petits, elle peut recevoir le mâle.

La lapine fécondée doit être séparée du mâle, et le clapier bien aéré sera entretenu proprement et sèchement. Au moment où elles vont faire leurs petits, qui naissent nus, elles font un nid avec de la paille, et le garnissent à l'intérieur de poils qu'elles arrachent à leur ventre et à leur poitrail. Le lapereau a, comme le chien et le chat, les yeux fermés. La lapine mange les arrière-faix comme les autres femelles et, quelquefois aussi ses petits, quoiqu'elle soit excellente mère. Elle ne s'éloigne de sa nichée que par besoin. En liberté, elle cherche un endroit écarté pour faire ses petits, afin de les mettre en sûreté contre la cruauté des mâles.

DU SEVRAGE.

Le sevrage est la cessation de l'allaitement naturel et

la substitution, au lait de la mère, des aliments qui, selon les espèces, doivent faire désormais la nourriture des élèves. L'époque du sevrage ne saurait être déterminée d'une manière absolue; elle dépend de diverses circonstances et varie, pour chaque espèce, en raison des contrées et du mode d'après lequel chacune d'elle est exploitée par l'homme.

Sevrage du poulain. — Dans notre pays on sèvre le poulain de race commune ou de trait ordinairement à 3 ou 4 mois. Les systèmes dentaire et digestif sont alors assez développés pour permettre la mastication et la digestion des aliments solides : herbes, foin tendre, avoine, etc., car, déjà à un mois, il mange avec sa mère de ces substances alimentaires.

La race, l'état de la jument et le service auquel elle est employée, sont les principales causes qui font varier l'époque du sevrage. 6 mois d'allaitement ne sont pas de trop pour le poulain de race précieuse; et lorsque la jument n'est pas pleine, soit qu'elle n'ait pas été remise à l'étalon, soit qu'elle n'ait pas conçu, ou retenu, on peut, sans inconvénient pour la mère, et avec avantage pour le poulain, prolonger le temps de l'allaitement. La jument soumise à un travail modéré, si elle est jeune, bien entretenue, bien nourrie, pourra allaiter son poulain plus longtemps que celle qui se trouve dans des conditions opposées.

La séparation du poulain et de la mère doit se faire peu à peu; une séparation trop brusque ne serait pas sans danger pour tous les deux : l'affection qui les unit est plus vive qu'on ne le croit généralement. Il faut donc procéder au sevrage avec précaution. La séparation commence quand la jument est remise au travail;

son poulain cesse d'être constamment avec elle ; ils ne
sont plus ensemble que la nuit et quelques heures
dans la journée. Vers le 3ᵉ mois on les sépare tout
à fait. On attache le poulain dans un autre local et
et il ne tète plus sa mère que le matin, midi et soir.
Plus tard, il ne la revoit plus que le matin et le soir.
Enfin, il ne l'approche plus qu'une seule fois le jour,
pour cesser bientôt toute relation. En même temps que
la séparation s'accomplit, on diminue progressivement
la nourriture de la mère, et on augmente celle du
poulain. Ainsi le sevrage s'opère sans grande souffrance pour l'un et pour l'autre, et sans que les engorgements laiteux soient à craindre, le lait se perdant
peu à peu. Déjà aussi le travail qui se faisait dans les
mamelles commence à se reporter vers la matrice, où
il est appelé par le nouvel être qui s'y développe.

L'alimentation du poulain doit être sèche, composée
d'avoine, de bon foin et de boissons farineuses. Une
certaine quantité de bon lait de vache, tous les jours,
pendant les premiers mois du sevrage, ne peut que
lui être très-favorable. La liberté pendant les journées
de beau temps dans un enclos en plein air, ou dans
une prairie sèche, est une condition indispensable à
sa santé et à son parfait développement.

Il arrive qu'après le sevrage la sécrétion laiteuse
chez la jument ne tarit pas, et que les engorgements
laiteux sont à redouter ; on prévient cet état en la
trayant de temps en temps une ou deux fois par jour,
en lui faisant prendre dans ses boissons un peu de sel
de nitre, ou de bicarbonate de soude, ou de sulfate de
potasse, et en appliquant sur les mamelles des topiques
restrinctifs avec de l'argile délayée dans du vinaigre.

Sevrage des veaux. — Nous avons peu de chose à dire du sevrage du veau, puisque, dans nos contrées, il ne connaît jamais sa mère. Allaité artificiellement, on ne lui donne que le lait des sept ou huit premiers jours ou le colostrum; puis, il ne boit plus que du lait écrémé, chauffé, tiède. Il conviendrait, cependant, qu'il fût nourri pendant deux ou trois mois, au moins, de bon lait auquel on ajouterait, peu à peu, de fortes décoctions de foin, de pain, de son et des farineux, ainsi que des racines, carottes et pommes de terre cuites, et bien écrasées. A cette époque, ils peuvent déjà manger des herbes et fourrages tendres.

Si, à l'aide de ce régime, les veaux s'élèvent, s'engraissent même, est-il permis d'en attendre des produits de grande valeur? Dans les pays où l'on tient à élever de bons bœufs de travail, de beaux taureaux reproducteurs, des génisses et des vaches de grand prix, les veaux tètent leur mère jusqu'à six mois et plus.

Sevrage des agneaux. — Doit se faire avec les mêmes précautions que pour les poulains. On éloigne peu à peu les mères des petits. La séparation ne dure d'abord que quelques heures par jour; on l'augmente, insensiblement, jusqu'à ce qu'elle se prolonge toute la journée. C'est une chose merveilleuse que de voir, dans un nombreux troupeau, ces petits êtres, au moment où on les réunit, chacun reconnaître sa nourrice, et celle-ci son nourrison, sans que jamais aucun se trompe. Il est vrai que, si par erreur un agneau s'adressait à une mère étrangère, celle-ci l'en avertirait sur-le-champ.

La séparation est complète vers le 4e ou 5e mois. On isole les petits des mères de manière à ce qu'ils soient assez éloignés les uns des autres. Il ne faut pas que les bêlements des petits soient entendus des mères et réciproquement ; car, si l'agneau entendait sa mère lui répondre, il ne mangerait pas. Les agneaux doivent être bien nourris, dans leur enfance, si l'on veut recueillir tous les avantages que leur élève doit produire.

Sevrage du chevreau. — Tout ce que nous avons dit de l'allaitement et du sevrage du veau est applicable au chevreau. Les mêmes motifs d'intérêt guident l'homme dans sa conduite à l'égard de la vache et de la chèvre. Aussi l'allaitement et le sevrage du chevreau varient-ils, comme cela a lieu pour le veau, selon les localités.

Sevrage des gorets. — On sèvre les petits pourceaux après 6 ou 8 semaines. L'allaitement prolongé donne plus de force. On les sépare progressivement de leur mère. Au bout de 15 jours, on fait boire aux petits un peu de lait tiède, auquel on ajoute un peu de farine ; on augmente progressivement cette boisson, en même temps qu'on prolonge l'éloignement des petits de leur mère, jusqu'à ce que la séparation soit complète. Dans les derniers jours, on doit diminuer la nourriture de la truie, pour éviter les engorgements laiteux.

Sevrage des jeunes chiens. — On sèvre le jeune chien à trois mois ; il peut alors facilement se passer de sa mère. L'élève des chiens se fait mieux à la campagne ; là il peut courir en liberté, au grand air et être logé sainement et proprement.

Quand la chienne allaite plusieur petits il est prudent, pour prévenir l'engorgement des mamelles de ne pas les sevrer tous en même temps et d'en laisser téter un 8 ou 10 jours de plus.

Beaucoup de personnes croient encore, à l'efficacité du collier de bouchons pour faire tarir la sécrétion laiteuse chez la chienne!

Sevrage des jeunes chats. — La chatte sèvre elle-même ses petits. L'allaitement ne dure que deux ou trois semaines. Quand elle n'en a qu'un seul, elle le laisse téter plus longtemps. Elle s'éloigne de ses petits sans pourtant cesser de veiller sur eux. S'ils s'approchent de ses mamelles, elle les gronde d'une manière particulière. Lorsqu'ils insistent, un coup de patte les tient coi; mais elle supplée, alors, à son lait en leur apportant des souris, des petits oiseaux et ce qu'elle peut enlever au garde-manger de son maître. Chose remarquable les souris, que la chatte apporte à ses petits, sont ordinairement vivantes. Il est vraiment curieux de voir à quelle gymnastique ils se livrent sur cette proie pour exercer leur agilité; et pendant qu'ils s'amusent ainsi, la mère feint de dormir; mais elle veille pour la rattraper dans le cas où, par une maladresse, la souris leur échappe. On voit par là que le véritable instinct des chats est de prendre les souris.

Sevrage des lapereaux. — Après 12 ou 15 jours, les lapereaux peuvent déjà brouter des végétaux tendres. Si on n'exige de la lapine que six portées par an, on laissera les petits téter un mois.

MALADIES DES JEUNES ANIMAUX DEPUIS LEUR NAISSANCE JUSQU'A LA FIN DE L'ALLAITEMENT.

Irrégularité des aplombs. — Nous avons vu beaucoup de poulains, principalement parmi ceux dont le système osseux, très-développé, promet des produits de haute stature et de forte charpente, naître si mal conformés qu'ils ne pouvaient se lever, ou s'équilibrer sur leurs membres, et qu'on ne parvenait qu'à grand'peine à les tenir debout pour les faire téter, et cela durant un temps assez long pour impatienter le propriétaire, et le décider à les sacrifier. Bien des exemples nous ont fourni la preuve qu'on ne doit pas trop se hâter de prendre cette résolution extrême. Grâce à nos conseils, plusieurs poulains, nés défectueux, ont pu être élevés et devenir, avec l'âge, des machines de travail de première force et certains même ont acquis une grande valeur. La vie est si active chez les animaux que la nature, secondée par de bons soins et une bonne nourrice, est le meilleur et le plus intelligent des ortho-pédistes.

Occlusion des ouvertures naturelles. — Les animaux quelquefois, rarement cependant, naissent avec l'occlusion des ouvertures naturelles, particulièrement de l'anus et des paupières. Les poulains, les gorets et les agneaux ont offert plusieurs exemples de l'imperforation de l'anus; on remédie à cette anomalie par une incision cruciale à l'endroit de cette ouverture mis en évidence par les efforts expulsifs; puis, on enlève avec des ciseaux les quatre lambeaux de manière à avoir un trou arrondi, par où les matières excrémentitielles (*le méconium*) sont expulsées. On le maintient béant en y introduisant un tampon d'étoupe recouvert d'une couche de beurre frais. On le replace, chaque fois, après la sortie des excréments avec lesquels il est expulsé.

Si l'extrémité de l'intestin rectum n'aboutissait pas

jusqu'à la peau ; l'incision étant pratiquée à l'endroit ordinaire de l'anus, à l'aide d'une sonde en bois, de la grosseur du doigt, taillée en pointe douce on irait, prudemment, à la recherche de l'ouverture de l'intestin, en dilatant les mailles du tissu cellulaire. Le but atteint, chose qui est indiquée par la sortie du méconium, on se conduirait comme dans le premier cas, pour tenir le conduit ouvert.

On remédie à l'occlusion des paupières en attirant la peau et en faisant transversalement, au globe de l'œil, un pli dont le sommet correspond à la partie moyenne de cet organe, et, sur le sommet de ce pli, on pratique une petite incision ; puis en soulevant la peau à l'aide du doigt ou d'un petit crochet, *hérigne*, on continue l'incision au moyen de ciseaux à pointes mousses, d'un côté jusqu'à l'angle nasal ou *interne*, et de l'autre jusqu'à l'angle temporal ou externe.

Hernies congéniales. — Nous avons vu des poulains être affectés, en naissant, d'une ou de deux hernies inguinales ou scrotales, parfois assez volumineuses, dues sans doute à la pression subie pendant le passage à travers les voies génitales. Dans quelques cas, elles ont disparu spontanément, au bout d'un temps plus ou moins long, par les seuls soins de la nature, aidée d'aspersions d'eau froide.

La non oblitération du canal de l'ouraque. — La non oblitération du canal de l'ouraque se présente assez fréquemment chez le poulain, nous en avons observé plusieurs cas. L'existence de cette infirmité se remarque lorsque le nouveau-né se campe pour uriner ; le liquide est rejeté en partie par l'urètre et en partie par l'ombilic. Les paysans disent : que le poulain pisse par la *boudenne ou le nombril* ; cette anomalie n'est que momentanée ; et, elle ne nous a jamais paru avoir la gravité que plusieurs auteurs lui reconnaissent. Quelques lotions, au moyen d'une solution de sel de plomb, *acétate de plomb*, nous ont toujours suffi pour en avoir raison en peu de temps.

Maladies de l'ombilic. — *L'inflammation de l'ombilic, mauvaise boudenne*, dans les campagnes wallonnes, ne se présente, que nous sachions, que chez le veau et est, le plus souvent, le résultat de la succion de cette partie par un autre veau. *Veaux qui se tètent.*

La première chose à faire est d'éloigner les uns des autres les veaux qui ont ce vice ou cette habitude.

L'inflammation se termine par résolution, par suppuration ou formation d'un abcès, ou bien ce qui est plus ordinaire, par induration, surtout, quand le mal est occasionné par le tétage d'un autre veau. L'abcès s'ouvre de lui-même au bout d'un temps plus ou moins long 8 ou 15 jours et plus, ou on le ponctue, et, après l'évacuation du pus, la guérison ne se fait pas attendre.

On reconnaît l'induration à une tumeur dure rénitente et à la couleur rouge violacée de la partie qui étant exubérante à la peau forme plaie. On recouvre le mal d'une enveloppe passée autour du corps et on applique sur la surface vive de la tumeur une couche de sulfate de cuivre, *vitriol bleu* en poudre qu'on renouvelle tous les jours jusqu'à guérison ; ou, ce qui est mieux, on cautérise au moyen d'un cautère chauffé à blanc et on attend la chute de l'eschare qui, presque toujours, est suivie de la cicatrisation.

La hernie ombilicale ou exomphale est une affection qui déprécie considérablement le sujet qui en est atteint et peut avoir des suites fâcheuses. Elle consiste dans la descente d'une portion des viscères intestinaux par l'ouverture de l'ombilic, et forme, sous la peau, une tumeur arrondie apparaissant à l'extérieur sous un volume, qui varie depuis la grosseur d'une noix jusqu'à celle du poing et, quelque fois même, de la tête d'un enfant. Elle est mollasse et indolore sur tous les points de sa surface ; en la comprimant elle rentre pour reparaître quand la compression cesse. Ne pas la confondre avec un abcès, comme cela est arrivé à des praticiens de notre connaissance. A l'aide d'un doigt, ou des doigts réunis en cône, on peut juger de la largeur de l'ouverture qui livre passage à la partie herniée. La tumeur ne constitue pas toujours une hernie ; quelque fois de la grosseur d'un œuf, elle est due à une induration lipomateuse du moignon du cordon ombilical. C'est une *fausse exomphale*.

La hernie ombilicale se montre, ordinairement, peu de temps après la cicatrisation de l'ombilic et acquiert insensiblement plus de volume. Elle peut, quand elle est peu volumineuse, disparaître dans les deux ou trois premiers mois, spontanément, ou à l'aide d'aspersions d'eau froide ou de lotions astringentes. Si elle persiste, et qu'on ne fasse rien pour en obtenir la guérison, il arrive que la portion intestinale herniée, déplacée par suite du développement de l'utérus pendant la gestation, est refoulée dans l'abdomen ; l'ouverture de l'ombilic étant libre se resserre et se cicatrise.

Une foule de moyens tant chirurgicaux qui médicamenteux, ont été préconisés pour remédier à cet accident, preuve de l'insuffisance de tous. Un bandage bien conditionné se recommande particulièrement aux éleveurs comme étant d'un usage facile et exempt de tout danger. On prend une plaque en cuir assez solide, au milieu de laquelle on fixe un tampon d'étoupe, imbibé d'alcool, qu'on fait pénétrer dans l'ouverture herniaire, après avoir refoulé la portion herniée. Cette plaque est garnie de courroies, deux en arrière, deux en avant, et une au milieu de chaque côté; ces dernières étant bouclées sur les lombes, on passe celles de derrière entre les cuisses et les deux de devant entre les ars, et on les ramène sur les lombes pour les boucler avec celles du milieu. Ce moyen réussit assez souvent; mais, la cure est lente, l'appareil doit être maintenu longtemps en place et, comme on peut en juger, son emploi aurait des inconvénients dans la pratique vétérinaire.

La ligature simple, la suture entortillée, la suture au moyen de la pince de Bénard; les casseaux en bois ou en fer; les agents irritants : l'onguent vésicatoire, l'huile cantharidée; et les caustiques : l'acide azotique ou nitrique, *eau forte*, le bichromate de potasse, etc., sont loin d'être infaillibles; non-seulement, ils ne réussissent pas toujours à faire disparaître la hernie, mais ils peuvent avoir des conséquences funestes.

Un procédé qui n'a encore été décrit nulle part nous a été communiqué par notre père qui le tenait du sien. Employé par ces deux praticiens pendant toute la durée de leur longue pratique et par notre frère et nous, il n'a jamais été suivi d'insuccès, c'est-à-dire de la non guérison radicale de la hernie, chose qui a lieu, si fréquemment, par les différents modes opératoires aujourd'hui en vogue.

Nous croyons utile d'en donner ici la description.

Les instruments nécessaires pour cette opération sont : une pince *ad hoc*, un poinçon, une cheville en bois, quelques mètres de bonne ficelle à lier les sacs,

Figure 7

1, pince et poinçon ; 2, cheville ; 3, cordon goudronné ; 5, aspect de la partie, l'opération terminée ; 6, position de la pince pour le premier temps de l'opération.

un cordeau d'un mètre cinquante environ fait avec quinze ou seize doubles d'un fils de lin ou de chanvre, enduit de poix de bourrelier et muni à chaque extrémité, d'une poignée solide en bois. Ce cordeau comme on le voit est confectionné absolument de la même manière que celui employé par les châtreurs pour le billonnage du taureau.

La pince est une espèce de petite tenaille dont les branches longues environ de 35 à 40 centimètres sont réunies vers leur milieu ; les lèvres longues de 15 à 16 centimètres sont aplaties et s'appliquent l'une contre l'autre ; leur extrémité libre un peu évasée est percée d'un œil livrant aisément passage à un poinçon ou un trocart de la grosseur environ du petit doigt.

La cheville longue d'environ dix centimètres, doit être d'un bois fibreux et sec, du frêne par exemple, et taillée coniquement et en pointe d'un côté de façon à entrer facilement dans le trou que le poinçon, qu'elle égale en diamètre, lui ouvre. Une rainure pratiquée sur tout le pourtour de la partie moyenne sert à la fixer solidement en place.

Pour abattre le poulain des petites cordes munies d'un anneau conviennent mieux que des entravons.

Le poulain étant abattu on le suspend à une poutre ou à une branche de pommier convenablement disposée (fig. 7). Un aide à genoux en face du front du poulain lui tient la tête droite ; l'opérateur est accroupi du côté droit en face du ventre ayant devant lui, de l'autre côté, un aide dans la même position qui tient la pince.

Après avoir refoulé l'intestin, nous prenons le sac herniaire des deux mains en le plissant longitudinalement sur la ligne médiane. Nous étalons ce pli entre les pouces et les index en même temps que de ces doigts, renforcés par les autres, nous bouchons l'ouverture du ventre en contenant l'intestin.

Pendant que nous maintenons ainsi la partie, l'aide

une branche de la pince dans chaque main, la tient
ouverte et la passe, perpendiculairement au ventre
du sujet, au-dessus du pli de la peau, à l'endroit où il
est libre entre nos deux mains, pour en appliquer
les lèvres vis-à-vis et aussi près de l'ouverture de
l'ombilic que nos doigts, sans cesser de contenir l'intestin, peuvent en donner la facilité. Le sac herniaire
étant parfaitement retenu et serré, nous reprenons la
pince des mains de l'aide et nous la poussons prudemment jusqu'au niveau de l'ouverture ombilicale, en
engageant dans ses lèvres le plus de peau possible ;
puis, tenant de la main gauche la pince fortement fermée, de l'autre main nous enfonçons le poinçon dans
ses œils en traversant la peau prise entre les lèvres.
Dans le trou que laisse le poinçon nous introduisons la
cheville en bois, en ayant soin que la rainure soit en
rapport avec les bords de l'ouverture de la peau. Cela
fait, l'aide reprend la pince et la tient, pendant qu'avec
la ficelle ordinaire nous faisons le nœud de la saignée
pour le porter, l'aide le permettant par un changement
de main, au-delà des extrémités des lèvres de la
pince. En tirant sur un bout de la ficelle et l'aide sur
l'autre, nous serrons ce nœud aussi fortement que
faire se peut. La pince n'ayant plus d'utilité nous la
retirons en la dégageant de la cheville. Nous continuons à faire une série de nœuds simples serrés avec
force, et disposés de manière à être placés sur les
différents points du pourtour du corps qu'ils embrassent ; et de façon, que chaque tour de ficelle se trouve
au-dessus du tour précédent sans le recouvrir.

Le nombre de nœuds à faire dépend de la quantité
de peau à retrancher pour obtenir la tension suffisante

du ventre. Plus on prendra, au moyen de la pince, de peau dans le premier nœud, moins de nœud on devra faire pour atteindre le but. On arrête le dernier tour par un second nœud bien serré.

Cette partie de l'opération n'est en quelque sorte qu'accessoire, au cordeau goudronné appartient le rôle principal. Nous disposons au centre le nœud de la saignée et le portons au-dessus du dernier tour de ficelle, entre celui-ci et le ventre, et l'y ajustons, convenablement, en le serrant, peu à peu, par une traction modérée et progressive ; après qu'il est disposé comme il convient, l'aide et nous, en nous aidant de de la poignée fixée à chaque bout du lien, nous serrons le nœud par une traction soutenue et en déployant toutes nos forces. Nous assurons le nœud entortillé par un nœud simple bien serré.

Pour terminer l'opération, nous retranchons les bouts de la ficelle et du cordeau goudronné en trop, et nous abattons la pointe de la cheville ; puis on laisse glisser le patient sur un de ses côtés et nous aspergeons d'eau froide la partie opérée. Le poulain, étant désentravé et relevé, est reconduit à l'écurie et rendu à sa mère après laquelle il hennit.

La guérison de la hernie est assurée lorsque l'opération a été bien faite ; et jamais, que nous sachions, la chute de la partie mortifiée ne fut suivie d'accident. Nos pères qui, vu l'étendue de leur clientèle, opéraient chaque année un grand nombre de poulains n'ont eu que des pertes insignifiantes à enregistrer. Notre frère et nous, nous en avons également opéré beaucoup sans que, pendant plusieurs années, nous ayons eu à déplorer aucun insuccès. Vint un temps cependant où

nous avons été obligé de reconnaître que cette opération n'était pas toujours sans danger Deux ou trois
poulains, environ, sur cent, en périssaient; une inflammation considérable se manifestait du sixième au huitième jour et malgré les soins les plus rationnels, elle
se terminait promptement par la gangrène et la mort.
Nous sommes porté à considérer ces pertes, moins
rares qu'autrefois, comme étant la conséquence du
progrès de l'industrie animale et de l'agriculture qui a
permis de donner, de nos jours, aux animaux en
général et aux chevaux en particulier, de meilleurs
soins et une nourriture plus abondante et plus excitante. Toutefois, ces pertes sont minimes en égard aux
résultats obtenus par tous les autres moyens chirurgicaux et médicamenteux ; et nous n'hésitons pas à
admettre la supériorité de notre procédé sur tous ceux
connus, principalement, lorsque la hernie est volumineuse et l'ouverture du ventre large.

Toutefois nous ne recommandons pas ce procédé
à ceux de nos confrères qui auraient des mains
de demoiselles; pour serrer convenablement tous
les nœuds que l'opération exige; une poigne et des
mains solides, viriles sont indispensables. C'est là, sans
doute, un inconvénient ; auquel, cependant, on peut
parer en faisant usage d'un gant *ad hoc*. Néanmoins
pour ce motif, nous avons souvent, dans les derniers
temps de notre pratique, eu recours de préférence,
lorsque la hernie ne formait qu'une tumeur de peu
de volume, à un procédé alors nouveau et consistant
dans l'application, au moyen d'une espèce de pinceau
en coton, de trois ou quatre couches successives
d'acide nitrique ou azotique (eau forte) à une demi-
heure environ d'intervalle.

Nous déclarons, volontiers, n'avoir pas eu d'accidents à déplorer à la suite de ce mode opératoire ; mais nous avons rarement obtenu une guérison radicale. Et bien que nous n'opérions que des hernies de peu de volume, la cicatrice qui en restait était défectueuse. Notre frère fut moins heureux que nous : la chute trop prompte de l'eschare livra passage aux intestins et on trouva le poulain mort. Il va sans dire qu'il borna là ses essais.

Le danger de l'emploi des procédés incertains, et, nous n'hésitons pas à le dire, tous ceux connus jusqu'aujourd'hui sont dans ce cas, est d'aggraver le mal en rendant d'une application plus difficile et dangereuse, tout autre moyen de guérison ; car, il a pu en résulter l'adhérence de l'organe hernié et de la paroi du sac ; et, de plus, la peau altérée dans son organisation n'offre pas de résistance, le tissu de cicatrice se déchirant facilement. Aussi lorsque nous étions appelé à opérer un sujet après récidive, nous prenions soin d'implanter la cheville dans les tissus sains, sur un point aussi éloigné que possible de la membrane de cicatrice. Et par mesure de précaution, afin de soulager la cheville, nous enfoncions encore un clou solide, et deux au besoin, au travers du corps ligaturé.

Les casseaux en bois et en fer, les pinces, les tenettes, etc., déterminent, évidemment, la mortification et la chute du sac herniaire ; mais, par ces procédés, les récidives sont fréquentes : la peau du ventre ne saurait être suffissamment tendue pour faire rentrer et contenir parfaitement le viscère hernié ; il reste souvent en partie dans l'ouverture de l'ombilic et empêche celle-ci de se fermer, et partant de se cicatriser.

Dès lors, par la distension des tissus, résultant du poids de ces instruments, le vide se reforme et l'intestin y redescend peu à peu. De sorte que, déjà même avant qu'ils soient tombés, il n'est pas rare de voir reparaître une nouvelle tumeur qui acquiert, avec le temps, un volume plus considérable que la première.

Les suites immédiates de cette opération sont de légères coliques occasionnées, autant par la gêne provenant de la tension de la peau du ventre, que par la douleur effet du travail de mortification. Elles ne durent que quelques heures, pendant lesquelles le poulain frappe du pied, frétille de la queue, tient le dos voussé, regarde son flanc, ou plutôt son ventre, et va, de temps en temps, chercher des consolations au pis de sa mère sans s'y arrêter longtemps. Après 12 ou 24 heures, le malaise a cessé et un léger gonflement, qui va en augmentant peu à peu pendant 3 ou 4 jours, circonscrit le corps ligaturé ; au bout de 6 à 8 jours, le gonflement fait place au détachement circulaire de la peau, et quelques jours après, la partie mortifiée tombe et laisse une plaie, de la largeur d'un dessous de tasse, qui se cicatrise rapidement et, bientôt, il n'en reste plus de trace.

Ordinairement on a le choix du moment le plus convenable pour pratiquer cette opération. La fin de l'allaitement, 15 jours ou 3 semaines avant le sevrage, est l'époque la plus propice ; pratiquée plus tard, à 6 mois ou 1 an, elle offre plus de danger, et, en cas d'insuccès, serait plus préjudiciable.

Autrefois, nous procédions à la ligature de l'exomphale sans aucune préparation préalable. Il conviendrait, croyons-nous, aujourd'hui que les animaux sont

mieux soignés et mieux nourris et partant d'une constitution plus irritable et pléthorique, de soumettre les
mères à un régime délayant quelques jours avant et
après l'opération.

Il importe, pour être certain du succès de l'opération, quant à la guérison de la hernie, de faire tendre
suffisamment la peau du ventre. Ce résultat ne saurait
s'obtenir en ne comprenant dans la ligature que la
partie de peau qui forme le sac herniaire. Dans les
temps anciens et jusqu'à la promulgation de la loi sur
l'exercice de la médecine vétérinaire, beaucoup de
châtreurs opéraient la hernie ombilicale. Leur procédé
consistait à serrer le sac, traversé d'une cheville, dans un
nœud simple ou entortillé fait avec une solide ficelle (1).
Les insuccès étaient fréquents, et ce n'est pas parce que
le procédé est passé en d'autres mains qu'ils le seraient
moins aujourd'hui.

Nous avons souvent eu à remédier à l'insuffisance
de ce moyen et des autres en usage; l'opération, dans
ce cas, offre plus de difficultés et de danger ; outre que
la tumeur est toujours plus grosse et que la peau
épaissie et indurée laisse des doutes sur l'adhérence de
l'intestin aux parois du sac, le peu de résistance du
tissu de cicatrice expose le praticien inexpérimenté à
voir la cheville, poussée par la pression des ligatures,
déchirer tout devant elle et s'échapper. La ligature
n'étant plus soutenue, s'échapperait à son tour et serait
suivie de l'intestin.

(1) Cette méthode ancienne vient d'être rappelée à l'attention des
vétérinaires, par un Anglais, M. Dyer (cahier de janvier 1879 des
Annales de Médecine Vétérinaire de Belgique, analyse de M. Dele, du
THE VÉTÉRINARIAN). Elle n'en vaut pas pour cela mieux qu'autrefois.

Le procédé que nous venons de faire connaître appartient à la vieille école et est, incontestablement, le moyen de guérison le plus sûr, nous allions dire infaillible, de l'exomphale. Toutes les méthodes nouvelles inventées depuis sont dangereuses, souvent inefficaces, et n'ont pour tout mérite que d'être d'une pratique plus commode ; aussi voit-on des praticiens retourner à l'ancien système.

Quand la tumeur n'est pas formée par l'intestin, qu'elle consiste en une *fausse exomphale*, il suffit de la prendre, au niveau du ventre, dans le nœud de la saignée fait avec le cordon goudronné et de bien la serrer.

Nous avons opéré avec succès, par notre procédé, des hernies ventrales chez des sujets adultes.

De l'artrite. — L'artrite, vulgairement *les glaires, les articles*, attaque fréquemment les poulains, les veaux, les agneaux et les gorets, pendant la période de l'allaitement. Cette maladie est particulièrement grave chez le poulain ; on ne peut en tirer parti comme des sujets des autres espèces qu'on sacrifie pour la boucherie, dès l'apparition des premiers symptômes. Elle est d'autant plus redoutable qu'elle se déclare à un moment plus rapproché du part. Elle s'annonce brusquement par la boiterie d'un membre ; alors que le poulain paraît jouir d'une santé parfaite, ce qui fait souvent croire que sa mère l'a blessé par mégarde. D'abord légère, cette boiterie augmente rapidement et l'articulation malade : le boulet, le genou, le jarret, ou la rotule, offre du gonflement, de la chaleur et de la douleur, signes d'une inflammation intense. Le poulain est abattu, perd l'appétit, se tient difficilement debout, ne va qu'avec peine à la mamelle et y reste peu si on ne le soutient pas. A mesure que la maladie fait des progrès, l'engorgement et la douleur augmentent; l'animal tient le membre levé, ne le pose plus à terre et reste presque constamment couché. Plusieurs articulations peuvent être malades en même temps. Le pouls est vite, la respiration accélérée, les muqueuses injectées, jaunâtres. Une fièvre hectique se déclare. Des évacuations grisâtres, abondantes, succèdent à la constipation et l'animal ne tarde pas à mourir.

La gravité de cette maladie est si bien connue des éleveurs qu'ils disent : *qu'un poulain qui prend les glaires est perdu.* Cette sentence, pour être un peu exagérée, n'en est pas moins relativement vraie; du petit nombre qui, à force de soins, et surtout grâce à la nature, en guérissent. la plupart sont dépréciés par les tares qu'ils en gardent.

Cette maladie peut se terminer, fort rarement à la vérité, par résolution : les douleurs articulaires et autres symptômes inflammatoires diminuent et la boiterie cesse; mais les épanchements synoviaux persistent ordinairement.

Si cette terminaison ne se produit pas : par l'effet de l'inflammation la synovie s'altère ; des collections purulentes se forment dans l'intérieur de l'articulation et se font jour à l'extérieur. A la faveur de ces plaies, l'air pénètre dans l'articulation, agit sur ses tissus et en achève la destruction. Une suppuration abondante s'établit, les os se ramollissent, se carient, les forces vitales sont épuisées et la résorption purulente produit les désordres généraux dont nous avons plus haut indiqué les symptômes, et la mort ne tarde pas à s'emparer de sa victime.

Les causes de cette maladie ne sont pas bien connues; mais on croit généralement qu'elles sont recélées
par les conditions constitutionnelles ou hygiéniques
dans lesquelles se trouve la mère. De là découle l'indication : que c'est par la mère, principalement, qu'il faut
traiter le petit.

D'abord, il importe de modifier les conditions auxquelles la mère est soumise.

Si la jument est jeune, vigoureuse, pléthorique et
son alimentation trop abondante et échauffante, on y
substituera un régime rafraîchissant. Une saignée
moyenne répétée selon le besoin, et l'administration
de 6 à 10 onces de sel anglais ou de glaubert tous les
matins, sont des moyens efficaces pour modifier la
nature du lait. Si, au contraire, la jument est vieille,
débile ou épuisée par un travail outré, ou par une
nourriture insuffisante ou de mauvaise qualité, on la
laissera en repos et on la mettra à un régime fortifiant
sans être échauffant. Quant au poulain, dès l'apparition
de la boiterie, on frictionnera l'articulation malade,
deux fois par jour, avec la pommade mercurielle et on
recouvrira la partie d'un cataplasme de farine de lin
ou d'une épaisse enveloppe de laine et on passera un
séton au poitrail. Si les souffrances l'empêchaient
d'aller à la mamelle et de téter, on lui viendrait en
aide en le soutenant. On lui administrera tous les
jours, le matin, suivant l'âge et la force, de 1 à 2 onces
de sulfate de soude qu'on fera dissoudre avec 2 onces
de miel dans un demi litre d'eau. Une saignée à la
queue, par l'amputation de quelques nœuds, sera salutaire quand le poulain est robuste et la nourrice
vigoureuse et pléthorique. Ces moyens sont ceux qui

nous ont paru les plus avantageux pour combattre cette grave affection et prévenir la formation des abcès dont le développement est toujours redoutable. Lorsqu'ils se montrent, on doit se garder de les ouvrir trop tôt et attendre que la suppuration soit bien établie ; ce dont on est sûr quand, sur le point fluctuant, la peau s'amincit et se dénude. Après l'ouverture des abcès, on emploiera des topiques émollients et calmants et on traitera les plaies avec des excitants : l'eau-de-vie camphrée, la teinture d'iode ou d'aloès.

Diarrhée des poulains. — La *diarrhée, dévoiement.* Cette maladie attaque pendant l'allaitement les jeunes sujets de toutes les espèces. Elle est caractérisée par des déjections abondantes, et fréquemment répétées, de matières excrémentitielles liquides, jaunâtres, verdâtres, quelquefois purulentes et fétides. La queue en est fortement salie, et, par leur âcreté, elles déterminent la dépilation et de l'excoriation des fesses. Si cet état persiste, les malades s'affaiblissent, maigrissent, tétent peu ou point ; les humeurs de l'œil se troublent, blanchissent, les yeux deviennent larmoyants, chassieux, s'enfoncent dans les orbites et la maladie se termine par le marasme et la mort.

L'état constitutionnel de la jument, les conditions particulières et hygiéniques dans lesquelles elle se trouve ; comme les maladies chroniques, les excitations génésiques, une alimentation trop échauffante ou trop débilitante, un travail outré, sont, avec les influences atmosphériques et un milieu malsain dont l'action s'exerce à la fois sur la mère et le petit, les principales causes de la diarrhée des poulains.

Lorsque la diarrhée n'est pas accompagnée de

fièvre, que le ventre n'est pas douloureux, n'offre rien de particulier, que l'appétit et les forces se conservent, que les matières rejetées sont muqueuses, séreuses, blanchâtres ou grisâtres, elle est peu grave. Mais si l'appétit se perd et que la fièvre se déclare, que le ventre est tendu, douloureux, retiré, que les matières expulsées sont jaunâtres, fétides, que l'animal est faible, reste longtemps couché, éprouve des coliques et que les yeux chassieux et larmoyants s'enfoncent dans les orbites, le cas est dangereux et la mort est à craindre.

La première chose à faire pour remédier à cette affection est d'en écarter la cause; si elle dépend d'un état constitutionnel ou d'une maladie chronique de la mère, il faut donner au poulain une autre nourrice ou le nourrir artificiellement. On modifiera dans un sens opposé le régime alimentaire s'il est trop échauffant ou trop débilitant. A un travail trop fort, on substituera le repos ou un exercice modéré. On atténuera l'effet fâcheux des influences atmosphériques, surtout du froid et de l'humidité, en plaçant la mère et le poulain dans un local chaud, propre, bien aéré et garni d'une litière abondante et souvent renouvelée; ainsi que par les soins de pansage pour la mère, et les frictions et le bouchonnement pour le poulain.

La diarrhée qui coïncide avec l'époque des chaleurs, état pendant la durée duquel la nature du lait est plus ou moins viciée, cesse avec leur disparition, soit qu'elles s'éteignent naturellement ou par la copulation.

Les mesures hygiéniques, en modifiant la sécrétion laiteuse chez la jument, suffisent le plus souvent pour remédier à la diarrhée chez le poulain. Si elles ne suffisaient pas, et que la maladie revêtit les caractères de gravité signalés plus haut, on aurait recours à l'emploi des moyens curatifs. On ferait prendre au poulain de l'eau de riz, des boissons amidonnées, des infusions de plantes astringentes : argentine, plantain, jeunes pousses de ronce, etc. On administrerait des lavements amidonnés additionnés d'une décoction de têtes de pavots et un breuvage opiacé : 10 à 12 gouttes de laudanum, dans un demi-litre de décoction mucilagineuse de graine de lin ou de racine de guimauve. Cette potion peut être réitérée deux ou trois fois par jour.

Si ces moyens restaient inefficaces, des astringents plus énergiques, tels que l'alun, l'acétate de plomb, le sulfate de fer sont indiqués.

Diarrhée des veaux. — Chez le veau comme chez l'agneau, la diarrhée a, le plus souvent, pour point de départ l'indigestion que l'allaitement artificiel rend si fréquente : le lait écrémé qu'on leur donne étant moins nourrissant est, par là, plus difficile à digérer, et les substances qu'on y ajoute le rendent plus indigeste encore, soit à cause de la qualité ou de la quantité, ou que les animaux en prennent trop copieusement.

Les *symptômes* qui décèlent l'indigestion sont : la tension et le ballonnement du ventre avec gargouillements, borborygmes, éructations et expulsion de gaz par l'anus. L'animal refuse de boire et, après 2 ou 3 jours, la diarrhée se déclare : les évacuations sont abondantes, fréquentes et liquides et accompagnées de gaz fétides. Cet état peut durer quelques jours ; mais l'appétit revient et la santé se rétablit, s'il ne survient pas une inflammation de l'intestin. Cette complication est caractérisée par de la fièvre, de la tristesse, de l'inappétence et par l'état du ventre qui est retiré et douloureux; et par des déjections fréquentes, en petites quantités à la fois, de matières glaireuses, muqueuses, jaunâtres, verdâtres ou brunâtres, mousseuses, quelquefois sanguinolentes et accompagnées de vents trèsfétides. Après un temps qui varie de 6 à 15 jours, les symptômes diminuent, l'appétit revient et la guérison a lieu; ou bien les symptômes s'aggravent et les forces s'épuisent. Quelquefois la diarrhée persiste assez longtemps, 15 jours ou 3 semaines, sans perte d'appétit, sans fièvre ni douleur, ni aucun signe maladif autre que le rétrécissement du ventre. Il n'y aurait donc pas lieu de trop s'en inquiéter, si cet état n'occasionnait pas de retard dans le développement ou l'engraissement du sujet. Mais si la fièvre se déclare, que l'appétit se perd et que les déjections plus fréquentes sont caractéristiques de l'inflammation intestinale : l'amaigrissement augmente rapidement, la peau devient sèche et collante sur les os; les humeurs de l'œil se troublent, les yeux chassieux et larmoyants s'enfoncent dans les orbites; l'animal tombe dans le marasme, ne peut plus se lever et meurt.

Traitement. — Sitôt que le veau manifeste du dégoût, que le ventre reste gros, qu'il y a du ballonnement dans le flanc gauche et diarrhées jaunâtres, on doit cesser de leur donner toute nourriture et leur faire prendre, pendant 2 ou 3 jours, de la tisane de tilleul ou d'orge. Lorsque la diarrhée est la conséquence de l'indigestion, un purgatif doux : la manne à la dose de 8 à 15 grammes, dans un litre de tisane, ou un mélange de lait et d'eau, est d'un usage avantageux pour nettoyer l'estomac et les intestins des matières qui y sont accumulées et peuvent y séjourner. Dans ce cas aussi : l'eau de chaux, le charbon végétal, la magnésie calcinée, la craie en poudre, qui absorbent les acides en excès, cause de l'indigestion, sont d'un emploi salutaire.

Les moyens thérapeutiques que nous avons fait connaître pour combattre, chez le poulain, la diarrhée avec inflammation de l'intestin, conviennent parfaitement en cas semblable chez le veau.

Pendant toute la durée de la maladie, et quelques temps après la guérison, on ne donnera au malade que du bon lait tel qu'on l'extrait du pis de la vache ; on le coupera d'abord avec l'eau de riz ou autre décoction ou infusion ayant des propriétés propres à remédier au mal, et on continuera, ensuite, à le donner pur jusqu'à ce que l'état du sujet ne laisse plus rien à désirer.

La constipation. — La *constipation* s'observe chez les poulains et les veaux pendant l'allaitement. Quand elle se manifeste dans les premiers jours qui suivent le part, elle est due à la rétention du méconium que l'action purgative du colostrum ne suffit pas à évacuer.

Le poulain ne tète plus, éprouve du malaise, de la souffrance, des coliques, se roule à terre, regarde son ventre, fait des efforts de défécation et, si l'évacuation des matières qui obstruent l'intestin ne peut avoir lieu, le ventre se ballonne, les intestins s'enflamment, les coliques redoublent et l'animal meurt dans les convulsions.

Les choses se passent à peu près de même chez le veau ; il reste couché et se plaint constamment.

La constipation qui survient pendant le cours de l'allaitement est, souvent, la conséquence d'une alimentation excitante avec des fourrages secs.

Traitement. — A l'aide du doigt indicateur enduit de graisse ou d'huile, on extrait par l'anus le plus possible des matières accumulées dans le rectum et on passe avec une seringue de petits lavements huileux. La mère doit être tenue à un régime délayant, et on lui fera prendre dans ses boissons : de la crème de tartre, du sel anglais ou de glaubert, pour donner à son lait des qualités laxatives.

Si ces moyens restaient inefficaces on aurait recours aux purgatifs doux : le sirop de rhubarbe, la manne, l'huile de ricin, le sulfate de soude, la crème de tartre, etc., on passerait de petits lavements savonneux, ou avec une décoction de séné. Tels sont les agents les plus avantageux pour remédier à cet état.

Quant à la constipation qui survient pendant l'allaitement artificiel, elle a pour cause, ordinairement, l'usage d'aliments très abondants, et trop ou trop peu nourrissants, et l'abus des farineux : les intestins distendus par la masse alimentaire et par la quantité des matières de défécation, perdent de leur énergie, leur contractilité s'affaiblit, la sécrétion muqueuse diminue, les excréments deviennent de plus en plus consistants, et la constipation se produit.

La diète, les boissons délayantes, le lait coupé, les purgatifs, indiqués plus haut, en breuvages et en lavements, et l'huile de lin à la dose d'un demi-litre, aussi efficace que populaire, sont les moyens les plus utiles, pour remédier à la constipation tant chez le poulain que chez le veau.

Le muguet des agneaux. — Cette maladie consiste dans l'éruption de pustules sur la membrane buccale qui empêche, par la douleur qui en résulte, l'agneau de presser suffisamment le mamelon pour en attirer le lait. Cette affection aurait beaucoup d'analogie avec celle des enfants, appelée vulgairement *renette*, si elle n'avait pas emprunté son nom à une autre maladie des enfants : le muguet et n'en était l'analogue.

Les gargarismes au moyen de fortes décoctions de plantes astringentes : jeunes pousses de ronces, de chêne, etc., ou d'oxymel, ou, encore, d'alun, d'eau de rabel, d'acide hydrochlorique etc. sont les agents thérapeutiques employés contre cette maladie. On recommande, particulièrement, le collutoire glycériné au borate de soute : glycérine 30 gr., borate de soude 10 gr. ; alun 5 grammes, appliqué au moyen d'un pinceau qu'on promène sur les parties malades. Les bergers emploient un gargarisme composé de vinaigre, sel et poivre. On doit faire prendre au malade du lait ou du petit lait, aussi longtemps qu'il éprouve des difficultés pour téter.

MALADIES DES FEMELLES ET ACCIDENTS APRÈS LE PART

La nature en créant tous les êtres n'a eu qu'un but : en assurer la reproduction. La parturition est donc un acte essentiellement, absolument naturel et, pourtant, c'est à son bilan que doivent être portées les pertes les plus nombreuses. La responsabilité de cette mortalité incombe à l'homme pour la plus grande part ; par son ignorance, son incurie et ses mauvais traitements, il ouvre la porte à l'action des causes qui, favorisées par l'état de domestication auquel les femelles sont soumises, engendrent la foule d'accidents et de maladies dont les suites sont si fréquemment funestes.

Exposer ces cas pathologiques, c'est apprendre à les prévenir en même temps qu'à les guérir.

LA MÉTRORRHAGIE.

Cet accident si redoutable assez fréquent chez la femme, nous ne l'avons jamais observé, chez la jument et chez la vache, qu'à la suite de la déchirure de la matrice. Dans ce cas, la gravité de l'accident dépend plus souvent moins de la perte de sang que de la métropéritonite, rapidement mortelle, qui en est la conséquence.

Quand, quelques moments après la parturition terminée, on trouve la femelle étendue sur la litière, dans un grand état d'affaissement et de prostration, que le corps se refroidit rapidement, que les muqueuses pâlissent de plus en plus, que le pouls s'efface et devient insensible avec battement tumultueux du cœur ; que le sang se répande à l'intérieur ou par la vulve, la mort est plus qu'à craindre. Si l'homme de l'art a lui-même opéré le part, il doit savoir à quoi s'en tenir relativement à l'étendue de la déchirure de la matrice, et s'il avait de fortes raisons de croire au danger de mort, il n'hésiterait pas — si c'est une femelle dont la chair est propre à la consommation — à prendre, dans l'intérêt de son client, le parti le plus prudent, en égorgeant la bête.

Nous devons dire ici ce que nous savons relativement aux métrorrhagies prétenduement spontanées dont parlent quelques praticiens et qui, d'après eux, auraient pour cause, comme chez la femme, l'*inertie de la matrice.*

En nous fondant sur les connaissances que nous avons acquises aux leçons de l'enseignement orthodoxe et de la pratique, nous persistons à refuser d'admettre que la métrorrhagie spontanée puisse se produire chez nos grandes femelles, et surtout chez la vache, de manière à faire craindre que la mort s'en suive.

Après tout accouchement, il y a toujours une perte de sang dont la quantité varie d'un sujet à l'autre; elle est le résultat de la déchirure du cordon ombilical, par où se dégorgent les vaisseaux qui apportaient le sang au fœtus. Elle peut aussi provenir directement de la matrice à la suite de lésions, plus ou moins superficielles ou profondes de la muqueuse, produites par des tiraillements sur les houppes vasculaires de l'utérus en connexion, chez la jument, avec les houppes placentaires, et sur les cotylédons chez la vache, ou par l'arrachement de l'arrière-faix. Ces tiraillements sont déterminés de plusieurs manières, sans que l'accoucheur puisse toujours en avoir conscience : soit au moment de la rupture du cordon ombilical, trop court pour suivre le fœtus jusqu'à terre, soit qu'entortillé dans les membres, ou autour du corps du petit sujet dont il entrave la marche, le cordon se brise sous les efforts d'expulsion ou de traction nécessités par les difficultés du part, soit encore lorsque, par mégarde, une portion des enveloppes est prise dans l'anse d'un lacs.

Quoiqu'il en soit, la perte de sang n'a rien de redoutable, mais elle peut, quelquefois il est vrai, paraître assez considérable pour troubler l'esprit des personnes qui ne sont pas dans l'habitude de voir la couleur de ce liquide. Serait-ce parce que le rouge nous a toujours peu effrayé que nous n'avons jamais vu cet accident? Tout prouve d'ailleurs qu'il doit être extrêmement rare : les auteurs n'en parlent pas ou établissent par des raisons scientifiques qu'il ne saurait se produire ; et les relations des praticiens sur ce sujet sont aussi peu nombreuses que peu concluantes.

M. Saint-Cyr, qui a fait le relevé des observations de métrorrhagie consécutive au part, consignées dans les écrits vétérinaires, en a trouvé 11, qu'il range ainsi : 4 comme se rapportant à l'hémorrhagie spontanée, 4 à l'hémorrhagie traumatique, 2 sont des accidents de la gestation, et ne sachant que faire de la 11ᵉ, consistant dans un épanchement de sang entre les membranes musculaire et séreuse de la matrice, il la classe à part.

Des quatre cas qu'il attribue à l'hémorrhagie spontanée, les seuls qui nous intéressent ici, deux, observés sur la jument par le même praticien, se sont produits après la délivrance, opérée par une personne étrangère à notre art, au moyen de tractions sur la partie pendante des enveloppes. Les deux juments ont péri. Mais, sont-ce bien là des hémorrhagies spontanées? Des deux autres, un a rapport encore à la jument, et l'hémorrhagie s'est déclarée pendant le renversement de la matrice. La réduction a été suivie de la guérison. Dans ce cas, plus que dans les précédents, l'hémorrhagie a-t-elle été spontanée? Le quatrième cas s'est montré sur une vache, qui a guéri facilement, sans qu'on dise rien des causes de la métrorrhagie. Évidemment, on ne saurait trouver aucune analogie entre ces cas d'hémorrhagie utérine et ceux qu'on observe chez la femme.

Tout récemment, dans une séance de la Société vétérinaire de Namur, dont le compte rendu a été publié par *Les Annales de médecine vétérinaire de Belgique, cahier de novembre* 1878, M. Lavigne donna communication de deux observations de métrorrhagie, chez la vache, qu'il attribue à l'inertie de la matrice. Le sujet de la première observation fut égorgé, et l'examen après autopsie ne permit pas de constater aucune lésion de l'utérus. Le second cas de cette surprenante hémorrhagie, fut guéri par un procédé non moins surprenant!

De ces faits, nous pouvons, croyons-nous, conclure qu'un seul, le premier observé par M. Lavigne, pourrait être pris en considération, s'il était appuyé par quelques autres de même nature. Mais un fait isolé, — quand nous savons combien nos appréciations et nos jugements sont sujets à l'erreur, — peut-il, alors même qu'il serait étayé par une autorité plus respectable encore que celle de M. Roll, — nul ne peut prétendre à l'infaillibilité, — peut-il, disons-nous, suffire pour renverser une théorie, basée sur des raisons scientifiques, et admise par les auteurs comme un dogme? Des faits plus nombreux et rigoureusement observés et contrôlés sont, croyons-nous, indispensables pour cela.

Bien que les faits qui font l'objet de sa communication fussent contraires à l'opinion que nous avons soutenue, relativement à l'hémorrhagie utérine, M. Lavigne nous cite avec égard et bienveillance, ce à quoi nous sommes très sensibles, et l'en remercions de tout cœur. Néanmoins, il voudra bien ne pas trouver mauvais que, en nous basant sur notre pratique et sur ce qui nous a été enseigné, nous maintenions, jusqu'à preuves plus décisives, *que la métrorrhagie chez nos grandes femelles ne saurait se produire comme chez la femme*. Toutefois, nous regrettons que notre attention n'ait pas été attirée sur ce sujet durant la vie de notre père, nous aurions pu consulter sa grande expérience avant de publier le mémoire cité par M. Lavigne.

DÉCHIRURE DU PÉRINÉE.

Cet accident s'observe plus fréquemment chez les femelles primipares. Il est la conséquence de la déviation d'un pied ou des deux, ou du refoulement de la queue, dont la base se replie en formant un coude, ou bien de la précipitation des phénomènes du part et de la violence des efforts expulsifs, ou encore, de tractions intempestives, la vulve étant insuffisamment dilatée ou en état de contraction spasmodique ; il n'est redoutable que s'il se complique de la déchirure du vagin et de la sortie de l'intestin. Réduire la hernie et la contenir, chez la jument, n'est pas chose facile, surtout lorsque l'homme de l'art n'est pas présent au moment de l'accident. Lorsqu'on parvient à rentrer l'intestin, on rapproche les lèvres de la plaie par quelques sutures simples, faites au moyen d'un lien formé de la réunion de trois ou quatre fils, légèrement tordus et cirés. On fait autant de sutures que le cas l'exige, en laissant les bouts du lien assez longs pour qu'ils pendent au dehors.

Lorsque le périnée seulement est déchiré et que

l'anus et la vulve ne font qu'une gouttière, cet accident n'a d'autre inconvénient que la malpropreté : les parties liquides des excréments coulant à tout instant de la première ouverture dans la seconde. Les femelles ainsi accidentées jouissent d'une parfaite santé, reçoivent le mâle et mettent au monde leur produit sans plus de danger que si cette solution de continuité n'existait pas. Toutefois, la bête en est dépréciée. Il importe donc d'y remédier. Au moment et peu de temps après l'accident, alors que la déchirure est encore saignante ou fraîche, on en obtient aisément la cicatrisation au moyen d'un ou deux points de suture. Plus tard, il serait indispensable de rafraîchir les lèvres de la plaie, par la résection des bords. Cette opération et les sutures doivent être pratiquées sans timidité : en faisant entrer et sortir l'aiguille trop près des bords de la plaie le lien serait chassé par l'inflammation éliminatoire avant que les parties fussent adhérentes.

Dans les deux cas, un régime délayant et des lavements émollients et huileux sont nécessaires pendant quelques jours.

FAUSSE PARALYSIE APRÈS LE PART.

Quand l'homme a dû intervenir par des tractions assez fortes pour terminer le part, on voit des femelles, surtout les primipares de l'espèce bovine, éprouver de grandes difficultés pour se lever et se maintenir quelques instants debout et, quelquefois, elles restent étendues sur la litière, frappées comme de paraplégie sans que, cependant, la sensibilité et le mouvement soient tout à fait anéantis dans les membres postérieurs. Cet état est dû à la compression des nerfs pendant le passage du fœtus à travers les voies génitales, ou au relâchement et tiraillement des tissus, conséquence des efforts du part, ou, ce qui est plus ordinaire, à la distension et dislocation des articulations du bassin.

Après 2 ou 3 jours, les choses sont souvent assez bien rétablies pour que la femelle puisse se lever et rester quelques instants debout. Le mieux se prononçant davantage, de jour en jour, bientôt il n'en paraît plus rien. Quelquefois, cependant, et plus particulièrement chez les vaches adultes qui ont beaucoup souffert pour mettre bas par suite de fortes tractions mal dirigées, cet état persiste et, au bout d'un certain temps, la peau qui recouvre les parties saillantes des os et des articulations s'échauffe et s'ulcère. La bête maigrit, tombe dans le marasme, et on est forcé de la sacrifier pour mettre fin à des soins et embarras inutiles et en pure perte.

On doit laisser la patiente tranquille, l'aider une ou deux fois par jour à se lever et à rester debout, le plus longtemps possible, sans, cependant, trop la fatiguer, et profiter de ce moment pour la traire et lui frictionner les membres, surtout les postérieurs.

S'il était impossible de la mettre debout, ou qu'elle se soutienne sur ses membres, on se contenterait de la retourner de temps en temps d'un côté sur l'autre, en ayant soin de remuer ou de renouveler chaque fois la litière. Si on ne peut le recueillir, on fera couler le lait dans le fumier. On lui donnera des aliments de facile digestion : des soupes, des buvées qu'on rendra de plus en plus substantielles. Ces soins suffisent, dans le

plus grand nombre des cas, pour que la femelle soit
rétablie en 10 ou 15 jours plus ou moins. Mais passé
ce temps, si aucune amélioration ne s'est produite, et
que la vache s'affaiblit, maigrit, perd l'appétit, que le
corps se couvre de plaies profondes résultat du décubitus prolongé, il faut désespérer de la guérison.

FIÈVRE DE LAIT.

Dès la mise bas terminée, le sang qui affluait à la
matrice pour la nutrition du fœtus, se porte vers les
mamelles où déjà avant la parturition il était attiré par
le travail qui s'y faisait. Du surcroît d'activité qui en
résulte, naît un trouble dont le retentissement, dans
l'économie, est en raison du développement des organes
mammaires, de leur irritabilité sécrétoire et de l'abondance du produit sécrété; en un mot, que la femelle
est plus ou moins bonne laitière.

C'est là ce qui constitue ce qu'on appelle : *la fièvre
de lait.*

Il ressort de ces connaissances : que plus les
femelles sont bonnes laitières et ont les organes mamm-
maires développés, plus on doit chercher à ralentir,
pendant les premiers jours qui suivent le part, l'activité
sécrétoire des mamelles et faciliter la circulation du
lait dans les canaux galoctophores. Il faut, de plus,
être attentif aux causes capables d'influencer le trouble
général, ou la fièvre de lait, dont les effets fâcheux
sont plus particulièrement ressentis par les centres
nerveux.

Les mesures hygiéniques et de surveillance appropriées à la circonstance, doivent être rigoureusement observées pour prévenir la fièvre vitulaire et l'engorgement laiteux.

LES LOCHIES.

Nous avons le premier, croyons-nous, démontré péremptoirement qu'un flux dépuratoire, que les campagnards désignent par le mot *purger*, s'établissait après le part chez nos grandes femelles sur la muqueuse de l'utérus. Les matières de cet écoulement sont d'abord glaireuses, muqueuses, sanguinolentes ; plus tard, mucoso-purulentes, blanchâtres, sans mauvaise odeur ; elles salissent la queue et agglutinent les crins et on en remarque des flaques derrière la femelle lorsqu'elle est couchée.

Des confrères qui font autorité dans la science et la pratique, se rallient à nos idées et M. Saint-Cyr est d'accord avec nous sur l'existence d'une *véritable sécrétion lochiale*. Mais il croit que nous *exagérons* quand nous prétendons, dit-il, *que la suppression intempestive de cet écoulement peut causer des désordres graves* dans l'économie et quand nous fixons sa durée à *quinze jours ou trois semaines*. N'en déplaise au savant professeur de Lyon, nous maintenons fermement tout ce que nous avons écrit relativement aux lochies, et notamment les points importants à propos desquels, s'appuyant sur ses connaissances, il croit pouvoir nous contredire. Toutefois, nous ferons remarquer qu'en fixant la durée de cet écoulement à 15 jours ou 3 semaines, nous avions particulièrement en vue la vache, comme étant la femelle chez laquelle il est le mieux appréciable; il va sans dire que la durée et l'abondance des lochies ne varient pas seulement chez les femelles d'espèces différentes, en raison de leur constitution et de leur genre de vie, mais encore chez les femelles de même espèce : les conditions d'âge, de tempérament et d'hygiène, en fournissent l'explication. Ainsi la durée et l'abondance de l'écoulement lochial sont moindres chez la jument que chez les femelles bovines; et, chez celles-ci, les lochies sont d'autant moins abondantes et la durée de leurs sécrétions plus courte que la vache est plus jeune, d'une constitution plus riche, d'un tempérament nerveux, sanguin, et que, mieux nourrie et soignée, elle reste moins de temps enfermée dans une étable malsaine, étroite, mal tenue et mal aérée. Le désaccord existant entre M. Saint Cyr et nous, au sujet de l'abondance et de la durée des lochies, ainsi que la gravité des conséquences qui peuvent en résulter, ne proviendrait-il pas de ce que notre savant contradicteur n'aurait pas assez tenu compte des influences climatériques, si différentes dans le Midi et le Nord. Cela dit, nous reproduisons *in extenso* le mémoire que nous avons publié sur ce sujet dans les *Annales de médecine vétérinaire de Belgique*, cahier d'août, année 1868.

Dans deux mémoires, l'un *Sur les affections, connues sous le nom générique de fièvre vitulaire, qui attaquent les vaches après le part*, et l'autre, *Sur la non-expulsion du délivre chez les grandes femelles domestiques*, publiés dans *Les Annales de médecine vétérinaire de Belgique*, nous avons parlé de l'existence, chez la vache et la jument, d'un flux dépuratoire, analogue à celui qui existe chez la femme et que les médecins désignent sous le nom de *lochies*. Ainsi, nous avons dit qu'il s'établissait, à la surface de la membrane muqueuse de la matrice, après la parturition, chez les grandes femelles domestiques et probablement chez toutes les femelles mammifères, une sécrétion d'humeurs d'abord glaireuses, muqueuses, mêlées de matières sanguinolentes, plus tard mucoso-purulentes, blanchâtres, sans mauvaise odeur ; que cette sécrétion, plus abondante chez certains sujets que chez d'autres, pouvait durer quinze jours, trois semaines, et plus, et que sa suppression, par l'action d'une cause quelconque agissant brusquement, occasionnait un trouble suivi de maladies plus ou moins graves.

C'est en exécution de l'engagement, que nous avons pris alors, de revenir sur ce sujet dans une étude spéciale et d'étayer nos assertions par des faits pathologiques encore ignorés ou méconnus des auteurs vétérinaires, que nous entreprenons ce travail.

Les écrivains vétérinaires sont sobres à l'endroit des suites du part ; beaucoup ne disent rien des lochies ; quelques-uns en font à peine mention ; parmi ceux-ci, M. Rainard, directeur à l'École impériale vétérinaire de Lyon, en parle de manière à laisser penser qu'il n'est pas trop convaincu de ce qu'il avance : ici, il ne lui accorde qu'une durée éphémère de un ou deux jours, et ailleurs, dans l'exposé qu'il fait des symptômes de la métrite, il note *la suppression de l'écoulement vaginal*. Comment concilier ces contradictions ?

Nous allons résumer, en quelques mots, ce que cet éminent professeur, le seul, que nous sachions, qui ait quelque peu fait mention des lochies, dit à ce sujet. Selon lui, *un écoulement muqueux plus ou moins purulent a lieu pendant un ou deux jours au plus, après la sortie de l'arrière-faix*, et il attribue cette sécrétion *à l'irritation mécanique qu'a causée le passage d'un corps volumineux à travers un canal membraneux, étroit*, etc., et, *à la contusion que ces tissus ont éprouvée. Si elle se prolonge*, dit-il, plus loin, *au-delà du terme de un ou deux jours* — qu'il fixe comme étant la règle; — *si elle est muscoso-purulente simple, elle est le produit de l'inflammation du conduit vulvo-utérin, d'une vaginite, d'une métrite; si elle est mêlée de sang, c'est une lésion mécanique*, etc.

Nos observations, comme on le verra dans le cours de cette étude, sont loin d'être en concordance parfaite avec celles exposées par le savant auteur du *Traité complet de la parturition*.

L'organe utérin qui, avant la fécondation et hors de temps du rut, ne jouit que d'une vitalité fort obscure, devient après le coït fécondant, le centre vers lequel convergent toutes les forces de l'organisme, et acquiert une importance telle, qu'il peut arrêter la marche de maladies mortelles jusqu'après l'accomplissement de l'œuvre la plus considérable de la création qui lui est dévolue. Il est évident que cette activité, qui va en augmentant progressivement avec le développement du fœtus jusqu'après la mise au monde, ne saurait cesser brusquement et l'utérus reprendre, en un ou deux jours *au plus*, l'état normal qui précède la conception, sans que toute l'économie n'en soit profondément troublée. Or, la nature, qui a prévu ce danger chez la femme, aurait-elle manqué de prévoyance envers la femelle de la brute? Les lochies, disent certains auteurs, sont chez la femme la conséquence des règles;

les règles n'existent pas chez les grandes femelles domestiques ; donc pas de lochies chez elles après le part. La proposition et la conclusion qu'on en tire sont-elles rigoureusement exactes ? Les matières glaireuses, muqueuses, filantes, blanchâtres que les femelles lâchent abondamment pendant le temps du rut, ne seraient-elles pas l'analogue des règles ? Si chez la femme le flux est sanguin, cela provient uniquement, sans doute, de l'organisation différente de l'utérus : notons, toutefois, que chez la vache un écoulement sanguin, d'un sang pur et vif et en quantité assez marquante, a quelquefois lieu. Les vétérinaires, il est vrai, sont rarement appelés à constater des faits de cette nature, plus fréquents que les auteurs ne le croient. Combien de fois ne nous a-t-on pas dit, à titre de renseignements, en nous consultant pour des vaches devenues malades quelque temps après les chaleurs : *elle a taureillé jusqu'au sang*, c'est-à-dire que le rut a été marqué par un flux de sang ; quelle différence peut-on trouver entre ce phénomène et les règles ? Que la quantité de sang est moins grande ; mais ce n'est pas là un argument. Qui ne sait que les femmes robustes de la campagne, habituées à une vie active, au grand air, ont les règles beaucoup moins fort et moins longtemps que les femmes indolentes et désœuvrées des villes ? Nous ne faisons ce rapprochement que pour montrer que les menstrues n'ont pas une règle fixe, même chez la femme ; que la constitution et le genre de vie peuvent leur faire éprouver des variations notables. D'où, nous croyons pouvoir conclure que les matières du rut sont l'analogue des règles, qu'elles jouent le même rôle sur la scène physiologique et que les modifications qu'elles présentent dépendent de la constitution, de l'organisation et de la manière de vivre propres à chaque femelle.

S'il nous était donné d'approfondir le mystère qui enveloppe encore le moment de la rupture des liens qui attachent le jeune sujet à sa mère et de son expulsion de la matrice, peut-être y découvririons-nous un argument irréfragable en faveur de la cause que nous plaidons.

Quoi qu'il en soit, nous reconnaissons volontiers qu'en raison des différences anatomo-physiologiques qu'offre l'utérus des grandes femelles domestiques comparé à celui de la femme, la sécrétion, dont il est le siége après le part, doit éprouver des modifications sensibles. Mais cela nous importe peu, ce que nous tenons à établir c'est l'existence d'une action dépuratoire, d'un travail quelconque se passant à la surface de l'organe utérin qui termine, en la complétant, la fonction de la génération et qui, en retenant quelque temps encore les éléments vitaux qui affluaient à la matrice pendant la gestation, est indispensable au retour insensible et normal de l'équilibre organique précédant la fécondation. Pourquoi, si la santé et la vie ou l'intégrité des fonctions génératrices sont nécessairement liées chez la femme à la présence d'un flux dépuratoire à la surface de la matrice après l'accouchement, pourquoi, disons-nous, n'en serait-il pas de même des autres femelles mammifères ? Il est évident qu'un phénomène analogue doit se produire chez ces femelles. L'accomplissement d'un acte naturel doit être soumis aux mêmes lois dans les diverses espèces du même ordre. Par horreur des transitions brusques, la nature n'a-t-elle pas suivi dans toute ses œuvres une gradation insensible ?

Or, rien que par analogie, nous serions autorisés à admettre cette action dépurative chez les grandes femelles domestiques, si la chose n'était pas visible et palpable, moins cependant, il est vrai, que chez la femme. En effet, l'attitude horizontale du corps et la direction dans le même sens des organes génitaux ne permettent pas aux matières de s'écouler d'une manière continue comme chez la femme et à mesure qu'elles sont sécrétées. Pendant les deux ou trois premiers jours qui suivent le part, l'écoulement n'est presque pas interrompu ; ce qui s'explique : par l'abondance des matières, par la dilatation du col de l'utérus et l'activité plus grande de cet organe, enfin par le relâchement des parois du vagin et des lèvres de la vulve. Les matières sont alors glaireuses, muqueuses, sanguinolentes. Plus tard, pour des raisons contraires, les produits de la sécrétion s'accumulent et séjournent plus ou moins longtemps dans la matrice et le vagin, circonstance qui en modifie évidemment les caractères. Les matières sont alors mucoso-purulentes, blanchâtres, toujours sans mauvaise odeur, et leur évacuation ne se fait plus que par intervalles, quelquefois d'un ou deux jours et plus, et c'est ordinairement pendant que la bête est couchée qu'on remarque derrière elle des flaques de ces matières. Dans cette position, la matrice, refoulée par la masse des viscères digestifs, et le vagin, affectant une direction plus oblique dans le sens vertical, offrent une pente favorable à leur écoulement. Cette observation se rapporte particulièrement à la vache. Chez la jument, l'attitude la plus avantageuse au rejet de ces humeurs, se présente quand elle est campée pour uriner ; il est probable que c'est dans

ce moment que leur évacuation a lieu ordinairement ;
mais, alors, elles sont mêlées au liquide de déjection,
et il est impossible d'en constater la présence. Il arrive
très-souvent aussi qu'elles sont perdues dans la litière.
Chez la femme tout est visible, rien ne se perd. Ce fait
ne demande pas d'explication.

Quoi qu'il en soit, un flux utéro-vaginal existe chez
les grande femelles domestiques, et l'influence qu'il
exerce sur leur constitution n'est pas ignorée des éleveurs qui, selon qu'il se passe bien ou mal, augurent
favorablement ou non de leur santé et de leur rendement ; sa durée peut varier de quinze jours à trois
semaines et plus, sans qu'on puisse le considérer
comme étant le produit d'une inflammation de la matrice ou du vagin, ou d'une lésion mécanique quelconque. L'état de parfaite santé dont jouissent les
femelles ne saurait permettre le moindre doute à cet
égard.

La suppression de cet écoulement peut être déterminée par des causes diverses ; comme une violente
secousse nerveuse, résultat d'une grande frayeur produite par la présence d'un chien ou de tout autre objet
effrayant ; une vive irritation par suite de mauvais traitements ; une grande douleur occasionnée par la perte
du nouveau-né, arraché à la tendresse maternelle
après qu'elle a pris tout son développement, ainsi
que cela peut se présenter dans les localités où, par
économie, on ne permet pas à la vache de nourrir son
veau. Si on enlève celui-ci quand sa mère l'a léché,
connu, aimé, et qu'on le place à une trop faible distance, de manière que ses cris puissent arriver jusqu'à
son oreille, elle en souffre cruellement ; ainsi, la peur,

l'irritation et la douleur morale, ces sensations, que les animaux ressentent plus vivement qu'on ne le croit généralement, exercent leur action sur le système nerveux, et par contre-coup sur la matrice qui se trouve alors dans les conditions les plus favorables à recevoir fortement l'impression des influences morbides. A ces causes, nous en ajouterons d'autres d'un caractère moins douteux, parmi lesquelles nous indiquerons, en première ligne, l'action d'un courant d'air froid sur la surface cutanée. Cette cause doit agir fréquemment dans nos contrées, par suite de la construction vicieuse des étables et des écuries. Partout, en effet, dans les fermes, nous voyons qu'une lucarne, en raison du nombre des bêtes, est pratiquée à la muraille qui leur fait face dans le sens opposé à la porte ; de sorte que, si celle-ci est ouverte, les animaux se trouvent exposés à un courant d'air. L'effet du froid, sur la muqueuse gastro-intestinale, n'est pas moins pernicieux ; comme l'ingestion d'eau froide, d'aliments gelés ou couverts de gelée blanche ou d'humidité ; les écarts de régime ; les grandes fatigues, quand on fait voyager les femelles d'un marché à un autre, de suite après le part, par une température ou trop froide ou trop chaude, etc. Toutes ces causes doivent avoir sur l'organisme féminin d'autant plus de prise que la femelle, dans les premiers jours qui suivent la mise-bas, est alors plus sensible et plus impressionnable.

Nous allons, maintenant, exposer deux cas pathologiques, qui surviennent : l'un chez la vache, l'autre chez la jument, et que nous nous croyons autorisé à considérer comme l'effet de la suppression des lochies, par l'action d'une des causes énumérées ci-dessus.

Afin de donner plus de clarté à notre récit, nous commencerons par l'examen, chez la vache, puis chez la jument, des circonstances au milieu desquelles ces maladies se produisent, des symptômes qui les caractérisent et des agents curatifs au moyens desquels nous les combattons avec succès ; et, des considérations que nous en ferons découler, nous tirerons des conclusions qui nous paraissent établir péremptoirement la justesse de nos assertions.

L'ARTHRITE SUITE DU PART CHEZ LA VACHE.

Il est peu de vétérinaires, ayant quelques années de pratique, qui n'aient observé plusieurs fois, chez la vache, un état maladif qui se manifeste, dans les huit ou dix jours qui suivent le vêlage, sur des femelles d'âge, de constitution et d'état d'embonpoint différents ; cependant, les vieilles vaches maigres et d'un tempérament plus faible y semblent plus exposées. Les vaches qui ont bien vêlé et qui sont bien délivrées de l'arrière-faix en sont atteintes, comme celles qui ont avorté, mal vêlé et chez lesquelles le délivre a séjourné plus longtemps ou se trouve encore retenu dans la matrice. On peut l'observer aussi après un part laborieux artificiel, mais alors il complique l'inflammation de la matrice.

Cet état morbide se reconnaît aux caractères suivants : dégoût ou perte complète de l'appétit ; rumination irrégulière ou interrompue ; diminution ou tarissement de la sécrétion laiteuse ; pesanteur de la tête ; œil légèrement larmoyant ; conjonctive infiltrée ; poil terne et piqué; mufle sec; bouche chaude; excréments rares, durs et luisants; avidité plus grande pour les liquides, surtout pour l'eau pure et froide; oreilles et cornes alternativement chaudes et froides. C'est ordinairement vers le soir que ces parties offrent le plus de chaleur et que l'abattement et la pesanteur de la tête sont le plus prononcés; on remarque aussi la diminution ou le tarissement complet du flux utérin.

A ces symptômes fébriles viennent, après deux ou trois jours, s'en joindre d'autres qui annoncent que la maladie de générale est devenue locale; ainsi, la colonne vertébrale raide et un peu voûtée, les membres postérieurs bouletés et légèrement engorgés aux jarrets et à la région digitée accusent une grande douleur : la bête reste longtemps debout dans une grande immobilité, elle piétine sur place, c'est ce qu'on observe à la litière qui est foulée, tassée à l'endroit des pieds postérieurs dont elle porte en quelque sorte l'empreinte; elle se couche, se relève, se déplace ou marche avec beaucoup de difficulté; à ces signes nous croyons reconnaître l'existence d'un rhumatisme aigu attaquant les tissus tendineux et articulaires, particulièrement des régions inférieures des membres postérieurs. *La vache est dégoûtée, ne donne pas beaucoup, ne purge pas bien et a mal à ses pattes de derrière.* Traduisez ces expressions dans l'idiôme propre à chaque localité des provinces wallonnes, et vous aurez les termes exacts par lesquels le vétérinaire est renseigné sur cette affection par les gens des campagnes.

Cette affection, combattue par des moyens convenables, peut durer huit à dix jours; négligée ou traitée d'une manière irrationnelle, la douleur des membres diminue peu à peu et se passe après un certain temps ; mais une fièvre lente persiste, qui entraîne le dépérissement et une diminution notable ou la perte complète de la sécrétion laiteuse ; l'époque des chaleurs ne reparaît plus ou d'une manière irrégulière ; enfin, elle devient le point de départ d'une foule de maladies chroniques qui se fixent sur la matrice, les mamelles, les viscères intestinaux et pectoraux.

La méthode de traitement, que nous préconisons, se compose de moyens hygiéniques et curatifs.

Les moyens hygiéniques consistent à mettre la malade à l'abri de l'action du froid, en faisant une abondante litière de paille brisée, et en enveloppant tout son corps d'une couverture chaude ; en bouchant hermétiquement les ouvertures qui donnent accès à des courants d'air et en tenant la porte de l'étable constamment fermée ; il convient de la calfeutrer en hiver et de la garnir de bottes de paille disposées de manière à former un abri contre les coups de vent, quand on doit l'ouvrir pour entrer dans l'étable ; à donner des boissons chaudes et des soupes composées : en hiver, d'une poignée de foin, d'un peu de tourteau de graines de lin ou d'une petite quantité de cette graine, de carottes, de navets, de pommes de terre, de betteraves, de son, etc., le tout bien cuit et réduit en bouillie ; en été, on fait des soupes : avec des orties, des jeunes chardons, des chicorées, des pissenlits, du lierre terrestre, du seneçon, quelques racines et tubercules, etc. ; on en présente souvent et en petites quantités à la fois ; des frictions sèches répétées de temps en temps sur tout le corps et les membres sont très-salutaires.

Nous attribuons une grande importance à ces mesures hygiéniques et nous apportons, dans leur exécution, une attention minutieuse.

Comme moyens curatifs : nous administrons une tisane préparée en faisant infuser, dans douze litres de décoction de racines de bardane, (*lappa major arctium*) de l'absinthe, (*artemisia absinthia*), de l'armoise (*artemisia nobilis*), des fleurs de camomille matricaire (*camomilla matricaria*) et de sureau (*sambucus nigra*) fraîches ou sèches, une poignée de chaque sorte. On en fait prendre cinq ou six litres dans la journée.

Pour les vaches maigres, vieilles, d'une faible constitution, on ajoutera, avantageusement, chaque jour à cette tisane, un litre ou deux de bière jeune ou un demi-litre de vin.

A la campagne, on se procure aisément toutes ces substances, si on ne les trouvait pas toutes, on n'emploierait que celles qu'on aurait sous la main en augmentant proportionnellement la dose.

De plus, nous faisons appliquer un sachet de cendres chaudes sur les lombes; nous faisons envelopper les jarrets et les parties inférieures des membres postérieurs d'un bandage matelassé ou d'une toile d'emballage, pliée en plusieurs doubles et imbibée d'une forte infusion chaude de plantes aromatiques. Nous recommandons aussi de passer quelques lavements par jour.

Ce traitement, quoique simple et peu coûteux, n'en est pas moins très-efficace. Nous n'en sommes point à apprendre aux vieux praticiens, que les remèdes les plus simples ne sont pas les moins actifs et les moins féconds en bons résultats.

Les saignées et les antiphlogistiques, employés

intempestivement, seraient nuisibles et détermineraient infailliblement des conséquences fâcheuses dont la prolongation de la maladie et la diminution ou la perversion totale de la sécrétion laiteuse seraient les moins graves.

Après sept ou huit jours de l'emploi de ce traitement : la gaieté revient avec l'appétit, le jeu régulier des fonctions se rétablit, la sécrétion laiteuse augmente de jour en jour de manière qu'après un certain temps elle a repris son cours sans qu'elle ait rien perdu de sa quantité et de ses qualités habituelles ; quelques flaques de matières mucoso-purulentes blanchâtres sans mauvaise odeur, qu'on remarque de temps en temps derrière la femelle lorsqu'elle est couchée, annoncent le retour des lochies ; *que la bête purge,* comme disent les gens de la campagne. Cependant, pour que la guérison soit radicale, la convalescence, souvent un peu longue, exige beaucoup d'attention. Il importe de ne pas commettre d'imprudence : on donnera des aliments variés, substantiels et de facile digestion, mais pas trop à la fois, en augmentant progressivement la ration au fur et à mesure que l'appétit et les forces digestives se rétablissent ; on continuera à donner encore de temps en temps un litre de la tisane ci-dessus. S'il se manifeste de nouveau du dégoût, il faut diminuer de suite la ration. On se gardera bien, surtout, de donner de l'eau froide et on fera prendre tous les jours la potion dont nous indiquons la formule dans notre *Mémoire sur la fièvre vitulaire.* Cette préparation, aussi simple que facile et peu coûteuse, considérations qui ne sont pas à dédaigner dans la médecine des animaux domestiques, est un excellent stimulant des organes

digestifs chez les ruminants. Enfin, nous recommandons d'attendre que le rétablissement soit parfait et
date déjà de quelques jours, que le temps soit beau,
sec et chaud avant de mettre la bête à la prairie. Les
temps froids et humides, les brouillards, les pluies, les
gelées blanches, surtout, et les vents d'ouest et de
nord-ouest sont à redouter.

Nous avons vu des vaches, fortement délabrées à
la suite de cette affection, par leur séjour à la prairie,
sous l'influence d'un beau temps et d'une bonne température, récupérer promptement la santé et l'embonpoint.

Nous n'avons rien trouvé dans les ouvrages français
anciens ou modernes qui ait rapport à cette maladie.
Quelques auteurs paraissent l'avoir confondue avec la
métrite; il est vrai que les symptômes généraux ou
fébriles, que nous avons décrits, étant propres à
presque toutes les affections, appartiennent aussi bien
à l'inflammation de la matrice que de tout autre organe;
mais les caractères locaux, les symptômes pathognomoniques de l'inflammation de l'organe utérin font,
ici, absolument défaut. D'ailleurs, les succès que nous
obtenons du traitement que nous avons fait connaître,
doit enlever tout doute à cet égard.

FOURBURE, SUITE DU PART CHEZ LES JUMENTS.

Une maladie, ayant beaucoup d'analogie avec celle
que nous venons d'étudier chez la vache, attaque aussi
la jument.

Chez cette femelle elle se manifeste toujours à une

époque plus rapprochée du part que chez la vache;
c'est ordinairement du deuxième au quatrième jour, au
plus tard, après le poulinage qu'elle apparaît; elle
attaque toute poulinière sans distinction d'âge, de
constitution, d'état d'embonpoint et des influences
hygiéniques; nous l'avons observée à la suite de parturitions opérées dans les meilleures conditions, comme
après l'avortement ou un part difficile; chez des juments qui étaient bien délivrées de l'arrière-faix,
comme chez celles dont l'arrière-faix était encore retenu dans la matrice. Nous ne l'avons jamais vue survenir après un part laborieux ayant exigé des manœuvres
plus ou moins longues et cruelles; nous pensions que
c'était sans doute bien assez que la femelle fût exposée
aux affections de la matrice et de ses complications, si
souvent fatales, qui en sont les conséquences presqu'infaillibles, mais notre frère de Lessines, vieux
praticien, nous a dit en avoir observé quelques cas à la
suite d'un part laborieux et artificiel.

Cette maladie s'annonce par les symptômes suivants:
diminution ou perte de l'appétit, soif assez vive, plus
prononcée pour l'eau pure et froide; attitude du corps,
de la tête et des membres qui accuse de l'abattement,
de l'accablement et de la fatigue; l'artère est tendue,
le pouls dur et vite, les battements du cœur forts; la
respiration irrégulière; les flancs légèrement agités; la
conjonctive est injectée, le regard triste et inquiet; la
bouche sèche, les crottins rares, durs et luisants; les
oreilles sont alternativement chaudes et froides, chaudes
principalement vers le soir et pendant la nuit; on remarque de temps à autre des frissons, des tremblements musculaires partiels aux régions olécrâniennes et

rotuliennes; les sentiments d'attachement maternel, si vifs encore, il n'y a qu'un instant, s'émoussent, la mère ne veille plus sur son poulain avec cette sollicitude attentive qu'on lui connaissait; la sécrétion laiteuse, bien que les mamelles aient un développement normal, est diminuée ou tarie; ce qui est attesté par le nouveau-né qui, ne trouvant plus la quantité de lait nécessaire à ses besoins, est constamment suspendu à sa mère qui paraît souffrir de ses efforts de succion, car, à ses approches, elle se tient les flancs rétractés, la colonne vertébrale voûtée et le repousse même avec une certaine dureté. Le petit sujet qui, jusque-là, se sauvait aux appels de l'homme sous la protection maternelle, se familiarise avec celui-ci et s'en approche, comme pour lui demander ce que sa pauvre mère ne peut plus lui donner : la nourriture et la vie.

Cet état fébrile peut durer quelques heures, un, deux et même trois jours, et s'il n'a pas été combattu en temps et d'une manière efficace, un autre ordre de symptômes se déroule qui annonce que la maladie s'est localisée sur les tissus renfermés dans la boîte cornée des pieds postérieurs, des antérieurs ou des quatre à la fois; c'est la *fourbure* qui se déclare. Ce sont, sans doute, des cas de cette nature qui ont fait dire que la fourbure *tombait dans les sabots*; expression, énergique et pittoresque, qui atteste la justesse d'observation des anciens hippiâtres et qu'un vétérinaire de cabinet, M. Hurtrel d'Arboval, a osé qualifier de ridicule.

Les symptômes locaux, pathognomoniques fournis par l'examen des pieds, des mouvements des membres et de l'attitude du corps, soit que la maladie ait envahi l'un ou l'autre des bipèdes ou les deux en même temps sont absolument les mêmes que ceux que présentent ces parties dans le cas de fourbure ordinaire, et sont si bien connus des praticiens et si exactement exposés dans les ouvrages vétérinaires que nous trouvons oiseux d'en publier une nouvelle description. Mais, il n'en est pas tout à fait de même des symptômes généraux ou sympathiques; en effet, il émane de l'ensemble de ces phénomènes quelque chose de particulier, un je ne sais quoi de difficile à définir, qu'on ne remarque pas dans la fourbure ordinaire et qui frappe l'esprit de l'observateur. C'est, du moins, l'impression que nous avons ressentie chaque fois que nous avons été en présence de ce cas morbide; cependant, nous allons tâcher d'analyser ce *quelque chose* et de le traduire par des mots.

L'état général trahit une fièvre très-intense avec paroxysmes et rémittences; c'est surtout vers le soir et pendant la nuit que se manifestent les exacerbations; elles sont caractérisées : par des sueurs extrêmement abondantes au point de ruisseler sur toute la surface du corps depuis le bout des lèvres jusqu'aux extrémités des membres; par une respiration accélérée, saccadée, plaintive : les flancs sont très-agités et tumultueux, les naseaux sont dilatés outre mesure, l'air expiré très-chaud est chassé avec un fort bruit de soufflet; par le pouls qui est tendu, dur et vite et les battements du cœur qui s'entendent à distance. Si la fourbure attaque les quatre membres : la bête est constamment couchée et étendue de tout son long sur l'un ou l'autre des côtés, le cou et la tête allongés et renversés en arrière, les membres tendus et agités de temps en temps par des soubresauts et des mouvements convulsifs ; elle paraît insensible à tout ce qui l'entoure, ne répond plus aux appels de son poulain ; quelquefois, comme au milieu d'un rêve, elle semble le demander par un hennissement court, espèce de cri étouffé, empreint d'une tristesse extrême. A cet état de redoublement, succède le refroidissement de toute la surface du corps accompagné du frissonnement des régions olécrâniennes et rotuliennes ; le pouls est dur, petit et vite, la conjonctive injectée légèrement jaunâtre.

Si on parvient à la faire lever : elle tremble de tout son corps, se tient ramassée sur ses quatre membres placés sous elle dans une demi-flexion, et ne tarde pas à se laisser retomber.

Quand la fourbure n'a son siège que dans un bipède, et c'est ordinairement dans le bipède postérieur, la fièvre présente absolument les mêmes caractères ; mais la bête se lève moins difficilement et peut se tenir quelque temps debout.

De l'observation attentive des symptômes de l'état fébrile qui précède et accompagne la congestion des tissus kératogènes ; des rémittences et des exacerbations et surtout du caractère critique si remarquable des sueurs, il est impossible de ne pas reconnaître, à cette maladie, une forme particulière différente de celle de la fourbure ordinaire.

Cette affection dure de quatre à huit jours ; alors la fièvre se calme, les douleurs diminuent, la bête peut se relever, marcher et rester plus longtemps debout ; les excréments, moins durs, sont rendus en plus grande quantité ; les urines sont plus abondantes et plus claires ; les sentiments maternels, si le poulain a pu résister, se réveillent et au bout de neuf à dix jours la guérison est complète ; il ne reste plus la moindre trace de la maladie. Ou bien la fièvre, tout en perdant de son intensité, se prolonge, ainsi que les symptômes locaux ; les pieds restent douloureux ; la marche difficile ; la fourbure passe à l'état chronique.

Nous n'avons jamais vu cette maladie se terminer par la mort. Mon frère m'a dit avoir observé, une fois, cette terminaison qu'il attribue à l'imprudence du propriétaire qui, s'imaginant que les sueurs excessives devaient être nuisibles, enleva les couvertures qui enveloppaient le corps de la bête, ouvrit un instant la porte *et donna un peu d'air*, comme il l'a avoué. Quelque temps après, des coliques violentes se manifestèrent et en moins de vingt-quatre heures la bête mourut d'une métro-péritonite suraiguë.

Il est rare que l'homme de l'art soit appelé pendant la première période fébrile, à moins qu'elle n'ait une durée de quelques jours ; s'il était consulté en temps utile, il pourrait, dans la plupart des cas, l'enrayer dans sa marche.

Avant de faire connaître la méthode curative que nous employons avec succès contre cette maladie, que le lecteur nous permette une légère digression pour lui faire le récit de notre première observation.

Je venais de quitter les bancs de l'École d'Alfort lorsque j'eus l'occasion de me trouver en présence de ce cas pathologique. J'étais chez mon père quand on vint le consulter de la part de M. Deghouy, à la ferme Eugène, à Chapelle-à-Oie. Sur les renseignements que nous obtînmes, mon père, qui avait maintes fois observé cette maladie, n'hésita pas à reconnaître que

cette jument était attaquée de la *fourbure suite du
poulinage*. Il m'envoya voir cette bête, et lui prescrire
les soins que réclamait son état. En me donnant cette
mission, il me tint à peu près ce langage : « surtout
» gardez-vous bien de prendre cette affection pour
» une fourbure ordinaire, quant à moi, je la considère
» comme étant déterminée par une tout autre cause :
» ce sont les humeurs, dont l'évacuation, par la sur-
» face muqueuse de la matrice, purifie le corps après
» l'action du part, qui, détournées de leur véritable
» cours, descendent dans les pieds. Les moyens à
» employer doivent tendre à ramener ces humeurs
» dans leur voie naturelle, sinon, vous échouerez. »

Imbu des doctrines en vogue alors dans l'enseignement des écoles, sauf le respect qu'un bon fils doit à
l'auteur de ses jours, j'aurais accueilli, en riant, ce
raisonnement qui me paraissait digne tout au plus des
premiers âges de la médecine. J'avoue que je ne le
trouve plus aujourd'hui si suranné. Néanmoins, je ne
l'interrompis point : « Cette maladie, continua-t-il, est
» rarement mortelle ; je ne me rappelle pas avoir
» jamais eu à constater un seul cas de mort ; mais
» chez tous les sujets, qui m'ont été présentés après
» avoir été traités par de larges saignées, si salutaires
» dans la fourbure ordinaire, j'ai remarqué que la
» résolution s'était opérée lentement, n'avait jamais
» été parfaite et avait été suivie, chez la plupart, de
» désordres dans les sabots, tels que : croissants et
» formillières, assez graves pour abréger la durée de
» leurs services et les mettre sur le chemin de l'équar-
» risseur. » Ceci me parut plus sérieux ; car, si je
pouvais douter des connaissances scientifiques de

mon père, il n'en était pas de même de son esprit d'observation et de la vérité des faits qu'il me signalait.

Je partis et parcourus les deux lieues qui me séparaient de Chapelle-à-Oie, l'imagination plongée dans de profondes méditations. Lorsque j'entrai dans l'écurie et que je fus en présence de la malade, je ne pus cacher mon étonnement. J'avais déjà vu, étant à l'école, plusieurs cas de fourbure assez graves; mais ce n'est jamais par eux que j'aurais pu me faire une idée de la scène maladive que j'avais sous les yeux : j'étais en face de l'exaspération au plus haut degré des symptômes dont j'ai tracé ci-dessus l'émouvant tableau et dont je ne me figurais pas l'existence.

La pauvre bête était couchée de tout son long sur le flanc droit, le cou et la tête portés en avant et un peu renversés en arrière, les membres allongés exécutaient de temps à autre, sous l'impression de la douleur, des mouvements convulsifs, la respiration était extrêmement agitée, accélérée; les flancs battaient avec violence et d'une manière saccadée; des naseaux largement dilatés sortaient deux colonnes de vapeur, lancées avec un fort bruit de soufflet, comme du tuyau de décharge d'une locomotive; la sueur ruisselait sur toutes les parties du corps; on aurait pu en recueillir abondamment au poitrail, sous le ventre et aux aines; les battements du cœur, très-forts, s'entendaient à distance, le pouls était dur et vite; la conjonctive était infiltrée, légèrement jaunâtre, le regard vitré, les paupières demi-fermées; la bouche sèche et la soif vive. Au milieu de ses souffrances, la malheureuse mère, sans qu'elle parût en avoir la conscience, semblait,

par moments, demander son poulain par un hennissement d'une éloquence navrante.

Cette bête, âgée de 7 à 8 ans, la veille encore pleine
de santé, d'énergie et de vigueur, était dans l'impossibilité de se lever ; elle n'y parvint qu'à grande
peine et à force d'excitations ; elle ne put se tenir que
quelques instants debout : le cou et la tête allongés,
le bout du nez presque sur le sol, les quatre membres
ramassés et demi-fléchis sous elle ; tout son corps
oscillait d'une manière effrayante. Le poulain, approché
des mamelles, téta quelque peu et abandonna bientôt
un mamelon aride, bien que l'aspect des glandes mammaires n'en accusât pas l'inaction.

Elle surmonta la difficulté de se recoucher en se
laissant tomber.

J'avais donc devant moi la fourbure des quatre
membres accompagnée d'une fièvre violente. Les renseignements que je recueillis m'apprirent que la fièvre
avait précédé d'environ vingt-quatre heures la maladie locale. Je fus quelques instants dans une cruelle
perplexité. Vingt fois ma main se porta convulsivement
sur mes flammes, vingt fois elle s'arrêta inerte au fond de
ma poche. Je ne savais quel parti prendre ! un mal tel que
celui que j'ai sous les yeux, me disais-je, ne peut céder
qu'à des moyens énergiques, extrêmes. Cette bête n'a
plus vingt-quatre heures à vivre si elle n'est secourue
efficacement. Enfin, après avoir longtemps hésité, trop
longtemps même, vu l'urgence — pourtant plus apparente que réelle — de la situation, je dis au propriétaire, M. Degouhy : vous me voyez dans un bien
grand embarras, mais je ne serais pas aussi gêné si je
n'étais pas ici sous l'influence des recommanda-

tions de mon père ; n'écoutant que ce que mes connaissances m'indiquent, je m'empresserais d'ouvrir la veine
jugulaire de cette jument en d'en tirer un sceau de
sang. Faites-en ce que vous jugez pour le mieux, me
répondit-il, je vois bien que ma bête court un grand
danger ; cependant, j'ai toujours eu dans l'expérience
de votre père la plus grande confiance, et je ne doute
pas que, sur les renseignements que je lui ai fait donner, il n'ait reconnu la maladie aussi bien que s'il avait
eu la bête sous les yeux. Quant à cela, c'est vrai, lui
dis-je ; alors, ajouta-t-il, agissez comme il vous l'a
recommandé ; quoi qu'il arrive, je n'aurai jamais un
mot de reproche ni pour vous ni pour votre père. Ces
excellentes paroles mirent fin à mon hésitation ; après
tout, je n'avais jamais eu qu'à me louer des bons conseils pratiques de mon père ; et, comme j'y avais
pensé, avant de me décider à faire cet aveu, si la chose
tournait bien j'aurais le mérite d'avoir su mettre de
côté, devant une vieille expérience, mes petits sentiments d'amour-propre, et l'honneur qui en reviendra
à mon père rejaillira toujours un peu sur moi ; si elle
tourne mal, la réputation de mon père est trop bien
établie pour qu'un insuccès puisse l'ébranler ; la mienne,
d'ailleurs, gagnera ce que la sienne pourra perdre.

Heureux le jeune vétérinaire qui peut essayer ses
premiers pas, appuyé sur la vieille expérience, et
abrité sous l'aile de la renommée d'un bon père !

Je prescrivis le traitement suivant : *moyens hygiéniques*. Je fis observer avec une attention minutieuse
toutes les précautions propres à empêcher l'action du
froid et des courants d'air. J'ordonnai de faire une
litière épaisse, moelleuse et chaude ; de recouvrir tout

le corps d'une bonne couverture, et je recommandai de faire prendre la plus grande quantité possible de boisson tiède, préparée en faisant bouillir du son peu farineux dans une quantité suffisante d'eau, passée dans un tamis pour en retirer le son. La bête étant ferrée des pieds antérieurs, je fis lever les fers en tirant les clous un à un avec douceur, de manière à épargner des secousses douloureuses, et je les replaçai, en les maintenant légèrement, au moyen de quatre clous, à chaque pied, passés dans les vieux trous et simplement rabattus, après avoir coupé le bout des pointes pour qu'elles ne blessassent pas, si elles venaient à se redresser.

Moyens curatifs. Je fis préparer un topique avec de l'avoine cuite dans du vinaigre et renfermée dans un sachet, pour le placer le long de la colonne vertébrale depuis le garrot jusqu'à la queue, en recommandant de le tenir aussi chaud que possible sans, toutefois, que la chaleur fût trop élevée pour devenir insupportable et occasionner des brûlures. Ce topique n'entretient pas seulement la température du corps et la transpiration, il modifie en même temps l'irritabilité de la moelle épinière, qui joue un si grand rôle dans le développement des affections fébriles, et n'est sans doute pas, dans le cas qui nous occupe, étrangère à la localisation de la maladie sur les extrémités. Je prescrivis des cataplasmes d'argile délayée dans du vinaigre et une solution de sulfate de fer ; d'en recouvrir les sabots jusqu'au dessus de la couronne, sans épargner la matière et les tenir constamment frais. J'ordonnai de frictionner le plus souvent possible, avec la main armée d'un bouchon de paille ou d'une étoffe grossière en laine, les membres depuis les avant-bras et les jambes jusqu'aux pieds ; d'administrer, de deux heures en deux heures, un litre d'une infusion d'un gros de safran (*crocus officinalis*) dans quatre litres d'eau, en alternant avec un litre d'une infusion de fleurs de sureau, de camomille et d'armoise sèches ou fraîches ; une poignée pas trop forte de chaque sorte dans huit ou dix litres d'eau ; de faire dissoudre dans cette tisane le sulfate de soude à la dose rafraîchissante de quatre à six onces par jour ; enfin, de passer deux ou trois lavements par jour, avec de l'eau tiède ou de l'eau de son et un peu d'huile, pour empêcher l'accumulation et le dessèchement des crottins dans le rectum et faciliter leur évacuation.

Ce traitement si simple, ces agents pharmaceutiques si faibles et employés à si petites doses eurent facilement raison de cette situation alarmante. Du 4ᵉ au 5ᵉ jour déjà, la fièvre diminuait, en emportant avec elle les douleurs locales. La jument pouvait se lever, se tenir quelque temps debout et prendre un peu de nourriture : un barbotage de farine d'orge, du son, de l'orge cuite, de la paille, etc. Quelques frictions avec l'essence de térébenthine autour des genoux, des jarrets et des parties inférieures des membres et la promenade dans le fumier, pendant la durée de l'action de cet agent irritant, enlevèrent les dernières souffrances. Il est entendu qu'on ne peut pas faire sortir la bête lorsqu'elle est en moiteur et qu'il faut bien la couvrir, alors même que la température ne serait pas désagréable. La convalescence marcha rapidement et du 9ᵉ au 10ᵉ jour, la guérison était radicale ; il ne restait plus aucune trace de la maladie.

Le poulain fut laissé près de sa mère, on l'excita et on l'aida à téter ; outre que c'est là une bonne dérivation qu'il convient d'entretenir, le jeune sujet ne perd pas l'habitude d'aller à la mamelle, chose qui arrive presque toujours quand il n'y trouve plus rien et qu'on le nourrit à la main ; de sorte que, quand la guérison s'opère et que la sécrétion laiteuse se rétablit, s'il ne veut plus téter, on a mille embarras pour lui en faire reprendre l'habitude, sans pouvoir toujours y parvenir.

Pour le cas que nous venons de rapporter, le poulain n'a pas cessé de téter un peu ; entre temps, on lui donnait du lait de vache dans lequel on avait fait dissoudre du miel.

Lorsque le nourrisson n'existe plus, que la maladie ne s'est point développée pendant le séjour de l'arrière-faix dans la matrice, et que la cavale est d'un tempérament sanguin pléthorique, le traitement peu varier un peu. Ainsi, nous avons essayé, dans quelques cas, sans que nous ayons eu à nous en plaindre, de l'usage de petites saignées, de 1 à 2 litres de sang seulement, répétées une ou deux fois dans la journée et les jours suivants, s'il y avait lieu. Ces petites saignées n'occasionnent aucune perturbation, aucun trouble ; elles désemplissent légèrement le sytème vasculaire et facilitent l'absorption et la circulation sans affaiblir les forces vitales ; de plus, elles préparent l'économie à la suppression de la sécrétion laiteuse, désormais inutile.

Dans cette circonstance, enfin, le sel de nitre, à la dose rafraîchissante d'une demi-once par jour, peut avantageusement remplacer, ou mieux être associé au sulfate de soude.

Quand nous sommes appelé pendant la période

fébrile, alors que la maladie n'est pas encore localisée ;
les bains de vapeur sous le ventre au moyen d'une
infusion bouillante de plantes aromatiques ou de foin,
ou des fumigations de baies de genévrier, le corps
étant entièrement enveloppé de couvertures tombant
jusqu'à terre ; des frictions sur les membres et autres
parties du corps ; quelques litres d'une forte infusion de
fleurs de sureau ou de camomille, nous suffisent ordinairement pour la faire avorter. Si la jument est âgée
et maigre, on fera bien d'ajouter une demi-bouteille de
vin pour un litre de tisane.

Telle est la méthode curative que nous préconisons
et qui nous a constamment réussi. Ce mot *constamment*
doit paraître empreint d'une prétention excessive ;
cependant il n'exprime que l'exacte vérité.

Ces résultats heureux, devons-nous les attribuer
uniquement au hasard, ou est-ce par hasard que nous
n'avons pas eu de mauvaises suites à constater? C'est
ce que nos confrères, s'ils daignent essayer notre système, voudront bien avoir l'obligeance de nous dire.

En attendant, nous affirmons, en toute sincérité, que
nous n'avons jamais eu à déplorer le passage de cette
maladie à l'état chronique ni les désordres qui en sont
la conséquence ; tandis qu'aux faits assez nombreux
qui nous ont été communiqués par notre père, nous
pouvons en ajouter quelques uns recueillis par nous-
mêmes ; ainsi, chez plusieurs juments qui avaient été
traitées par des maréchaux vétérinaires ou des médecins vétérinaires, au moyen de larges saignées et
autres agents curatifs héroïques en usage contre la
fourbure idiopathique, nous avons vu la maladie passer
à l'état chronique et être suivie d'altérations si pro-

fondes dans les sabots, que ces bêtes en furent considérablement dépréciées, mises hors de service et
sacrifiées.

On ne peut méconnaître les analogies qu'offrent
entre eux les deux cas pathologiques que nous venons
d'exposer : ils se manifestent, dans les mêmes
circonstances, chez la vache et la jument, débutent
par un état fébrile revêtant les mêmes caractères,
lequel cède aux seuls efforts de la nature ou se porte
sur un point de l'économie et s'y localise ; de plus, ils
sont combattus, avec un égal succès, par une méthode curative basée sur les mêmes principes. Évidemment, ces affections sont produites par une cause de
même nature et qui ne saurait être autre que la suppression brusque ou la résorption des humeurs sécrétées à la surface de la matrice. La diminution ou la
disparition complète de l'écoulement pendant la maladie, et sa réapparition avec la convalescence et après
la guérison, qu'il n'est pas impossible de constater
chez la vache, doit lever tout doute à cet égard.

Ce fait admis, l'explication des phénomènes, qui en
sont la conséquence, devient assez simple : le travail
sécrétoire qui s'opère à l'intérieur de la matrice, dans
les premiers jours qui suivent le part, à cette fin de
ramener cet organe et l'équilibre fonctionnel à l'état
physiologique qui précède la conception, étant interrompu ou supprimé par l'action d'une des causes indiquées plus haut : un courant d'air froid, par exemple
les humeurs, qui entretiennent ce travail ou qui en
résultent, détournées de leur véritable voie et versées
dans le torrent circulatoire, répandent le trouble dans
toute l'économie en provoquant la réaction des forces

vitales. De là, l'état fébrile des premiers jours, caractérisé par les symptômes généraux dont nous avons tracé
le tableau. Il n'y a pas encore maladie. Ou bien cette
réaction fébrile disparaît soit qu'elle cède aux seuls
efforts de la nature ou à l'action salutaire d'un traitement rationnel, ou bien, l'apparition des symptômes
locaux annonce qu'elle s'est concentrée, fixée sur un
organe ou un appareil d'organe; c'est la maladie : une
congestion ou une inflammation qui se révèle; ainsi,
dans les cas pathologiques, que nous venons de décrire, la réaction vitale s'est concentrée, chez la vache,
sur les tissus tendineux et articulaires des membres
postérieurs en frappant ces parties d'un rhumatisme
aigu. C'est, du moins, le diagnostic que nous croyons
pouvoir établir de l'analyse des symptômes locaux.
Chez la jument, la maladie, selon le langage énergique
et pittoresque des anciens hippiâtres, *tombe* dans les
parties vivantes du pied. Ici le diagnostic n'est pas
douteux, c'est la fourbure qui éclate.

Les résultats obtenus par le traitement que nous
mettons en usage confirment en tout point cette
théorie.

Le traitement, que nous avons fait connaître, n'est
pas, comme il est facile d'en juger, dirigé directement
contre la fièvre ou la maladie locale qui vient à sa suite.
Le but que nous voulons atteindre est de soutenir la
réaction en la maintenant dans de justes limites, et de
déplacer l'action morbide, en reportant les humeurs
vers leur lieu d'élection. Ces résultats désirables, nous
les demandons à une thérapeutique modérée; son
action douce, lente, sans secousse, et par cela même
continue et profonde, ramène le calme et aide la na-

ture à rétablir l'équilibre. Il ne s'agit point de recourir à des moyens violents; la nature, ce grand médecin, est ici aux prises avec le mal ; l'intervention de l'homme de l'art doit se borner à seconder rationnellement ses efforts, les soutenir et les guider en évitant prudemment de les contrarier.

Les larges saignées, si utiles dans la fourbure idiopathique, primitive ou essentielle, les médicaments actifs, à doses énergiques, par les mouvements désordonnés qu'ils suscitent dans l'économie, affaiblissent les forces vitales en les contrariant, augmentent le trouble au lieu de le calmer et concourent, ainsi, à fixer la maladie en provoquant le dépôt de produits morbides et le passage à l'état chronique.

Un fait paraît certain; et nos propres observations tendent à le démontrer : c'est que les affections par métastase ont une fixité et une ténacité moins prononcée que les maladies idiopathiques; et — ceci semblera paradoxal — elles sont caractérisées par une tendance plus marquée à la formation des produits morbides et à la chronicité. Dans les cas qui nous occupent, les humeurs, cause du trouble et de la réaction vitale, étant un produit particulier qui n'appartient ni à la santé ni à la maladie, un produit physiologique momentané, leur effet doit être plus mobile encore. Ces connaissances confirment la logique de notre méthode curative qui repose sur ce principe : *aidez la nature, mais surtout ne la contrariez pas.* C'est un fait que, pendant que dure la réaction, l'épanchement des produits morbides est moins à craindre. Les grandes saignées, les médications énergiques, comme nous venons de le dire plus haut, provoquent à leur tour la réaction de l'organisme contre leurs effets propres, de sorte qu'au trouble succède la confusion, la nature affaiblie s'affaisse, le mal local prend pied ; et, maître du terrain, l'envahit et s'y fixe.

En terminant, résumons-nous :

Les grandes femelles domestiques ne sont point exemptes, après le part, du travail dépuratoire qui s'établit à la surface muqueuse de la matrice chez la femme après l'accouchement, et qu'on désigne sous le nom de *lochies* ; et sa suppression brusque donne lieu à un trouble, à une fièvre que les médecins appellent *fièvre puerpérale*, et les vétérinaires, *fièvre vitulaire*. La maladie, propre à la vache, décrite plus haut, est, selon nous la *fièvre vitulaire simple* qui, ayant résisté aux efforts de la nature, est devenue, en se concentrant sur les tissus tendineux articulaires et peut-être musculaires des membres postérieurs, *une fièvre vitulaire rhumatismale*. Elle diffère essentiellement de la *fièvre de lait* et de la *fièvre du part, ou de veau* ou de la fièvre qui résulte de la combinaison de ces deux états fébriles, à laquelle les auteurs et les praticiens ont donné tant de noms différents, suivant l'idée qu'ils se sont formée de sa nature, et à laquelle nous avons ailleurs, à défaut de mieux, conservé avec quelques écrivains vétérinaires modernes, la désignation de *fièvre vitulaire*.

Celle de la jument, encore inconnue jusqu'ici est évidemment due à la même cause ; on ne peut lui dénier des traits de parenté avec les fièvres vitulaires que nous connaissons chez la vache, et nous proposons de la désigner sous le nom de *fourbure vitulaire* pour la distinguer de la *fourbure essentielle*. Les auteurs confondent sans doute ces deux maladies ; il est vrai qu'elles se ressemblent par les symptômes locaux, et les désordres qu'elles entraînent après elles; mais elles diffèrent par les causes, la nature, les caractères de l'état fébrile et les moyens thérapeutiques qu'elles réclament. Une chose nous étonne c'est que, quand bien même aucun signe ne permettrait de les différencier, personne n'ait encore été frappé de la coïncidence assez fréquente de la fourbure avec les suites du part. Cette particularité méritait bien, cependant, d'être remarquée par cela seul qu'elle doit nécessiter des modifications dans le traitement.

Nous finissons en réclamant l'indulgence de nos confrères. Eloigné depuis plus de dix ans de la pratique vétérinaire, il se pourrait que nous eussions omis quelques détails, ou commis certaines inexactitudes; nous prions ceux d'entre eux, qui ont eu ou auront l'occasion d'observer ces maladies, de vouloir bien compléter ou corriger notre œuvre. Pour nous, c'est avec le plus vif regret que nous devons, désormais, renoncer à y ajouter rien de plus. Ce sujet nous paraît digne, à plus d'un titre, d'attirer l'attention des praticiens et des nosologistes.

—

Lorsque ces feuilles furent remises à l'impression, j'étais dans l'ignorance la plus complète que quelque chose eût été écrit, jusqu'aujourd'hui, sur le sujet que je traite. Ce n'est qu'après avoir reçu plusieurs livraisons et quelques volumes des *Annales de médecine vétérinaire* que M. Thiernesse, directeur de l'Ecole vétérinaire de l'Etat, venait, avec l'obligeance qui lui est habituelle, de m'envoyer pour me faciliter des recherches utiles à un second travail que je publierai prochainement, qu'en feuilletant cette publication, je trouvai, dans les *Résumés des rapports des vétérinaires du Gouvernement, sur l'état sanitaire des animaux domestiques dans le Brabant, pendant le 3e trimestre de 1860 et le 1er de 1861*, que M. Lecouturier avait établi la corrélation de la fourbure et de la parturition, et que M. Fabry avait introduit dans la science vétérinaire un élément étiologique nouveau de l'arthrite chez la vache.

En réponse aux considérations émises par l'auteur de ces résumés, je ne puis me dispenser de rappeler ici : qu'en 1851 j'eus l'honneur de siéger au jury d'examen vétérinaire et de recevoir les félicitations de mes collègues à propos d'un mémoire sur la fièvre vitulaire de la vache, qui m'avait valu, quelques mois auparavant, une récompense du Gouvernement. Cette réunion de professeurs et de praticiens, tous hommes éminents dans la science et la pratique, me parut une occasion favorable pour une communication relative à une maladie, analogue à celle de la femelle bovine, qui attaque aussi la jument après le part ; que je n'en avais pas lu le moindre mot dans aucun ouvrage vétérinaire ; que probablement elle était confondue avec la fourbure à laquelle elle ressemblait par les symptômes locaux et les altérations morbides qu'elle entraîne à sa suite ; mais que mon père m'avait appris à la considérer comme étant tout autre que la fourbure ordinaire, et j'ajoutai que je m'occuperais d'enregistrer les faits que j'observerais à l'avenir et que je consignerais plus tard dans un mémoire (1).

(1) Nous avons renouvelé cette promesse dans un mémoire *Sur la non-délivrance*, que nous reproduisons plus loin, et qui a été pu-

Mes collègues du jury se rappelleront : la communication d'idées nouvelles, interessant la profession qu'on enseigne ou qu'on exerce et devant avoir une importance scientifique et pratique, ne saurait jamais s'oublier.

Cet entretien sur la fourbure à la suite du part a dû naturellement s'étendre à une autre affection rhumatismale des membres postérieurs, qui se manifeste également après le part, chez la vache, et que j'ai esquissée, incidemment, dans mon travail sur la fièvre vitulaire publié en 1850.

Je crois donc, en bonne justice, avoir le droit de réclamer la part de priorité qui me revient dans la découverte de l'élément étiologique nouveau de l'arthrite chez la vache et de la coïncidence de la fourbure et du part que les *résumés*, indiqués ci-dessus attribuent un peu légèrement à MM. Lecouturier et Fabry.

Mon droit reconnu, j'ai lieu de me réjouir de ce que déjà, deux praticiens des plus distingués tendent à se rallier à mes idées.

Ces observations ne soulevèrent aucune réclamation de la part de MM. Lecouturier, Fabry et Guilmot. Ces confrères, praticiens aussi expérimentés qu'instruits, et maniant la plume avec autant de dextérité que le bistouri, n'ignoraient pas les communications que nous avions faites relativement à la fourbure chez la

blié en 1861 aux *Annales de médecine vétérinaire de Belgique*; et c'est dans le courant de la même année qu'ont paru les premières *Études sur la fourbure, chez la jument, et l'arthrite, chez la vache, consécutives au part.*

C'est à cette époque qu'un découragement, auquel nous nous sommes laissé aller, nous fit faire banqueroute à nos engagements; et tenu à l'écart des choses vétérinaires et du mouvement scientifique, nous n'avons pas eu connaissance des écrits qui furent publiés, relativement au sujet que nous avions promis de traiter.

jument et l'arthrite chez la vache ; le travail incomplet qu'ils ont donné de ces maladies et ce, dans un rapport trimestriel, en est la preuve. Un fait nouveau d'une importance scientifique et pratique eut été traité différemment par ces zélés champions du progrès.

Toutefois, M. Saint-Cyr a cru bon de protester en leur nom : *Traité d'obstétrique, page* 733. « Chose singulière, dit-il, chacun de ces vétérinaires semble » croire avoir été le premier à reconnaître les rapports » de cette affection avec la mise bas ; M. Deneubourg, » lui-même, le dernier en date, la donne comme une » maladie inconnue jusqu'ici, ignorant ce que ses » compatriotes en avaient dit avant lui dans le journal » même où il écrit, etc. » M. Saint-Cyr n'a sans doute pas lu la note ci-dessus, par laquelle nous terminions notre travail sur la fourbure, suite du part. Nous croyons devoir y ajouter quelques détails complémentaires. Nous avions dû divorcer avec la pratique qui, pourtant nous était si chère ; et, voulant nous étourdir, nous nous tenions à l'écart des choses vétérinaires. Mais la passion étant plus forte que notre volonté, brulant d'une ardeur nouvelle, mais platonique, nous avons consacré, au service de nos jeunes confrères, les loisirs que la politique nous avait faits.

En nous remettant au courant des écrits publiés pendant cette période de découragement, nous avons pu comprendre ce à quoi feu le professeur Defays faisait allusion quand il nous disait : « Vos idées, ou plutôt celles de votre père, ont trouvé des interprètes. » Ce ne sont pas là, tout-à-fait, les termes dont il s'est servi ; ils furent plus sévères ; n'éprouvant pas le besoin de leur donner cette signification, nous nous abstiendrons de les répéter.

Cependant une réflexion nous est venue, qu'on nous permette de l'exprimer. Il ne pouvait, certainement, pas être aussi agréable, à ces hommes éminents dans la science et la pratique, de recevoir nos communications qu'à nous de les faire. Le succès de notre travail sur la *Fièvre vitulaire*, nous le devions aux observations de notre père, et nous promettions de publier des faits non moins importants, encore ignorés, que lui, fils de ses œuvres, un profane, un empirique, enfin, comme on se plait à le qualifier encore, bien qu'il eût à cette époque le grade de *maréchal vétérinaire* obtenu après examen à l'âge de 65 ans, avait remarqués. Qu'il soit venu à l'esprit de l'un ou de l'autre, que l'honneur de l'enseignement inspirait, la pensée d'atténuer l'effet que produiraient ces publications, nous paraît assez probable et porte en elle son excuse. C'est là, croyons-nous, la raison des quelques mots jetés dans les rapports trimestriels, par les vétérinaires du gouvernement les plus en relief.

Les commentaires peu obligeants de M. Saint-Cyr, en nous imposant le devoir de nous expliquer plus amplement que nous n'en éprouvions le besoin, nous amènent à dire ici, que, dans notre corporation, il existe encore des individus en très-petit nombre, il est vrai, nous le constatons avec plaisir, qui continuent à poursuivre de leurs invectives et de leurs outrages, la mémoire des praticiens, de ceux-là surtout, qui, alors que l'enseignement vétérinaire n'existait pas et que l'exercice de cette profession était sous le régime du droit commun, ont su, à force de zèle et de bons services conquérir une position, se faire une place dans la société. On a pu voir dans le numéro de novembre, année 1869, page 187, *de la tribune vétérinaire belge*, publication malsaine, qui n'a eu qu'une courte existence, de quel débordement est capable celui que la faveur a pris en pitié, quand il peut abriter sa responsabilité personnelle sous le masque de l'anonyme!

Nous affirmons donc, formellement, avoir fait connaître en présence du corps professoral de l'école de Cureghem et des membres du Jury, dont M. Lecouturier faisait partie, les idées nouvelles que notre père nous avait communiquées, particulièrement, au sujet de la fourbure et de l'artrite suites du part, chez la jument et chez la vache; que feu Verheyen, qui rédigeait les *résumés des rapports trimestriels des vétérinaires du Gouvernement*, a exprimé l'intention d'appeler l'attention des vétérinaires du Gouvernement sur les cas pathologiques que nous signalions; et que, M. Thiernesse, l'éminent directeur de l'école vétérinaire de l'Etat, que la science et la corporation vétérinaires sont heureuses de posséder encore plein de vie et de santé, a dit, il se le rappellera, avoir vu chez ses parents la fourbure à la suite de la parturition, mais sans se douter de la corrélation existante entre cette maladie et le part.

Quant au mémoire de M. Tisserand, qui, d'après M. Saint-Cyr, a paru en 1846, *dans le journal des vétérinaires du midi*, nous jurons, la main sur la conscience, que nous n'en avions jamais eu connaissance, sans quoi nous n'eussions pas manqué de rendre à l'auteur la justice qui lui est due. Sur ce point, M. Saint-Cyr voudra bien convenir qu'il est impossible aux vétérinaires, d'être abonnés à toutes les publications périodiques, leurs modestes honoraires n'y suffiraient pas ; et la plupart, soit dit sans offenser personne, gagnent à peine de quoi vivre, chose bien regrettable sans doute, car c'est là le plus sérieux obstacle à la diffusion des lumières et au progrès de notre art.

Nous ne terminerons pas sans poser cette simple question : la priorité d'une découverte revient-elle à celui par qui elle est livrée à la publicité plutôt qu'à celui dont les actes prouvent qu'il la mettait en pratique avant qu'elle fût publiée ? notre travail sur la fourbure suite du part, démontre à l'évidence qu'en 1836, longtemps donc avant que le mémoire de M. Tisserant ait paru, notre père avait remarqué les rapports qui existent entre la fourbure et le part, et différencié cette maladie de la fourbure ordinaire, puisque, au sortir de l'école, d'Alfort de 1835 à 1836, nous appliquions, chez M. Deghoy à Chapelle-à-Oie, les principes qu'il nous avait enseignés relativement à ce cas pathologique.

Nous ne pouvions nous dispenser d'ajouter ces nouveaux détails à la note ci-dessus : les observations, disons plutôt les insinuations peu bienveillantes de M. Saint-Cyr, nous en imposaient l'obligation ; car, si nous tenons à notre réputation de praticien, nous sommes plus jaloux, encore, de l'estime de nos confrères comme écrivain honnête, franc, consciencieux et loyal.

LA VAGINITE.

La vaginite ou l'inflammation de la muqueuse du

vagin à la suite du part, est ordinairement peu grave ; mais le plus souvent elle est concomittante à l'inflammation de l'utérus ou la complique et emprunte à celle-ci sa gravité. Dans ce cas, c'est sur la maladie la plus dangereuse que doit se concentrer toute l'attention de l'homme de l'art.

Lorsque la vaginite existe seule, elle a toujours pour cause : les froissements, les contusions et les déchirures de la muqueuse du vagin, que le passage du fœtus et les manœuvres pour terminer le part ont déterminés.

La vulve est plus ou moins tuméfiée et la boursoufflure de la muqueuse vaginale fait quelquefois saillie entre ses lèvres qui, lorsqu'on les écarte, laissent voir la membrane qui tapisse le vagin, gonflée, d'un rouge violacé et recouverte d'ecchymoses et de plaques grisâtres plus ou moins étendues et circonscrites. L'intérieur du canal est chaud et douloureux, l'introduction de la main en constate l'intensité. Un liquide séreux, roussâtre, sanguinolent, plus tard séro-muqueux, séro-purulent et mucoso-purulent, s'écoule par la vulve, salit la queue et agglutine les poils ou les crins, et par son âcreté, dépile et excorie les parties de la peau avec lesquelles il est en contact. La femelle éprouve une douleur prurigineuse qui la porte à frotter la vulve sur les corps durs à sa portée. La fièvre de réaction est plus ou moins prononcée, suivant que les lésions sont plus étendues, plus profondes et l'inflammation plus intense.

La durée de cette maladie est de sept à huit jours. Elle se termine par résolution, quelquefois même par la gangrène, ou passe à l'état chronique

La résolution s'annonce par la diminution des symptômes d'acuité et le passage à l'état chronique par la persistance, après la disparition des caractères inflammatoires, d'un écoulement mucoso-purulent de mauvaise odeur.

La gangrène, heureusement fort rare, est toujours la suite de froissements considérables, de contusions profondes, produits pendant des manœuvres qui ont duré trop longtemps et sont la conséquence de l'introduction trop fréquemment répétée du bras dans le canal, sans précautions, et par des personnes plus officieuses que capables, travaillant sur la bête étant couchée.

La mortification peut n'avoir lieu que sur des points peu étendus ; alors les parties gangrénées se détachent sous forme d'escharres et sont entraînées par les matières sanieuses, purulo-sanguinolentes très-fétides, qui s'écoulent par la vulve.

Lorsque la muqueuse du vagin est mortifiée sur toute ou sur une grande partie de son étendue, ou bien : la gangrène, par sa marche rapide, détermine promptement la mort, ou bien elle reste limitée et tous les tissus atteints sont éliminés en laissant une plaie considérable et hideuse ; de sorte que cette circonstance heureuse, quand le sphacèle a peu d'étendue, n'a ici, le plus souvent, d'autre résultat que de prolonger la vie pour donner le triste spectacle de la voir finir dans des souffrances atroces.

Des lotions, des injections émollientes et calmantes, avec des décoctions de mauves et de têtes de pavot ou des étoupes fines imbibées de ces substances médicamenteuses, introduites et laissées pendant quelque temps dans le vagin, ont facilement raison de la vaginite aiguë simple.

Quand l'écoulement persiste, que la maladie passe à l'état chronique — terminaison qui n'est pas fréquente dans le cas qui nous occupe — des injections astringentes végétales : écorce de chêne, pousses de ronces, feuilles de noyer, etc., continuées pendant quelques temps, y mettent ordinairement fin. En cas d'insuffisance de ces moyens on aurait recours aux injections : d'acétate de plomb ou de sulfate de zinc, de sulfate de cuivre, d'alun, etc.

Quand les plaques mortifiées sont circonscrites et tendent à se détacher, nous nous sommes toujours bien trouvé, pour faciliter ce travail, de l'introduction dans le vagin d'une chandelle de quart enduite de beurre frais ou de crème ; par quelques mouvements de va et vient exécutés lentement et avec douceur le beurre fond et s'étend sur toute la surface de la muqueuse vaginale. Après la chute des escharres on saupoudre la plaie avec un mélange de poudres fines de charbon végétal ou animal trois parties et de quinquina une partie, ou d'alun calciné, une partie sur cinq de charbon.

MÉMOIRE SUR LES AFFECTIONS, CONNUES SOUS LE NOM GÉNÉRIQUE DE FIÈVRE VITULAIRE (KALVERZIEKTE), QUI ATTAQUENT LES VACHES APRÈS LE PART ; *adressé à M. le Ministre de l'Intérieur, le 12 juillet 1850,* en réponse à la question mise en concours par le Gouvernement, à la demande de la Commission d'agriculture du Brabant, entre tous les vétérinaires du pays (1).

La vache, après la mise au monde du produit de la

(1) Par arrêté du 22 mars dernier, M. le Ministre de l'Intérieur a accordé, pour ce mémoire, à M. Deneubourg, une somme de 200 francs et une médaille en argent.

conception, est exposée à plusieurs maladies plus ou moins graves, sur la nature et le siége desquelles on n'est pas parfaitement d'accord.

Parmi ces maladies, les plus redoutables sont sans contredit la *métrite* (inflammation de la matrice) et ses complications, et une autre affection encore peu connue, particulière à la vache (du moins, il n'est pas à ma connaissance qu'elle ait encore été observée sur d'autres femelles), appelée dans les campagnes *fièvre de veau*, suite de vêlage, et qui a été confondue avec la *métro-péritonite* (inflammation de la matrice, compliquée de celle du péritoine), par tous les auteurs qui ont écrit sur les maladies des bêtes bovines, tels que d'Arboval, Gellé, Delwart et par la plupart des vétérinaires.

Cependant, pour l'observateur judicieux qui a eu l'occasion de bien étudier ces deux maladies, il est évident qu'elles n'ont de commun entre elles que leur gravité, qu'elles diffèrent par leur nature, leur siége, leur étiologie, leur symptomatologie, leur marche, les altérations morbides qu'elles laissent après la mort, et conséquemment par les moyens thérapeutiques qu'elles réclament.

Dans ces derniers temps, quelques praticiens distingués, tels que Brilbouet, Favre de Genève, Bragard de Grenoble, Villeroy, Festal de Sainte-Foy-la-Grande, Fischer du Grand-Duché de Luxembourg, Conraets de Puers (Anvers), Rainard, professeur à l'école nationale vétérinaire de Lyon, Michiels, de Beveren (Waes), Schaak et Kautz, vétérinaires allemands, ont projeté sur cette partie obscure de la pathologie bovine, quelques rayons du flambeau de l'expérience.

Brilhouet, en la comparant au vertige du cheval, pense que son siége est dans le cerveau ; Favre l'appelle le collapsus du part ; Bragard la considère comme une congestion cérébrale violente, avec suspension de toutes les fonctions ; pour Festal c'est une apoplexie cérébrale ; Fischer la regarde comme étant tout autre que la métro-péritonite et lui trouve une grande analogie avec le typhus ; Rainard, dans son *Traité complet de la parturition*, la décrit dans un article, sous le titre de *méningite rachidienne*, et dans un autre, sous celui de *fièvre vitulaire*, désignation qu'avait proposé de lui donner Félix Villeroy, dans son *Manuel de l'éleveur des bêtes à cornes*, parce que cette maladie lui paraissait offrir beaucoup de ressemblance avec la fièvre puerpérale des femmes.

M. Rainard admettrait-il que l'affection qu'il appelle méningite rachidienne et la fièvre vitulaire soient deux maladies différentes ? Quant à moi, je ne vois sous ces deux titres que l'histoire de la même maladie.

M. Michels, dans une note insérée dans le numéro de juillet 1849, du *Répertoire de médecine vétérinaire*, déclare qu'il est porté à conclure de l'examen des altérations pathologiques, que la fièvre de veau peut être considérée comme une indigestion aiguë du feuillet.

Si tous ces hommes de science et de progrès ont émis des opinions divergentes sur la nature et le siége de cette phlegmasie, ils sont unanimes pour reconnaître qu'elle est essentiellement différente de la métro-péritonite, et presque tous avouent avoir été conduits à cette découverte par les mécomptes qu'ils essuyèrent de l'emploi des moyens curatifs indiqués par les auteurs pour combattre cette dernière maladie. Moi aussi, j'ai

pensé fermement pendant les premières années de ma
pratique, que cette affection était la forme la plus aiguë
que peut revêtir l'inflammation de la matrice, compliquée de celle du péritoine. Pourtant, mon père, ancien
praticien et excellent observateur, mais qui n'a appris
l'art de guérir qu'aux leçons de l'expérience, m'avait,
dès mon entrée dans la carrière vétérinaire, exposé sur
la nature de cette maladie et sur le traitement qu'il convenait de lui opposer, des idées qui étaient loin de
concorder avec celles des auteurs et qui m'avaient été
enseignées : pour lui, la fièvre qui survient à la suite du
vêlage n'était autre qu'une fièvre cérébrale qu'il com-
parait au vertige abdominal du cheval.

J'aurais peut-être repoussé cette idée avec moins de
dédain, si j'avais pu connaître alors un mémoire sur la
maladie particulière qui attaque les vaches après le
part, publié, plusieurs années après cette époque, dans
le *Journal des vétérinaires du Midi*, numéro d'avril 1844,
par M. Brilhouet, vétérinaire instruit du département
de la Gironde, qui a écrit un des premiers sur ce sujet.
Il a émis une opinion absolument conforme à celle que
mon père m'avait communiquée : ce n'est pas que je la
partage entièrement aujourd'hui ; je trouve seulement
cette manière de voir beaucoup plus en rapport avec
tout ce que j'ai observé depuis lors, concernant cette
affection, et avec les nouvelles idées que je me suis
formées sur son essence et sur le traitement qu'on doit
lui appliquer ; mais en ce moment là, je quittais l'école,
j'étais pénétré des principes que j'y avais puisés, je fer-
mai les yeux aux lumières de la pratique et me souciai
peu de chercher à en vérifier l'exactitude, tant j'accordais de confiance aux connaissances que j'avais acquises

près des maîtres de la science, et tant je me croyais certain de mon diagnostic.

Je traitai les trois premières vaches atteintes de la fièvre de veau qui me furent présentées, par les saignées répétées, les mucilagineux à l'intérieur, en un mot, par tous les moyens rationnels indiqués contre la métro-péritonite. Ces trois vaches, dont l'une appartenait à M. le comte d'Oultremont de Blicquy, la 2ᵉ à M. Ed. Bocquet d'Ath, et la 3ᵉ à M. Decroly Scouppe, panne-tier, demeurant à Brugelette, périrent en moins de quinze heures de temps.

Mon père employait contre cette terrible affection les saignées aux veines et aux artères superficielles de la face et des oreilles et à l'artère coccygienne; il pres-crivait des boissons ou tisanes excitantes et aromatiques, les réfrigérants sur le front, un trochisque au fanon avec la racine d'ellébore noir, des lavements irritants avec une décoction de tabac, et par cette médication guérissait au moins un tiers des malades qui lui étaient confiées. Les bêtes qui succombaient n'étaient jamais emportées avec une aussi effrayante rapidité que dans les trois cas que je viens de citer.

Les résultats décourageants, que j'avais obtenus, ébranlèrent ma conviction, et un hasard la détruisit complètement : j'étais retenu au lit par une indisposi-tion assez grave, lorsque le sieur Malquebreucq, bou-cher et petit cultivateur, demeurant aux Deux-Acren, vint me consulter pour une vache qui était en proie à la fièvre de veau. Dans l'impossibilité où je me trouvais de pouvoir me rendre aux Deux-Acren, je me contentai de prescrire pour la malade une tisane composée de trois onces de coriandre, de cumin et d'anis, dans huit litres d'eau, en recommandant de lui en faire prendre un litre d'heure en heure, de lui placer un sachet réfrigérant sur le sommet de la tête, de passer des lavements irritants avec une décoction de tabac, et de frictionner vigoureusement l'épine dorsale et les membres avec l'essence de térébenthine. Le lendemain, on vint me dire que la vache allait très-bien, qu'elle se levait, mais qu'elle était encore un peu faible, surtout dans l'arrière-main, qu'elle fientait et cherchait à manger. Je n'ordonnai plus que des soins hygiéniques, et trois ou quatre jours après, la bête était radicalement guérie.

Cette guérison surprenante, rapprochée des succès qu'obtenait mon père, et comparée aux effets promptement funestes qu'avait produits la méthode antiphlogistique à laquelle j'accordais précédemment une si grande confiance, devait nécessairement jeter le doute dans mon esprit et me disposer à admettre, ainsi que me l'avait observé mon père, que cette maladie était tout autre que la métro-péritonite.

Je n'avais pas lu un seul mot sur ce sujet, tout était encore ignoré : je saisis cette occasion d'être utile à la science à laquelle je me suis voué, et au bonheur de l'agriculture qui en dépend, en cherchant, par une étude attentive, persévérante et approfondie des causes et des symptômes des maladies suites du part, ainsi que par des autopsies aussi minutieuses que possible des vaches qui y succomberaient, à élucider cette partie obscure de la pathologie bovine, et à trouver des moyens capables de remédier à une maladie meurtrière, qui enlève chaque année à l'industrie agricole du pays bon nombre de ses plus belles et de ses meilleures vaches laitières.

Je travaillais activement pour atteindre ce but digne de mon ambition, lorsqu'une maladie grave me saisit et paralysa pendant plusieurs années mes efforts et ma volonté.

Quelques années plus tard, j'appris avec bonheur par la voie des journaux spéciaux et des publications nouvelles, que j'avais été devancé dans cette œuvre par des hommes studieux, des praticiens habiles, dont les travaux remarquables contribueront puissamment à résoudre cette question si palpitante d'intérêt.

Cependant, tout ne me paraît pas avoir été dit sur la maladie de veau ; l'exposé des causes et des symptômes en a été assez bien fait, et laisse peu à désirer, mais on est loin de s'entendre sur la nature et le siége du mal, sur les altérations morbides qu'il laisse après la mort, et surtout sur les moyens thérapeutiques les plus convenables pour le combattre avec efficacité.

Je n'ai pas la prétention d'apporter le dernier mot, je veux seulement tâcher de tracer ici l'histoire de cette affection, telle que je l'ai étudiée sur les malades qui ont été confiées à mes soins, et faire connaître le résultat de mes observations ; heureux si je parviens à dissiper quelques-unes des ténèbres qui l'enveloppent encore sur plusieurs points !

Je parlerai ensuite de la métrite et de ses complications, et dans un tableau comparatif, je ferai ressortir les différences qui existent entre elles et la fièvre de veau.

Avant d'émettre mon opinion sur l'essence de cette maladie, je commencerai par l'examen des symptômes qui la révèlent, de la marche qu'elle affecte, des altérations morbides qu'elle laisse après elle, et des causes qui la font naître, il me sera alors plus facile d'expliquer ma pensée et de la faire bien comprendre.

Symptômes. — Cette maladie frappe brusquement ses victimes dans les 12, 24, rarement après les 48 heures qui suivent le part : cependant elle s'annonce toujours par quelques signes précurseurs qui ne peuvent échapper à un œil exercé, mais que les particuliers méconnaissent fréquemment. Ainsi, depuis quelques heures, la femelle n'a plus fienté, elle refuse les aliments ou n'en prend que très-peu ; elle a les cornes et les oreilles chaudes, brûlantes ; le pouls grand et accéléré ; elle paraît fatiguée et souffrante sur ses membres, principalement sur les postérieurs ; elle se tient souvent debout, tranquille, comme absorbée ; ses yeux sont grands, le regard est fixe, hagard ; un bruit insolite la fait tressaillir comme si elle sortait d'une rêverie ; elle ne rumine plus ; le lait, qui avait été très-abondant lors des premières traites, n'est plus extrait qu'en faible quantité, ce qui contraste avec le développement rapide des mamelles, qui acquièrent un volume considérable, sans pour cela revêtir les caractères de l'état inflammatoire ; elles ne sont ni rouges, ni brûlantes, ni sensiblement douloureuses, les tétines sont grosses et tendues ; la colonne vertébrale offre beaucoup de sensibilité lorsqu'on la pince à la région lombaire, et si on fait remuer la bête, elle chancelle comme un homme ivre ; ses membres postérieurs s'entrecroisent, et le redressement de leurs ressorts est si brusque, si saccadé, qu'elle est parfois lancée avec force contre les murailles ou sur la litière, de sorte que les personnes qui se trouvent près d'elle, courent le danger d'en être blessées.

Tels sont les signes qui annoncent d'une manière sûre l'apparition prochaine, ou plutôt le début de l'affection : il importe qu'ils soient bien connus, car on peut alors, je ne dirai pas prévenir la maladie, car elle existe déjà, mais entraver sa marche, et la combattre avec beaucoup plus de chances de succès.

Ces prodromes, ou mieux cette période de début, dure 5 ou 6 heures environ, quelquefois moins, rarement plus : tout à coup la bête tombe comme foudroyée, fait quelques efforts pour se relever, mais inutilement ; si on essaie de la relever par la force, elle ne peut se soutenir sur ses jambes qu'elle tient repliées sous elle : elle est paralysée ; cependant elle peut encore, pendant les 6 ou 8 premières heures, étendre ses membres et les retirer sous elle ; elle se retourne même d'un côté sur l'autre ; la sensibilité n'est pas non plus complétement anéantie, toutefois, ces deux propriétés vitales vont toujours en s'affaiblissant, mais ce n'est que quelques heures avant la terminaison par la mort qu'elles sont tout à fait éteintes. Dans les premiers moments qui suivent sa chute, la bête demeure couchée sur le côté, appuyée sur le sternum, les membres ramassés sous elle, la tête portée en avant, et le bout du nez reposant sur le sol ; le cou est raide et forme une courbe dont la convexité est opposée au côté sur lequel la vache est couchée, les yeux sont constamment demi-fermés ; un peu plus tard, la tête est presque toujours renversée en arrière et appliquée le long d'une épaule, le mufle reposant sur le sol ; si on la relève et qu'on la laisse aller, elle retombe à sa place comme une masse inanimée ; si on la change de position, elle conserve un moment celle qu'on lui a fait prendre, mais bientôt elle se rejette dans son attitude première.

La malade est plongée dans un état de coma extrême, on peut toucher le globe de l'œil avec le doigt, sans qu'elle paraisse s'en apercevoir, car elle ne remue pas les paupières ; il survient de temps à autre des mouvements convulsifs quelquefois très-violents, pendant lesquels elle se frappe la tête contre les objets qui l'entourent et contre le sol. La respiration est bruyante, luctueuse, accélérée dans certains moments, ralentie dans d'autres. La bête pousse de temps en temps des mugissements sourds et prolongés ; elle a le pouls petit, vite et presque imperceptible ; le mufle conserve une certaine fraîcheur ; la bouche est remplie d'une bave filante, les cornes et les oreilles sont tantôt froides, tantôt chaudes, la panse est quelquefois ballonnée ; on entend des grincements de dents et des éructations assez fréquentes d'une odeur acide ; l'expulsion des excréments est nulle, celle des urines se fait avec assez de facilité, *le pis est énorme sans être enflammé ; et ce dernier symptôme est constant, quoique plusieurs vétérinaires ne paraissent pas l'avoir remarqué, et que d'autres au contraire disent avoir trouvé les mamelles flétries ;* il apparaît avec la maladie, se maintient pendant toute sa durée, et jusqu'après la mort. La sécrétion laiteuse, considérablement diminuée dès le commencement de la maladie, n'est jamais entièrement intervertie, elle se rétablit même assez souvent dans le cours de l'affection. J'ai vu, en effet, des vaches, au plus fort du mal, donner du lait comme en santé ; la muqueuse du vagin présente une teinte bleuâtre, plombée, qui est due à la stagnation du sang dans les vaisseaux capillaires, l'écoulement des lochies a lieu comme dans l'état normal.

Marche. — Quelques instants avant la mort, tout le corps se refroidit ; la panse se météorise fortement ; le rectum se renverse ; la bête est insensible ; la vue et l'ouïe sont abolies ; la pupille est très-dilatée, le globe de l'œil présente une teinte vitrée ; la muqueuse du vagin est froide, bleuâtre, livide ; la peau des mamelles offre des taches d'une couleur à peu près semblable ; la respiration est râlante, la bouche remplie d'une bave mousseuse, la langue pend hors de cette cavité et la mort vient enfin s'emparer de sa proie, après quelques mouvements convulsifs plus ou moins violents.

La résolution, au contraire, s'annonce par le retour de la sensibilité générale, de la vue, de l'ouïe ; la bête relève la tête et ouvre les yeux lorsqu'on l'appelle ; elle sent et cherche à prendre les aliments qu'on lui présente ; elle expulse en petite quantité des excréments noirs, durs, luisants ; ses mamelles s'assouplissent et diminuent de volume ; elle essaie de se lever, mais elle ne le peut pas encore, et elle retombe pour quelque temps dans son état de stupeur et de prostration. Après quelques tentatives infructueuses, elle finit par se lever ; elle est d'abord très-faible, surtout sur le derrière, mais son état s'améliore rapidement, et au bout de 6 ou 8 jours, quelquefois moins, d'autres fois plus, elle est entièrement rétablie.

Durée. — La durée de cette maladie est fort variable ; elle peut se prolonger depuis 12 ou 15 heures jusqu'à 10 ou 12 jours ; mais le plus ordinairement, la mort arrive dans les 24 ou 48 heures ; lorsque la bête passe le troisième jour, la guérison en est presque certaine.

Chez les femelles qui ont déjà été atteintes de la maladie l'année précédente, la mort arrive plus promptement, ou la guérison s'opère beaucoup plus lentement.

J'ai observé quatre exemples de récidive :

Le 1er sur une vache appartenant au sieur Fidèle Delmée, cultivateur demeurant à Ath, faubourg de Bruxelles. La première fois, je fus appelé pendant la période de début de la maladie : après douze heures de traitement, toutes les fonctions avaient repris leur rhythme normal. L'année suivante à la même époque, la même femelle donna son veau le matin, et le soir du même jour, elle présenta les premiers symptômes de la fièvre : par suite des événements politiques (c'était en mai 1848), on ne pouvait plus entrer ni sortir de la ville après la fermeture des portes ; le sieur Delmée fut obligé de s'adresser à un empirique ; le lendemain matin sa vache était morte.

Le 2e, sur une vache appartenant au sieur Wallez, charron et cultivateur, demeurant à Ath. La première année, je vis la bête pendant la période de début, et je triomphai de la maladie en 15 heures de traitement. L'année suivante, elle la contracta de nouveau dans la nuit qui suivit la parturition ; le propriétaire ne s'en aperçut que le matin, et quelques heures après, la bête était morte, sans avoir pu recevoir aucun soin,

Le 3e, sur une vache appartenant au sieur Joseph Arnould, cultivateur, demeurant à Ath, faubourg de Bruxelles. La première année, elle présenta tous les symptômes de la maladie dans leur plus grande intensité ; le troisième jour, cette bête était rétablie. L'année suivante, elle fut encore saisie du même mal, et cette fois le retour à la santé ne se manifesta que le douzième jour.

Enfin, le 4e exemple m'a été fourni par une vache

appartenant au sieur Longcheval, cultivateur, demeurant à Ath, faubourg de Bruxelles ; la première année, elle fut en proie à toutes les violences de la fièvre pendant 55 heures, après lesquelles les symptômes perdirent de leur gravité, et la convalescence se déclara. L'année suivante, cette vache fut une seconde fois attaquée de la même affection : le onzième jour après, elle entrait seulement en convalescence.

Des praticiens ont dit que l'état de tranquillité, de calme de la malade, permettait de porter un pronostic favorable. J'ai vu mourir des malades qui pendant toute la durée de la maladie sont restées très-tranquilles et plongées constamment dans un état profond de stupeur ; j'en ai vu d'autres guérir, après avoir éprouvé des convulsions violentes. Pour ma part, j'avoue qu'il n'est pas facile d'apprécier, par l'examen des symptômes que présente la bête, si l'issue de la maladie sera heureuse ou funeste, rien n'est positif à cet égard. Toutefois, il est quelques signes que l'on peut considérer comme étant d'un bon ou d'un mauvais augure : ainsi le refroidissement rapide de toute la surface du corps ; le froid et la teinte livide des muqueuses de la vulve et du rectum ; la difficulté d'obtenir du sang des petites veines ou des petites artères que l'on incise ; le ballonnement considérable et persistant de la panse ; le décubitus latéral, les membres et le cou dans l'extension ; la tête allongée en avant et comme renversée en arrière. Ces symptômes, accompagnés d'une grande gêne dans la respiration, de nombreux gémissements, et de mouvements convulsifs, violents et continuels, annoncent une mort prochaine.

Mais si la surface du corps accuse une tempéra-

ture normale ; que le sang coule bien de la saignée que
l'on pratique à l'artère coccygienne ; que la respiration
n'est pas trop gênée ; que la météorisation est nulle
ou faible ; que les muqueuses sont rosées ou bleuâtres
sans êtres livides, et conservent une bonne chaleur
naturelle ; que la bête commence à expulser des excréments et à recouvrer le sentiment de ce qui se passe
autour d'elle, il est alors permis d'espérer une terminaison favorable.

Autopsie. — Les altérations pathologiques que j'ai
rencontrées à l'ouverture des cadavres des mères qui
ont succombé à la maladie de veau, ont toujours été,
à peu de chose près, les mêmes. Ainsi, j'ai chaque fois
trouvé : les veines des mamelles et celles des régions
voisines, gonflées de sang ; la panse fortement distendue par des gaz ; le feuillet rempli d'aliments fibreux,
durs, desséchés, et recouverts d'une espèce d'enveloppe membraneuse grisâtre, qui n'est autre que l'épithélium de la muqueuse qui se détache facilement, et
laisse apercevoir des traces d'inflammation, principalement à la base des lamelles de ce viscère ; la muqueuse de la caillette recouverte de nombreux pointillements d'un rouge vif, surtout vers le sommet des
grands et larges replis, espèces de lames qu'elle forme,
et les gros vaisseaux intestinaux, les veines-caves, la
veine-porte et leurs ramifications, remplies d'un sang
noir et épais.

La réplétion du feuillet et le desséchement des matières qu'il contient se rencontrent sur les cadavres
d'animaux morts de plusieurs maladies différentes ;
néanmoins, dans l'affection que je décris, cette altération mérite une grande considération.

J'ai trouvé les intestins congestionnés sur plusieurs points de leur étendue.

La matrice ne m'a jamais offert la moindre trace d'inflammation ; j'ai constamment remarqué, au contraire, que ses parois étaient moins épaisses et plus pâles qu'elles ne le sont ordinairement au bout d'un même laps de temps après le part. Je n'ai jamais non plus observé de lésion du péritoine ni des organes de la poitrine.

Dans deux cas seulement, j'ai pu étudier les organes contenus dans la boîte crânienne et le canal rachidien, et j'ai reconnu que les vaisseaux sous-arachnoïdiens étaient gorgés de sang, que les enveloppes du cerveau et de la moelle épinière étaient phlogosées ; leurs vaisseaux injectés, et que le sac qu'elles forment, renfermait une assez grande quantité de sérosité rougeâtre.

Mais je dois l'avouer, les ouvertures du crâne et du rachis offrent tant de difficultés, demandent tant de temps, tant de soins, tant de précautions, qu'il est quasi impossible à un vétérinaire de campagne de pouvoir les exécuter, de manière à rendre facile et précise, l'étude des lésions pathologiques dont peuvent être le siége les organes que ces cavités renferment.

Causes. — Pour bien apprécier les causes qui font naître la maladie, il me paraît utile de faire connaître dans quelles conditions se trouvaient les femelles qui en ont été attaquées, et pour lesquelles j'ai été consulté.

Depuis 15 ans que j'exerce la médecine vétérinaire, dans un pays d'élève, j'ai traité un assez grand nombre de vaches atteintes de la fièvre de veau, et presque toujours, chez des propriétaires qui n'entretiennent que quelques-unes de ces bêtes, et leur distribuent en tout temps une grande quantité d'aliments de bonne qualité ; ou bien chez de petits cultivateurs, et surtout chez les laitiers des environs de la ville, qui ne tiennent des vaches que pour leurs produits en lait, et qui les laissent constamment renfermées dans des étables sombres, chaudes, mal aérées, et leur prodiguent toute l'année, principalement pendant les derniers temps de la gestation (pour, disent-ils, qu'elles fassent bien leur pis) une nourriture abondante, fibreuse, riche en principe alibiles et excitants ; comme le bon foin de prairies naturelles ou artificielles, des soupes farineuses auxquelles on ajoute, pour en augmenter le volume, une grande quantité de paille hachée (harcèle) et de la drèche, qui dans les faubourgs entre pour une grande part dans l'alimentation des vaches laitières, parce qu'il est démontré que cette matière alimentaire est douée de propriétés favorables à la sécrétion des mamelles. L'influence de cette dernière substance sur le développement de la maladie que nous étudions, a déjà été signalée par Michels et Kautz qui disent avoir vu la fièvre de veau, frapper plus fréquemment les vaches des brasseurs que celles des autres exploitations agricoles.

J'ai aussi rarement rencontré cette affection dans les fermes ; là les circonstances lui sont moins favorables ; les bêtes bovines plus nombreuses sont nourries avec moins de profusion, et mises en liberté au pâturage, aussi longtemps que la saison le permet ; l'exercice qu'elles y prennent est utile à l'accomplissement des fonctions vitales. A l'étable, leur régime se compose de paille longue, dans laquelle elles choisissent les tiges les plus succulentes et de meilleure qualité, et laissent celles qui sont mauvaises ou trop dures. On leur donne encore des plantes fourragères, du regain, qui est moins fibreux et moins nourrissant que le foin, des racines cuites ou crues, des choux, des tourteaux, etc., toutes substances qui ne bourrent pas trop les estomacs et se digèrent assez vite, et qui, distribuées en quantité convenable, nourrissent bien sans développer la pléthore.

Dans ces établissements, où les provisions des bestiaux sont rarement en excès, pendant les derniers mois de la gestation, alors que les vaches ne donnent plus de lait, on économise un peu sur leur nourriture pour leur en rendre davantage après le part, lorsqu'elles peuvent mieux payer ce qu'elles consomment, par les produits qu'elles donnent. Cette manière d'entretenir les bêtes à cornes, explique la rareté de la fièvre de veau dans les grands établissements agricoles ; cependant, elle s'y montre quelquefois, et c'est toujours de la plus belle, de la mieux portante, de la meilleure laitière du troupeau qu'elle s'empare, car, outre que celle-ci est plus exposée par sa constitution, elle l'est encore par les soins trop attentifs dont elle est l'objet. En effet, la bête qui est douée de ces précieuses qualités, est la joie, l'orgueil d'une ménagère soigneuse, c'est elle qu'elle place vis-à-vis de la porte de l'étable pour que les visiteurs l'aperçoivent la première, et pour satisfaire sa vanité, lui prodigue en particulier, et même au détriment des autres bêtes, une nourriture abondante et recherchée, surtout avant le vêlage, et souvent trop vite après, afin de pouvoir se targuer de posséder une vache sans pareille, pour la bonté et la beauté.

Je n'ai jamais vu cette maladie s'approcher des vaches des cultivateurs peu soigneux, qui sont nourries avec parcimonie ou avec des aliments de mauvaise qualité : c'est bien assez qu'elles soient si souvent décimées par une infinité d'autres affections non moins graves, et non moins meurtrières, qui naissent des conditions malheureuses qu'on leur fait subir.

Comme tous les praticiens qui ont écrit sur cette maladie, j'ai remarqué qu'elle choisit de préférence ses victimes, parmi les vaches qui jouissent du plus brillant état de santé et d'embonpoint. Pourtant j'ai vu des vaches maigres être atteintes de cette phlegmasie, mais elles avaient été achetées quelques mois avant le vêlage, pour des nourrisseurs qui, pour les remettre vite en chair, et pour qu'elles pussent faire ce qu'ils appellent une belle préparation, et rendre les plus grands bénéfices possibles, leur avaient donné jusqu'au moment du part, autant qu'elles pouvaient en consommer, des aliments fortifiants, fibreux, comme la drèche, le bon foin, etc.

Toutes les vaches affectées de la maladie qui m'ont été présentées, étaient toutes d'excellentes laitières, aux puissantes et intarissables mamelles ; toutes étaient âgées depuis 5 jusqu'à 12 ans, par conséquent à l'époque de la vie pendant laquelle la sécrétion laiteuse jouit de sa plus grande activité, et toutes avaient vêlé avec facilité et promptitude. Je ne l'ai jamais vue survenir après une parturition laborieuse, et rarement sur des vaches qui n'avaient pas bien été délivrées de l'arrière-faix.

J'ai donné des soins, cette année, à une vache âgée de 10 ans, appartenant au sieur Chevalier, cultivateur à Ath, faubourg de Bruxelles. Elle avait fait sept veaux, et le rejet des enveloppes fœtales s'était chaque fois fait attendre jusqu'au 8ᵉ ou 10ᵉ jour : au 8ᵉ veau, la délivrance suivit immédiatement la sortie du petit sujet : 20 heures après, la bête était en proie à la fièvre de veau.

Cette affection est beaucoup plus fréquente dans certaines années que dans d'autres ; il y a même des années où on n'en observe pas un seul cas ; cela tient sans doute à des influences qui proviennent de l'atmosphère, ou du régime alimentaire, c'est-à-dire à la qualité des aliments, ou à la manière dont ils ont été récoltés.

Cette maladie est susceptible de récidive : les mères qui en ont été guéries y sont plus exposées l'année suivante.

De tout ce que je viens de dire relativement à l'étiologie de la fièvre de veau, il résulte que la pléthore est une des causes principales de cette maladie. En effet, les femelles qui en sont attaquées se trouvent, toutes, dans les conditions les plus favorables à la production abondante du sang : une nutrition plus active conséquence de l'état de gestation ; une bonne santé ; un tempérament sanguin nerveux ; une nourriture copieuse, riche en principes alibiles et fortifiants ; un séjour tranquille dans des étables chaudes et sombres, qui facilite l'assimilation, s'oppose aux déperditions, et qui, en amoindrissant les forces vitales, dispose aux congestions.

Toutes les femelles pléthoriques n'y sont pourtant

pas également exposées ; il faut encore qu'elles aient été largement nourries jusqu'au moment du part avec des aliments fibreux, qui, par leur nature, résistent davantage aux forces digestives et restent plus longtemps dans les estomacs, d'où résulte nécessairement la réplétion des viscères de la digestion, particulièrement du feuillet, lors de l'expulsion du fœtus.

La fièvre de lait joue aussi un rôle très-important dans la production de la maladie, puisque jamais elle n'attaque les femelles qui donnent peu de lait ; tandis qu'on la voit toujours choisir ses proies parmi les vaches dont les mamelles énormes sécrètent des torrents de lait. La fièvre de lait chez ces dernières doit offrir plus d'intensité, en raison du plus grand développement des réservoirs lactés, et de la plus grande activité des mamelles, et cette intensité est encore considérablement augmentée par la pléthore générale et par la rapidité avec laquelle l'utérus, après un part facile, permet au sang de se porter aux glandes mammaires.

Il est donc évident que le phénomène pathologique qui constitue la fièvre de veau, est dû à la coïncidence fâcheuse de la pléthore générale, de la présence d'une grande quantité d'aliments fibreux dans le feuillet, et de l'intensité de la fièvre de lait, favorisée par l'état physiologique dans lequel se trouve la femelle pendant les premiers moments qui suivent le part ; de manière que si l'une de ces circonstances venait à manquer, les autres resteraient sans effet, ou produiraient un effet différent de celui que j'examine.

Il est facile d'expliquer et de comprendre comment ces diverses causes se lient entre elles, et comment elles agissent, pour faire naître l'état morbide, dont j'ai donné plus haut la description ; mais avant de commencer cette explication, il est bon, je crois, d'avoir une idée des modifications momentanées les plus importantes que la parturition fait subir à l'organisme.

Sitôt après l'expulsion du fœtus, le sang, qui pendant la gestation se portait à l'utérus pour la nourriture du produit de la conception, est reversé dans le torrent de la circulation, et y produit pour quelque temps une masse surabondante qui ne tarde pas à être dirigée du côté des mamelles, pour servir à la sécrétion du lait, aliment du nouveau-né.

L'action des viscères digestifs, augmentée par la pression qu'exerçait sur eux un fœtus de jour en jour plus volumineux, se trouve tout à coup relâchée par la cessation subite de cette pression ; de là, un ralentissement momentané de la circulation veineuse dans ces organes, et trouble de leurs fonctions.

Le système nerveux général conserve quelque temps après le part l'irritabilité nerveuse développée pendant la gestation ; elle doit même être fortement augmentée par les douleurs de l'accouchement.

L'utérus, après une parturition rapide et facile, revient promptement sur lui-même ; le courant sanguin qu'il recevait pendant la gestation est bientôt interrompu, et il s'établit à la surface de sa membrane muqueuse, une légère sécrétion mucuso-purulente qui forme les lochies, produit de sa dépuration. Toutefois, par suite de la grande sensibilité dont cet organe a joui pendant la gestation, il est plus impressionnable, et conséquemment plus exposé à l'action des causes pathogéniques. Après un part laborieux, les égratignures, les froissures, les déchirures occasionnées par des manœuvres inhabiles, ou la présence du délivre, entretiennent et provoquent l'irritation, l'inflammation de la matrice, continuent à attirer le sang dans son intérieur, et l'empêchent ainsi de se porter ailleurs.

Après le part, le sang des femelles est moins séreux ; il contient plus de globules, plus de fibrine ; il est plus plastique, et dès lors, prédispose plus fortement aux congestions et aux inflammations.

Maintenant que nous connaissons l'état physiologique de la femelle, après la mise au monde du fruit de la conception, examinons comment agissent les diverses circonstances que j'ai assignées comme causes de la fièvre de veau.

Immédiatement après que la vache, douée de la constitution que l'on appelle polyhémique, a fait son veau, le courant sanguin, qui, pendant la gestation, avait lieu vers l'utérus, pour la nutrition du fœtus, est subitement interrompu ; il retourne, grossir de sa masse la pléthore générale, qui est déjà considérable, et par sa plasticité, va porter le trouble congestionnaire, la stase sthénique dans tous les organes, mais principalement dans ceux qui ont avec la matrice, les rapports les plus directs, les plus intimes, les sympathies les plus nombreuses. Or, ces organes sont les mamelles, les viscères digestifs, et les centres nerveux ; dès lors, le flux sanguin, qui déjà pendant la gestation avait lieu dans les glandes mammaires pour les disposer à préparer l'aliment nécessaire au petit sujet aussitôt après sa naissance, se trouve tout à coup considérablement accru, d'où résulte le trouble de la circulation veineuse dans ces organes, et leur engouement ; et ce flux sanguin, et le trouble qu'il apporte dans les mamelles, ou la fièvre de lait, sont d'autant plus grands, que la pléthore générale est plus exubérante, que les glandes mammaires sont plus développées, que leur activité sécrétoire est plus forte; en un mot, que la vache est meilleure laitière, et que le vêlage a été plus facile. Dans le cas contraire, en effet, l'inflammation dont la matrice et le vagin deviennent le siége, continue à appeler le sang vers ces parties, et l'empêche ainsi de se porter trop brusquement ailleurs. Ce trouble congestionnaire, favorisé par l'état physiologique dans lequel se trouve la femelle après la parturition, réagit sur toute l'économie, et particulièrement sur les organes qui offrent des prédispositions, par suite des rapports qu'ils entretiennent avec la matrice, ou par suite de circonstances accidentelles : ainsi, il réagit vivement sur les viscères de la digestion, dont les fonctions ont déjà éprouvé, comme nous l'avons expliqué plus haut, une grave perturbation, par l'effet seul du vêlage ; il les congestionne et suspend leur action, effets d'autant plus graves, que les estomacs, surtout le feuillet, sont plus remplis, et que les matières qu'ils contiennent, sont plus sèches, plus fibreuses, d'une digestion plus lente et plus difficile. Ces effets combinés réagissent à leur tour violemment sur tout le système nerveux, cérébro-spinal et trisplanchnique, déjà fortement prédisposé aux congestions, par la pléthore, la plasticité du sang, et par l'exaltation générale de la sensibilité, qui accompagne et suit l'expulsion du fœtus.

La fièvre de veau est donc pour moi, une congestion violente de tout le système nerveux cérébro-spinal et trisplanchnique, produite par la coïncidence d'une constitution polyhémique, de la fièvre de lait, et de la réplétion du feuillet par des aliments fibreux, secs, favorisée par l'état physiologique dans lequel se trouve la femelle immédiatement après la mise au monde du fruit de ses entrailles.

Cette conclusion découle naturellement de l'étude des symptômes, des altérations pathologiques, et des causes de la maladie. En effet, nous avons vu que cette affection n'attaquait jamais que les vaches d'un tempérament pléthorique, les meilleures laitières, qui étaient abondamment nourries jusqu'au moment du part avec des substances fibreuses, sèches et qui avaient vêlé et délivré de l'arrière-faix avec facilité et promptitude, parce que, après un part laborieux, l'irritation ou l'inflammation dont la matrice et le vagin deviennent le siége, retarde ou atténue la fièvre de lait, en continuant d'attirer le sang vers ces organes. Nous avons vu que la fièvre de veau se manifestait d'abord par un développement insolite des mamelles, sans grande perturbation de la sécrétion laiteuse, par la suspension des fonctions digestives, suivis bientôt de tout le cortége de symptômes qui annoncent positivement l'existence de la congestion cérébro-rachidienne. Nous avons remarqué que l'engouement des veines des mamelles, et les symptômes résultant de la perversion de la digestion persistaient pendant toute la durée de la maladie. De plus, nous avons observé que la décroissance de cette fièvre était précédée par la diminution du volume anormal des mamelles, puis par l'affaissement du ventre, la cessation des écrutations et du ballonnement de la panse, le rétablissement des fonctions digestives, annoncé par l'évacuation des excréments et le retour de l'appétit; et qu'à partir de ce moment disparais-

saient les symptômes cérébraux, et que la malade
était sauvée, à moins que la congestion cérébro-rachidienne n'ait déterminé un épanchement mortel ; qu'enfin, l'autopsie cadavérique n'a jamais offert d'altérations
notables ailleurs que du côté des glandes mammaires,
des viscères de la digestion, du cerveau, et de la
moelle épinière.

Cette manière de voir me paraît la plus rationnelle, elle est conforme en tout point, avec les
observations de la pratique ; et les succès que j'ai
obtenus, par le traitement que j'ai préconisé pour
combattre cette redoutable maladie, la confirment
pleinement.

Traitement. — Découragé par les résultats déplorables qu'avait produit entre mes mains l'emploi des antiphlogistiques et autres moyens rationnels indiqués par
les auteurs contre la métro-péritonite, et certain, par
suite des recherches que j'avais faites, qu'il existait une
grande différence entre cette maladie et celle que je
décris, je m'occupai de trouver un traitement qui
répondît aux nouvelles idées que je m'étais formées
sur la nature et le siége de la fièvre de veau. Pénétré
des vertus stimulantes du tube digestif, et calmantes
du système nerveux, que possède à un haut degré le
camphre, je choisis cet agent thérapeutique comme me
paraissant devoir remplir le plus avantageusement les
indications réclamées par la maladie. J'administrai ce
médicament à la dose d'un gros toutes les heures,
pendant huit heures de suite, après l'avoir préalablement dissous dans un jaune d'œuf et délayé dans un
litre d'une infusion de fleurs de tilleul. Si le mieux ne
se déclarait pas dans les 24 heures, je prescrivais une

nouvelle dose de camphre, que je faisais prendre comme précédemment.

Cette médication était précédée d'une émission sanguine de six à huit livres (quand il était possible d'obtenir cette quantité), que je pratiquais à l'artère coccygienne et aux veines et artères superficielles de la face et des oreilles. J'ordonnai des boissons délayantes, des lavements alternativement irritants et adoucissants, les premiers avec une décoction de tabac, et les seconds avec de l'eau de son ; des frictions répétées 4 ou 5 fois par jour, le long de l'épine dorsale et sur les jambes, avec un mélange d'une partie d'ammoniaque liquide sur deux d'essence de térébenthine ; j'appliquais un sachet réfrigérant sur le front et la nuque, en recommandant de l'arroser fréquemment avec du vinaigre froid ; je plaçais un trochisque au fanon avec la racine d'ellébore noir. J'avais, en outre, soin de bien faire couvrir les malades, de leur faire mettre un sachet rempli de cendres chaudes, le long de la colonne dorso-lombaire ; de les faire retourner d'un côté sur l'autre, au moins une fois par jour, pour éviter la fatigue et les excoriations cutanées. Enfin je recommandais d'extraire aussi souvent que possible le lait contenu dans les mamelles ; cette précaution est utile, c'est une bonne dérivation que l'on doit entretenir.

Je traitai 14 vaches par cette méthode ; neuf guérirent radicalement, et 5 seulement succombèrent. Parmi ces dernières, deux moururent accidentellement pendant la convalescence. La première, appartenant à M. Dubaut d'Irchouwelz, était, après trois jours de traitement, en très-bonne voie de guérison ; elle se

levait seule, mangeait, ruminait, présentait en
mot tous les signes qui annoncent le retour à la sant
une erreur de régime amena une rechute, qui
promptement suivie de la mort. La seconde, appart
nant au sieur Botelet, cultivateur au faubourg
Bruxelles, après avoir été en proie à toutes les vi
lences du mal pendant 56 heures, commençait à
relever, à prendre ses boissons d'elle-même, et à che
cher à manger, quand, en lui faisant avaler le derni
breuvage de camphre, une partie du liquide s'épanc
dans le larynx et les bronches, accident qui provoq
une toux cruelle, accompagnée d'efforts inouïs,
d'une dyspnée suffocante, avec écoulement par l
narines de mucosités sanguinolentes, auxquelles
trouvaient mêlées des stries sanguines et de pet
caillots de sang. Ces symptômes se maintinrent ju
qu'à la mort, qui arriva le lendemain après dou
heures de terribles souffrances. A l'autopsie du cad
vre, je rencontrai les tuyaux bronchiques, la traché
le larynx remplis d'une mousse sanguinolente, mélang
de stries sanguines et de petits caillots de sang.
tissu cellulaire qui recouvre la couche musculeuse
la trachée et des bronches, contenait dans ses maille
à partir de la partie moyenne de l'encoulure jusqu'au
extrémités les plus déliées des rameaux bronchique
une masse de sang épanchée et coagulée. Je n'observ
rien de particulier dans les autres organes de cet
bête qui était donc morte suffoquée, et non de la ma
ladie primitive.

Ainsi la méthode curative que je viens de faire co
naître a été employée avec succès 11 fois sur 14.

Ces résultats sont prodigieux et j'avais tout lieu

m'en féliciter, en les comparant à ceux obtenus par
M. Festal qui avoue n'avoir guéri qu'un malade sur
cinq, par M. Favre qui n'en a guéri que deux sur sept,
par M. Rainard qui déclare que les trois vaches pour
lesquelles il a été appelé en consultation sont mortes.

Néanmoins, ces succès ne me satisfirent pas, et certain plus que jamais de la nature de la maladie, je crus
utile de modifier ma méthode curative. Aujourd'hui,
j'ajoute au camphre l'assa-fœtida qui est un antispasmodique plus actif, et un stimulant énergique des organes
digestifs et circulatoires et partant de l'organisme
animal tout entier. Il me parut, en outre, avantageux
d'établir une dérivation sur les reins et sur la muqueuse
intestinale, et dans ce but, je joins au camphre et à
l'assa-fœtida le nitrate de potasse et le sulfate de soude.
Le sel de nitre, par les propriétés diurétiques dont il
jouit éminemment, active la sécrétion des reins, diminue l'activité des mamelles, et a pour effet d'atténuer
la fièvre de lait.

Le sulfate de soude augmente la sécrétion des muqueuses intestinales, dont le produit est nécessaire
pour délayer les substances alimentaires contenues
dans les viscères digestifs; facilite leur expulsion, en
excitant les mouvements péristaltiques de la membrane
musculeuse de ces organes, et combat le trouble que
leur présence occasionne, puis, étant absorbé et char-
rié dans le torrent circulatoire, il modifie, ainsi que l'a
reconnu M. Delafond, les éléments du sang; il rend
ce liquide plus séreux, moins coagulable, d'une circulation plus facile. Cette précieuse propriété du sulfate
de soude, démontrée par des expériences concluantes,
explique l'utilité de ce médicament salin, dans l'affec-

tion que nous étudions. J'emploie ces agents thérapeu
tiques dans les proportions suivantes : camphre deu
onces, assa-fœtida 4 onces, sel de nitre 4 onces,
tout étant mêlé, je divise le médicament en huit dose
que je fais prendre d'heure en heure à la malade dan
une bouteille de tisane de fleurs de camomille,
fleurs de sureau, ou de tilleul. Si 24 heures après,
mieux ne se manifeste point, je répète la même méd
cation, mais je remplace le sel de nitre par douze onc
de sulfate de soude, et je ne donne plus l'assa-fœtid
qu'à la dose de deux onces. Et si, au bout de 24 heure
il n'y a pas encore amélioration, je donne le mêm
médicament, moins une once de camphre. Du reste
je mets exactement en usage tous les autres moyer
indiqués dans la méthode précédente.

Ce traitement que j'essaie seulement de cette anné
a guéri radicalement, et en peu de temps, trois femell
qui y ont été soumises. Ces trois vaches appartenaien
l'une au sieur Fidèle Grad, cultivateur au faubourg d
la porte de Mons ; la seconde, au sieur Chevalier, fau
bourg de Bruxelles, et la troisième, au sieur Lou
Plissart, faubourg de Tournay.

Je fus appelé pour une 4ᵐᵉ, le 16 mars à 5 heur
du matin, par M. Bauffe, meunier à Maffles. Cette vach
tombée malade de la fièvre de veau, la veille au soi
était une laitière de la première qualité, d'un tempé
rament sanguin, âgée de sept ans ; elle avait été nour
rie jusqu'au moment du part, avec des soupes compo
sées de *rebulé*, de son, de racines et d'une grand
quantité de paille hachée (horcèle). Le 15 mai, ver
4 heures du matin, elle donna son veau avec facilité
et délivra immédiatement après. Les premiers symp

tômes de la maladie apparurent 18 heures plus tard,
c'est-à-dire à 10 heures du soir : on abandonna la bête
à elle-même jusqu'au lendemain matin. Je la trouvai
alors étendue sur le côté droit, le ventre fortement
météorisé, les membres étendus, le cou allongé, la
tête portée très en avant et renversée en arrière.
Elle se livrait à des mouvements convulsifs violents, et
faisait entendre des grincements de dents et des beuglements sourds et prolongés ; la dyspnée était suffocante, la respiration stertoreuse, les yeux demi-fermés
et insensibles, le pouls imperceptible, les mamelles
gonflées, énormes, et pleines de lait ; tout le corps
était froid : le rectum renversé, laissait voir sa muqueuse bleuâtre, livide, froide ; la muqueuse du vagin
présentait les mêmes caractères, la langue pendait
hors la bouche et une bave mousseuse remplissait cette
cavité.

Je pronostiquai la mort prochaine de cette bête, et
je conseillai de l'abattre pour tâcher de tirer parti de
sa chair ; mais le propriétaire préféra que je tentasse de
la guérir, je pratiquai d'abord à la malade la ponction
du rumen, j'incisai ensuite l'artère coccygienne qui ne
donna point de sang, et je lui administrai une dose
des médicaments indiqués ci-dessus. Une heure après,
la mort avait enlevé sa victime.

Ainsi, la méthode curative que je viens de décrire,
a guéri les trois vaches sur lesquelles elle a été mise en
usage. Ces succès sont encourageants ; je ne pense pas
qu'on ait jamais obtenu de pareils résultats, avec aucun
autre système de traitement. Toutefois, j'attendrai que
des faits plus nombreux aient confirmé son efficacité,
avant de la livrer à la publicité.

Si c'est une chose très-avantageuse, que de trouver les moyens capables de sauver la vie des mères qui sont atteintes de la fièvre de veau, il est bien préférable de les préserver de ses attaques, et on peut y parvenir bien facilement : il suffit de nourrir les vaches pleines, surtout pendant les derniers jours de la gestation, avec des aliments qui, pour être parfaitement digérés, n'exigent pas un long séjour dans les estomacs, ni de grands efforts de la part de ces organes, et qui, sous un petit volume, contiennent une quantité suffisante de principes nutritifs. Cette règle doit particulièrement être observée aux approches du part, car alors, il est dangereux de donner des substances fibreuses sèches, difficiles à digérer et qui surchargent les viscères de la digestion, comme le bon foin, la drèche, la paille, les balles de froment, etc., les aliments qui conviennent le mieux pour remplir le but que j'indique, sont les soupes d'herbes, de tubercules de racines de tourteaux, etc., auxquelles on peut ajouter utilement une dose convenable de sel marin.

Il est bon de joindre à ce régime, pour les vaches qui donnent beaucoup de lait et qui sont en embonpoint, une saignée de 5 à 6 livres, 15 jours ou trois semaines avant le part.

Toutefois on ne doit pas, comme cela se pratique trop généralement, continuer, après la saignée, à nourrir la bête comme auparavant, c'est-à-dire abondamment avec des aliments fibreux, secs ; car alors l'évacuation sanguine, au lieu de prévenir la maladie agirait au contraire dans le sens de son développement en diminuant l'activité des forces digestives, et en augmentant celles des organes de l'absorption ; d'où résul-

terait l'engouement des viscères digestifs et des vaisseaux sanguins.

C'est, en effet, dans les faubourgs, où les petits cultivateurs ont l'habitude de faire saigner leur vaches trois
semaines ou un mois avant le part, sans apporter le
moindre changement dans leur mode d'alimentation,
que la fièvre vitulaire fait le plus de victimes.

Sur 10 vaches qui m'ont été présentées atteintes de
cette maladie, neuf au moins avaient été saignées préventivement.

Comme la maladie, ainsi que je l'ai dit plus haut, est
susceptible de récidive, on insistera fortement, pour
les vaches qui ont été attaquées l'année précédente,
sur le régime que je viens d'indiquer, et on pratiquera
quelques saignées, une vers le milieu de la gestation,
et une autre quelques jours avant le part. J'ai la conviction qu'en suivant ces précautions toutes simples,
on n'aurait jamais plus à déplorer la mort d'une vache,
par suite de la fièvre de veau. C'est ce que je ne
cesse de répéter et de chercher à insinuer dans l'esprit
des cultivateurs, et particulièrement des laitiers qui,
en général, restent sourds aux sages avertissements,
et ne regrettent de n'avoir suivi de bons conseils, que
lorsqu'ils ont été rigoureusement châtiés.

MALADIES DE LA MATRICE.

L'inflammation de la matrice, qui se déclare après
l'expulsion du fœtus, appelée *puerpérale* en médecine
humaine et que, par analogie, les vétérinaires désignent sous le nom de métrite *vitulaire*, est une maladie

assez bien connue aujourd'hui : M. Rainard l'a parfaitement examinée sous toutes les formes dans son
Traité complet de la parturition. Elle consiste dans la
phlegmasie de la membrane muqueuse de l'utérus, ou
de son tissu propre, et se complique souvent de l'inflammation du péritoine, de celle des organes de la digestion, et du système nerveux. Elle se montre sur toutes
les femelles domestiques, mais c'est la vache qui y est
la plus exposée.

Les causes de cette maladie sont différentes de
celles qui produisent la fièvre de veau ; elles sont
directes, ou indirectes.

Les *causes* indirectes sont toutes celles qui peuvent
arrêter, d'une manière brusque, l'écoulement des
lochies, ou la sécrétion laiteuse, comme l'action du
froid sur la surface cutanée ou sur la muqueuse de
l'estomac, par l'ingestion d'une grande quantité d'eau
froide, ou d'aliments verts gelés, ou seulement recouverts de gelée blanche ou d'humidité ; une grande
frayeur, occasionnée par la vue d'un chien ou de tout
autre objet ; la tristesse que la femelle éprouve lorsqu'on lui retire son petit, après qu'il est resté assez de
temps près d'elle pour développer son amour maternel.
Ainsi, la suppression des lochies et la cessation de la
sécrétion du lait ne sont pas toujours les effets de la
métrite, mais elles en sont quelquefois la cause. Les
écarts de régime, les grandes fatigues, lorsqu'on fait
quelquefois beaucoup voyager les femelles qui viennent
de vêler, ou qui sont sur le point de donner leur veau,
pour les conduire d'un marché à un autre, surtout
par des temps pluvieux et froids ou par de trop grandes
chaleurs ; les médicaments violents, que l'on admi-

nistre pendant le travail de la parturition, dans le but d'augmenter l'énergie de la matrice, occasionnent souvent cette maladie.

Mais, cette inflammation naît principalement à la suite des manœuvres employées pour amener au dehors le produit de la conception ; telles que l'introduction, plusieurs fois répétée, de la main dans l'utérus, l'usage de crochets, et particulièrement lorsque ces opérations ont été longues, difficiles, et pratiquées par des hommes inhabiles. On la voit encore souvent se déclarer à la suite de chutes ou de coups ; en un mot, de toute espèce de violences sur le ventre, pendant la gestation, et qui provoquent l'avortement.

La présence, pendant un certain temps, dans l'utérus, d'un fœtus mort et décomposé, ou d'un placenta putréfié, les manipulations exercées pour extraire l'arrière-faix, en sont aussi des causes très-fréquentes.

Elle est toujours la suite inévitable de l'opération, césarienne, ou de la déchirure de la matrice.

L'inflammation du vagin et celle de l'intestin se transmettent aussi quelquefois à l'utérus par continuité de tissu, ou par sympathie ; on voit aussi quelquefois l'inflammation de la matrice se déclarer sur des femelles atteintes d'une maladie aiguë, ou chronique, ayant son siége dans un organe quelconque.

Symptômes. — La métrite aiguë, simple, débute quelquefois dans les premières heures qui suivent le part, par des coliques violentes ; la bête piétine des membres postérieurs, avec lesquels elle se frappe le ventre ; elle se couche, se relève, fait de grands et fréquents efforts expulsifs, qui amènent assez souvent le renversement du vagin et de la matrice.

Cet état est plus effrayant que dangereux ; on l'observe assez souvent sur les vaches d'un tempérament irritable. Une petite saignée à la veine jugulaire, quelques breuvages calmants, une litière abondante et fort relevée par derrière, pour que le train postérieur de la mère soit beaucoup plus haut que celui de devant, et au besoin, si le renversement de l'utérus est fort à craindre, l'application d'un des bandages contentifs de cet organe, et l'injection dans son intérieur d'une grande quantité d'eau mucilagineuse de graines de lin, suffisent presque toujours pour combattre, en très-peu de temps, ces symptômes alarmants.

Le plus souvent, l'inflammation de la matrice apparaît quelques jours après la mise bas ; d'autres fois, beaucoup plus longtemps après ; elle s'annonce par la perte de l'appétit, par la cessation de la rumination, de la lactation, et de l'écoulement des lochies ; par des frissons et le hérissement des poils.

Plus tard, lorsque la maladie est bien localisée, on la reconnaît aux caractères suivants : fièvre, abattement, tristesse, pouls grand et mou, oreilles et cornes alternativement chaudes et froides, plus fréquemment chaudes vers le soir ; mufle sec ; douleur et tension du ventre ; la bête ne mange et boit que très-peu, ne rumine plus, et donne peu de lait, les *mamelles sont flétries* ; il y a constipation, les excréments sont petits, moulés comme les crottins d'un cheval, ils sont durs, noirs et luisants, par suite des mucosités qui les recouvrent. La malade éprouve de fréquentes envies d'uriner, mais l'expulsion des urines se fait difficilement ; elles ne sont rejetées qu'en petite quantité, et répandent une odeur forte ; la vulve est tuméfiée ; si on écarte ses lèvres, on voit le vagin très-rouge ; l'introduction de la main dans ce canal constate une grande chaleur et provoque de la douleur ; la colonne vertébrale est insensible. La femelle reste debout, se tient ramassée, et comme bouletée sur ses membres postérieurs dont elle paraît souffrir, le dos est voûté, la queue élevée, et par moment, la bête fait des efforts expulsifs comme pour le part, qui amènent l'écoulement par la vulve de matières sanguinolentes, beaucoup plus abondantes, lorsque la matrice n'est pas débarrassée de l'arrière-faix ; quand elle se couche, elle se relève avec peine. Pendant que le poulain est à la mamelle, la jument accuse de la souffrance : ses flancs sont rétractés, la région lombaire fortement voutée en contre-haut et le train postérieur se soulève en s'inclinant du côté opposé. Par cette attitude, elle démontre évidemment qu'elle cherche à se soustraire aux effets douloureux qu'elle ressent des tractions sur le mamelon et, surtout, des coups de tête que le nourrisson, en tétant, donne instinctivement sur la mamelle pour activer le cours du lait.

Cet état dure de 5 à 8 jours, et le plus souvent se termine par la résolution, ou passe à l'état chronique.

La résolution s'annonce par le retour de l'appétit, le développement des mamelles et le rétablissement de la sécrétion laiteuse, par l'évacuation des excréments en plus grande quantité et d'une consistance normale. La gaieté reparaît, l'écoulement vaginal, de sanguinolent qu'il était, devient mucoso-purulent, puis muqueux, et la malade est en pleine convalescence.

Métrite chronique. — Le passage à l'état chronique est caractérisé par une diminution dans l'intensité des

symptômes : l'appétit est faible, la malade se dégoût
vite des mêmes aliments ; les flancs sont creux, le ventr
vide, le poil terne et piqué ; la sécrétion laiteuse est pe
abondante et le lait de mauvaise qualité ; la vulve, d
tuméfiée qu'elle était, devient flasque, ridée, s'enfonc
sous la queue dans la cavité pelvienne, et donne écou
lement à des matières purulentes ; la diarrhée se ma
nifeste et fait promptement maigrir les malades.

Si un bon traitement ne vient pas améliorer ce
état, la maigreur augmente tous les jours ; la fièvr
hectique se déclare ; la peau cesse d'être mobile su
les parties qu'elle recouvre ; la diarrhée devient colli
quative ; les yeux s'enfoncent dans les orbites ; la fai
blesse est telle que la moindre marche occasionn
beaucoup de fatigue ; enfin, la bête tombe dans le ma
rasme, et la mort l'enlève au bout d'un temps plus o
moins long.

La métrite chronique n'est pas toujours le résulta
du passage du type aigu à l'état chronique ; elle débute
quelquefois sous cette forme, sur des femelles chétives
maigres, débiles ou vieilles. (Nous ne parlerons pa
des autres formes de la métrite chronique.

Traitement. — La métrite aiguë simple est peu dan
gereuse, elle se guérit facilement sous l'influence d'u
bon traitement hygiénique, qui consiste à tenir chau
dement les femelles malades dans des locaux propre
et bien aérés. La jument sera mise à une diète sévèr
on lui laissera prendre à satiété des boissons adoucis
santes, rafraîchissantes et tièdes préparées en faisan
bouillir du son et un peu de graine de lin ou des mauves

A la vache, on pourra donner en petite quantité de
soupes liquides, composées d'herbes, de racines, d

son, et rendues mucilagineuses par une poignée de graines de lin. Des fumigations émollientes sous le ventre, des lavements adoucissants, quelques breuvages laxatifs avec le sulfate de soude produisent de très-bons effets chez la jument comme chez la vache. Au reste, on voit souvent les femelles renaître à la santé par les seuls efforts de la nature.

Lorsque la métrite est entretenue par la présence du placenta dans l'utérus, on insistera davantage sur les soins hygiéniques et on agira, prudemment, pour hâter la délivrance.

La métrite chronique est plus difficile à guérir. On doit lui opposer les toniques légers : la gentiane, l'aunée, les ferrugineux, auxquels on associe la cannelle. Cette médication, aidée d'une nourriture appropriée, de tisanes amères avec la racine de patience et de bardane, continuées avec persévérance, produit assez souvent d'heureux effets.

En été, le séjour au pâturage est ce qui convient le mieux ; les femelles malades y retrouvent d'ordinaire la santé.

Mais, si cet état dure depuis longtemps ; si la diarrhée est séreuse, fétide, le marasme avancé, et que la bête offre déjà l'aspect d'un cadavre, tout traitement est inutile.

Métrite sur-aiguë. — La métrite aiguë n'est pas toujours aussi bénigne que nous venons de le voir ; assez souvent elle revêt une forme sur-aiguë, caractérisée par une grande exacerbation des symptômes qui appartiennent à la métrite aiguë simple : l'anxiété et l'abattement sont très-grands, les yeux tristes et larmoyants, la face est grippée, le mufle sec, le pouls vite, dur et

concentré, la panse légèrement ballonnée ; en enfon
çant la main fermée dans le flanc droit, on sent comm
une masse résistante et douloureuse ; les mamelles so
flétries et retirées, les flancs rétractés, la respiratio
plaintive. La bête ne mange plus, ne boit que très-pe
et se trouve, par moment, très-constipée ; on enten
de fréquents grincements de dents ; les efforts expulsi
reviennent souvent et violemment ; les envies d'urin
se renouvellent à chaque instant, et les piétinemen
sont accompagnés d'une grande souffrance. La vulv
est très-tuméfiée, la muqueuse du vagin épaissi
sèche, et d'une couleur rouge cramoisi ; l'écoulème
qui a lieu par la vulve est grisâtre, visqueux, infec
et entraîne des débris de placenta en putréfaction ;
faiblesse de la vache est extrême ; la position debo
lui est difficile ; elle craint de se coucher, et lorsqu'el
se couche, elle éprouve beaucoup de peine à
lever.

Cette maladie marche rapidement ; elle arrive à
période d'état, du quatrième au sixième jour ; alors
résolution s'opère et s'annonce par le retour de l'ap
pétit, la diminution de la fièvre, le rétablissement
toutes les fonctions vitales et des sécrétions ; la gaie
reparaît, et, avec elle, tous les autres signes avan
coureurs de la santé.

Quelquefois cependant, les symptômes précéden
augmentent d'intensité, deviennent plus effrayants ;
bête reste constamment couchée, ne peut plus
lever, et est comme paralysée ; elle a le regard triste
abattu ; les yeux sont même souvent fermés ; la têt
renversée en arrière, est appliquée le long d'un
épaule, le mufle reposant sur le sol ; la prostratio

est extrême, la chaleur du corps s'affaiblit, les oreilles et les cornes sont froides, les mamelles flétries offrent, ainsi que la muqueuse du vagin une teinte livide ; il s'écoule de la vulve des matières puriformes grisâtres et infectes ; il y a souvent expulsion d'une petite quantité d'excréments liquides, d'une couleur noirâtre et répandant une odeur fétide. L'air expiré est froid et de mauvaise odeur ; le pouls est imperceptible ; les globes des yeux se renfoncent dans leurs orbites ; une bave mousseuse apparaît au pourtour des lèvres ; la langue pend hors de la bouche, et la vie s'éteint promptement sans convulsion et sans douleur.

Métro-péritonite. — L'inflammation sur-aiguë de la matrice se transmet souvent, par continuité de tissu, à l'enveloppe séreuse que lui fournit le péritoine, ou bien celui-ci s'enflamme par l'action du froid, soit sur la surface cutanée, soit sur la muqueuse de l'estomac, ou encore, par une blessure, une déchirure de l'utérus qui a permis au pus et au sang de pénétrer dans l'abdomen : cette complication est d'une excessive gravité. Elle apparaît avec les symptômes qui appartiennent à la métrite sur-aiguë. La bête éprouve quelques frissons, de légères coliques ; le ventre est douloureux à la pression ; les flancs sont ballonnés ; la respiration est courte, gênée ; les extrémités sont froides ; le malaise est extrême ; la bête piétine des membres postérieurs, refuse toute espèce d'aliments ; le pouls est petit et vite ; le mufle sec, parcheminé ; les yeux abattus, remplis de larmes ; la muqueuse du vagin est épaissie, sèche, d'une couleur rouge-violacé, livide ; la colonne vertébrale est insensible et voûtée en contre-haut ; la bête n'ose se coucher, la consti-

pation est opiniâtre, l'expulsion des urines diffici
les matières qui s'écoulent de la vulve sont couleur
de vin et très-fétides. Il est impossible de reconnaît
pendant la vie, l'existence de l'épanchement qu
fait dans l'abdomen, malgré les moyens indiqués
M. Rainard pour y parvenir; la quantité en est t
jours trop peu considérable.

Cette maladie marche rapidement, se propage
intestins et aux centres nerveux; bientôt la b
demeure couchée et ne peut plus se lever; elle
comme paralysée, la respiration est accélérée, pla
tive, la malade allonge de temps en temps la tête
poussant des gémissements lugubres; le plus souv
elle la replie en arrière, et la tient appliquée le l
d'une épaule, le bout du nez appuyé sur le sol;
prostration est extrême; tout le corps se refroi
il y a évacuation de matières alvines liquides, fétid
le pouls est petit, imperceptible; la bête est plon
dans un état de stupeur difficile à décrire : elle
voit, n'entend plus et est insensible à tout; les ye
s'enfoncent dans les orbites; une salive écume
apparaît au pourtour de la bouche, et la mort vi
rapidement mettre fin à cette triste scène.

Le pronostic de cette maladie est toujours
grave : elle se termine souvent par la mort, surt
lorsqu'elle a déjà fait quelques progrès.

Il arrive aussi que cette redoutable affection
complique d'altération du sang et devient typho
Cette complication se rencontre sur des vaches
séjournent dans des étables malsaines, infectes,
ont été mal nourries, ou qui ont reçu des aliments
mauvaise qualité, ainsi que chez celles dont le v

mort ou le délivre a séjourné dans la matrice et s'y est putréfié.

Cette complication se reconnaît : à la prostration extrême de la bête ; à la teinte jaunâtre, ictérique de la peau ; au ballonnement de la panse ; aux évacuations alvines, qui sont noirâtres, liquides et fétides ; à la couleur rouge livide de la muqueuse du vagin ; aux mamelles qui sont ridées, froides et marbrées de taches violacées ; à la pâleur des muqueuses des yeux et de la bouche, qui reflètent une teinte jaunâtre ; à la bave mousseuse qui s'écoule en grande quantité de la bouche.

Autopsie. — A l'ouverture des bêtes mortes de cette maladie, on trouve, dans l'abdomen, une assez grande quantité de sérosité roussâtre, dans laquelle nagent des flocons albumineux et des débris de fausses membranes. Le péritoine est rouge, ecchymosé et injecté, principalement du côté de la cavité pelvienne. Toutes les parties qui environnent l'utérus : les lames du mésentère, le tissu cellulaire sous-péritonéal, les ligaments utérins ou sous-lombaires, sont le siége d'une infiltration séreuse considérable, qui fait adhérer toutes ces parties, et d'une espèce d'emphysème produit par une infiltration de gaz. Si on presse ces tissus avec la main, ils crépitent et laissent écouler de la sérosité rougeâtre répandant une odeur de grangrène ; les parois de la matrice, intérieurement d'un rouge foncé, sont fort épaissies, se déchirent avec facilité et sont très-infiltrées de gaz et de sérosité. Ce viscère contient des matières visqueuses, brunâtres, très-fétides, et quelquefois des débris de placenta.

Lorsque la mort est survenue rapidement, l'épan-

chement abdominal et l'infiltration séreuse des t
qui avoisinent la matrice sont peu considérable
ne retrouve pas non plus l'emphysème que j'ai si
ci-dessus, mais l'inflammation du péritoine est
étendue, comme l'attestent l'injection rouge e
ecchymoses dont il est le siége ; les intestins prése
des traces violentes d'inflammation. Il en est de r
de la muqueuse de la caillette, à la surface de laq
j'ai parfois rencontré une exsudation sanguine
forte pour donner une couleur de sang aux ma
contenues dans cet estomac.

Traitement. Moyens préservatifs et hygiéniques.
première indication à remplir est d'éloigner les c
qui font naître l'inflammation de la matrice. I
nourrir convenablement les femelles pleines, s
aux approches du part, ne leur donner pe
quelques jours, après le vêlage, que des bo
délayantes, des soupes adoucissantes et des ali
doux et alibiles ; les tenir chaudement dans une
propre et bien aérée, et si elles n'ont pas déliv
l'arrière-faix, il convient de provoquer en ag
prudemment l'expulsion de ce corps devenu ét
et malfaisant, et de l'enlever le plus tôt possible
de la décomposition des enveloppes fœtales, il r
une matière putride, sceptique, qui entretient l'
tion de l'organe utérin, et qui pouvant être rés
passerait dans le torrent de la circulation et c
querait gravement la maladie, en altérant les élé
du sang.

Moyens curatifs. — J'ai indiqué plus haut le
qui réussissent presque toujours contre la mérit
simple, je n'y reviendrai plus.

Lorsque la métrite revêt la forme sur-aiguë, et qu'elle est la conséquence d'un part laborieux et de manipulations violentes exercées pour l'opérer, que la femelle est d'un bon tempérament, qu'elle a été bien nourrie, bien soignée, en un mot que la phlegmasie est franchement inflammatoire, il est utile de pratiquer au début, une saignée à la veine jugulaire ou à la sous-cutanée abdominale, de la répéter selon le besoin; et d'en seconder les effets par des moyens auxiliaires que j'ai indiqués contre la métrite simple. Les cataplasmes adoucissants et antispasmodiques sur toute l'étendue du ventre et des lombes, les fumigations émollientes sous le ventre, les injections mucilagineuses avec une décoction de graines de lin, rendues calmantes par l'addition de têtes de pavots ou de quelques gros d'extrait d'opium ou de belladone, poussées lentement et en grande quantité dans l'utérus; l'application sur le ventre, le dos et les lombes, de couvertures bien imbibées de cette préparation chaude, les onctions sur les mêmes parties avec de l'huile chaude, camphrée ou opiacée; et à l'intérieur, les tisanes mucilagineuses anodines, les décoctions de laitues, auxquelles on peut ajouter avec avantage le sulfate de soude ou le sel de nitre, suivant que l'on veut dériver sur le tube digestif ou sur les reins; les lavements adoucissants et les boissons de même nature que l'on fait prendre en abondance, composent la méthode curative, à laquelle j'accorde le plus de confiance.

A la période d'état, accompagnée de paralysie, les saignées sont encore indiquées, si la maladie est franchement inflammatoire.

Mais, lorsque l'inflammation de la matrice est occa-

sionnée par un fœtus mort et décomposé, on
présence d'un placenta putréfié, que la bête est f
le pouls imperceptible et la prostration très-gr
la saignée doit être proscrite ; les tisanes aromat
les toniques, le quinquina, la gentiane, les fer
neux, les légers excitants de l'organe utérin, tel
l'absinthe, l'armoise, la camomille, la cannelle, l
la bière conviennent parfaitement , ainsi qu
injections dans la matrice avec une infusion arom:
ou avec une solution de chlorure de chaux.

Pour combattre l'engouement de la panse p:
aliments, et le ballonnement par les gaz qui s'en
gent, en un mot pour exciter les fonctions dige
chez la vache je fais macérer dans un litre d'urin
maine ou un demi-litre de vinaigre, quelques ge
d'ail écrasées, une poignée de feuilles de sauge ha
menu, j'ajoute une once de sel marin, et j'admi
cette préparation pendant deux ou trois jours de s
j'emploie fréquemment ce remède simple et pei
teux, et j'en obtiens toujours d'excellents résulta

Traitement de la métro-péritonite. — Lorsque
affection est essentiellement aiguë, la gravité
phlegmasie réclame un traitement très-énerg
très-actif; les saignées répétées aux veines jugu
et mammaires, secondées par tous les moyen
j'ai indiqués, contre la métrite suraiguë, les x
aux fesses, les trochisques au fanon avec la r
d'ellébore noir, sont les moyens qui me paraisse
plus rationnels et les plus avantageux.

Mais lorsque la femelle est faible, débile, vieill
la métro-péritonite présente des caractères typho
il faut relever les forces vitales par une médic

stimulante tonique; on emploie utilement, pour atteindre ce but, le camphre, la gentiane, le quinquina, le vin. L'usage de la crème de tartre en même temps que les toniques, m'a quelquefois bien réussi, je la fais prendre dans les tisanes à la dose de 6 à 8 onces par jour. Les révulsifs à la peau, tels que les sétons aux fesses, les trochisques au fanon, les onctions d'huile chaude camphrée sur tout le ventre et les lombes secondent avantageusement cette médication. Mais on ne doit pas se faire illusion, la métro-péritonite, quelle que soit la forme qu'elle revêt, est toujours une maladie fort difficilement curable, et qui tue beaucoup de mères. Comme pour toutes les phlegmasies graves, dont les suites sont fréquemment funestes, une foule de moyens, de spécifiques, ont été préconisés, pour combattre les maladies vitulaires, mais aucun d'eux n'a eu d'autre apologiste que son auteur.

Il faut bien se garder de confondre, comme cela arrive malheureusement trop souvent, avec l'inflammation de l'utérus, un dérangement de santé qu'on observe assez fréquemment sur les vaches, dans les huit ou quinze jours, quelquefois plus, qui suivent le part, lequel dérangement est caractérisé par le dégoût, l'inappétence, la diminution ou la cessation de la sécrétion laiteuse, la tristesse, l'abaissement de la température du corps, le hérissement des poils, le froid des oreilles et des cornes. Et, ces symptômes sont ordinairement accompagnés de douleur et d'un léger engorgement des membres, surtout des postérieurs, sur lesquels la bête se tient ramassée, bouletée, et ose à peine se remuer.

Cet état est toujours le résultat de la suppression de

l'écoulement des *lochies*, par suite d'une cause [quel]
conque, mais qui provient le plus souvent du te[mpé]
rament de la femelle : la vitalité manque du [degré]
d'excitation nécessaire pour amener le dégorge[ment]
complet de l'utérus et sa parfaite dépuration[. La]
preuve de la vérité de ce raisonnement se trouve[dans]
le succès certain que l'on obtient contre cette ind[ispo]
sition, par l'administration de quelques breuvages [qui]
stimulent légèrement les organes digestifs et l'ut[érus.]

Les saignées, les émollients mucilagineux, e[n un]
mot, la méthode antiphlogistique, si avantag[euse]
contre l'inflammation franche de la matrice, peut, [dans]
ce cas, devenir nuisible, sinon dangereuse.

La fièvre vitulaire ayant été confondue av[ec la]
métro-péritonite accompagnée de paraplégie, je[vais]
mettre en regard, dans un tableau compa[ratif,]
les principaux caractères qui les différen[cient.]

FIÈVRE DE VEAU, FIÈVRE VITULAIRE, *Congestion du système nerveux gé- néral à la suite du part.*	MÉTRO-PÉRITONITE.
Elle attaque toujours des vaches pléthoriques, de l'âge de 5 à 12 ans, jouissant d'une bonne santé et d'un brillant état d'embonpoint, qui ont été abondamment nourries jusqu'au moment du part avec des aliments fibreux, qui ont vêlé facilement, et qui donnent beaucoup de lait.	Elle attaque indistinctem[ent] vaches de tout âge, de tout[e condi]tion ; cependant, celles qui [sont] mal nourries, logées dans de[s lieux] insalubres, qui sont faibles, [ou] vieilles, y sont plus exposé[es... la] maladie est le plus souvent [l'effet] d'un mauvais vêlage, ou de [la non-] délivrance.
Elle débute brusquement, sans causes apparentes, dans les 24 ou 48 heures qui suivent le part.	Elle débute plus ou moins [rapide]ment suivant la nature des c[auses qui] l'ont produite : lorsqu'elle [est occa]sionnée par des prédisposition[s cons]titutionnelles, ou par des cau[ses di]rectes, qui sont toutes ce[lles qui] peuvent arrêter d'une maniè[re...]

que l'écoulement des lochies ou la sécrétion laiteuse, comme l'action du froid sur la surface cutanée ou sur la muqueuse de l'estomac, les marches forcées peu de temps avant le vêlage ou de suite après, par des temps trop chauds ou froids et humides ; et elle apparaît rarement avant le 3e ou le 4e jour après le part. Elle se manifeste beaucoup plus vite quand elle est l'effet de causes directes, telles que les manœuvres violentes, exercées pour extraire le fœtus, et qui ont blessé ou déchiré largement la matrice. Quand elle est la conséquence de la non-délivrance, elle ne se montre que lorsque les enveloppes fœtales sont en pleine décomposition, ce qui a lieu 6 ou 8 jours après la parturition.

Période de début. — La mère se tient debout, tranquille, le regard fixe, hagard ; le moindre bruit la fait tressaillir, comme si elle sortait d'une rêverie, son poil est lisse et brillant comme dans l'état normal ; elle refuse les aliments solides et liquides ; elle n'a plus fienté depuis plusieurs heures ; l'expulsion des urines se fait avec facilité, sans douleurs ; le pouls est grand et mou ; la sécrétion du lait qui avait été très-abondante lors des premières traites, est considérablement diminuée, mais jamais entièrement tarie ; *les mamelles prennent un développement énorme,* sans pour cela revêtir les caractères de l'inflammation ; la colonne dorso-lombaire est fort sensible ; la femelle chancelle du train de derrière comme un homme ivre ; ses membres postérieurs s'entrecroisent en marchant ; elle est lancée deçà et de là en zig-zag et peut s'abattre sur le sol ou contre les murailles.

Période de début. — La mère éprouve de la fièvre, des frissons, de la soif, de la tristesse, de l'abattement ; le poil est terne et hérissé, la face grippée ; il y a constipation ; les excréments, rejetés en petite quantité, sont noirs, sous la forme de crottins durs et luisants ; l'expulsion des urines est douloureuse ; le ventre est sensible et tendu ; le pouls est dur et accéléré ; la sécrétion laiteuse est complètement tarie ; *les mamelles sont flétries et retirées* ; la colonne vertébrale est insensible et voûtée en contre-haut ; l'introduction de la main dans le vagin accuse une grande chaleur et une douleur vive, la femelle est inquiète, piétine des membres postérieurs et fait de fréquents efforts expulsifs comme pour le part.

Période d'état. — Cet état dure 5 ou 6 heures, rarement plus, quelquefois moins ; tout à coup la bête tombe comme frappée de la foudre, fait quelques efforts pour se relever, mais elle est paralysée. Bientôt elle est plongée dans un état de coma extrême, interrompu de temps en temps par de profonds gémissements et par des mouvements convulsifs plus ou moins violents, pendant lesquels la malade se frappe la tête contre les objets qui l'entourent ; la respiration est bruyante, lucineuse, accélérée dans certains moments, ralentie dans d'autres et comme interrompue ; la bouche est remplie de salive visqueuse ; le mufle conserve une certaine fraîcheur ; la muqueuse de la vulve est bleuâtre, plombée, sans infiltration ; les matières qui s'écoulent par cette ouverture sont comme dans l'état normal ; la défécation est nulle, les mamelles sont énormes et la sécrétion laiteuse se rétablit souvent dans le cours de la maladie.

A cet état de la maladie, on peut encore, à l'aide d'un traitement convenable, guérir au moins la moitié des bêtes affectées ; mais si le traitement reste sans effet, la mort s'empare de sa victime au milieu de convulsions plus ou moins violentes.

Autopsie. — A l'ouverture des cadavres, j'ai rencontré les veines des mamelles et celles qui rampent dans le voisinage de ces organes, remplies d'un sang noir très-épais ; la panse fortement distendue par des gaz ; le feuillet rempli d'aliments durs et desséchés et présentant des traces d'inflammation sur sa membrane muqueuse, lesquelles traces existaient aussi dans la caillette ; les gros vais-

Période d'état. — Elle arrive à sa période d'état vers le 4e ou le 5e jour ; mais lorsqu'elle est la suite d'une large déchirure de la matrice, elle marche beaucoup plus rapidement, et détermine la mort quelquefois en moins de 24 heures.

A cette période de la maladie, la prostration est extrême ; la bête n'ose pas se coucher et elle ne sait plus se tenir debout ; elle se couche et se relève fréquemment ; bientôt la faiblesse est tellement grande que la bête ne peut plus se relever ; la respiration est plaintive, la bouche sèche ; le mufle est comme parcheminé ; la vulve est gonflée, rouge livide, et donne écoulement à des matières couleur lie de vin, d'une odeur infecte ; les fèces, en petite quantité, sont noirâtres et répandent une mauvaise odeur.

Parvenue à cet état, la maladie est presque toujours, pour ne pas dire constamment mortelle, et la mort survient, sans accompagnement de convulsions ni de douleurs.

Autopsie. — A l'ouverture des cadavres, j'ai trouvé de la sérosité rougeâtre épanchée dans l'abdomen ; le péritoine rouge, injecté, ecchymosé, et tous les tissus qui avoisinent la matrice fortement infiltrés de sérosité et de gaz, la face extérieure de l'utérus avait une couleur rouge foncé ; ses parois étaient très-épaisses, se déchiraient avec facilité et présentaient une grande infiltration

seaux intestinaux et leurs ramifications étaient gonflés de sang; les enveloppes de la moelle épinière et du cerveau étaient phlogosées, et dans leur sac j'ai observé un épanchement de sérosité rougeâtre; les vaisseaux sous-arachnoïdiens étaient gorgés de sang. La matrice ne m'a jamais paru enflammée : j'ai, au contraire, toujours trouvé ses parois moins épaisses et plus pâles qu'elles ne le sont ordinairement, le même laps de temps après le part.

Traitement. — La saignée de 6 à 8 livres à l'artère coccygienne et aux artères des oreilles, m'a toujours paru la plus avantageuse; les saignées répétées aux grosses veines ne m'ont jamais réussi.

Les médicaments stimulants du tube digestif, et calmants du système nerveux, secondés par les réfrigérants sur le front; les frictions irritantes sur toute la surface du corps, principalement sur les membres et le long de la colonne dorsale, les lavements irritants et narcotiques avec l'eau de tabac, sont les moyens à l'aide desquels j'ai obtenu des succès remarquables.

Il est toujours facile de prévenir cette maladie.

de gaz et de sérosité, qui s'en échappaient par la pression, et répandaient une odeur infecte. L'intérieur de la matrice était rouge noirâtre et contenait une matière visqueuse brunâtre très-fétide.

Traitement. — Les saignées répétées aux grosses veines sont les plus avantageuses.

Les mucilagineux anodins et laxatifs à l'intérieur; les topiques émollients et calmants à l'extérieur; les lavements adoucissants, les injections mucilagineuses et calmantes dans l'utérus; les sétons et les trochisques pour révulser sur le tissu cellulaire, sont les moyens les plus rationnels et dont les effets sont le plus souvent couronnés de succès.

Il n'est pas toujours facile de prévenir cette maladie; l'effet des moyens préservatifs est fort incertain.

DE LA FIÈVRE VITULAIRE (1).

Préambule. — Les femelles, après le part, passent quelques jours dans un état qui n'est ni la santé, ni la maladie.

(1) Extrait des *Mémoires couronnés* publiés par l'Académie royale de médecine de Belgique. — Une médaille d'encouragement en or, de la valeur de 250 francs, a été décernée à l'auteur.

Cet état qu'en médecine humaine on appelle *puerpéral*, — expression sans équivalent en vétérinaire, — est traversé par des phénomèmes fébriles plus ou moins apparents, qui sont la conséquence : du travail et des douleurs du part (*fièvre de couche*), de l'irritation sécrétoire des mamelles (*fièvre de lait*), et de l'action dépuratoire qui s'établit à la surface de la matrice (*les lochies ou fièvre dépuratoire*). L'ensemble de ces phénomènes coustitue les suites naturelles ou normales du part.

Pendant la durée de cet état, la femelle reçoit plus vivement l'action des causes morbifiques et toute perturbation dans les suites naturelles du part, qu'elle soit l'effet d'une cause extérieure ou le résultat des dispositions de l'économie, peut être suivie des désordres les plus graves.

Ces suites morbides du part ont été longtemps confondues par les auteurs, les professeurs et les praticiens avec les métrites ou métro-péritonites, ou considérées comme leurs complications.

Histoire. — C'est au savant agronome *Félix Villeroy*, que revient l'honneur d'avoir, le premier, signalé cette erreur. Il donna, dans son *Traité de l'éleveur des bêtes à cornes*, imprimé en 1838, si j'ai bonne mémoire, la description d'une maladie, propre à la femelle bovine, parfaitement distincte des métrites, qu'il appela *fièvre vitulaire* par analogie avec la *fièvre puerpérale* de la femme.

Des pertes que subit annuellement l'agriculture, des suites du vélage, les plus sensibles doivent être portées au bilan de cette maladie, si longtemps méconnue, et pourtant la plus redoutable de celles avec lesquelles on la confondait, par le nombre et la qualité de ses victimes.

Il y aurait vraiment de quoi s'étonner de ce qu'une affection extrêmement grave, qui enlève chaque année à l'industrie agricole bon nombre de ses plus belles et meilleures vaches laitières, n'eût pas fixé plus tôt l'attention des vétérinaires, si ce fait n'était suffisamment expliqué par la raison, qu'autrefois la fièvre vitulaire se montrait plus rarement et que, les vétérinaires étant encore peu nombreux, la médecine des bêtes bovines restait abandonnée aux empiriques.

Cependant, avec les progrès de l'agriculture — ceci paraîtra paradoxal — les cas de cette maladie devinrent plus fréquents; d'autre part, la valeur du bétail augmentait avec l'amélioration et le perfectionnement des races, les soins que réclamaient les animaux malades furent moins marchandés, et les cultivateurs, appréciant mieux de jour en jour les avantages de la science sur les préjugés et la routine, confièrent aux vétérinaires, comme ils le faisaient déjà pour les chevaux, le traitement des maladies des bêtes bovines.

Dès lors, des vétérinaires instruits eurent occasion d'observer quelques cas, encore assez rares, de cette maladie que les éleveurs et les praticiens connaissaient sous les noms de *fièvre de lait, fièvre cérébrale; suite de vêlage*, etc.

Amenés par leurs insuccès à méditer sur les phénomènes qui accompagnent cette affection, des esprits judicieux acquirent bientôt la conviction de l'insuffisance de la science et de l'enseignement à l'endroit des suites du part.

Les vétérinaires les plus expérimentés en étaient là

de leurs réflexions et de leurs études, lorsque paru
publication de Félix Villeroy. Les révélations du célè
agronome furent un trait de lumière qui rayonna d
toute l'Europe. Des praticiens, soucieux de leur ré
tation, du progrès de la science et du bien-être
l'agriculture , se livrèrent à d'actives recherch
Chacun, à l'envi, voulut concourir à élucider ce p
important de la pathologie bovine.

L'historique de ce mouvement scientifique, suje
reste d'une importance fort secondaire au double p
de vue de la médecine vétérinaire et des inté
agricoles, offre des difficultés presque insurmonta
pour le praticien. A moins d'être polyglotte et
posséder une bibliothèque complète, comment a
dera-t-il ce travail, dont les éléments sont dissém
dans les nombreux écrits périodiques publiés
toutes les langues de l'Europe ? Il ne peut consu
que des extraits analytiques, ou s'en rapporter
citations des auteurs et des écrivains. Or, on
quelle confiance méritent les traductions et les citat
qui en sont tirées ! Un seul exemple emprunté
Annales de médecine vétérinaire de Belgique, cahie
septembre 1869, page 586, suffira pour justifier
défiance. Un article reproduit du *Journal des vé
naires du Midi*, sous la rubrique de la *typhose puerp
ou fièvre vitulaire*, essai théorique par M. Césare
mani, médecin vétérinaire agrégé, traduction
M. Rainguet, médecin vétérinaire à Belvès (Dordog
nous apprend que la première description de la fi
vitulaire remonte « *seulement* » à 1818; qu'à
époque, Jorg, vétérinaire allemand, en citait un sy
tôme : « *l'écoulement de la bave par la bouche.* »

l'impossibilité où nous nous trouvons de contrôler ce
dire, nous nous bornerons à demander si on peut
honorer du titre pompeux de description un simple
symptôme commun à une foule de maladies? « Depuis,
ajoute-t-il, elle a été fréquemment observée : les
journaux en ont parlé et les vétérinaires de toute
l'Europe ont enrichi, sur ce point, la littérature vétérinaire du résultat de leurs études, surtout à partir
de 1838. »

D'après Césare Allemani, les vétérinaires suisses et
allemands se seraient particulièrement distingués dans
ce genre d'étude ; il concède aux vétérinaires français
d'avoir apporté, *aussi*, une ample moisson de travaux ;
et enfin il signale les journaux d'Italie, comme ayant
publié des nombreux mémoires sur cette question.
Des vétérinaires belges il ne dit pas un mot. Ne
devons-nous voir dans cette omission qu'un oubli invo-
lontaire? Nous le voulons bien, puisque, dans le cours
de son travail, l'auteur cite plusieurs de nos compatriotes. Notons cependant que les citations ne sont
pas marquées au coin d'un bien rigoureuse exactitude.

Une chose étonnante, c'est que celui à qui les
vétérinaires français et belges attribuent unanimement
la première description de cette maladie et la désignation sous laquelle elle est connue, n'ait pu obtenir
place dans le travail de Césare Allemani. N'est-il pas
regrettable qu'on écrive ainsi l'histoire ? Les idées
étroites n'ont jamais pu qu'enrayer le progrès devant
lequel les frontières et l'orgueil national doivent
s'effacer.

Certes, nous pouvons le dire avec fierté, les vétérinaires belges ne sont pas restés en arrière, et leurs

travaux, aussi importants que nombreux, n'ont
moins contribué que ceux de leurs confrères des a
pays, à répandre la lumière sur un point de la pa
logie bovine qui intéresse au plus haut degré la sci
et l'agriculture.

Parmi ceux qui se sont particulièrement disting
nous citerons : Vanden Eide ; Fischer, dans le Lux
bourg ; Conraets, de Puers (Anvers) ; Michiel,
Bevren (Waes) ; Scheler ; Dewleeschouwer, de L
derzeel ; Dubois, de Jodoigne ; Lecouturier, de Walh
St-Paul ; Fabry, Vanderschurren, etc., etc.

Les *Annales de médecine vétérinaire* de Belgiqu
partir de 1843, fourmillent d'observations, de n
de mémoires, œuvres de ces vaillants praticiens s
sujet qui nous occupe. Néanmoins, en même te
que les études vétérinaires de tous les pays metta
en évidence la fièvre vitulaire et la différenciaient
métrites, elles soulevaient sur cette maladie des
nions diverses. Autant d'observations, autant de
contradictoires. Praticiens, professeurs et auteurs
cutent encore sur cette maladie depuis son nom jus
son traitement. Si des faits nombreux et bien obse
ont projeté quelque lumière sur l'époque et le mon
où elle se manifeste, sur sa nature et son siége,
ses causes, sur les symptômes et les lésions cada
riques qui la caractérisent ; d'autres observations
traires sont venues l'obscurcir. Peut-être, cert
écrivains, n'envisageant ce cas pathologique que
seul point de vue où ils étaient placés, n'ont
découvrir que des faits favorables à leurs opinion

Quoiqu'il en soit, l'étude de cette maladie est e
dans une phase nouvelle et bientôt il est permi

l'espérer, ce point important de la pathologie bovine sera complètement élucidé.

La confusion des faits et des idées devait nécessairement porter à admettre dans cette affection des formes variées. Ainsi pour les uns, il existe une *fièvre vitulaire vraie* et une *fièvre vitulaire fausse*; pour les autres, une *fièvre vitulaire aiguë* et une *fièvre vitulaire chronique*; d'autres encore reconnaissent une *fièvre vitulaire inflammatoire, hyposthénique, putride*. Le professeur Corsten Harnis, de Hanovre, ne connaît qu'une seule forme de la fièvre vitulaire : la *paralytique*. Pour Fischer, l'affection a une forme *nerveuse versatile* et une autre *nerveuse stupide*; Spinola considère cette dernière forme comme la seule véritable (1).

Rainard divise les différentes formes de maladie qui suivent le part en trois classes : dans la première, il range celles où la mort survient rapidement sans lésions cadavériques capables de s'expliquer et qu'il compare avec les cas qu'on observe au début des grandes épizooties de typhus.

Dans la seconde, celles qui ressemblent aux maladies de sang et qui se présentent sous la forme de pléthore-générale. L'infiltration sanguine, dans un grand nombre de tissus, explique les symptômes de la congestion cérébrale : le coma et la paralysie de la sensibilité et du mouvement. Il ajoute que dans cette forme il peut se développer aussi plus ou moins de métro-péritonite.

Dans la troisième, il comprend les métrites et les métro-péritonites franches, plus ou moins aiguës, plus ou moins rapides.

(1) *Annales de médecine vétérinaire de Belgique*, année 1869, p. 589.

M. Delwart admet que, dans l'état puerpéral, se
fondent divers états pathologiques. Gellé dans
Traité de pathologie bovine, publié en 1845, ne dit
de la fièvre vitulaire, qu'il confond encore ave
métrites. Nous nous expliquons difficilement ce
attendu qu'alors, depuis 7 à 8 ans déjà cette ma
fixait l'attention des vétérinaires.

M. Cruzel donne sous le titre de *fièvre vitulair*
excellente description, mais qui appartient, selon
à une autre forme de cette maladie. A travers l'o
rité résultant de tant d'opinions diverses, il est in
sible de ne pas entrevoir, de ne pas sentir perce
inconnue qu'il importe de dégager pour que la lu
se fasse.

Evidemment, on a décrit sous le nom de
vitulaire plusieurs états pathologiques différents,
a confondu dans une seule forme, des formes mor
variables en raison des causes qui les produ
Guidé par nos observations personnelles et par
ce que nous avons lu relativement à cette malade,
avons été amené à reconnaitre dans la fièvre vit
trois formes parfaitement distinctes : 1° La *forme*
veuse ou *paralytique* est due à la fièvre de lait ;
forme typhoïde est provoquée par l'interruptio
travail dépuratoire qui a lieu à la surface de la m
ou à la résorption du produit de ce travail ; et 3° la
inflammatoire qui comprend la métrite plus ou
franche ou aiguë et ses complications.

Cette distinction toute pratique met sur la voie
méthode curative rationnelle à suivre dans chacu
ces circonstances ; elle explique les faits, en appa
contradictoires, qui ont été observés.

FIÈVRE VITULAIRE NERVEUSE OU PARALYTIQUE.

Désignation. — Bien qu'elle ne nous satisfasse pas entièrement quant au nom, et qu'elle ait été critiquée quant à sa signification, nous maintenons l'application de *fièvre vitulaire*.

Le mot *vitulaire* ou *vitellaire*, auquel s'arrêta l'auteur à la recherche d'un équivalent à celui employé en médecine humaine, pour désigner une maladie de la femme analogue à celle qu'il étudiait, n'a pas le même sens que *puerpéral*. Outre qu'il ne rend pas l'idée exacte de la chose, il permet de supposer que c'est au nouveau-né et non à la mère qu'il s'applique.

En martelant du grec et du latin, on parviendrait certainement à forger un mot ayant un sens plus précis. Mais remarquons que la dénomination de fièvre vitulaire, aujourd'hui admise et consacrée par l'usage, est liée au nom de l'auteur à qui revient l'honneur d'avoir fait connaître la maladie qu'elle désigne et qu'on ne peut sans injustice lui en substituer une autre, ne laissât-elle même rien à désirer. Après tout, qu'importent les mots quand on est d'accord sur leur signification ? D'ailleurs, l'erreur, dans le cas présent, n'est pas possible, et, avec un peu de bonne volonté, on trouverait que fièvre vitulaire signifie non pas fièvre *de* veau, mais fièvre *à cause* du veau.

Les critiques sur la valeur du mot *fièvre* appliqué à cette maladie, sont plus importantes. On proteste contre cette appellation donnée à un état morbide, où assure-t on manquent les symptômes qui caractérisent la fièvre. Nous ne partageons pas cette opinion. L'homme

de l'art n'étant jamais appelé à constater cette
que lorsqu'elle est déjà à sa seconde phase, il n'
étonnant que l'élévation de la température du c
l'accélération du pouls qui la précède n'aient
bien observées. Et alors même que le vétérinair
présent, lorsque se manifeste la période fébrile,
rait-il toujours en distinguer les signes de c
l'état physiologique de la femelle après le part
un fait non douteux pour nous, ainsi que n
démontrerons plus loin, que l'abaissement géné
la température du corps, qui va en augmentan
dement sans réaction jusqu'à la mort, quand
lieu en moins de 12 ou 24 heures, a été précé
mouvement fébrile plus ou moins marqué et de t
de chaleur, comme le prouvent les alternati
froid et de chaud, qu'on remarque dans le cour
maladie, lorsqu'elle se prolonge par suite d'une r
favorable. Ces signes qui caractérisent la fièv
raison de l'organisation des sujets, peuvent éc
à l'examen des praticiens les plus clairvoyants
plus expérimentés. Y a-t-il là de quoi nous ét
Des faits de ce genre se passent, croyons-nous,
decine humaine où pourtant l'organisation de l'h
autrement délicate que celle des animaux, refl
surface le moindre trouble qui agite ses profon
et alors, que les malades complètent encore
parole les investigations du médecin. Convain
cette affection est précédée, déterminée et
pagnée par un mouvement fébrile, nous conc
que c'est avec raison qu'on la range parmi les

Synonymie. — Bien que les désignations d
puerpérale, que rien ne nous empêchait d'em

à la médecine humaine, et de fièvre de lait, fièvre laiteuse, fièvre cérébrale suite de vêlage, sous lesquelles elle était anciennement connue, nous paraissent préférables à celle de fièvre vitulaire, nous acceptons cette dernière dénomination , généralement admise aujourd'hui, en y ajoutant toutefois comme MM. Roll et Corsten Harnis, la qualification de *nerveuse* ou *paralytique*. Elle définit ainsi d'une manière satisfaisante le moment où la maladie se manifeste et son principal caractère.

Les diverses autres désignations qui ont été proposées telles que : le collapsus du part (Favre), apoplexie cérébrale (Festal), fièvre puerpérale torpide (Hering), fièvre puerpérale stupide (Filger et Spinola), typhus ou typhose puerpérale (Fischer, Césare Allemani), etc., etc., sans mieux faire ressortir le caractère principal de sa physionomie, n'indiquent pas davantage pourquoi les vaches autres que les mieux portantes et meilleures laitières ne sont jamais atteintes de cette affection.

Femelles qui en sont attaquées. — La fièvre vitulaire, sous la forme nerveuse ou paralytique, n'attaque que la vache ; cependant nous ne sommes pas éloignés d'admettre que la chèvre n'en est pas exempte. Cet animal n'étant pas commun dans notre pratique, nous devons nous en rapporter au savant professeur de Vienne, qui dit l'avoir observée sur les femelles de cette espèce.

Nous reconnaissons avec Hering et Spinola que la jument et les femelles des autres espèces sont exposées à la fièvre vitulaire ; mais, contrairement à l'opinion de Spinola, nous soutenons que chez elles la maladie se présente sous une autre forme, également com-

mune à la vache : la forme typhoïde avec alt
du sang.

Moment où elle se manifeste. — La maladie se ma
dans les 24 ou 48 heures qui suivent le part, rar
après le troisième jour.

Cette manière de voir, au sujet du mom
l'apparition de la maladie, est partagée par
grand nombre des observateurs ; cependant de
breuses contradictions se sont produites. Tand
les uns l'ont vu apparaître immédiatement après
bas ; d'autres ne l'ont observée que 10 jours et
quelques semaines après. Roll assigne de 1 à
le délai endéans lequel elle se manifeste, et Bre
1 à 8 jours.

Ce désaccord, sur le moment de l'apparition
fièvre vitulaire, s'explique par l'existence de cet
ladie sous différentes formes.

Des praticiens (Garreau, Lecouturier, Conrae
tendent l'avoir constatée avant le part ; si nous
poûvoir nous rendre compte de cette opinion,
saurions admettre le fait. Nous avons quel
observé chez la vache, d'autres confrères, sans
ont remarqué comme nous, une espèce de fiè
nous qualifions *d'éphémère*, parce qu'elle ne
jamais 24 ou 30 heures au plus. Cet état fébri
semble assez par quelques caractères à la fièv
laire : il apparaît subitement, et pendant toute sa
la bête reste couchée, la tête justement plac
l'attitude si remarquablement caractéristique
maladie. Cette attitude de la tête, pour nous
objectif des douleurs encéphaliques dont les a
ne sont pas plus exempts que l'homme, est ac

gnée de somnolence, de torpeur ; et la bête, comme
cela arrive d'ailleurs dans beaucoup d'indispositions,
oppose la force d'inertie aux excitations pour la faire
lever. Serait-ce là le fait morbide, si nous pouvons le
désigner ainsi, qu'on aurait confondu avec la fièvre
vitulaire ? nous comparons, nous, cet état à la migraine
de l'homme.

La supposition, qu'on a pu confondre la congestion,
ou l'inflammation du cerveau et de la moelle épinière,
ou de leurs enveloppes avec la fièvre vitulaire, nous
paraît également admissible. Ces maladies doivent se
ressembler par leurs symptômes les plus saillants ;
mais, en admettant que la fièvre vitulaire ne serait
que la congestion ou l'inflammation cérébro-rachidienne
qui peut se manifester en tout autre moment, la circonstance de sa production pendant l'état puerpéral
imprimerait nécessairement dans sa nature intime un
cachet essentiellement différent. Nous avons fait connaître une fourbure qui attaque la jument après le
part ; elle avait été jusque là confondue avec la fourbure ordinaire parce qu'elle en présentait les caractères objectifs par suite de sa localisation dans les
sabots. Mais nous avons démontré, et il est admis
aujourd'hui par la science et la pratique que ces deux
maladies sont d'une essence absolument différente (1).

Nous ne saurions donc admettre l'existence de la
fièvre vitulaire en dehors de l'état puerpéral, excepté
peut-être pendant le séjour dans la matrice d'un fœtus
mort. Césare Allemani cite un fait de ce genre qu'il a

(1) Dans le travail original, pour satisfaire aux conditions du
concours qui défendaient que l'auteur se fît connaître, nous avons
attribué à MM. Lecouturier et Fabry la priorité de cette découverte ;
nous la revendiquons plus haut.

observé. Néanmoins, en lisant ce rapport, nous n'a
pu nous empêcher de penser que le vétérinaire i
aurait peut-être considéré comme symptômes
fièvre vitulaire, des signes de vives douleurs ence
liques que l'état de la femelle explique suffisam
ou bien qu'il a confondu avec celle que nous étud
une autre forme de la fièvre vitulaire. Quoiqu'il e
pour nous, la fièvre vitulaire est la conséquence
parturition, et la fièvre de lait, la cause occasion

Causes. — L'étude des causes qui produisent
redoutable affection est la plus importante, elle
mettra sur la voie des moyens de la prévenir et
guérir, en nous éclairant sur sa nature et son

Les praticiens, les professeurs et les auteurs q
envisagé la fièvre vitulaire sous la forme qui
occupe, sont d'accord qu'elle choisit ses victimes
les vaches les mieux portantes et les meilleur
tières ; celles qui sont abondamment nourries ju
moment du part avec de bons fourrages verts ou
provenant de prairies naturelles et artificielles,
drèche, etc., etc., toutes substances qui produis
pléthore et bourrent les estomacs. Elle frappe a
préférence celles qui ont vêlé avec le plus de f
Aux questions du vétérinaire, la réponse des p
est invariable : « ma vache était un miroir de
elle mangeait que c'était plaisir à voir ; elle d
comme une source ; elle a vêlé seule et en u
d'œil ; quel dommage ! Jamais plus je n'en aur
aussi bonne. » (1).

(1) Nous avons le premier, croyons-nous, signalé ces co
étiologiques dans le mémoire, sur la même maladie, reprod
haut et qui a été publié en 1851.

Feu Verheyen, le savant auteur du résumé des rapports des vétérinaires du gouvernement, dit à propos de l'étiologie de la fièvre vitulaire (*Annales de médecine vétérinaire de Belgique*, vol. 1860, page 520), « la condition étiologique acquiert néanmoins de la consistance ; il tend à se confirmer que les vaches fortes, bien nourries, en sont attaquées de préférence, sinon exclusivement. »

Cependant on a invoqué des causes occasionnelles, telles que : les refroidissements de la peau, les variations de température, les vicissitudes atmosphériques, les courants d'air, l'écoulement irrégulier des lochies, etc., etc. Ces causes, qui occasionnent la fièvre vitulaire sous une autre forme, n'ont dans la production de celle qui nous occupe aucune action.

La réplétion du feuillet, cette cause signalée par plusieurs vétérinaires, (Conraets, Michiels, Fischer, Roll, Brilhouet, etc.), a une valeur telle que Michiels, praticien aussi expérimenté qu'instruit, se déclare porté à considérer la fièvre de veau comme étant *une indigestion aiguë du feuillet* ; et, Brilhouet la compare au *vertige abdominal* du cheval. Pour nous, nous attribuons à la réplétion des viscères digestifs un rôle important dans le développement de la fièvre vitulaire sans que, pourtant, elle en soit la cause, comme nous le fait dire *Césare Allemani*. Les mauvaises laitières qui reçoivent jusqu'au moment du part une nourriture abondante, ont certainement aussi, les estomacs remplis et, cependant, nous n'avons jamais observé la fièvre vitulaire sur aucune d'elles.

Nous disons donc : que la réplétion du feuillet est une condition nécessaire au développement de la fièvre

vitulaire, et, sans laquelle cette maladie ne saura
produire sous la forme que nous étudions.

Tâchons de le démontrer.

Chez les mauvaises ou médiocres laitières, la
de lait n'est qu'éphémère. Chez les bonnes laitièr
contraire, cet état physiologico-morbide peut avoi
telle intensité que toute l'économie en soit trou
Mais ce trouble ne serait que passager sans la rép
des organes digestifs ; sans la pléthore qui prédi
aux stases sanguines, et sans l'irritabilité des c
nerveux. Enfin, ces conditions diverses sont liées
elles de telle façon que, si une seule fait défa
fièvre vitulaire avorte.

Lorsque les douleurs du part surviennent bru
ment en provoquant l'expulsion rapide du fœtus
se passe-t-il chez la bonne laitière à laquelle on dis
à profusion jusqu'au terme de la gestation, une
riture substantielle ? La fièvre de lait dont no
croyons pas devoir expliquer le développemen
prompte à se manifester ; et, favorisée par l'état p
logique après le part, retentit dans toute l'éco
avec une soudaineté proportionnée à l'irritabil
système nerveux général. Le trouble qui en r
surprend en pleine activité fonctionnelle les v
digestifs bourrés de matières, lesquelles, par leur ri
en principes alibiles et excitants, sont plus ferm
cibles, et par leur nature ligneuse ou fibreuse ex
pour être digérées, toute la puissance d'actio
estomacs et un séjour prolongé dans ces organes

On comprend facilement la gavité que doit
dans de telles conditions, la perturbation des fo
d'un appareil aussi vaste et aussi compliqué que

de la digestion chez les ruminants. Aussi, lorsque les malades sont emportées en moins de 24 heures, les symptômes les plus saillants : le ballonnement de la panse, les éructations acides, les grincements de dents, etc., l'état convulsif, etc., décèlent-ils une indigestion résultant de la suspension de l'action digestive.

Le changement trop brusque dans le mode d'alimentation en remplaçant vers la dernière période de la gestation, la disette par l'abondance, explique comment des vaches maigres, ou dans un état d'embonpoint ordinaire, sont atteintes de la maladie.

Les vaches chez lesquelles nous avons observé la fièvre vitulaire étaient toutes âgées de plus de quatre ans, c'est-à-dire, dans l'âge où la sécrétion laiteuse est en pleine activité. M. Conraets assure aussi ne l'avoir jamais rencontrée sur des génisses et que toutes les bêtes, sur lesquelles il a eu l'occasion de la constater, avaient vêlé plus de trois fois. Les praticiens qui ont dit que les primipares en étaient plus fréquemment atteintes, n'ont-ils pas pris pour la fièvre vitulaire ce que Rainard appelle : la fièvre des premières heures qui suivent le part? ou l'état d'affaissement, dû à la faiblesse du train postérieur, par suite du tiraillement et de la distension des tissus ? Le fait s'expliquerait ainsi facilement ; mais autrement nous ne croyons pas, nous affirmons même, que les primipares ne sont point exposées à la fièvre vitulaire paralytique.

La fièvre vitulaire paralytique se manifeste en hiver comme en été ; cependant elle serait, paraît-il, plus fréquente à l'époque des grandes chaleurs et des temps orageux.

On a parlé de causes générales ; c'est un fait que [la]
maladie est plus fréquente dans certaines années qu[e]
dans d'autres, la qualité des fourrages en fournit sel[on]
nous, la raison.

Nous ne nous arrêterons pas à ce qu'on a dit de [la]
contagion.

Günther et d'autres observateurs pensent que [la]
séparation du veau de sa mère ne serait pas sa[ns]
influence sur la manifestation de cette maladie. On [ne]
saurait mettre en doute que cette méthode, aussi ba[r]
bare qu'économique, n'exerce une action profonde s[ur]
le système nerveux de la femelle, l'amour matern[el]
dans les animaux étant lié à l'activité sécrétoire d[es]
mamelles. Nous serions curieux de savoir, si la malad[ie]
qui nous occupe est fréquente dans les localités où [le]
veau, laissé à la tendresse de sa mère, peut à volon[té]
se suspendre à ses mamelles.

Considérations sur la fréquence, aujourd'hui plus grand[e]
de la maladie. — Il est notoire qu'on ne voyait pa[s]
autrefois cette maladie aussi fréquemment que de no[s]
jours. Favre, de Genève, n'en a observé que 9 cas e[n]
40 années de pratique. Elle ne se montrait, pour ain[si]
dire, que dans le voisinage des villes, chez les laitie[rs]
qui ne tiennent que des donneuses d'élite, et les nou[r]
rissent constamment à l'étable avec des aliments d[e]
première qualité, qu'ils distribuent à profusion, te[ls]
que : bons foins, etc., résidus de brasserie, dont i[ls]
apprécient les avantages par l'abondance et la qualit[é]
du lait. Des praticiens, qui n'avaient vu la fièvre vitu[u]
laire que chez des femelles nourries avec de la *drêch[e]*,
ont considéré cette substance alimentaire comme étan[t]
la cause occasionnelle de cette maladie.

Ce n'est que depuis environ un quart de siècle, que la fièvre vitulaire s'est répandue dans les fermes en fréquence assez grande pour être remarquée. Avant cette époque, le bétail et ses produits n'avaient pas atteint le prix élevé qu'ils ont aujourd'hui ; on ne considérait, presque, les bêtes bovines que comme des machines à fumier, à travers lesquelles on faisait passer les mauvais fourrages pour les convertir en engrais ; les bons étant réservés pour les chevaux, en ce temps là les pachas de la ferme.

Tandis que le cheval était l'objet de toutes les faveurs, on négligeait la vache, pourtant si utile à l'homme par les produits qu'elle fournit à son alimentation. Les combinaisons économiques des cultivateurs consistaient à faire vêler le plus grand nombre de vaches vers la fin de l'hiver et au commencement du printemps. Elles consommaient ainsi les fourrages de mauvaise qualité pendant les derniers mois de la gestation, alors qu'elles ne donnaient plus de lait. Lorsqu'elles étaient bien rétablies des suites du vêlage et qu'elles rendaient en produits la nourriture qu'elles consommaient, on leur distribuait les provisions qu'on avait économisées, tout en comptant sur les herbes et les fourrages nouveaux, pour faire couler le lait en plus grande abondance. Aussi, ne voyait-on presque jamais la fièvre vitulaire paralytique, mais en revanche les suites du vêlage étaient plus mauvaises et plus fréquemment mortelles que de nos jours.

Cet état de choses n'existe plus. Des progrès de l'industrie, de l'éducation et de l'instruction publique, il en est résulté une augmentation de l'aisance et une grande amélioration dans les conditions d'existence des couches

inférieures de la population. Un plus grand nom
été appelé à jouir de plus de bien-être et à partic
une alimentation meilleure et plus confortable.

De là, la nécessité de développer la quantité
qualité des substances essentielles à la nourritu
l'homme.

Par suite de ce besoin et de l'élévation to
croissante du prix de la viande de boucherie, d
et de ses dérivés, le beurre et le fromage, une r
tion s'est opérée en économie rurale : le cheval
détrôné par la bête bovine.

Par sa valeur qui est plus que doublée et
richesse de ses produits, la vache est aujourd'hu
sidérée, à juste titre, comme le plus précieux de
maux domestiques. Elle est entourée de plus de
mieux nourrie et l'industrie de l'élève a reç
impulsion considérable. Par le choix des reprodu
et des mariages bien assortis, on cherche principal
à développer et transmettre les qualités lactifères
aptitudes à l'engraissement.

Ce mouvement de propagation et de perfection
des bêtes bovines marche de pair avec les prog
l'agriculture, en se prêtant un mutuel concou
fécondité du sol, augmentée par la quantité
meilleure qualité des engrais, a permis de donn
moyen des assolements mieux entendus, plus d'e
sion à la culture des fourragères.

Les fourrages verts ou secs des prairies
cielles, etc., les fourrages racines, etc., la be
surtout, cette plante précieuse, presque aussi ri
sortant de la sucrerie qu'en y entrant, fourniss
tous temps à l'alimentation du bétail des ress
inépuisables.

Aussi, dans les fermes bien dirigées peut-on prodiguer aux vaches, en hiver comme en été, une nourriture aussi abondante que favorable à la production de la chair et à la sécrétion du lait.

Les animaux sont perfectibles, mais les facultés productives ne se développent qu'au détriment de leur robusticité. La vache n'est devenue une machine à lait et à chair, qu'en subissant dans son tempérament des altérations profondes, d'où sont nées des prédispositions morbides particulières d'autant plus prononcées, que le degré de perfectionnement est plus avancé. De plus, l'équilibre entre les diverses fonctions étant rompu, l'activité factice est une cause permanente de troubles, tant pour les organes qui en sont le siége que pour ceux avec lesquels ils entretiennent d'étroites sympathies.

Les simples considérations ci-dessus, en soulevant un coin du voile qui couvre la genèse de la fièvre vitulaire paralytique, expliquent, par le nombre des laitières améliorées et les conditions prédisposantes auxquelles elles sont soumises, pourquoi cette maladie autrefois inconnue dans les fermes, y fait depuis quelques temps, paraît-il, beaucoup de victimes.

Nous disons *paraît-il*, parce que le fait ne nous semble pas suffisamment acquis.

Pendant le cours de notre pratique, de 1835 à 1857, nous avions cependant une clientèle assez étendue dans une contrée où les laitières sont en grand nombre et bien soignées, excepté un cas, jamais nous n'avons observé la fièvre vitulaire paralytique chez les grands fermiers. Les vaches que nous avons vues attaquées de cette maladie appartenaient toutes à des métayers,

des laitiers, ou à des personnes qui ne tiennei
quelques laitières de choix, en les entretenant,
par spéculation que par vanité, dans un état d'ei
point luxuriant.

Toutefois nous trouverons l'explication de (
dans le résumé des considérations ci-dessus.

Chez les laitiers et les métayers des faubour;
grandes villes, les procédés économiques n'ont
varié. Les vaches, toutes laitières de choix, reç
en tous temps, autant en vue de la production (
que de la chair, une nourriture aussi abondant
substantielle composée, en grande partie, de bon f
de fourrage vert ; trèfle, luzerne, etc. et de drèch
Lorsqu'elles ne sont pas pleines et ne donnen
assez de lait, leur embonpoint est suffisant p
boucherie. Aussi les cas de fièvre vitulaire paral
continuent-ils à y être aussi fréquents.

Dans les fermes au contraire tout est changé ;
fois, pour que les laitières fussent remises des sui
part avant l'époque des fourrages verts, on les
vêler presque toutes au printemps, et, pendant
la durée de la gestation on leur distribuait,
parcimonie, une nourriture de mauvaise qualit
comprend que dans ces conditions la fièvre vi
paralytique devait être inconnue dans les fermes

Aujourd'hui, par suite du bien-être répandu
toutes les classes de la société et des besoins d
mentation publique, il faut beaucoup de lait et
coup de viande ; ces denrées étant d'un prix très
les fermiers inspirés par des idées économiques
entendues, s'attachent à obtenir ces produits en
temps. Ils recherchent les bonnes laitières, les so

et les nourrissent mieux en s'occupant d'améliorer leurs facultés productives. Les vaches sont mises au taureau quand elles le demandent, l'époque du vêlage importe peu, le seul souci est de les avoir pleines : les veaux sont recherchés en tout temps. Par ce système, les vaches qui n'ont pu être fécondées sont, à toute éventualité, en bonne voie de préparation pour la boucherie, et un grand nombre vêlent pendant les grandes chaleurs en pleine saison des fourrages verts.

Ainsi s'expliquerait, selon nous, la fréquence qu'on signale toujours croissante de la fièvre vitulaire paralytique chez les grands fermiers. Il ressort, en effet, des rapports des vétérinaires, que c'est à l'époque des fourrages verts que les cas de cette maladie sont plus nombreux dans les fermes.

De tout ce qui précède relativement à l'étiologie de la fièvre vitulaire, nous concluons : 1° que les laitières d'élite, douées d'une excellente organisation, ayant atteint l'âge où la sécrétion laiteuse est à son apogée et qui sont nourries abondamment jusqu'au moment du part, avec des aliments ligneux riches en principes nutritifs et excitants, sont seules exposées, après un part facile et rapide, à la fièvre vitulaire paralytique. 2° que la réunion de ces diverses circonstances est indispensable pour que la maladie se produise. 3° que les mauvaises ou médiocres laitières, quelle que soit l'exubérance de la santé, de l'embonpoint et de la pléthore, n'importe enfin les conditions dans lesquelles elles se trouvent, n'ont rien à redouter de cette maladie.

Signes précurseurs ou commémoratifs. — La vache a vêlé avec facilité, bien délivré de l'arrière faix et la première traite, exécutée de suite après le vêlage, a

été très-abondante ; la femelle paraissait très-g
prenait avec avidité les aliments solides et liq
qu'on lui présentait. Son pis, magnifique de gros
promettait les plus belles espérances laiteuses.
après quelques heures, 12, 24, rarement plus de
scène change d'aspect, on remarque avec étonne
que le lait ne coule plus aussi abondamment, dimir
qui fait contraste avec l'augmentation des mamn
L'appétit est moins prononcé, surtout pour les ali
solides. Les cornes et les oreilles sont chaude
colonne vertébrale sensible, le pouls plein et acc
La bête reste longtemps debout, par moments el
tranquille et paraît sommeiller ; dans d'autres,
montre agitée : l'œil proéminent et fixe, les o
droites et tendues semblent indiquer qu'elle écou
bruit lointain. Si on la fait changer de place, e
faible et chancelante du train de derrière et les a
lutions des membres postérieurs se détendent
redressent comme des ressorts. Elle reste debo
rumine plus et lorsqu'elle est couchée, elle ne s
qu'avec peine.

Ces signes prodromiques, que nous avons pu
ver quelquefois, précèdent ou accusent le début
maladie. Ils ont une durée variable. Quelquefoi
situation n'empire pas ; en moins de 24 ou 48
les signes inquiétants disparaissent et tout rentr
l'ordre.

Symptômes. — Mais les choses ne prennent pa
jours cette tournure heureuse. En moins de qu
heures, et quelquefois plus rapidement encore,
tombe comme foudroyée. Assez souvent sans q
ait pu le faire pressentir, on trouve, étendue

litière et dans l'impossibilité de se lever, la vache qui, quelques instants auparavant, paraissait encore en parfaite santé. Dans cet état, si on veut la contraindre à se lever, elle fait vainement quelques efforts, se traîne sur les genoux en poussant des beuglements plaintifs ; et, retombée sur le côté, elle reste désormais insensible à toute excitation.

Si on cherche à la relever à force de bras, elle ne peut se soulever sur les jambes qu'elle tient repliées, les boulets fléchis, appuyant sur le sol. Elle est paralysée. Cependant la sensibilité et le mouvement ne sont pas entièrement anéantis ; elle peut encore, pendant quelque temps, étendre et retirer ses membres ; elle se retourne même d'un côté sur l'autre.

Après sa chute, la malade reste couchée sur le côté, appuyée sur le sternum, la tête portée en avant. Bientôt le cou raidi se recourbe dans le sens opposé à celui sur lequel elle est couchée et la tête, toujours en avant, est ramenée vers la convexité de la courbe formée par le cou. Enfin, quelque temps après, le cou se replie tout-à-fait en arrière, et la tête, appliquée le long de l'épaule, repose par le bout du nez sur le sol. Quand on soulève la tête et qu'on l'abandonne, elle retombe comme une masse inerte dans la position qu'elle occupait. Si on la déplace en redressant le cou, elle reste un moment là où on l'a portée, mais bientôt elle est rejetée le long de l'épaule.

Cette attitude particulièrement remarquable s'observe chez toutes les malades ; elles ne la quittent que lorsqu'elles sont en proie à des mouvements convulsifs, pour la reprendre quand ils sont passés, et la garder jusqu'à la mort. Dans les cas d'une gravité extrême,

ayant déterminé la mort en quelques heures, la
restait étendue sur le côté, le cou en avant, l
allongée sur le cou, renversée légèrement en ar
et la mort frappait sa victime sans qu'elle eût c
de position.

Ordinairement, la malade est plongée dan
stupeur profonde, elle ne voit et n'entend rie
est insensible à tout. Sa respiration est accélérée
tueuse dans certains moments et dans d'autres, ra
profonde et entrecoupée par de grands soupir
temps en temps, elle pousse des mugissements
et prolongés. L'œil est vitré et non *larmoyant* c
d'aucuns l'ont prétendu ; il reste insensible à l'actio
lumière et au toucher, comme si le sens de la vu
complètement anéanti. Les paupières sont constar
à demi fermées ; le pouls est accéléré, petit, v
irrégulier ; la bouche est remplie d'une bave fi
le mufle conserve une certaine fraîcheur ; les
et les oreilles sont froides ; la muqueuse du
et de la vulve est rouge, livide, plutôt froid
chaude ; l'écoulement des lochies n'est pas interr
les mamelles sont volumineuses (1) et non flasq
flétries comme on l'a dit (Festal et autres).

La sécrétion laiteuse n'est jamais entièrement
et se rétablit souvent dans le cours de la malad
excréments sont nuls, et l'expulsion des urines
difficilement ; elle est souvent précédée de vive
leurs et de convulsions, surtout pendant les
quatre heures qui suivent l'invasion. Le battem
flancs est saccadé, irrégulier ; la respiration ac
bruyante, luctueuse, et les battements du cœur

(1) Nous avons le premier signalé ce symptôme.

dissants. Dès que, par le sondage avec le doigt ou au moyen de la sonde, on a vidé la vessie, cette agitation cesse. Parfois, après une violente agitation, le calme qui succède est celui de la mort.

Marche. — Dans les cas les plus graves, la marche de la maladie est très-rapide ; les symptômes s'aggravent d'un moment à l'autre d'une manière étonnante : la température du corps baisse rapidement et le refroidissement est bientôt général, ainsi que l'anéantissement de la sensibilité et du mouvement ; le pouls est petit et vite, presque inexplorable. Si une réaction favorable, qu'on ne peut guère espérer, ne se manifeste point, la mort ne tardera pas à arriver. La panse se ballonne et ce symptôme persiste en augmentant jusqu'à la fin. On entend des grincements de dents et des éructations qui ont une odeur acide. Le rectum se renverse, la muqueuse est rouge, bleuâtre, froide, livide ; celle du vagin présente les mêmes caractères. Dans la peau des mamelles se dessinent des taches et des marbrures de même couleur ; la mort est prochaine. Elle s'annonce par une agitation qui est d'autant plus violente que la marche de la maladie a été plus rapide. Après cette dernière lutte de la vie contre la mort, l'agonie commence. La langue pend hors de la bouche, une bave mousseuse remplit cette cavité, et, battue par le souffle labial, elle recouvre les commissures et le bord des lèvres. La tête se laisse aller sur le côté, les yeux se découvrent, et le hoquet termine cette triste agonie.

La marche n'est pas toujours aussi rapide que nous venons de le voir. Si la bête est moins agitée et que le refroidissement général progresse plus lentement

avec des retours alternatifs de la chaleur naturelle,
un indice que la terminaison de la maladie ne ser
aussi rapidement funeste.

Durée. — La durée de cette affection varie de
à quinze heures, jusqu'à dix ou douze jours;
ordinairement elle se termine dans les vingt-qua
quarante-huit heures par la mort ou par le retou
santé, aussi rapide quelquefois que l'attaque
brusque. On dirait que la bête sort d'un pr
engourdissement.

La terminaison heureuse s'annonce par le réta
sement de la sensibilité. Des signes non-équivo
pour le praticien expérimenté, laissent pressenti
la malade n'est plus tout à fait étrangère à ce
passe autour d'elle; qu'elle commence à ouïr, v
sentir; quand on ouvre la porte de l'étable ou
on l'appelle, elle ouvre légèrement les paupières,
les oreilles et semble les tourner vers l'endroit
vient le bruit. Si on approche de sa bouche so
carotte, une poignée d'herbes, ou du foin, les
se remuent, et tendent à s'allonger dans la dir
des aliments qu'on lui présente. A ces signes,
ajouter que la sécrétion laiteuse augmente av
diminution du volume des mamelles et que des e
ments noirs, durs, luisants sont expulsés en
quantité. On peut dès lors, si une circonstance
dentelle quelconque ne vient en entraver
retarder la marche, espérer une guérison proch

Bientôt, en effet, la malade essaie de se leve
n'y parvient pas toujours; quelquefois, après un
effort, elle retombe dans l'état de prostration
somnolence qu'elle présentait au plus fort de la

ladie. Enfin, après quelques nouveaux essais, elle parvient à se tenir debout, la faiblesse du train postérieur se raffermit, l'état général s'améliore rapidement et, en quelques jours, la bête est complètement rétablie.

Nous avons vu plusieurs cas où la vache, étendue sur la litière, paraissait n'avoir plus une heure à vivre ; on la quittait dans cette crainte et, quelques instants après, on la retrouvait sur ses jambes, ayant l'air de demander ce qui s'était passé.

Les rechutes sont rares ; mais il faut s'en défier. Elles sont souvent mortelles.

Quand la maladie a dépassé plus de six ou douze jours, la convalescence est aussi plus longue et proportionnée à cette durée.

A propos du diagnostic notons ici : les violents frissons et tremblements généraux pouvant avoir une durée d'un quart d'heure à une heure ; l'agitation que la bête manifeste pendant ce temps par de l'inquiétude, par le mouvement des membres postérieurs, en s'appuyant tantôt sur l'un, tantôt sur l'autre ; les yeux tristes et larmoyants ; la conjonctive injectée, le mufle sec. A ces signes précurseurs, ajoutons : l'état des matières fécales, d'abord de consistance ordinaire, puis devenant dures et sèches, quelquefois molles et diarrhéiques ; la suppression des lochies ; les mamelles flasques et la disparition complète de la sécrétion laiteuse ; l'odeur nauséabonde du lait et de l'air expiré ; la chaleur brûlante des faces du cou suivie de sueur à la base des cornes et des oreilles. Ces caractères donnés à la fièvre vitulaire, n'appartiennent certainement pas à la forme que nous décrivons et sont pour nous la preuve qu'on a confondu, en une seule, plusieurs formes de la maladie.

Pronostic. — L'incertitude du traitement et l'embon-point des malades qui permet de tirer un assez bon parti de la viande, ont fait comprendre le besoin de rechercher et de rassembler les indices et les signes par lesquels on portera un pronostic aussi sûr que possible. Il est facile d'en apprécier l'importance : lorsque les chances seraient défavorables on se hâterait de livrer la malade à la boucherie, afin que le cultivateur puisse récupérer une partie de sa perte.

On a dit que l'état d'immobilité et de profonde torpeur était de bon augure, mais des faits contradictoires ont été observés.

Quant à nous, nous avons remarqué que lorsque l'invasion de la maladie est brusque, foudroyante, le refroidissement rapide et général, la panse fortement ballonnée, et les convulsions très-violentes, comme cela se voit ordinairement chez les vaches très-grasses et très-vigoureuses, les malades sont presque toujours emportées en moins de vingt-quatre heures. Il est évident que dans des cas semblables les remèdes et les méthodes les plus rationnels seront presque toujours sans résultat. Le pronostic devra être défavorable et le sujet sacrifié pour la boucherie.

Mais lorsque la maladie se présente avec des symptômes moins alarmants, que la chaleur du corps se maintient avec des alternatives de chaud et de froid, qu'il n'y a point ou peu de tympanite ; que les muqueuses conservent la couleur et la chaleur naturelles, ou à peu près, que le sang, si on a pratiqué une saignée, coule bien, et que l'expulsion des urines se fait assez facilement, soit naturellement, soit au moyen du doigt, on peut, dans ce cas, se prononcer favorablement et entreprendre la cure avec des chances de guérison, surtout si le propriétaire est soigneux et vigilant.

Après quarante-huit heures, les chances de guérison déjà grandes augmentent au fur et à mesure que la maladie se prolonge. Nous ne comprenons pas comment M. Roll a pu dire : que si *la maladie dépasse deux jours, il est à craindre que la terminaison sera fatale;* c'est le contraire qui a lieu.

Faits à propos du pronostic. — Nous pourrions citer à l'appui de ce que nous avançons, une foule d'observations qui nous sont personnelles; nous en rapporterons deux entre toutes.

Un confrère donnait des soins à une vache attaquée de la fièvre vitulaire. Après quarante-huit heures de traitement sans résultat, il en ordonna le sacrifice. Le propriétaire, malheureux ouvrier, traînait en pleurant de l'étable à la grange, afin qu'elle y fût plus commodément tuée et dépecée, cette belle vache, toute sa fortune. Un passant que la douleur du pauvre homme avait touché, lui conseilla d'aller, avant de tuer sa bête, consulter un praticien qu'il lui indiqua. Il partit en toute hâte, et arriva à la nuit tombante chez le praticien qui habitait à plusieurs lieues de là. Celui-ci, augurant du temps déjà parcouru par la maladie, une issue heureuse, ordonna un remède, peu de chose, qui fut administré à la bête vers minuit. Le lendemain matin, l'ouvrier ébahi trouva sa bête guérie, se promenant dans la grange : *quærens quod devoret;* il ne pouvait en croire ses yeux. Le vétérinaire qui avait ordonné l'abat-

tage, attribua cette guérison surprenante aux secousses
que la malade avait éprouvées pendant qu'on la traînait
par la tête de l'étable à la grange. Il a peut-être raison,
qui sait ?

Deuxième fait. — Nous donnions des soins à une vache
atteinte de la fièvre vitulaire paralytique, appartenant à
la fille d'un ancien vétérinaire. Les prescriptions avaient
été parfaitement exécutées, lorsque, le sixième jour,
obligé de nous absenter, nous avions renouvelé, avant
de partir, les prescriptions et indiqué le traitement à
suivre jusqu'à notre retour. Le neuvième jour, la vache
se trouvait dans le même état qu'au moment de notre
départ. Nous en manifestions notre étonnement, lorsque
la propriétaire nous dit que considérant sa bête comme
perdue, elle n'avait plus fait chercher les médicaments. Tout en nous ménageant une porte de derrière,
nous l'avons plaisantée sur son peu de confiance en la
médecine et nous avons insisté pour que le traitement
fût continué. Le onzième jour la vache retrouvait ses
sens, l'appétit et la santé.

MM. Cauchie et Fabry, en rapportant des faits identiques, concluent : qu'on ne doit pas trop se hâter de
sacrifier les malades. Nous disons, nous, que l'abat-
tage doit se faire dès l'invasion de la maladie ; qu'après
quarante-huit heures, il faut courir les chances jusqu'au
bout. Car quelque grave que soit la situation, la guérison peut avoir lieu au moment où on l'espère le
moins.

Autopsie. — Les seuls caractères constants que nous
avons observés, en ouvrant des animaux morts de la
fièvre vitulaire paralytique sont : la distension du rumen
par des gaz et la réplétion du feuillet. Lorsque la mort

a eu lieu après plusieurs jours de maladie, les matières contenues entre les replis du feuillet sont dures, sèches, d'où on peut les retirer en lames, semblables à la pulpe de betteraves sortant du pressoir. On remarque sur les faces de ces lames un enduit membraneux, grisâtre, formé par l'épithélium de la muqueuse, qui se détache facilement et laisse voir cette membrane parsemée de pointillements rougeâtres, plus nombreux vers la base des replis.

La membrane muqueuse de la caillette, sur le sommet des replis qu'elle forme, est aussi parsemée de pointillements rougeâtres, plus ou moins nombreux et vifs. Les gros vaisseaux abdominaux et leurs ramifications, les grosses et les petites veines, qui pénètrent dans l'intérieur des mamelles, rampent à la surface de ces organes sur les régions voisines du pis et sous le ventre, sont gorgés d'un sang noir.

Du côté du cerveau, les vaisseaux sous-arachnoïdiens sont également gorgés de sang. Nous avons cru dans quelques cas remarquer des traces d'irritation sur les enveloppes du cerveau et de la moelle épinière, ainsi que de la sérosité dans le sac qu'elles forment.

Des praticiens (Dewleeschouwer et Fabry, etc.) ont constaté l'apoplexie et l'hémorrhagie du cerveau ; nous n'avons aucune raison pour contester ces lésions. M. Cesare Allemani, bien qu'il déclare avoir observé la réplétion du feuillet, fait peu de cas de cette lésion qu'il considère comme n'ayant aucune valeur. Il dit avec raison qu'on la rencontre fréquemment dans d'autres maladies. Nous soutenons, nous, qu'on doit attribuer à la réplétion du feuillet un rôle important dans la production de l'affection que nous décrivons. Nous avons

vu plus haut comment après avoir concouru à produire
la fièvre vitulaire, la réplétion de cet organe devient
la complication qui donne à la maladie sa gravité.

La présence d'un liquide semblable à du lait dans
le tissu cellulaire sous-cutané, dans le péritoine, dans
le médiastin et la cavité crânienne (Shoner et Wiener
qui décrivit la maladie sous le nom de *métastase laiteuse*), ces lésions qui appartiennent à une autre forme
de la maladie, sont une preuve de plus de la confusion
qui règne entre des états morbides différents (1).

Pathogénésie. — De la connaissance des conditions
étiologiques de la fièvre vitulaire et de ses caractères
découle la théorie de son développement.

Le point de départ de la fièvre vitulaire, c'est la fièvre
de lait dont l'intensité, activée par un part facile et
rapide, est en raison de l'ampleur et de la puissance
sécrétoire des mamelles. Le trouble qui accompagne cet
état fébrile se répand dans toute l'économie ; et favorisé par la réplétion des estomacs, par la pléthore pré-
existante subitement accrue de la masse du sang qui,
pendant la gestation, se portait à l'utérus et par l'état
du système nerveux général que les secousses et les
douleurs du part ont surexcité, il suscite au sein des
grandes et importantes fonctions de la digestion, de la
circulation et de l'innervation, une agitation profonde
qui s'aggrave brusquement par le retentissement l'un
sur l'autre des effets qu'elle produit. Alors au trouble
succède le désordre dont les effets sont d'autant plus
soudains et plus graves, que les estomacs sont plus sur-
chargés, que la malade, d'un tempérament plétho-

(1) CESARE ALLEMANI, *Annales de médecine vétérinaire de Belgique*,
année 1869, p. 601.

rique et irritable, a le sang plus épais et plus plastique
et que les centres nerveux, le système glanglionnaire
surtout, en sont plus vivement actionnés.

Cette théorie sur la génèse de la fièvre vitulaire paralytique, aussi simple que logique, est affirmée par tous
les faits de la maladie. Elle en explique la terminaison
rapidement mortelle et le retour, parfois aussi prompt
que l'attaque, des malades à la santé.

Nature et siège. — D'après cette théorie, la nature et
le siège de la fièvre vitulaire paralytique sont mis en
évidence. Cette maladie est certainement un trouble
fonctionnel général, résultat de l'état congestionnaire
de tout le système nerveux cérébro-spinal et trisplanchnique ou ganglionnaire (1).

(1) L'explication du rôle que joue un part facile et rapide dans la
production de la fièvre vitulaire, étant longuement détaillée dans le mémoire que j'ai publié sur cette maladie et inséré aux *Annales de médecine vétérinaire de Belgique* (année 1851, t. III, p. 512), je n'ai pas cru
devoir ou pouvoir la reproduire dans un second travail sur le même
sujet, entrepris plutôt pour servir à compléter le premier, qu'en vue du
concours. Mais le savant rapporteur de la Commission, feu le regretté
professeur Defays, fait observer, « que si d'un côté, l'auteur fait intervenir un *part facile et rapide*, comme condition favorable pour
augmenter la fièvre de lait, on ne comprend pas bien que de l'autre
il invoque *le travail et les douleurs du part* pour expliquer la surexci-
tation du système nerveux général, sur lequel le trouble morbide se
produit. »

Cette observation est très-juste, je reconnais volontiers avoir, par
excès de laconisme sur ce point de la question, trop exigé de l'intelligence des lecteurs. Quelques mots suffiront pour me faire mieux
comprendre.

La douleur est la conséquence naturelle et nécessaire du part (*paries
in dolore*). Par sa nature, cette douleur doit avoir sans aucun doute
sur les centres nerveux, et particulièrement sur le système ganglionnaire, un retentissement tout autre que n'importe quelle souffrance,
quel que soit d'ailleurs le caractère de celle-ci. Quand le part est rapide, si cette douleur dure moins de temps, elle n'en est que plus poi-
gnante par la précipitation de ses secousses et le système nerveux
général en est autrement et plus vivement impressionné que lorsque
le travail s'opère lentement et graduellement

Traitement. — Le praticien, suivant l'idée qu'il s'est faite de la nature et du siège de la maladie, a recours aux moyens curatifs qui lui paraissent les plus propres à atteindre le but qu'il se propose ; aussi, les traitements les plus divers ont-ils été mis en pratique, sans que la plupart aient réussi en d'autres mains que celles qui les ont préconisés. Que peut-on conclure de là? qu'il ne faut pas confondre les remèdes avec les méthodes curatives. L'emploi d'un remède, la formule étant donnée, et l'administration facile pour tous, doit donner des résultats identiques. Serait-il sage de compter sur des remèdes contre une maladie aussi compliquée, aussi formidable que celle qui nous occupe ? Evidemment non, et celui qui s'y fierait ne serait pas médecin.

Les méthodes curatives seules méritent la confiance des praticiens instruits et expérimentés, mais pour être mises en usage dirigées et exécutées avec efficacité, elles exigent des connaissances et des aptitudes que tout le monde n'a pas. Le *modus faciendi* joue ici le plus grand rôle et il est bon de ne jamais perdre de vue ce proverbe : *que les bons soins font les bons médecins*, c'est le cas surtout dans la maladie que nous étudions.

Ceci posé, voyons ce qui se passe immédiatement dans l'économie après un part facile et rapide.

Le courant sanguin qui se portait à la matrice, étant subitement interrompu, le sang est vivement attiré vers les mamelles par le travail sécrétoire qui s'y établit. Il en résulte un trouble d'autant plus grand, que ce travail est plus étendu et plus actif, en raison du volume des mamelles et du développement des qualités lactifères. Ce trouble (la fièvre de lait) est principalement ressenti par les organes ou appareils organiques les mieux prédisposés à recevoir son action. Or, c'est le système nerveux général, le grand sympathique surtout, qui se trouve dans cette condition. L'impression qu'il reçoit produit, par les retentissements réflexes que j'ai indiqués, les désordres de la fièvre vitulaire.

Ces simples considérations suffisent, croyons-nous, pour expliquer pourquoi tel traitement qui a réussi dans les mains d'un praticien, a échoué dans celles d'un autre. Notons aussi que les maladies les plus graves guérissent quelquefois malgré le médecin et que les traitements les plus irrationnels ne tuent pas toujours le malade.

Moyens sur l'utilité desquels on est généralement d'accord. — Cela dit, examinons les moyens curatifs qui, par les succès qu'ils ont obtenus, méritent une certaine confiance.

Tous les praticiens sont d'accord sur l'utilité des frictions irritantes, pratiquées à plusieurs reprises et vigoureusement le long des membres, de la colonne dorsale et sur le corps. Les lavements rendus irritants, soit par le sel de cuisine, le savon, l'aloès ou le tabac, etc., etc., sont aussi unanimement recommandés. C'est la même idée qui préside à l'emploi de ce moyen thérapeutique, dont les agents excitants qu'on y introduit ne diffèrent, en quelque sorte, que par leur degré d'action ; seulement, les lavements de tabac ont une propriété narcotique capable de modifier l'état du système nerveux.

Les larges saignées ont leurs apologistes et leurs détracteurs ; tandis que les premiers en vantent les bons effets, les seconds les condamnent comme étant nuisibles et dangereuses.

Nous dirons plus loin le moyen terme que nous avons adopté.

Médications recommandées. — Les médications qui ont paraît-il, obtenu le plus de succès et comptent les partisans les plus nombreux, sont :

1º La médication purgative drastique avec l'aloès

pour base (Coenraets, Michiels, Willems, Guilm
Wendlinx, en Belgique; à l'étranger, Wonnoxii
Ellerbrorth, etc., etc.) ou le calomel (Vanden Ei
Clément, Muller).

2° La médication purgative laxative seule ou assoc
aux diurétiques, ou à des médicaments appartenant
d'autres classes (Elsen, Raingoot, Barry, Vande
schuren).

3° La médication excitante et antispasmodique
moyen du camphre et de l'asafœtida (Fischer, Eichhc
Brayard.

Scheler a préconisé l'essence de térébenthine e
obtenu 3 guérisons sur 4 cas.

Garreau la noix vomique. Enfin, pour abrég
disons que tous les médicaments actifs : l'ammoniac
liquide, la jusquiame, la digitale, etc., etc., ont
mis en usage pour combattre cette maladie, mais
résultats qu'ils ont produits n'ont pu en faire génér
liser l'emploi.

Nous ne pouvons cependant pas omettre de citer
traitement de l'Italien Pavèse, qui, d'après Cesare Al
mani, *attribue la fièvre vitulaire à l'absorption des liqu*
sanieux qui se trouvent dans l'utérus. Ce traitement co
siste dans l'emploi du seigle ergoté et de l'écorce
Pérou. Cesare Allemani déclare avoir essayé cette r
thode et qu'elle lui a réussi trois fois de suite. En
gistrons ce fait, il est précieux, en ce qu'il prouve
l'existence d'une autre forme de la fièvre vitulaire
reconnue et admise par Pavèse et Cesare Allemani.

Le traitement le plus rationnel qui découle des c
naissances que nous avons exposées sur la nature
la maladie doit évidemment consister dans les moy

propres à modifier l'état du système nerveux en réveillant les fonctions digestives et circulatoires et en entretenant le travail sécrétoire des mamelles.

Ces indications, plus ou moins bien remplies par les différents traitements que nous avons ci-dessus énumérés, sont loin de l'être parfaitement.

Considérations dont il faut tenir compte. — Avant d'entreprendre la cure d'une bête attaquée de la fièvre vitulaire, on doit savoir si le traitement sera continué jusqu'à la fin ; sinon, il faut se garder de prescrire des médicaments capables d'altérer le goût de la chair et de la rendre impropre à la consommation. Dans ce cas, les purgatifs drastiques ou salins peuvent être essayés. Mais si les indices sont favorables, si le propriétaire renonce à tirer parti de la viande, ou se résout à courir toutes les chances de guérison, c'est la médication excitante et anti-spasmodique qui mérite le plus de confiance ; elle remplit mieux que les purgatifs les indications données par la nature de la maladie.

Chacun sait, et les partisans de cette médication ne l'ignorent pas, que l'action des purgatifs drastiques chez les animaux de l'espèce bovine est toujours incertaine, sinon dangereuse, et qu'on peut quelquefois les administrer à des doses considérables sans obtenir de résultat et cela même sur des animaux en bonne santé, alors que les fonctions digestives s'exécutent bien.

Méthode curative à laquelle nous donnons la préférence. — La méthode que nous suivons nous a valu des succès nombreux et dont nous avons lieu d'être satisfait ; ils se résument en 17 guérisons sur 21 cas ayant présenté les caractères les plus graves.

Vider la vessie. — Voici en quoi consiste cette mé-

thode. D'abord nous vidons la vessie; elle est const
ment remplie et l'urine répand une odeur forte. C
opération, en procurant à la malade un soulager
sensible, nous fournit un indice précieux pour le
nostic. Nous avons remarqué, lorsque l'action du
provoquait facilement les contractions du col d
vessie et l'évacuation de tout son contenu, que ce s
était de bon augure et permettait d'espérer une te
naison heureuse de la maladie. Il est indispensabl
réitérer cette opération deux fois par jour, soit av
doigt, quand on peut y parvenir par ce moyen, so
faisant usage d'une sonde *ad hoc* en caoutchouc o
étain. C'est un fait remarquable que si la bête
agitée, le calme renaît aussitôt après la déplétion
vessie.

Saignée. — Tenant compte des opinions contra
toires relativement à la saignée et du résultat des d
essais qui nous sont personnels, au sujet de cette op
tion, nous nous sommes arrêtés à un moyen inter
diaire. Nous pratiquons, dès notre première visite
saignée à l'artère coccygienne et à la seconde
incisons les artères et les veines des oreilles, ains
les petites veines superficielles de la face.

Ces saignées donnent peu de sang, et coulent le
ment, pour ne pas dire difficilement, et ce n'est
bout d'un temps très-long qu'on peut obtenir quel
livres de sang. Cette déplétion lente et modéré
système circulatoire se faisant sans secousse et
provoquer aucune perturbation dans l'économie ne
avoir que de bons effets, tandis que des larges saig
aux grosses veines aggravent la maladie. Bon no
de praticiens ont, comme nous, observé ce fait.

Révulsifs. — Nous plaçons, dès le début, une trochisque au fanon au moyen d'un bout de racine d'ellébore noire ; et nous n'avons eu qu'à nous louer de ses effets.

Topiques. — Nous faisons appliquer le long de la colonne vertébrale un sachet rempli de cendres chaudes, ou de son, ou d'avoine, etc., recommandant de le tenir constamment chaud et de prendre des précautions pour qu'il n'occasionne pas de brûlures. Cet accident s'est présenté une fois. Après la guérison on s'est aperçu que la peau du dos était brûlée assez fortement sur plusieurs points depuis le dos jusqu'à la queue. Mais il n'en est rien résulté, la bête en a été pour quelques taches dénudées.

Lavements. — Nous faisons passer quatre lavements par jour : deux d'une infusion de tabac et deux d'eau de son en alternant.

Agents pharmaceutiques. — Les agents pharmaceutiques que nous préconisons d'abord appartiennent à la classe des excitants antispasmodiques. Nous associons le camphre à l'asafœtida. Ces médicaments ont été employés avec succès avant nous par d'autres vétérinaires : le camphre seul, par Ficher et Eichhorn, et associé à l'asafœtida par Bragard. Les propriétés excitantes des fonctions digestives et sédatives du système nerveux général, dont ces agents jouissent, à un très-haut degré, répondent plus parfaitement aux indications qui découlent des idées que nous nous sommes formées de la nature de cette maladie.

Nous administrons le camphre à la dose d'un gros, dissous dans un jaune d'œuf et associé à deux gros d'asafœtida, le tout délayé dans un litre d'infusion de camomille ou de tilleul, toutes les heures, pendant les

huit premières heures, en continuant de faire pr
de temps en temps une bouteille de tisane.

Si vingt-quatre heures après cette administrati
situation de la malade ne s'est pas améliorée,
réitérons la dose qui n'est plus administrée que de
heures en deux heures, en faisant prendre entre
une bouteille de tisane nitrée; et si ces vingt-
heures s'écoulent encore sans changement, nous r
velons la prescription, mais, cette fois, la do
camphre n'est plus que 1/2 gros et celle de l'asa
1 gros; et nous faisons prendre, à la dose de 12
le sulfate de soude dissous dans les deux pre
bouteilles de tisane, en alternant avec le médic
spécial.

Aussi longtemps que le mieux ne se manifest
à partir du troisième jour, nous continuons à
en alternant de jour en jour de la tisane nitré ou c
de quelques onces de sulfate de soude : une bo
environ toutes les deux heures.

Frictions irritantes. — Nous ordonnons de frict
vigoureusement plusieurs fois par jour, la colonr
tébrale le long du dos et des lombes jusqu'à la
ainsi que les épaules, la croupe et les membre
un mélange d'essence de térébenthine, 8
sur 2 d'ammoniaque liquide; de maintenir sur l
et les cornes un sachet réfrigérant qu'on arro
quemment avec du vinaigre ou de l'eau froide.

Soins hygiéniques. — La malade doit être bie
chée sur une épaisse litière, le corps envelopp
bonne couverture; il faut avoir soin de la retou
moins une fois par jour, d'un côté sur l'autre
traire fréquemment afin d'entretenir la sécréti

tense. C'est une bonne dérivation qu'il ne faut pas négliger.

Les rechutes sont rares, mais il résulte de recherches que nous avons faites, qu'elles sont ordinairement mortelles.

L'administration des breuvages et des tisanes doit être confiée à une personne intelligente et adroite. Ce n'est pas que nous redoutions la chute du liquide dans la trachée par suite de la prétendue paralysie du gosier; car si cette complication existait, tous les malades périraient d'étouffement. En effet, il n'existe pas une maladie dans l'espèce bovine qui nécessite l'administration d'une quantité plus considérable de liquide : la bête ne saurait en prendre une seule goutte par elle-même et cela quelquefois pendant plus de 12 jours.

Lorsque le mieux se manifeste, la guérison marche rapidement, mais il faut insister pendant quelques jours sur les moyens hygiéniques en ne donnant à la convalescente que des aliments faciles à digérer, des soupes d'herbes, de légumes, de racines, de tubercules, etc., etc., et ne commencer à lui donner du foin de trèfle ou du trèfle vert qu'en très-petite quantité à la fois, en augmentant peu à peu la ration. Pendant quelque temps on traira la vache plusieurs fois par jour de plus que d'habitude.

Depuis que nous suivons cette méthode de traitement, nous n'avons plus eu à regretter la perte d'une malade. Ces succès ne seraient-ils qu'un jeu du hasard?

Infirmités après la guérison. — Toutes les femelles que nous avons guéries l'ont été radicalement. On n'a cité que peu de guérisons suivies d'accidents.

Cependant M. Breulet a constaté la cécité cl
sujet ; M. Lecouturier la paralysie d'un membre
rieur ; et, on a cité encore, chez un troisième s
paralysie du train postérieur. Ces faits n'ont
contradictoire avec les idées que nous avons
sur cette maladie.

Récidive. — La récidivité de cette maladie e
statée par un grand nombre de vétérinaires. N
avons observé plusieurs cas ; les malades son
rapidement, ou ont guéri lentement. Dans un
maladie s'est prolongée jusqu'au 44ᵉ jour et
autre jusqu'au 13ᵉ jour.

Moyens préventifs. — La gravité de la fièvr
laire, l'incertitude des moyens curatifs, le nomb
qualité des victimes qu'elle continuera, sans dou
jours à faire malgré les progrès de notre scien
zèle des praticiens, ont porté tous les hommes
bien-être de l'industrie agricole intéresse, à tâ
prévenir ce fléau des bonnes vaches laitières. (
en se pénétrant de cette devise : « mieux vaut
nir que guérir, » met en œuvre les mesures p
lactiques, lui paraissant les plus propres pour a
cet heureux résultat.

Alimentation. — Bien que nous ayons lie
satisfait des guérisons obtenues par la méthode
que nous avons fait connaître, nous insistons
moyens préventifs. Nous ne disons pas : nous
chons, ils sont déjà trouvés croyons-nous,
seulement de s'entendre sur la genèse de la
On n'en est pas éloigné. En effet, nous lisons
Annales de médecine vétérinaire de Belgique, anné
page 492, ce que le savant auteur du résumé

ports des vétérinaires du Gouvernement, feu le regretté professeur Verheyen dit à ce sujet : « L'unanimité tend de plus en plus à s'établir en ce qui concerne les conditions étiologiques de la fièvre vitulaire. Son évolution concorde avec une ration de luxe continuée jusqu'au moment de la parturition. Dès lors, il appartient aux vétérinaire et à la presse de se poser en missionnaires, d'éclairer les populations rurales, de leur signaler le danger auquel elles exposent leur bétail, par l'abondante alimentation qu'elles distribuent aux vaches pleines jusqu'au moment de la parturition. »

La majorité des praticiens est donc d'accord sur ce point : qu'en nourrissant moins abondamment dans les derniers mois de la gestation et surtout aux approches du part avec des substances ne disposant pas à la pléthore et ne bourrant pas les estomacs, on préviendrait cette redoutable maladie.

A cette mesure, la seule, selon nous, véritablement bonne, quand elle est bien dirigée, on a proposé, en vue d'augmenter sont efficacité, d'associer d'autres moyens, tels que la saignée, les purgatifs aloétiques ou salins, les diurétiques et la mulsion quelques jours avant le part.

Saignée. — Une saignée modérée pratiquée sur les femelles fortes, grasses et bonnes laitières, qui sont nourries abondamment jusqu'au moment du part, ne peut avoir que d'excellents effets sur les suites du part en général et pour prévenir la maladie qui nous occupe, en particulier. L'opinion contraire soutenue par MM. Dèle, Conraets, Lecouturier et d'autres, ne saurait ébranler notre conviction sur les avantages de cette saignée hygiénique que Césare Allemani qualifie de procédé absurde sans nous émouvoir davantage

Purgatifs. — Quant à l'emploi des purgatifs aloéti
ques ou salins, administrés avant ou au moment d
part (Conraets, Vanderscharen), outre l'action ince
taine de ces agents, que nous avons déjà signalée pl
haut, les drastiques irritent l'intestin, déterminent d
épreintes, des spasmes, des ténesmes pouvant dar
cette circonstance être suivis des accidents les pl
graves.

Diurétiques. — Inutile de faire ressortir les inconvé
nients des diurétique administrés avant le part sur
sécrétion laiteuse, dont il faut chercher à modér
l'activité et non à l'anéantir.

Sel de cuisine. — A ces sels, nous préférons comm
préservatifs le sel de cuisine associé aux aliments.

Mulsion avant le part. — La mulsion avant le pa
ne nous inspire qu'une bien médiocre confiance Cet
méthode, en effet, s'éloigne un peu trop des vœux
la nature qu'on doit toujours, en toutes choses, prend
pour guide. Plus les femelles, par leurs énormes ma
melles sécrétant des torrents de lait, s'éloignent
leur nature primitive, plus doit-on les en rapproche
en modérant l'activité outrée de ces organes. Auss
blâmons-nous la méthode généralement en usage q
consiste, sitôt après la sortie du fœtus, à traire net to
le lait contenu dans les mamelles. Il est, selon nou
plus conforme aux lois de la nature de n'en tirer que
trop plein, par des manipulations rapprochées, en pr
cédant insensiblement pour augmenter la quantité
prolonger les intervalles. Cette manière de faire a,
outre, l'avantage de permettre la présence presqu
continuelle, près de cette pauvre mère, d'une person

connue qui lui parle, la caresse, et la console de la perte de son veau, tout en favorisant modérément et progressivement le travail sécrétoire des mamelles.

Comme suite à cet article, traçons la marche à suivre dans l'emploi des moyens préventifs de la fièvre vitulaire paralytique.

A partir de quinze jours ou trois semaines environ, avant le part, on commencera à diminuer la ration de foin ou de fourrage vert, trèfle, luzerne, etc., et de drèche, etc., en remplaçant la quantité retranchée par des soupes de légumes, d'herbes, de racines, de tubercules, et en procédant progressivement, de façon qu'aux approches du part la substitution soit complète.

Le sel marin ajouté à ces soupes à la dose d'une ou deux onces par jour ne peut avoir que de bons effets.

Une saignée de 4 ou 5 livres, pratiquée dans les premiers jours de la mise au régime, sera, malgré ses détracteurs, fort salutaire aux vaches très-puissantes et vigoureuses si, bien entendu, on observe les principes hygiéniques et diététiques qui règlent l'emploi de ce moyen préventif.

Nous ne craignons pas d'affirmer qu'employés avec discernement, ces moyens suffisent pour prévenir l'éclosion de la fièvre vitulaire, aussi bien chez les vaches qui en ont déjà été atteintes une année précédente que chez les autres; et si, contrairement à notre conviction, ils ne l'empêchaient pas de se produire, ils en atténueraient, du moins, considérablement les effets, comme l'a observé l'excellent et judicieux praticien M. Callens (1).

(1) *Annales de médecine vétérinaire de Belgique*, année 1861, p. 492.

En été, à la campagne, les vaches peuvent être préservées de la fièvre vitulaire paralytique par un moyen bien simple, bien facile, et aussi sûr qu'économique ; il suffit de les mettre en liberté dans le verger pendant les trois ou quatre dernières semaines de la gestation. L'exercice qu'elles y prendront en pâturant et l'herbe aqueuse et peu nourrissante, qui croît à l'ombre des haies et des arbres fruitiers ou autres, ne prédisposent certes pas à contracter cette maladie.

Mais l'œuvre de la prophylaxie n'est point terminée quand vient le moment de mettre bas, on doit la prolonger quelques jours encore après l'acte accompli. Le veau étant né on l'emportera avant que la mère ait pu le voir et le lécher — ce qui veut dire le connaître et l'aimer — afin d'épargner à celle-ci une séparation trop cruelle. Nous ne saurions voir dans cette séparation une cause de la fièvre vitulaire comme l'ont avancé Gunther et autres. Mais nous croyons qu'elle peut en favoriser le développement.

La vache nouvellement vêlée, donnant des inquiétudes au sujet de la fièvre vitulaire, sera l'objet d'une surveillance, d'autant plus attentive, que le vêlage s'est, en apparence, effectué dans les meilleures conditions, et, qu'elle aura été mieux nourrie jusqu'aux approches du part.

On préposera à sa garde la personne qui la soigne d'habitude, avec la mission de ne pas la quitter, de lui parler avec douceur, de la caresser souvent, de la traire à courts intervalles, sans jamais vider complètement les mamelles ; et de la tenir, dans une tranquillité aussi parfaite que possible, à l'abri des courants d'air et en écartant d'elle tout ce qui peut effrayer ou irriter : le bruit, les chiens, etc. Il en est de ces causes qui ont aussi été invoquées, comme de la séparation du veau de sa mère. Bien qu'elles soient sans influence dans la production de la fièvre vitulaire paralytique, en aggravant l'irritabilité du système nerveux général, résultat des secousses du part, elles contribueraient, le cas échéant, à en précipiter l'éclosion.

Quelques instants après l'expulsion du fœtus et de l'arrière-faix, qui suit ordinairement de près, on donnera à la femelle un demi seau d'eau de son ou de tout autre liquide rafraîchissant et tiède; on y ajoutera un quart de litre d'huile grasse : de colza, de lin, de préférence d'œillette. On réitérera l'administration de ces boissons, moins l'huile, plusieurs fois dans la journée; et si rien d'inquiétant ne se manifeste le lendemain, on convertira les boissons en soupes qu'on rendra de plus en plus nourrissantes au fur et à mesure que le danger s'éloignera.

C'est ordinairement depuis la douzième jusqu'à la vingt-quatrième heure après le part que l'apparition de la maladie est le plus à craindre. Il faut alors redoubler de surveillance car si on remarquait que la femelle n'a plus fienté depuis longtemps; que la sécrétion laiteuse est notablement diminuée, tandis que le pis, sans présenter aucune trace d'irritation, a une tendance à grossir, que l'appétit se perd, que les cornes et les oreilles sont par moment plus chaudes et dans d'autres plus froides, enfin, si on apercevait dans la physionomie ou l'habitude extérieure du sujet, quelque chose dénotant un dérangement de la santé, bien que ces signes n'appartiennent pas toujours à la fièvre vitulaire paralytique, on se hâterait d'appeler un vétérinaire.

En attendant l'arrivée de celui-ci, on supprimera les soupes pour les remplacer par des boissons, absolument liquides, auxquelles on ajoutera un quart de litre d'huile, ou par du petit lait, *sûr*, dans les campagnes; on passera quelques lavements émollients et on fera de fortes frictions sèches par tout le corps et surtout le long des membres.

De l'exécution et de l'administration intelligentes des moyens et des soins prophylactiques dépendent, souvent, la prévention de maladies graves et le salut d'un grand nombre de bêtes précieuses. On a dit, avec raison, *que c'est dans la prévention des maladies* que la médecine manifeste le mieux sa puissance.

FIÈVRE VITULAIRE TYPHOÏDE, AVEC ALTÉRATION DU SANG.

C'est un fait aujourd'hui presque admis par la science, — nous disons *presque*, parce que nous ne sachons pas qu'aucun auteur (1) l'ait encore confirmé, — et surtout par la pratique que, chez les femelles des diverses espèces animales, il s'établit, comme chez la femme, à la surface de la membrane muqueuse de la matrice, après le part, un flux de matières que les médecins de l'homme appellent *les lochies*.

Ces matières sont variables sans doute, en consistance, en couleur et en quantité pour chaque femelle selon son tempérament et l'organisation de l'espèce à laquelle elle appartient; elles doivent varier encore

(1) Nous avons vu plus haut que M. Saint-Cyr, professeur à l'école de médecine vétérinaire de Lyon, dans son *Traité d'obstétrique* publié en 1873, admet avec nous l'existence, après le part, d'un flux dépuratoire chez les femelles domestiques.

suivant qu'on les examine à un moment plus rapproché ou plus éloigné du part; elles sont, croyons-nous, d'autant plus abondantes que la femelle est plus soumise à la servitude d'une domesticité plus énervante. Aussi, les lochies sont-elles plus abondantes chez la femelle bovine et l'écoulement se prolonge de quinze jours à trois semaines et plus.

Les lois de la nature imposeraient la conviction de l'existence de ce flux dépuratoire, si les observations quotidiennes permettaient encore d'en douter.

Dès lors, il est évident qu'un trouble, se produisant dans ce travail physiologico-morbide, par suite d'une cause quelconque, portera le désordre dans toute l'économie; de là, l'état pathologique protéïforme que feu Rainard paraît avoir entrevu et qui semble vouloir se dégager de la plupart des écrits qui ont été publiés sur la fièvre vitulaire exposée ci-dessus.

C'est de cet état pathologique, auquel nous donnons la désignation de fièvre vitulaire typhoïde avec altération du sang, dont nous allons nous occuper.

Synonymie. — Cette maladie encore inconnue des auteurs, qui la confondent avec la forme de la fièvre vitulaire que nous connaissons ou avec les métrites ou métro-péritonites, est désignée vulgairement par les praticiens de *fièvre suite de vêlage, de suite de vêlage, d'épanchement de lait, de dégoût suite de vêlage,* etc., etc.

Femelles qui en sont attaquées. — Plus fréquente chez la vache, elle attaque aussi quelquefois la jument et les femelles des autres espèces.

Toutes les vaches, ayant vêlé avec ou sans grandes difficultés et bien délivré ou non de l'arrière-faix, y sont également exposées sans distinction d'âge, de

tempérament, d'embonpoint et de conditions hygiéniques ; seulement, les bonnes donneuses jouiraient
encore, paraît-il, du triste privilége d'en être attaquées
plus fréquemment.

Moment de son évolution. — Elle se manifeste dans les
trois premières semaines qui suivent le part, quelquefois plus tard encore, mais le plus souvent dans les huit
premiers jours. Nous trouvons ici l'explication des divergences d'opinions qui se sont produites, à propos du moment de l'apparition de la fièvre vitulaire paralytique.

Depuis le plus léger mouvement fébrile, éphémère
ou intermittent, jusqu'à la fièvre se manifestant avec
ses caractères les plus graves et se terminant promptement par la mort, cette maladie présente une foule
de physionomies différentes.

Causes prédisposantes. — Les causes sous l'influence
desquelles a lieu son évolution sont nombreuses : Les
femelles affaiblies par une stabulation permanente,
lorsque surtout les étables sont mal aérées, humides
et froides, ou par une nourriture qui, quoique assez
abondante est de mauvaise qualité, paraissent y être
plus prédisposées.

Occasionnelles. — Parmi les causes occasionnelles,
nous indiquerons : la peur, la douleur, la colère ; ces
sensations que les animaux doivent éprouver comme
l'homme, exercent, à n'en pas douter, une influence
sensible sur l'écoulement des lochies et la sécrétion
laiteuse. Mais les principales sont : les refroidissements,
les courants d'air, les vicissitudes atmosphériques,
l'ingestion d'aliments ou de boissons froides, les longues marches, les stations prolongées sur les marchés
ou à la porte des cabarets par des mauvais temps plu-

vieux et froids. M. Cruzel dit n'avoir observé que huit cas de fièvre vitulaire. Il les attribue à l'influence des intempéries qui sévissent au moment où les bêtes fraîches vêlées commencent à être employées de nouveau au labourage, en faisant remarquer que la même cause donne lieu également à la métro-péritonite. Si les cas observés par le savant auteur du *Traité des maladies des bêtes bovines*, ne sont pas la métro-péritonite, et à cet égard nous ne pouvons avoir aucun doute, dès lors ils appartiennent évidemment à la forme de la fièvre vitulaire que nous sommes en train d'étudier ; et non à celle que nous connaissons déjà. Ce même auteur se rappelant ce que Félix Villeroy rapporte « qu'à Sarrebrug elle frappe les vaches des brasseries, lesquelles sont parfaitement nourries et ne sortent jamais de l'étable, » il ajoute : que cette réflexion lui donne à penser que les travaux auxquels sont soumises les vaches travailleuses et portières, pouvaient bien être pour elles, jusqu'à un certain point, un préservatif de la fièvre vitulaire. » Tout en appréciant la justesse de cette réflexion, quant à la fièvre vitulaire paralytique, on doit reconnaître que ce n'est pas à cette maladie que M. Cruzel a eu à faire ; il est très-probable qu'il ne la connaît pas, et qu'elle n'existe pas dans son pays, où les vaches sont plus travailleuses que laitières. Aussi, il avoue n'avoir pas eu l'occasion de l'observer souvent ; et, on peut voir clairement, par la description qu'il en donne, que les cas qu'il a observés n'appartiennent pas à la forme paralytique, mais bien à celle dont nous nous occupons.

Pour résumer les causes de cette maladie, nous disons que tout ce qui ralentit ou arrête d'une manière

brusque l'écoulement des lochies ou la sécrétion laiteuse, la détermine.

M. Vanderschurren, médecin vétérinaire du Gouvernement à Grammont, a publié dans les *Annales de
médecine vétérinaire de Belgique*, année 1862, page 228,
un mémoire remarquable, à tous égards, sur la fièvre
vitulaire, où nous voyons que ce praticien distingué
envisage cette maladie sous la forme que nous décrivons. « Cette affection, dit-il, est une *infection du sang*.
Elle se produit, selon lui, pendant la gestation, » et je
considère, ajoute-t-il, « le trouble profond nerveux
qu'elle provoque comme le résultat d'un mouvement
réactionnaire de l'économie, trahissant la présence d'un
élément morbide dans les liquides circulatoires. » Cette
définition est claire et précise. Aussi, contrairement à
l'opinion généralement admise en ce qui concerne la
fièvre vitulaire paralytique, affirme-t-il : que « des
vaches d'un embonpoint médiocre et même mauvais en
sont également atteintes. » Si, après cela, il pouvait
encore rester le moindre doute sur l'état pathologique
que ce vétérinaire a eu en vue de décrire, outre l'influence des causes générales qu'il invoque, l'analyse
des symptômes et des lésions cadavériques qu'il expose
et l'examen attentif des faits qu'il relate ne permet-
traient pas qu'il durât plus longtemps.

Le vétérinaire italien Pavèse, en attribuant la fièvre
vitulaire à l'absorption des liquides sanieux qui se
trouvent dans l'utérus après le part, n'entendait certainement pas décrire la fièvre vitulaire paralytique.

On voit que si les idées que nous soutenons n'ont
pas encore rencontré d'écho dans la science, elles sont
hautement affirmées dans la pratique.

Symptômes. État fébrile. Début. — La maladie débute souvent brusquement par des frissons et des tremblements généraux, plus ou moins violents, dont la durée peut varier de une à deux heures. Les tremblements sont surtout plus marqués aux régions olécraniennes et rotuliennes. La bête se tient debout s'appuyant tantôt sur un des membres postérieurs, tantôt sur l'autre. La peau est sèche, le poil piqué, la surface du corps froide, ainsi que les cornes et les oreilles. La respiration est légèrement plaintive ; les yeux sont tristes et larmoyants ; la conjonctive injectée ; le pouls petit et vite ; l'appétit est nul et l'animal ne rumine plus, les excréments en petite quantité ont une consistance ordinaire.

État. — En quelques heures, la maladie a atteint sa plus grande intensité. La malade est très-abattue ; les yeux sont larmoyants ; le mufle sec ; la sécrétion laiteuse est abolie et les mamelles sont flasques et flétries ; les urines rares et troubles ; *les excréments, en petite quantité, sont durs, secs, luisants* et quelquefois plus tard mous et diarrhéiques ; élévation et abaissement de la température du corps plus sensibles aux oreilles et aux cornes ; l'écoulement des lochies est interrompu, la muqueuse de la vulve et du vagin est rouge, violacée et sa température varie avec celle du corps ; l'exploration du col de l'utérus ne provoque aucune douleur.

Cet état peut rester stationnaire pendant quelque temps pour s'améliorer ensuite ; ou bien des phénomènes métastatiques se manifestent rapidement.

La métastase peut avoir lieu soit sur les séreuses de l'abdomen, de la poitrine, du cerveau et de la moelle épinière, soit sur les muqueuses intestinale et bron-

chique, sur le tissu cellulaire sous-cutané, sur le
mamelles, sur les tissus musculaires tendineux et ap[o]
névrotiques et même sur le derme, etc.

Chez la jument, la métastase a ordinairement li[e]
sur le tissu réticulaire du pied.

État métastatique. Symptômes. — De ces divers[e]
complications, la plupart assez graves, reconnaissabl[e]
facilement aux symptômes pathognomoniques propr[es]
à chacune d'elles, celle qui résulte de l'action méta[s]
tatique sur la membrane séreuse du cerveau et de [la]
moelle épinière (arachnoïdite cérébro-rachidienn[e]
apoplexie séreuse), est sans contredit la plus redo[u]
table. Elle se produit brusquement et emporte rapid[e]
ment sa victime. Outre les symptôme exposés ci-dess[u]
après un jour, plus ou moins, de leur manifestation, [on]
remarque la faiblesse du train postérieur ; la crou[pe]
est vacillante et lorsqu'on force la bête à se déplac[er]
elle fait des efforts pour ne pas tomber. On voit qu'e[lle]
tâche de se maintenir debout le plus longtemps p[os]
sible ; mais elle est bientôt contrainte de se laiss[er]
aller sur la litière. Elle tombe plutôt qu'elle ne [se]
couche. L'anéantissement des forces de la sensibilité [et]
du mouvement marche rapidement ; le corps se refr[oi]
dit ; la tête est portée en arrière le long de l'épaule, [le]
mufle reposant sur le sol, absolument comme dans [la]
fièvre vitulaire paralytique. La malade reste calme[,]
plongée dans une torpeur profonde ; le pouls est p[etit]
et vite ; la respiration râlante, plaintive et par[fois]
entrecoupée par une toux courte et un peu sifflan[te.]
Ces symptômes sont indiqués par Cruzel qui a vu a[ussi]
des vaches « tenant la tête soulevée et les memb[res]
antérieurs non repliés sous le sternum et portés

avant à demi-fléchis. » Dans cet état, ajoute-t-il, « La respiration est courte, précipitée et c'est afin de respirer plus à l'aise que les vaches prennent cette position. » Ces symptômes, ainsi que la toux brève que nous trouvons rapportée par cet éminent vétérinaire et que nous avons eu occasion d'observer quelquefois, indiquent assez que la séreuse pleurale est, aussi bien que l'arachnoïde, le siége de l'effet métastatique.

L'ouverture des cadavres démontre que le péritoine y participe également.

L'état de la malade s'aggravant de plus en plus, elle meurt bientôt, après quelques légers mouvements convulsifs de la tête et des membres.

La maladie peut durer de 1 à 4 ou 5 jours. Les cas de guérison sont plus rares encore que pour la fièvre vitulaire paralytique et la convalescence est toujours plus longue.

Diagnostic. — Les symptômes de la fièvre vitulaire avec altération du sang compliquée de phénomènes cérébraux peuvent être, comme nous venons de le voir, aisément confondus avec ceux de la fièvre vitulaire paralytique. Cependant, les frissons et les tremblements généraux plus ou moins violents du début ; l'inquiétude que l'animal trahit par les mouvements des membres postérieurs, en s'appuyant tantôt sur l'un et tantôt sur l'autre ; la conjonctive qui est injectée, les excréments d'abord d'une consistance ordinaire puis durs et secs, l'interruption de l'écoulement des lochies ; l'affaissement des mamelles, qui sont flasques et ridées et la cessation complète de la sécrétion laiteuse. Si, à ces caractères objectifs de la maladie, nous ajoutons les renseignements fournis par les conditions constitution-

nelles et de relation de la femelle, par le moment
l'évolution de la maladie et par les causes qui l'ont p
voquée, le diagnostic, déjà facile à établir, n'aura pl
besoin, pour être assuré, que de la confirmation d
lésions pathologiques.

Autopsie. — M. Cruzel n'a pas eu l'occasion de fai
d'autopsie.

M. Vanderschurren dit que des nombreuses autops
qu'il a faites, il résulte que les recherches cadavériqu
ne décèlent aucune lésion ; « que quelquefois cepe
dant on découvre des traces d'inflammation au pé
toine, à la matrice, au tube digestif, ou aux organes
la poitrine ; mais très-souvent d'une manière trop p
marquée pour être considérées comme ayant entra
la mort de l'animal. »

Il complète cette observation en disant « que c
ordinairement à la poitrine que la métastase a lie
les plèvres, les poumons, le péricarde et souvent
trois organes à la fois sont attaqués. Une seule
l'animal a été enlevé par une gastro-entérite consé
tive. Dans ces cas, ajoute-t-il, l'autopsie démontre
délabrements profonds, tels que : des foyers pu
lents, des fausses membranes, etc., et il fait obser
que dans bien des cas, la durée de la maladie est t
courte pour que la métastase puisse avoir lieu,
moins, d'une manière marquante ; et l'animal est enl
par la fièvre avant que l'économie ait pu choisir
organe pour y déverser son élément morbide. »

Enfin, il résulte de l'étude que nous avons faite
l'excellent travail de M. Vanderschurren, que ce p
ticien laisse, malgré tout, percer la difficulté qu'il a
se tirer de la confusion existante entre les deux for

de la fièvre vitulaire, ainsi qu'il le reconnaît implicitement lorsqu'il dit : que la nature de cette maladie est
encore sous le voile du mystère.

M. Lecouturier, si avantageusement connu dans le
monde vétérinaire, autant par son esprit judicieux que
par sa science et son expérience, dans un article sous
la rubrique : — *Réflexions sur la fièvre vitulaire à la
suite d'une autopsie* — publié dans les *Annales de médecine vétérinaire de Belgique*, année 1854, page 113, rend
compte des lésions qu'il a rencontrées sur le cadavre
d'une vache qui avait succombé à cette maladie. Il n'a
trouvé dans le feuillet aucune *substance sèche* ; que peu
de rougeur sur la muqueuse de la caillette ; mais l'intestin grêle était d'un rouge foncé dans presque toute
son étendue ; il s'est écoulé à l'ouverture du crâne un
liquide aqueux, devenant légèrement opaque et trouble
dans le fond de cette cavité ; la dose de ce liquide était
environ de deux onces ; les membranes cérébrales
étaient d'une couleur un peu sombre. Il trouva également la matière cérébrale légèrement ramollie à l'extérieur du cerveau et les veines crâniennes injectées.

Ces lésions pathologiques appartiennent, sans le
moindre doute, à la forme de la fièvre vitulaire que
nous décrivons, et sont le résultat de la métastase sur
la séreuse cérébrale (apoplexie séreuse) et sur l'intestin
grêle. Les quelques symptômes remarqués par ce praticien sur l'animal qui fait le sujet de cette observation
nous confirment dans cette opinion.

Les caractères des lésions morbides varient, nécessairement, selon que la maladie a eu une durée plus ou
moins longue. Ainsi, après une mort rapide on ne
trouve des traces d'inflammation que sur la muqueuse

des estomacs et des intestins et quelquefois de la vessie ;
sur la séreuse de l'abdomen, de la poitrine, du cerveau
et de la moelle épinière et un léger épanchement dans
le sac qu'elles forment. Mais lorsque la maladie a duré
quelques jours les caractères de l'inflammation sont
mieux marqués et les liquides épanchés plus considérables. Ils offrent quelquefois une couleur semblable à
celle du lait. C'est sans doute à cause de ce caractère
que les anciens praticiens, dans leur langage pittoresque, ont donné à cette maladie le nom d'*épanchement
de lait*; désignation que M. Weiners a modernisée en
l'appelant *métastase laiteuse*.

Les épanchements de nature ou d'aspect laiteux que
Sthorer, Wieners et Renacher, cités par Césare Allemani, ont observés comme nous dans le sac des
séreuses et les mailles du tissu cellulaire sous-cutané,
seraient-ils l'effet d'une métastase laiteuse, tandis que
ceux de nature aqueuse et de couleur citrine seraient
le résultat de la métastase du flux utérin ? Nos connaissances physiologico-pathologiques ne nous permettent
pas de nous prononcer. Nous signalons le fait ; c'est
aux savants, aux anatomo-pathologistes à en déduire
les conséquences.

La réplétion du feuillet, bien qu'elle existe assez
souvent à un moindre degré, cependant, et que les
matières qui y sont contenues, offrent les mêmes caractères, ne joue pas ici un rôle aussi important que celui
que nous lui attribuons dans la forme paralytique. On
rencontre parfois un peu de métrite et de métro-péritonite.

Pronostic. — Si la fièvre suit son cours sans présenter de complications graves, ou que la métastase n'at-

taque pas les organes essentiels à la vie, en quelques jours, la résolution s'opère par le retour de l'appétit, de la sécrétion laiteuse et des lochies.

Mais si les séreuses de l'abdomen, de la poitrine, du cerveau et de la moelle épinière sont attaquées et qu'il en résulte l'exsudation de produits morbides, dans ce cas, le pronostic doit être grave, la maladie étant dans l'immense majorité des cas, rapidement mortelle.

Quand l'affection secondaire consiste dans l'inflammation des muqueuses digestives et même d'une portion de la séreuse qui les tapisse ou de la vessie, et que les symptômes cérébraux sont l'effet d'un retentissement sympathique, sans irritation ni formation de produits morbides, le cas quoique grave n'est pas désespéré.

Ces conditions pathologiques sont celles que nous avions en vue en traçant les caractères de la fièvre vitulaire typhoïde avec altération du sang car ce sont elles, croyons-nous, qu'on a confondu avec la fièvre vitulaire paralytique.

Actions métastatiques diverses. — Nous n'exposerons pas, dans de longs détails, les autres complications métastatiques de cette maladie, nous nous bornerons à en indiquer quelques-unes qui ont été observées. Ainsi il en est une qui envahit les mamelles, produit l'engorgement et l'inflammation du tissu de ces organes et donne lieu à la formation d'abcès ou à l'élimination d'une portion plus ou moins considérable de la substance glandulaire.

Une autre se jette sur la muqueuse bronchique et se manifeste par la toux, devient une pulmonie aiguë ou chronique et quelquefois la phthisie.

Une autre encore frappe les tissus musculaires tendineux, aponévrotiques et articulaires; nous la désignons, sous le nom de *rhumatisme aigu après le part.*

Enfin, une cinquième se porte à la peau sous la
forme *d'exsudation sanguine* : nous en trouvons un
curieux exemple dans un intéressant mémoire de notre
honorable confrère, M. Contamine, médecin vétérinaire du Gouvernement à Péruwelz, publié par les
Annales de médecine vétérinaire de Belgique, année 1858,
page 473.

Chez la jument, la métastase tombe assez souvent
sur le tissu réticulaire du pied, nous en avons observé
plusieurs cas pendant la durée de notre pratique et
nous la désignons, avec MM. Lecouturier et Fabry, de
fourbure après le part.

Traitement. — De la manière qu'il envisage la nature
de la maladie, M. Vanderschurren ne nous semble pas
être logique, lorsqu'il préconise le traitement qu'il a fait
connaître pour la combattre.

Le vétérinaire italien Pavèse s'est, lui, parfaitement
conformé aux idées qu'il a émises sur l'essence de la
fièvre vitulaire en basant, comme nous l'avons dit plus
haut, sa méthode curative sur la médication utérine
ainsi que le rapporte Césare Allemani qui dit l'avoir
lui-même essayée trois fois de suite avec succès.

Le traitement que nous suivons repose aussi sur les
agents emménagogues. Mais n'ayant pas en vue, nous,
de rien expulser de la matrice et voulant seulement
ramener vers leur voie d'élection des humeurs qui en
ont été détournées, nous procédons avec moins d'énergie; nous préconisons des agents moins actifs et à
doses modérées.

Cas sans gravité. — L'indisposition qu'on désigne vulgairement sous le nom de dégoût après le vêlage, est caractérisée par les signes d'une fièvre légère, accompagnée d'inappétence avec diminution plus ou moins sensible de la sécrétion laiteuse. Cet état, qui peut se présenter sous les nuances les plus variées, correspond à la suspension momentanée ou à l'écoulement irrégulier des lochies. On le combat facilement par de bons soins hygiéniques et par l'administration de quelques cordiaux et utérins.

Cas graves. — Lorsque la fièvre éclate suivie du cortège formidable de symptômes, dont nous avons tracé ci-dessus le tableau, le mieux serait de sacrifier de suite l'animal s'il se trouve en bon état d'embonpoint. Mais on a souvent à faire à des propriétaires qui préfèrent courir les risques du traitement, et puis on n'est jamais certain si les symptômes cérébraux appartiennent à l'irritation de ces organes avec formation de produits morbides ou s'ils sont le résultat d'un retentissement sympathique ; car, dans ce dernier cas, la cure peut être entreprise avec quelques chances de succès.

Moyens curatifs. — Le traitement étant décidé, c'est contre l'affection secondaire que nous tournons nos efforts tout en dirigeant sur les fonctions primitivement troublées des secours spéciaux. Les réfrigérants sur le front et les cornes ; les frictions irritantes sur tout le corps, principalement le long de la colonne dorsale et des membres ; les révulsifs sur les faces de l'encolure et au fanon ; l'application de cataplasmes de moutarde à la partie inférieure des quatre membres sont les moyens sur lesquels nous insistons en continuant leur emploi avec énergie.

Toute saignée est nuisible.

A l'intérieur nous administrons la tisane de camomille, de sureau, d'armoise, d'absinthe, de safran, de rhue et les toniques, la gentiane et le quinquina. L'utilité des toniques, dans ce cas, est incontestable. Pour obtenir sur la bête bovine un effet de réaction, il faut nécessairement relever ses forces dans une certaine mesure.

Nous faisons prendre quelques lavements dérivatifs avec une infusion de mercuriale d'automne ou de tabac.

Nous recouvrons le dos et les lombes d'un fort sachet contenant des matières chaudes en guise de cataplasme, cendres, regain, son, etc., en l'étendant jusque sur la croupe.

Si ce traitement parvient à arrêter le progrès de la maladie, nous le continuons en ajoutant à la tisane le sulfate de soude.

Moyens hygiéniques. — La bête doit être tenue chaudement. On l'enveloppera de fortes couvertures et de beaucoup de paille, et bien que son pis soit presque vide de lait, on tirera fréquemment le peu qu'il contient en prolongeant pendant quelques temps les manipulations. Il importe d'entretenir dans ces organes un certain état d'excitation. On lui fera prendre une aussi grande quantité que possible de boissons rafraîchissantes : eau de son, eau d'herbes, petit lait, etc.

Nous le répétons : le cas est très-grave, et le succès très-incertain.

Moyens prophylactiques. — Les moyens préventifs consistent : à assainir les étables, à entourer la femelle pendant les huit ou dix premiers jours qui suivent le part, et pendant la durée des lochies, de beaucoup de soins hygiéniques, de la mettre surtout à l'abri de tout refroidissement, des courants d'air et des intempéries du temps ; la nourrir avec des aliments de facile digestion, principalement des soupes substantielles d'herbes, de racines ou tubercules, etc ; se garder de les abreuver avec des boissons froides, de les conduire trop tôt aux pâturages par des temps froids et pluvieux.

Il est bon que la personne qui la soigne habituellement s'approche fréquemment de la femelle qui vient de mettre bas, lui parle avec douceur, la caresse et la traie fréquemment. Les principes d'hygiène autant que ceux de moralité défendent de brutaliser ou de maltraiter les animaux, c'est surtout à l'égard des femelles en couches, qu'ils doivent être observés. Il importe de favoriser l'écoulement des lochies : *vache bien purgée est bonne pour l'année.*

Nous n'examinerons pas la fièvre vitulaire sous sa troisième forme, *la forme inflammatoire*, à laquelle appartiennent les métrites ou métro-péritonites plus ou moins franches et rapides. Ces affections sont suffisamment connues et parfaitement décrites dans tous les ouvrages de pathologie vétérinaire.

Nous croyons avoir satisfait à toutes les parties de cette importante question qui préoccupe à si juste titre le monde savant si, surtout, on tient compte que les douloureux et navrants événements, dont un pays voisin et ami est depuis si longtemps le théâtre, sont peu favorables aux travaux de la paix.

Ce n'est pas quand retentissent au fond de nos cœurs le grondement du canon, le crépitement des villes et des villages en flammes, les cris de rage et de désespoir des hommes qui s'entrégorgent ou meurent de douleur et de faim, qu'on peut avoir le calme d'esprit nécessaire pour traiter un sujet scientifique avec toute la réflexion et le soin qu'il comporte.

Plaise à Dieu que, lorsque la Commission sera appelée à se prononcer sur le mérite de notre travail, les bienfaits de la paix aient mis fin aux horreurs de cette guerre, la honte de notre siècle !

Caractères différentiels des diverses formes de la fièvre vitulaire.

FIÈVRE VITULAIRE PARALYTIQUE.	FIÈVRE VITULAIRE TYPHOÏDE AVEC ALTÉRATION DU SANG.	FIÈVRE VITULAIRE INFLAMMATOIRE OU ENDOMÉTRITE.
CAUSES.	CAUSES.	CAUSES.
Elles proviennent de l'organisme et sont mises en activité par la fièvre de lait.	Tout ce qui peut arrêter la sécrétion laiteuse et l'écoulement des lochies; les sensations violentes; les refroidissements.	Un part laborieux et le séjour prolongé de l'arrière-faix, ou les manœuvres pour opérer la délivrance.
SYMPTÔMES.	SYMPTÔMES.	SYMPTÔMES.
Début. — Se manifeste, dans les vingt-quatre ou quarante-huit heures, rarement plus de trois jours après le part, par des alternatives d'excitation et de somnolence; l'augmentation du volume des mamelles et la diminution de la sécrétion laiteuse, défécation nulle, pouls grand et fréquent; colonne vertébrale sensible. *État.* — Anéantissement rapide des forces, du mouvement et de la sensibilité, les *mamelles ne diminuent pas de volume*, et la sécrétion du lait n'est pas entièrement tarie; elle se rétablit, même assez souvent, dans le cours de la maladie. Les *yeux sont vitrés*, on dirait que la vue est abolie, le mufle conserve une certaine fraîcheur; excréments durs; *l'écoulement des lochies comme à l'état normal.*	*Début.* — Se manifeste ordinairement dans les huit premiers jours, quelquefois quinze jours ou trois semaines après le part, par des frissons, des tremblements généraux plus ou moins violents et prolongés; la tristesse et le *larmotement*; l'injection de la conjonctive; la sécheresse du mufle; l'accélération et la petitesse du pouls; la *consistance ordinaire des excréments.* *État.* — L'anéantissement des forces de la sensibilité et du mouvement est moindre, et pas aussi rapide; les facultés se conservent jusqu'aux approches de la mort. Le pouls est petit et vite; les *yeux larmoyants*, les *mamelles flasques*; la sécrétion laiteuse complètement arrêtée, et *l'écoulement des lochies interrompu.*	*Début.* — Suit de près l'action de la cause qui l'a provoquée, par de l'abattement, de l'inquiétude, le mouvement des membres postérieurs, l'appui se faisant tantôt sur l'un, tantôt sur l'autre. *État.* — Tension et sensibilité du ventre; colonne vertébrale insensible et voûtée en contrehaut; expulsion douloureuse des excréments et des urines en petites quantités à la fois; l'exploration du vagin et du col de l'utérus accuse de la chaleur et de la douleur; efforts expulsifs fréquents comme pour la parturition, écoulement par la vulve de matières sanieuses infectes; prostration des forces, mais la sensibilité et le mouvement se conservent jusqu'à la mort.

(Suite) Caractères différentiels des diverses formes de la fièvre vitulaire.

FIÈVRE VITULAIRE PARALYTIQUE.	FIÈVRE VITULAIRE TYPHOÏDE AVEC ALTÉRA-TION DU SANG.	FIÈVRE VITULAIRE INFLAMMATOIRE OU EN-DOMÉTRITE.
LÉSIONS CADAVÉRIQUES.	LÉSIONS CADAVÉRIQUES.	LÉSIONS CADAVÉRIQUES.
Aucune lésion bien distincte pouvant expliquer la mort. Réaction du feuillet; les veines des mamelles et celles qui rampent dans le voisinage de ces organes sont gorgées de sang; les veines sous-arachnoïdiennes sont également engouées. Convalescence courte; retour à la santé, assez souvent aussi prompt que l'attaque est brusque.	Traces plus ou moins prononcées de l'inflammation de la muqueuse des estomacs, surtout de la caillette et des intestins et quelquefois de la vessie; caractères plus ou moins marqués de l'irritation des séreuses; du péritoine, des plèvres et de l'arachnoïde, avec exsudation de produits morbifiques dans le sac qu'elles forment. Convalescence plus longue; rechutes plus fréquentes.	La matrice et le péritoine qui la recouvre présentent les caractères de lésions violentes; infiltration considérable des tissus, épanchement séro-sanguinolent, gangrène. Convalescence très-longue.
TRAITEMENT.	TRAITEMENT.	TRAITEMENT.
Excitants antispasmodiques.	Excitants utérins.	Saignées et antiphlogistiques.

RENVERSEMENT DE LA MATRICE ET DU VAGIN (1).

Lorsque, chez une grande femelle domestique, la matrice est renversée, — accident qui se produit dans les premiers temps qui suivent la parturition — la réduction n'est pas le point le plus difficile ni le plus important pour en assurer la guérison; contenir cet organe après sa réduction est la chose principale et qui a le plus occupé l'attention des praticiens; aussi que de moyens contentifs ont été imaginés, depuis la vessie des anciens, qui n'est pas le plus mauvais, jusqu'aux bandages auxquels on s'est arrêté, sans renoncer

(1) Extrait des *Annales de Médecine vétérinaire de Belgique*, cahier de mai, 1859.

cependant à les perfectionner, ce qui prouve qu'ils n'atteignent pas entièrement le but désiré. Pour nous qui les avons essayés, plutôt par expérimentation qu'à défaut de mieux, nous déclarons franchement et sans parti pris, que nous n'avons pas eu à nous en louer ; outre que leur action se borne à s'opposer à un effet, sans attaquer la cause, ils ont l'inconvénient de se déplacer facilement et de gêner considérablement. Nous avons vu des femelles qui, pour se soustraire à cette gêne, se livrèrent à des mouvements si désordonnés, si violents qu'elles se seraient certainement détruites si nous ne nous étions hâtés de les débarrasser. Le moyen que nous tenons de nos pères et que nous allons faire connaître, nous paraît par sa nature, la facilité de son application et les résultats obtenus, infiniment préférable au bandage le plus perfectionné ; les praticiens en jugeront. Heureux si notre travail peut être de quelque utilité au progrès de la science et au bien-être de l'agriculture !

Nous exposerons d'abord, aussi succinctement que possible, tout ce que l'expérience nous a appris sur le renversement de la matrice chez les grandes femelles domestiques, car, bien que nous possédions déjà sur cet intéressant sujet de nombreux et remarquables écrits — nous citerons entre autres un excellent article publié dans la *Maison rustique du 19ᵉ siècle* par M. Eugène Renault, directeur de l'école impériale d'Alfort, — la pratique pourra encore, espérons-le, en retirer quelques indications utiles.

On reprochera peut-être à ce travail d'être beaucoup trop long, mais, outre que nous avons toujours consi-déré qu'en médecine et surtout en chirurgie, il importait avant tout qu'on se fît bien comprendre, dût-on ne pas toujours plaire, le besoin de décrire quelques pratiques nouvelles se rattachant intimement à la question que nous traitons et qui ne nous paraissent pas manquer d'intérêt, nous a forcé d'étendre les limites de notre sujet. Puissent les jeunes praticiens, pour qui nous écrivons principalement, nous en tenir compte !

Définition. — La matrice se renverse et tombe hors de la vulve, en se repliant sur elle-même, absolument comme la poche d'un vêtement, soit que le renversement procède du fond ou de l'entrée ou d'un point quelconque de son corps ; de manière que, sa surface interne, celle qui formait la paroi intérieure du sac, devient extérieure et la paroi externe devient intérieure et forme à son tour la paroi interne du sac.

La vache, la brebis et la chèvre sont, de toutes les femelles domestiques, les plus exposées à cet accident ; puis viennent la jument, la truie, la chienne, la chatte, etc. Disons en thèse générale que le renversement de la matrice est d'autant plus rare et plus grave que les femelles sont d'une constitution plus énergique et plus vigoureuse ; qu'il se produit dans les vingt-quatre heures qui suivent la mise bas, jamais après le troisième jour ; du moins, nous ne l'avons jamais observé et nous croyons pouvoir soutenir qu'après cette époque il ne saurait plus avoir lieu. Peu à craindre chez la vache, il est redoutable et rapidement mortel chez la cavale.

Mécanisme du renversement. — Le renversement de l'utérus peut être précédé du renversement du vagin, ou l'utérus, en se renversant, entraîne cet organe dans sa chute. Dans le premier cas, les efforts expulsifs, en refoulant les viscères abdominaux vers les parties postérieures, compriment les organes contenus dans la cavité pelvienne et le bassin, et déterminent le renversement du vagin qui entraîne avec lui l'utérus ; ou bien, le vagin, entraîné par les efforts de traction exécutés pour opérer la sortie du fœtus et par l'effet même de cette sortie, amène avec lui l'utérus ; ou bien encore, le vagin étant renversé par suite de la position fâcheuse dans laquelle on abandonne la femelle après l'accouchement et du relâchement de la vulve et des parois vaginales et utérines, les efforts expulsifs aidant, entraîne le renversement de l'utérus. Dans le second cas, les efforts expulsifs refoulent vers les parties postérieures les intestins ; dès lors, ceux-ci venant à exercer sur une partie de l'utérus qui, alors que ses parois ne sont pas encore rétractées, représente un sac vide, une pression assez forte pour l'obliger à se replier sur elle-même, la pression continuant, toute la matrice repliée se renverse et, chassée par la vulve, tombe au dehors en entraînant le vagin avec elle ; ou bien, la matrice, par suite de dispositions vicieuses dépendantes d'elle-même ou du fœtus, se trouve déplacée par la sortie naturelle ou forcée de ce dernier, attirée à sa suite, et, se déroulant totalement, entraîne le vagin avec elle.

Que le renversement de la matrice procède de l'entrée ou du fond, d'une partie de son corps ou du vagin, il n'a pas lieu d'un seul coup, mais il se complète toujours rapidement.

Causes. — Cet accident est souvent la suite d'un part laborieux ou contre nature et de l'extraction du fœtus ou du délivre par des manœuvres intempestives, inconsidérées, violentes, qui déplacent, entraînent, irritent ou blessent le vagin ou l'utérus; des efforts expulsifs que provoque la présence du placenta ou l'irritation des organes de la génération; de coliques qui se manifestent, sans causes apparentes, peu de temps après le part et que l'on désigne sous le nom de *coliques utérines.* La plénitude des estomacs, l'indigestion, la constipation, la rétention d'urine surtout, l'irritabilité ou l'état pléthorique de la femelle, sont aussi des causes fréquentes du renversement de la matrice, par suite des efforts expulsifs qu'elles déterminent. La chute du vagin, favorisée par une position vicieuse sur un terrain trop incliné d'avant en arrière, de manière que les parties antérieures soient plus élevées que les postérieures, est une des causes les plus fréquentes du renversement de la matrice, comme nous avons souvent eu occasion de le constater sur des femelles faibles, débiles, chez lesquelles la vulve et les parois vaginales et utérines sont relâchées. Si on abandonne de suite, après l'accouchement, les femelles présentant ces conditions défavorables en les laissant étendues sur le sol des étables auquel, dans le but de faciliter l'écoulement des urines, on a donné une trop grande obliquité, la chute du vagin, les efforts expulsifs aidant, entraîne mécaniquement le renversement de l'utérus. Les efforts expulsifs ne sont pas même indispensables dans ce cas : la matrice attirée par le vagin, par son propre poids et celui de l'arrière-faix, lorsque ces enveloppes ont conservé des adhérences, se déroule sur elle-même et s'échappe au dehors.

Symptômes. — Quand le vagin seul est renversé, une tumeur, plus ou moins grosse, suivant que le

renversement est plus ou moins complet, ordinairement de la grosseur de la tête d'un enfant ou de la tête
d'un homme, apparaît au dehors de la vulve. Sa surface, d'une couleur d'un rouge violacé plus ou moins
foncé, offre l'aspect d'une membrane muqueuse. A sa
partie inférieure et tout à fait en bas, se présente une
espèce d'excavation ridée qui est l'entrée de la matrice
et du méat urinaire. On reconnaît que la matrice est
renversée à l'apparition, au dehors de la vulve, d'une
tumeur considérable et d'autant plus volumineuse que
le renversement est plus complet et existe depuis plus
longtemps. La circulation s'y exécutant plus difficilement, par suite de la distension que le poids de cette
masse produit sur l'espèce de pédoncule auquel elle
est suspendue, les humeurs s'accumulent dans son
tissu et le distendent. Cette masse allongée, d'un
moindre volume près de la vulve, va en grossissant
jusqu'à sa base, qui est beaucoup plus grosse et plus
renflée, et présente la forme d'une poire quand la
grande corne n'est pas renversée ; mais, quand le renversement de celle-ci est complet, la tumeur diminue
à partir de sa base et se termine en forme de cône. Cette
tumeur, d'un poids énorme, tombe jusqu'aux jarrets.

Chez la *jument*, la surface de cette tumeur offre l'aspect d'une membrane muqueuse d'un rouge plus ou
moins violacé, infiltrée, contusionnée, ecchymosée.

Chez la *vache* et toutes les femelles des ruminants,
cette surface est plissée, ridée et recouverte d'une
foule de mamelons qui sont les cotylédons de la matrice
enchatonnés, engaînés avec les gâteaux placentaires,
si l'arrière-faix, comme cela se voit le plus souvent,
n'a pas été expulsé. Elle est d'une couleur violacée,

brunâtre et souillée par des matières excrémentitielles
que la femelle expulse fréquemment et en petites quantités à la fois, et par des ordures, de la paille, du fumier, etc., et du sang qu'elle laisse suinter ou qui
découle par les érosions, les déchirures, les plaies qui
la recouvrent et qui ont été occasionnées par le frottement de ce viscère sur la litière, le sol, les murailles, etc. Cela ne peut manquer d'arriver pendant
les mouvements désordonnés auxquels se livrent les
femelles qui, dans ce cas, sont souvent très-agitées :
elles se tournent vivement de droite et de gauche et,
pendant ces mouvements, se frottent cruellement l'organe renversé sur les murailles ou autres objets. Elles
se ramassent sur les quatre jambes, en voûtant fortement la colonne vertébrale et font de violents efforts
expulsifs, accompagnés de cris, de beuglements plaintifs, et de l'expulsion, en petites quantités à la fois, des
excréments et des urines. Elles se couchent et se
relèvent fréquemment, se tiennent assises sur leur
derrière de manière à froisser, à écraser et à blesser
gravement la matrice. Triste et effroyable spectacle
qui brise le cœur ! C'est surtout sur la jument que ces
symptômes se manifestent avec le plus de violence.

Nous avons vu beaucoup de vaches qui ne parais-
saient nullement souffrir de cet état ; seulement par
suite de la gêne qu'elles éprouvaient étant debout,
elles se tenaient presque constamment couchées ; dans
cette position, elles étaient tranquilles, buvaient, cher-
chaient à manger et ruminaient comme si de rien n'était.

Pronostic. — Le renversement de la matrice, affection très-grave et rapidement mortelle chez la cavale,
est loin d'être un accident aussi dangereux chez la

vache que les écrits des auteurs tendent à le faire supposer. Quant à nous, nous le considérons chez cette femelle comme n'offrant pas le moindre danger, lorsqu'il est combattu par des moyens et en temps opportuns. Chez la jument, les mouvements désordonnés, les efforts violents auxquels elle se livre, ont rapidement rendu le cas mortel. Chez la vache cet état peut durer assez longtemps, même plus de 20 à 30 heures, sans qu'il en résulte aucun inconvénient, si on a soin de faire soutenir l'organe hernié de manière à le protéger efficacement contre les froissures, les déchirures, l'étranglement, etc. Nous le proclamons avec satisfaction, nous n'avons jamais eu à déplorer la mort d'une seule vache des suites de la réduction du renversement de la matrice : c'est ce qui justifie, à nos yeux, les éminents avantages que nous attribuons au procédé que nous employons et que nous voulons faire connaître, sur tous ceux connus jusqu'aujourd'hui.

Nous ne craignons pas d'avancer que nous préférons le renversement complet de la matrice chez la vache à la non-délivrance de l'arrière-faix ; aussi ne cherchons-nous jamais à nous y opposer, lorsqu'il menace de se produire en notre présence ; nous le provoquerions même, si nous pouvions l'obtenir par des moyens exempts de danger, toutes les fois que le délivre n'a pas été expulsé. Rien n'est plus facile alors que de débarrasser la matrice de ce corps, dont le séjour dans l'intérieur de cet organe où son extraction donne toujours lieu à des suites moins heureuses que celles qui résultent du renversement.

Des complications. — 1° Les ecchymoses, les contusions, les érosions, l'engorgement, les plaies superfi-

cielles de la matrice ne nous préoccupent aucunement,
et nous nous comportons comme si ces complications
n'existaient pas. 2° Le renversement de la matrice est
quelquefois accompagné de celui du rectum : cette
complication, rarement simple, rend l'accident très-
grave. 3° Le renversement de la vessie qui n'a encore été
observé que sur la jument, du moins que nous sachions,
mais que nous n'avons jamais vu compliquer celui de
la matrice — nous ne nions cependant pas que le cas
puisse se présenter — serait une complication très-
dangereuse ; le renversement de la vessie étant déjà,
par lui-même, un cas redoutable, attendu que la réduction de cet organe est toujours extrêmement difficile,
souvent impossible. 4° La rupture de la matrice, quand
la solution de continuité offre une certaine étendue,
est toujours un accident très-grave ; mais si la plaie
est peu large et existe à la partie supérieure de l'utérus
le cas est moins dangereux. 5° La rupture et le renversement de la matrice avec sortie des intestins est un
cas constamment mortel chez la jument ; nous le considérons également comme entièrement désespéré chez
la vache, malgré les quelques observations de guérison
par l'extirpation de l'utérus que possède la science ; et
si nous eussions été appelé à constater une complication de cette nature, nous aurions conseillé le sacrifice
de la femelle, attendu qu'on peut toujours tirer parti
de la viande.

Nous croyons être agréables au lecteur et utiles à la
science, en rapportant brièvement ici un cas de complication assez grave en apparence et qui, cependant,
n'eût pas la moindre suite fâcheuse. Une vache avait
vêlé dans la soirée. En se levant le matin, le vacher, à

la lumière de sa lanterne, vit une masse de chair derrière cette vache qui était couchée, et crut tout bonnement que c'était la *parure* (expression par laquelle le vulgaire désigne l'arrière-faix) et prenant le double crochet — le *hait* dans notre pays wallon — instrument qui sert à traîner le fumier des étables, etc , il le frappa dans cette masse de toutes ses forces, pour l'y fixer de manière à pouvoir l'entraîner facilement ; il tira si fort que le hait se déplaça et la masse ne bougea point. Croyant que l'instrument n'avait pas bien piqué, il exécuta une seconde fois cette manœuvre sans plus de succès. Alors, regardant de plus près, il vit que cette masse tenait à la nature, — mot qui, dans le langage vulgaire, désigne la vulve ; — effrayé, il courut appeler son maître qui l'envoya nous chercher. Ce pauvre et honnête jeune homme nous conta en pleurant ce qui lui était arrivé, avec prière de demander son pardon. Nous trouvâmes la matrice fortement contusionnée et beaucoup de sang épanché. Nous opérâmes sans rien changer à notre méthode ; seulement, nous rendîmes l'eau de graine de lin, dont nous nous servons, un peu plus épaisse et la guérison ne fut pas moins rapide que dans les cas ordinaires.

Moyens préventifs. — De l'exposé que nous avons fait des causes qui peuvent produire le renversement de la matrice, il résulte évidemment que cet accident pourrait être souvent prévenu : 1° En donnant aux femelles, aux approches du part, des aliments de facile digestion, qui, en nourrissant bien sous un petit volume, ne gênent pas les estomacs et les intestins 2° En pratiquant une petite saignée sur les femelles pléthoriques, irritables et d'une constitution énergique, quel-

ques jours avant la mise-bas. 3° En donnant au sol
des écuries et des étables, où sont placées les femelles
au moment d'accoucher, une disposition horizontale.
4° En laissant la femelle bien tranquille pendant toute
la durée du travail de la parturition, afin que cette importante fonction puisse s'accomplir selon les lois de la
nature, et en réclamant, s'ils étaient indispensables,
les secours d'un homme de l'art ou, à son défaut, d'une
personne intelligente, prudente et expérimentée. 5° En
administrant, pendant les derniers jours qui précèdent
le part et les premiers qui le suivent, quelques demi-
lavements mucilagineux si la défécation ne s'exécute
pas régulièrement. 6° En faisant lever la femelle, de
suite après l'accouchement, si elle a mis bas étant couchée, ce qui arrive le plus ordinairement chez la vache.
Cette précaution, utile dans tous les cas (car, si la matrice ou le vagin ont été déplacés par le fait de la sortie
du fœtus ou des efforts de la mère, ces organes rentrent
facilement, la femelle étant debout, entraînés par leur
propre poids dans la position naturelle), est urgente
lorsque les efforts expulsifs persistent après le part et
surtout, si la femelle était couchée ayant les parties
postérieures plus bas que les antérieures. Souvent les
efforts expulsifs diminuent et cessent même entièrement quand la femelle est debout; s'ils continuaient,
il faudrait introduire prudemment la main dans la matrice, afin de s'assurer s'ils ne sont pas provoqués par
un commencement de renversement de cet organe,
par la présence d'un second fœtus ou par la plénitude
de la vessie; dans ce cas, il faut se hâter de désemplir
le viscère en provoquant l'évacuation de l'urine, soit en
introduisant le doigt indicateur dans le méat urinaire,

puis le majeur, à l'aide duquel on dilate ce canal (opération qui s'exécute assez facilement), soit en introduisant dans la vessie une sonde en caoutchouc, chose qui n'est pas toujours facile, surtout si on ne tient pas compte d'une seconde valvule qui, dans la vache, se trouve à l'entrée du méat urinaire et bouche cette ouverture. Si les efforts expulsifs sont dus à la présence de l'arrière-faix, nous nous hâtons, pour la jument, d'extraire cette production. Nous avons dit, plus haut, pourquoi nous n'agissons pas de même pour la vache; nous comptons démontrer, une autre fois, que cette opération ne doit jamais être pratiquée sur cette femelle.

Toutefois les efforts expulsifs persistent quelquefois, sans causes appréciables, avec une intensité telle que les femelles se livrent à des mouvements désordonnés des plus alarmants: elles se jettent à terre et poussent si violemment que, pendant ces efforts, le vagin se renverse et que le rectum se déroule dans une longueur quelquefois de plus d'un pied, de manière à faire craindre le renversement de la matrice. Dans ce cas, nous maintenons la femelle debout; les efforts expulsifs sont alors moins violents. Pour cela, si c'est une jument, on lui met une bonne bride et on la promène dans le fumier, doucement à la main et en lui tenant la tête haute; un homme la suit avec un fouet et, chaque fois qu'elle fait mine de vouloir se coucher ou de ramasser ses membres en se voûtant les reins pour se livrer à des efforts expulsifs, il la fait marcher plus vite. Si le temps est froid, on la couvre de plusieurs couvertures. Nous plaçons la femelle sur un plan incliné, de manière que le derrière soit plus haut que le devant, et nous introduisons dans la matrice deux ou trois seaux d'eau mucilagineuse de graine de lin. Nous administrons en même temps un breuvage d'une préparation facile, composé d'une purée d'oignons et de lait de vache : on fricasse 3 ou 4 oignons dans du beurre brun, ces oignons étant réduits en purée, on y ajoute deux litres de lait, on laisse bouillir, on retire du feu et, lorsque ce breuvage est suffisamment refroidi, on le fait prendre en une seule fois. L'action de ce remède est facile à comprendre et, si l'on ne s'en contentait pas, nous rappellerions cet axiome : que devant l'autorité des faits la critique doit se taire.

Ces moyens simples nous ont constamment suffi dans ces circonstances, toujours cependant plus effrayantes que dangereuses, pour calmer les coliques utérines et prévenir le renversement de la matrice, alors qu'il paraissait imminent et en voie même de se produire.

Ces moyens sont également applicables à la vache et nous les avons très-fréquemment employés sur cette femelle avec un succès constant.

Nous avons essayé sur quelques femelles l'emploi des bandages pour prévenir le renversement de l'utérus dans les circonstances que nous venons d'exposer, mais nous ne saurions engager nos confrères à renouveler ces essais.

Réduction. — Le vétérinaire étant appelé lorsque la matrice est entièrement dehors, rentrer cet organe, le replacer et le maintenir dans sa position naturelle est tout ce qu'il a à faire ; ce qu'il importe surtout, c'est de bien l'étaler et le contenir jusqu'à ce que ses parois, suffisamment rétractées, rendent impossible un nouveau renversement. Le procédé que nous allons faire connaître atteint parfaitement ce double but.

Préliminaires. — Le renversement de la matrice, chez la jument, étant une affection fort grave, rapidement mortelle par suite des efforts expulsifs, des mouvements désordonnés auxquels se livre violemment cette femelle, mouvements pendant lesquels le viscère hernié est cruellement froissé, contusionné, déchiré, on ne saurait trop se hâter d'en opérer la réduction. Si l'homme de l'art pouvait être sur les lieux au moment même de l'accident, à part les difficultés qui résultent nécessairement de la plus grande force et de la plus grande énergie de cette femelle, il n'y a pas de doute que la réduction pourrait se faire sans donner lieu à des suites plus dangereuses que chez la vache; les quelques cas, pour lesquels nous fûmes appelé avant l'existence de ces funestes complications, nous en ont fourni la preuve. Quant à la vache, pas n'est besoin de tant se presser, quelques heures de plus ou de moins n'y font rien, alors que la bête n'est pas trop agitée; il est bon cependant, il est urgent même de ne pas perdre de temps.

Mes jeunes collègues me permettront de leur conter ici la conduite que j'ai tenue la première fois que je fus appelé pour remédier à cet accident; c'était chez une vache. Je dois leur dire, d'abord, que j'étais pleinement rassuré sur le peu de gravité qu'offre ordinairement le renversement de l'utérus chez cette femelle, non par les renseignements que j'avais puisés à l'École, mais pour avoir une fois opéré sous les yeux et d'après les conseils de mon père, praticien qui, comme beaucoup le savent, a joui d'une célébrité méritée; et parce que

je savais que tous mes frères, même ceux qui ne se
destinaient pas à la carrière vétérinaire, pratiquaient,
encore enfants, à 12 ou 13 ans, la réduction de la
matrice, et remplaçaient mon père dans la pratique de
cette opération, chaque fois que le cas se présentait. On
était donc accouru chez moi hors d'haleine en me
criant : Vite, vite monsieur, comme si c'eût été au feu,
notre vache a *tout poussé à camp, dehors,* (c'est ainsi que,
dans notre pays wallon, les paysans désignent le renversement de la matrice). Vite, vite, monsieur, elle va
mourir ! Eh bien, et après, la belle affaire, lui dis-je, il
y a bien de quoi faire tant de clameurs ; ouais da,
monsieur. comme vous en parlez, perdre une vache et
la plus belle de mon étable ! Bref, je voulus l'envoyer
en avant afin qu'il fît préparer tout ce qui est indispensable avant, pendant et après la réduction, pour que,
trouvant tout sous la main en arrivant, je n'eusse plus
qu'à me mettre à l'œuvre, et pouvoir ainsi, sans qu'il
en résultât aucune perte de temps, me lever, m'habiller
et m'en aller à l'aise. Sa détresse était si grande qu'il
s'y refusa, dans la crainte que, quand il serait parti, je
resterais couché. C'était la nuit et il pleuvait très-fort ;
il insista donc pour que je l'accompagnasse, il fallut
bien le contenter. En route il voulait toujours courir,
tandis que moi je marchais de mon pas ordinaire, pour
ne point, comme je le lui fis observer, arriver chez lui
tout en nage ; car, une fois là, je devais me déshabiller
entièrement, ce qui m'exposerait à gagner un rhume
ou une fluxion de poitrine, etc. Il comprit bien ces
raisons sans cependant trop les admettre ; le salut de sa
vache le préoccupait davantage que ma santé. C'est
triste à dire, mais c'est un peu comme cela chez la

plupart des campagnards. Toutefois, lui se désolant moi le plaisantant, nous arrivâmes à la maison. J'y trouvai tout le monde en émoi; j'étais jeune, peu connu, chacun me regardait avec inquiétude et défiance; on semblait me dire que cet accident était au-dessus de mon savoir. Je jetai un coup d'œil sur la vache et voyant qu'elle était couchée et bien tranquille, je pris les précautions indispensables pour empêcher le froissement de l'organe hernié sur la litière et le soutenir dans le cas où la bête viendrait à se lever, et je fis allumer un grand feu, pour préparer promptement un chaudron de décoction de graine de lin. J'ordonnai avec hauteur et en brusquant ces bonnes gens; j'avais appris, à l'école de mon père, qu'on obtient la confiance, moins en l'implorant qu'en la commandant, et je reconnus alors et par la suite que cette leçon n'est pas la moins importante de toutes celles que je reçus de lui. Tous mes ordres étant donnés, je m'assis près du feu, allumai ma pipe et engageai le maître de la maison à en faire autant. L'insouciance moqueuse que j'affectais, alors qu'il était, lui, sur les braises ardentes, le désespérait; en réalité, je ne perdais pas de temps puisque je ne pouvais rien faire avant que la décoction mucilagineuse fût préparée. Enfin, après avoir assez longtemps torturé ces braves gens, en opposant mon assurance railleuse à leurs impatientes angoisses, et tout étant prêt, j'opérai. En un instant tout fut fait: l'ablation de l'arrière-faix, la réduction et la contention de la matrice. Alors tous les visages prirent une autre expression, on me combla de remercîments, de flatteries et je partis en riant encore de leurs inquiétudes et en leur assurant que, le lendemain, il ne resterait plus aucune trace de cet accident. Mes prédictions se réalisèrent à merveille, on ne remarqua pas même de diminution dans la sécrétion laiteuse. Dès lors j'avais conquis la confiance pleine et entière de cette maison et de toute la localité, où mes faits et gestes furent bientôt connus et colportés avec une exagération bienveillante et élogieuse. *Audaces fortuna juvat.* Cet axiome latin, vrai dans toutes les conditions, l'est surtout dans notre métier : seulement le vétérinaire doit savoir cacher derrière une grande audace son extrême prudence.

Préparatifs relatifs à l'opérateur. — Le principe que l'on ne saurait trop se hâter, quelle que soit l'espèce à laquelle appartient la femelle accidentée, étant admis, nous renvoyons de suite l'exprès qui est venu réclamer nos soins, en lui recommandant de faire diligence ; d'étendre en arrivant un bon drap de lit derrière la bête, en dessous de l'organe hernié, d'y maintenir celui-ci et de le soutenir, en plaçant un homme à chaque extrémité du drap, dans le cas où la bête se lèverait ou se tiendrait debout ; de faire bouillir trois ou quatre livres de graines de lin dans trois ou quatre seaux d'eau, de manière à obtenir une forte décoction mucilagineuse ; d'avertir pour qu'il n'y ait plus qu'à les appeler, les hommes dont l'assistance nous est indispensable. Nous pouvons alors nous en aller à l'aise sans qu'il en résulte la plus petite perte de temps, et, trouvant tout préparé en arrivant, nous nous mettons immédiatement à l'œuvre.

Costume de l'opérateur. — Nous voudrions revêtir le costume du père Adam dans le paradis terrestre, avant ou après le péché : mais, par respect pour les mœurs, nous gardons le pantalon, vu que nous ne pouvons absolument pas nous en dévêtir ; c'est dommage, car il est impossible qu'il s'en retire sans être fortement maculé et endommagé. La précaution de se déshabiller entièrement jusqu'à la ceinture offre un immense avantage pour la célérité, la facilité et le succès de l'opération, en permettant à l'opérateur sans qu'il soit arrêté ou embarrassé, comme cela arrive si souvent par le déroulement des manches de la chemise, l'emploi simultané et alternatif de ses deux bras et en facilitant le jeu de leurs mouvements et leur entrée plus profonde dans les voies génitales ; de plus, elle est importante au point de vue de la conservation de sa santé, chose précieuse, à laquelle nous ne croyons pas devoir lui recommander de tenir. C'est un fait, que le chirurgien vétérinaire ne saurait réduire la matrice renversée, sans avoir sa chemise, sa flanelle, etc., et tout son corps dégoûtamment souillés par les excréments et l'urine qui sont lancés avec force pendant les efforts expulsifs ; par le sang et les matières glaireuses qui suintent de la matrice, et par l'eau mucilagineuse chargée de matières sanguinolentes qu'il reçoit en abondance, quand, après avoir versé une certaine quantité de ce liquide dans la matrice, il introduit la main dans ce viscère afin de s'assurer s'il est bien étendu et remis dans sa position ; manipulation qui provoque constamment les efforts expulsifs. Ces matières, outre qu'elles souillent et gâtent les vêtements, les mouillent entièrement. On ne peut pas emporter une malle avec soi et avoir des habits de rechange ; il est vrai qu'on pourrait en trouver dans la maison où on a opéré ; mais on n'aime pas toujours de les demander ni de les accepter, surtout si c'est chez de pauvres cultivateurs. Force est donc de s'en retourner chez soi les vêtements sales, répandant une odeur, on me croira facilement, moins agréable que celle de la violette, totalement mouillés sur le corps, et cela bien souvent après avoir éprouvé d'abondantes transpirations. Il n'en faut certainement pas davantage pour gagner une bonne fluxion de poitrine ou au moins un petit rhume.

Quand l'opérateur s'est déshabillé aussi complétement que les mœurs le permettent, quand il a ôté sa chemise, sa flanelle, etc., l'opération terminée, il se lave, se nettoie, s'essuie bien et rentre dans ses vêtements qu'il trouve propres, secs, chauds et tout est dit.

Nos habits étant enlevés, nous nous costumons en boucher : pour cela nous demandons à la fermière trois tabliers, nous en plaçons un sous chaque bras en le nouant sur l'épaule opposée, ainsi : celui du côté gauche se noue sur l'épaule droite et celui du côté droit sur l'épaule gauche ; le troisième, destiné à garantir le pantalon, s'attache à la ceinture en passant au-dessus des deux autres, de manière à les maintenir étalés sur le corps en l'enveloppant complétement. afin qu'ils le garantissent, autant que possible des saletés et du froid.

Nous recommandons ce costume comme étant le plus commode toutes les fois qu'il s'agit d'introduire profondément le bras dans la matrice pour y exercer des manœuvres comme celles que réclame le cas que nous étudions, ainsi que tous les cas de parturition laborieuse et la délivrance.

Ce costume revêtu, nous examinons nos ongles et, s'ils sont trop longs, nous les rognons ; en même temps nous faisons amener l'eau mucilagineuse, au degré de température et à la quantité convenables, par une addition d'eau froide.

Préparatifs relatifs à la femelle. — Si la femelle est couchée, il faut nécessairement la faire lever, mais avant il est avantageux, surtout si la femelle est faible ou fatiguée, de détacher l'arrière-faix si cette production est encore adhérente à l'utérus, comme cela a lieu le plus ordinairement ; c'est autant de temps de moins que la bête devra rester debout. Cette opération est très-facile dans ce cas : sur la jument, on prend les enveloppes de la main droite, on tire légèrement et, de la gauche, on appuie sur la matrice près du point qu'il s'agit de détacher, et ainsi de suite jusqu'à la fin. Sur la vache, on détache l'arrière-faix cotylédon par cotylédon, on commence par les plus rapprochés de la vulve ; de la main droite on tire, avec un léger mouvement de torsion, sur les enveloppes, et de la gauche on soutient le cotylédon de la matrice ; on parvient ainsi, très-facilement, à désengaîner le cotylédon placentaire du cotylédon utérin. Cette opération terminée, on fait lever la bête ; si elle s'y refusait, ce qui arrive quelquefois, surtout chez la vache, soit pour être trop fatiguée ou trop faible, soit encore par inertie ou paresse, on pourrait essayer de la faire tourmenter par un chien qu'on excite contre elle, ou de lui verser quelques gouttes d'eau dans l'oreille, ou de lui écraser le bout de la queue en le faisant rouler entre le pied et un corps dur ; nous sommes parvenu plusieurs fois, par ces moyens, à la faire lever. Lorsqu'on ne peut absolument pas obtenir ce résultat par ces manœuvres ou d'autres, il faut la lever et la maintenir debout à force de bras : à cet effet nous prenons une forte corde, un cable, on la passe par un bout au-dessous de la poitrine, près des membres antérieurs, au niveau des coudes, en l'attirant presque entièrement du côté opposé, et on la conduit le long des côtes, du ventre, en la ramenant, par le pli des fesses, le long du ventre et des côtes, du côté par où la corde a été passée jusqu'au bout que nous avons conservé assez long pour permettre de fermer cette espèce d'anse par un nœud solide. Il faut que cette anse serre fortement autour de la bête pour que, en la soulevant sur la corde, les aides aient toute leur force et puissent tirer autant que possible à la longueur des bras, ce qui n'aurait pas lieu si l'anse était trop large. En effet, il est facile de comprendre que, lorsque la vache serait à moitié soulevée, la corde se distendrait et que, dès lors, les hommes étant sans force, le derrière de la bête s'affaisserait à travers l'anse. Une fois que la corde est convenablement placée, on prend plusieurs hommes robustes, en nombre proportionné au poids de la femelle, 8 ou 10 suffisent ordinairement : on en met un à la tête pour la soulever et la soutenir, un second tirera sur la queue de toutes ses forces pour aider à soulever le derrière ; les autres se placent, en nombre égal de chaque côté, le long de la corde qu'ils saisis-sent des deux mains ; nous leur recommandons bien de soulever en dirigeant leurs efforts d'arrière en avant ; de cette façon la corde ne saurait s'échapper du pli des fesses. Chacun étant à son poste et instruit de ce qu'il doit faire, nous donnons le signal et tous, agissant simultanément, soulèvent la bête et la maintiennent debout pendant que d'autres personnes redressent les membres et, munies de forts bouchons de paille, frictionnent vigoureusement ces parties. Quand elle est remise sur ses jambes, des aides la soutiennent en passant un sac roulé dans le pli des fesses, et un autre sous la poitrine près des membres antérieurs. Cette méthode de relever la vache et de la maintenir debout par la force, n'occasionne aucune compression du ventre et laisse à cette cavité toute sa capacité. Nous y avons eu souvent recours avec succès, dans le cas que nous examinons, et c'est la seule qu'il convient d'employer toutes les fois qu'il s'agit de relever une vache, n'importe pour quelle cause; car on ne peut, sans qu'elle coure de grands dangers, la mettre debout par la force, au moyen de cordes ou de sacs roulés passant sous le ventre : tout le poids du corps, en portant sur ces engins, déterminerait une compression des viscères abdominaux, capable de les rupturer, le rumen surtout, vaste organe étendu sur toute la paroi de l'abdomen et toujours distendu par une masse d'aliments. Que de bêtes bovines ont succombé pour avoir été relevées de cette manière!

Nous ne sachons pas que la méthode que nous venons de faire connaître, pour relever la vache à force de bras, ait encore été décrite. On nous dira peut-être, encore, qu'un esprit sérieux perdrait son temps à s'occuper d'une opération que tous les domestiques de ferme connaissent. Sans m'arrêter à dénier cette allégation, je demanderai à mon contradicteur si c'est près des garçons de ferme que le vétérinaire doit apprendre son art, ou s'il est séant qu'il prenne près d'eux des avis, n'importe dans quel cas, fût-il encore plus simple?

Ce procédé ne peut convenir pour relever la jument

et la maintenir debout de vive force : le poids de cette
femelle étant trop considérable ; et comme on ne saurait la relever sans l'emploi de cordes, de sacs roulés
ou d'autres engins passant sous le ventre, ce qui, dans
le cas que nous exposons, augmenterait les difficultés
au lieu de les amoindrir, il faut absolument opérer la
jument étant couchée.

Nous insistons sur la position debout comme étant
celle qui offre le plus d'aisance à l'opérateur pour l'exécution de ses manœuvres et rend plus facile la rentrée
de la matrice en laissant au ventre toute sa capacité.
Cependant, s'il était absolument impossible de l'obtenir,
il faudrait bien opérer la bête étant couchée, circonstance fâcheuse : d'abord parce que le ventre, étant
comprimé, perd de sa capacité et que le refoulement
des viscères abdominaux s'oppose à la rentrée de la
matrice ; ensuite parce que le chirurgien doit aussi se
coucher et que, dans cette attitude, il a moins de force
et plus de difficulté pour agir, et enfin parce que, dans
cette position, les femelles font des efforts expulsifs
plus violents et que les moyens pour s'y opposer sont
moins efficaces.

Quand la femelle se lève bien seule, elle peut souvent marcher ; dans ce cas, on la conduit sur un sol
fortement en pente, reconnu ou préparé d'avance,
aussi près que possible de l'écurie ou de l'étable ; et là,
on la place les parties antérieures dans le fond et les
postérieures sur la hauteur. Pendant le trajet, les
aides qui tiennent les extrémités du drap soutiennent
l'organe hernié. Si elle était trop faible pour marcher
et qu'elle eût de la peine à se tenir debout, on la ferait
soutenir en lui passant sous la poitrine un sac ou deux

en croix, et on essaierait ainsi de la conduire sur un terrain propice. Si le déplacement était reconnu impossible, on la laisserait où elle est, en donnant au sol sur lequel elle se trouve une grande inclinaison, par l'accumulation et le tassement de la litière. Si elle ne pouvait absolument pas se lever ou se tenir debout avec le secours des moyens de sustentation, on la laisserait couchée ; et, pour atténuer les inconvénients de cette position, on relèverait fortement le train postérieur en y disposant convenablement la litière et plusieurs bottes de paille.

Cette disposition, fortement en pente, du sol sur lequel on place, dans le cas de renversement de la matrice, la femelle debout ou couchée, nous la considérons comme étant de la plus haute importance pour la réduction de cet organe, dont la rentrée serait, sinon impossible, du moins ne s'obtiendrait qu'avec des difficultés infinies sur un plan horizontal, et plus difficilement encore si les parties antérieures étaient plus élevées que les postérieures, comme cela existe dans la plupart des écuries et des étables.

Disposition des aides. — Nous plaçons : 1° un aide à la tête, qu'il tient haute au moyen d'une forte bride ou d'un tord-nez, si c'est une jument et qu'elle soit debout. Si c'est une vache, il saisit la corne droite de la main gauche et les narines de la main droite, en pinçant aussi fortement que possible la cloison nasale avec le pouce et l'index ; cet aide, tout en maintenant la femelle en place, cherche à détourner son attention par une autre douleur. 2° Un second, en regard de l'un des flancs, pince fortement des deux mains la région lombaire pendant la réduction, ou mieux frotte vigoureusement les apophyses épineuses des vertèbres lombaires, en se servant d'un solide bâton ; cette manœuvre, en empêchant la femelle de voûter cette région, s'oppose aux efforts expulsifs. 3° Un troisième, au flanc opposé, tient la queue en la renversant en avant, afin non-seulement qu'elle ne gêne pas l'opérateur, mais surtout pour obtenir une dilatation plus grande du vagin. 4° Deux aides placés, l'un à droite et l'autre gauche, derrière la femelle en face l'un de l'autre, tiennent chacun, noué autour du cou par les coins, un des bouts du drap de lit sur lequel repose la matrice qu'ils soutiennent ; ils ont ainsi plus d'aisance et de force pour soulever et maintenir, pendant l'opération, l'organe hernié à la hauteur convenable. Ce point est très-important ; c'est de lui que dépend la rentrée plus facile de l'utérus.

Préparatifs relatifs à l'organe hernié. — Tout étant prêt, les aides à leur poste et la femelle parfaitement maintenue sur le plan incliné, nous nous présentons, dans le costume décrit plus haut et les bras bien huilés, en face de l'organe renversé, sans nous préoccuper de l'état de la vessie auquel les auteurs attachent une grande importance. Nous commençons par détacher l'arrière-faix, si nous n'avons pu le faire la femelle étant couchée ; nous nettoyons et lavons avec soin la matrice, sans épargner le temps nécessaire pour cette opération ni l'eau mucilagineuse, et sans craindre de palper, de malaxer, de manipuler cet organe. Ces manœuvres, en facilitant la circulation dans le viscère hernié, diminuent l'engorgement de son tissu, assouplissent ses parois et, à ce point de vue, elles nous paraissent infiniment préférables aux mouchetures et scarifications indiquées par presque tous les auteurs, opérations auxquelles nous n'avons jamais cru devoir recourir, non que nous les considérions comme dangereuses ou nuisibles, mais comme tout à fait inutiles.

Réduction du vagin. — Si le vagin seulement est renversé, la réduction est très-facile et promptement terminée. Les aides, moins les deux destinés à soutenir la matrice, étant placés comme nous venons de le dire et la femelle maintenue sur un plan incliné, condition qui n'est pas même indispensable (le plus souvent nous ne la dérangeons point de la place qu'elle occupe), nous prenons avec les deux mains ouvertes, après l'avoir bien lavée et manipulée, la tumeur qu'il forme au dehors de la vulve, ou nous appliquons sur les côtés de sa partie inférieure les deux poings fermés, et nous en forçons la rentrée en la portant ou en la repoussant de bas en haut : l'entrée du bassin étant plus large supérieurement, par suite du relâchement des ligaments sacro-ischiatiques et de l'élévation de la queue. Nous imprimons franchement à nos manipulations et à nos manœuvres un degré de force convenable.

Réduction de l'utérus. — Lorsque l'utérus et le vagin sont renversés, nous recommandons aux aides chargés de soutenir la masse qu'ils forment, de la soulever assez fortement pour la maintenir en regard de l'entrée du bassin, dans une direction légèrement oblique de haut en bas et d'arrière en avant, de façon à lui donner absolument la même direction que celle que présente la cavité pelvienne, par la position de la femelle sur un plan incliné ; en un mot, pour qu'une ligne, en passant par le centre de toute la masse, passe également ment par le centre du bassin. L'importance de cette

recommandation est facilement appréciable et les auteurs ne nous paraissent pas avoir assez insisté sur ce
point. Alors nous commençons nos manœuvres. Ici
tous les auteurs et tous les praticiens ne sont pas d'accord ; les uns disent qu'on doit d'abord rentrer les
parties les premières sorties, celles qui sont les plus
rapprochées de la vulve, c'est-à-dire le vagin ; le plus
grand nombre a critiqué cette méthode en la disant
dangereuse. Quant à nous, nous l'avons souvent suivie
sans la trouver ni plus difficile, ni plus dangereuse que
celle qui consiste à rentrer premièrement la grande
corne, celle qui renfermait le fœtus. Cependant nous
n'employons pas indistinctement ces deux procédés.
Ainsi, quand la grande corne n'est pas entièrement
renversée, nous préférons commencer par elle. Son
fond n'est pas difficile à trouver et nous plaçons le
poing fermé dans l'excavation ou poche qu'elle forme
dans la masse herniée, et le poussons en avant en lui
faisant suivre le conduit qu'offre le sac, actuellement
formé par la surface externe de l'utérus. Cette partie
non déroulée, au fur et à mesure qu'elle avance, attire
après elle les autres parties en les repliant à sa suite.
Nous poussons toujours, nous arrêtant lorsqu'il survient des efforts expulsifs, mais en tenant ferme pour
empêcher les parties rentrées d'être renversées de nouveau. Dès que ces efforts cessent, nous continuons
jusqu'à ce que le bras, engagé dans la masse et dans la
vulve jusqu'à l'épaule, soit hors de force. Il arrive que
la rentrée se fait d'un seul temps et sans avoir provoqué
d'efforts expulsifs ; nous ne nous en plaignons certainement pas. Nous ne saurions nous abstenir d'exprimer, ici, l'étonnement que nous avons éprouvé en lisant

dans l'œuvre remarquable de M. Rainard ; « *L'opéra-*
» *tion ne doit pas être pratiquée d'un temps. Il faut s'arrêter*
» *après qu'on a réduit la grande corne pour donner le temps*
» *à la femelle de se calmer, autant que pour permettre à*
» *l'opérateur de prendre quelque repos.* » Nous craignons
de ne pas bien comprendre ce professeur distingué,
mais en prenant à la lettre cette recommandation, nous
ne pouvons nous empêcher de la considérer comme
une hérésie ; en effet, quel est le praticien qui ne se
trouvera pas heureux de compléter cette opération tout
d'un temps quand il pourra y parvenir? Quel est celui
qui s'arrêtera quand il aura réduit la grande corne s'il
n'y est pas contraint et forcé par les efforts expulsifs?
Et pourquoi ne réduirait-il pas tout d'un temps? et
pourquoi s'arrêterait-il pour donner à la femelle le
temps de se calmer? De deux choses l'une : ou la
femelle fait des efforts expulsifs et, dans ce cas, l'opérateur est forcément arrêté ; ou elle est calme, et alors
pourquoi l'opérateur doit-il s'arrêter? Pour attendre,
sans doute, que les efforts expulsifs, provoqués par la
présence de la main et la pression qu'elle exerce sur
la matrice en partie réduite, viennent à se manifester
et renversent de nouveau les parties réduites ; ou au
moins arrêtent forcément l'opérateur pour lui faire
regretter de s'être arrêté volontairement. Quant à nous,
nous réduisons tout d'un temps lorsque, par bonheur,
la chose est possible, et nous trouvons que plus la rentrée est prompte et facile, plus les suites sont légères ;
nous ne nous arrêtons que si nous y sommes forcé par
les efforts expulsifs. L'expérience nous ayant appris que
les moments de calme ne sont pas longs dans ces circonstances, nous les mettons à profit et nous ne prenons

de repos, avant que la réduction soit complète, que
quand nous ne pouvons pas faire autrement. Nous
avons la conviction que tous nos collègues, qui ont
quelque pratique, agissent comme nous et ils font
bien.

Lorsque la masse ne peut rentrer tout d'un temps,
parce que notre bras est trop court, nous retirons la
main en soutenant de l'autre les parties restées dehors,
et nous continuons ces manœuvres jusqu'à ce que la
réduction soit parfaite. Assez souvent, quand la main
est retirée, toute la matrice, par suite de la position de
la femelle sur un terrain en pente et de la direction
donnée à la masse herniée, coule d'elle-même, ou par
une nouvelle pression des mains, sur le plan incliné
que présente le bassin et va reprendre sa place.

Si la grande corne était entièrement renversée, on
en trouverait plus difficilement le fond (on peut
cependant le reconnaître à l'épaisseur moins grande
des parois de la matrice en cet endroit) dans ce cas, le
premier temps de la réduction, — la rentrée du bout
de cette corne, — offre quelquefois d'assez grandes
difficultés, à cause de l'engorgement considérable des
parois de la matrice qui efface, obstrue la cavité du sac
à travers lequel la réduction doit se faire. C'est ordinairement dans des cas semblables que nous commençons par rentrer les parties les plus rapprochées de la
vulve, c'est-à-dire le vagin ; pour cela, nous travaillons
des deux mains, tantôt fermées, tantôt ouvertes, suivant les circonstances, en n'agissant que sur les côtés
et par le haut ; par le bas on n'obtiendrait aucun résultat. Nous cherchons à engager le vagin dans les lèvres
de la vulve ; quand une partie est rentrée, nous la

maintenons et la faisons suivre d'une autre partie et ainsi de suite, en nous arrêtant chaque fois que la femelle fait des efforts expulsifs et en tenant bon, les mains fermées pour ne pas déchirer les parois du vagin et de l'utérus, et nous opposer à ce que les parties rentrées soient expulsées de nouveau. Cette méthode, qui nous a souvent permis d'obtenir la rentrée prompte et facile des organes renversés, réclame quelquefois plus de patience et moins de timidité : les manœuvres devant être plus longues et plus énergiques que par l'autre procédé. Les manipulations, si elles n'amènent pas immédiatement la rentrée des parties qu'on s'attache à réduire, produisent toujours le dégorgement des tissus, assouplissent les parois et bientôt on est étonné de les voir rentrer avec une grande facilité. Souvent, presque toujours, lorsque le vagin est rentré, la matrice, pour les mêmes raisons que nous avons indiquées plus haut, rentre d'elle-même et va, en se déroulant, reprendre sa position.

Tels sont les principes à établir relativement à l'une et à l'autre de ces méthodes ; mais l'opérateur, quelle que soit celle qu'il adopte, devra, dans les diverses circonstances qui peuvent se présenter pendant l'opération et dans la pratique des manœuvres qu'elle exige, savoir prendre conseil de son intelligence, de son jugement et de son bon sens. Disons, en règle générale, que l'opérateur doit être calme sans indolence, prudent sans timidité, agir avec plus de discernement que de force, sans craindre pourtant d'employer celle-ci alors et autant qu'elle est nécessaire, et d'une manière plus décidée que les auteurs semblent le permettre. Il ne se laissera pas décourager comme cela arrive si souvent aux jeunes praticiens, par les difficultés qui se présentent quelquefois, ni effrayer par quelques déchirures qui n'intéresseraient que la muqueuse ou par l'arrachement de quelques cotylédons. Il faut cependant qu'il évite ces accidents, quoi qu'ils soient sans gravité et de nul effet; grâce sans doute à l'efficacité du moyen contentif que nous allons faire connaître.

Si l'opération doit être pratiquée, la femelle étant couchée, il n'y a rien à changer dans le manuel opératoire que nous venons de décrire, la conduite de l'opérateur sera la même; seulement, comme il faut qu'il agisse en s'étendant à plat ventre, il devra, pour avoir plus de force, ménager un point d'appui pour ses pieds, soit contre une muraille, une pierre, soit contre les pieds d'un aide.

Dès que la matrice est rentrée, nous introduisons la main et la promenons partout sur ses parois, à l'effet de nous assurer si elle a repris sa place et pour l'étendre si elle n'était pas entièrement déroulée. C'est à l'oubli de cette précaution indispensable qu'il faut attribuer le retour fréquent des efforts expulsifs et d'un second renversement.

En se basant sur des faits exceptionnels, des praticiens trouvent, paraît-il, plus facile de retrancher la masse utérine herniée que d'en opérer la réduction; et

(1) Tout ce qui est dit dans ce travail, que nous avons publié en 1859, relativement au procédé de réduction, consistant à rentrer les parties les plus voisines de l'utérus les premières, et sur la nécessité de bien étendre et d'étaler la matrice dans sa position naturelle, est pleinement confirmé par une lettre de M. Séhask, praticien français très-avantageusement connu dans le monde vétérinaire, rapportée dans la chronique de mai 1878 du *Journal de Lyon* et mentionnée aux extraits analytiques du cahier de février 1879 des *Annales de médecine vétérinaire de Belgique*.

ils s'en font un titre de gloire ! Le procédé, nous en convenons volontiers, est des plus simple ; on le pratique sans la moindre peine. Il n'exige même, de la part du chirurgien, aucune connaissance ni habileté ; il consiste tout bonnement dans l'application d'une ligature sur la partie rétrécie de la tumeur. Le premier venu sait en faire autant ! Ce sont là, évidemment les raisons de la préférence qu'on lui accorde. Par ce système, quatre bonnes laitières stérilisées et une peau sur cinq cas, seraient en moyenne, les résultats les plus favorables qu'on peut opposer à ceux qui, sans laisser derrière eux aucune mauvaise suite, sont portés par centaines au bilan de la méthode par réduction. Mais cette opération exempte de tout danger, qui nous a été léguée par la vieille école, date des temps où la peine n'était pas un obstacle aux bons services et, exige, avec quelques connaissances et un peu de dextérité, beaucoup de bonne volonté.

L'ablation de la matrice renversée à la suite du part est certainement au point de vue physiologique un fait des plus intéressant ; et nous comprenons que, par exception, on ait recours à cette opération, sur une vache maigre impropre à la consommation, quand une lésion grave, telle que la déchirure des parois du viscère, fait craindre que la réduction ne soit suivie de complications mortelles. Dans ces conditions, on a le droit d'être fier de la réussite ; mais, dans les circonstances ordinaires, la pratique en est blâmable. Pour nous, nous le disons en toute franchise : la préconisation de ce moyen, hors de nécessité, est un aveu qu'on se croit incapable d'en employer un autre, ou qu'on recule devant un travail désagréable.

Contention. — Puisque nous avons parlé de la réduction du vagin, nous dirons comment on doit contenir cet organe afin de prévenir de nouvelles invaginations.

Si le vagin a été renversé après le part, par suite de l'irritation des viscères de la génération et de la violence des efforts expulsifs ; s'il a été entraîné par la sortie du fœtus ou occasionné par une mauvaise disposition du sol, etc., il suffit ordinairement, après la réduction, de combattre la cause pour obtenir la guérison. Si, malgré ces soins, il se déplaçait ou tendait à se déplacer de nouveau, nous conseillons la suture que nous décrivons plus loin.

Nous n'avons pas ici à nous occuper du renversement, que nous appellerons chronique, du vagin, que l'on observe fréquemment sur la vache, à l'état de vacuité comme pendant la gestation, avant et après le part. M. Walravens, vétérinaire du gouvernement à Enghien, notre condisciple et ami, a publié dans les *Annales vétérinaires*, numéro de novembre, année 1857, un article remarquable sur cet important sujet. Nous comptons un jour ajouter au travail de ce judicieux praticien ce que l'expérience nous a appris sur cette affection.

Contention de la matrice. — La matrice étant rentrée et replacée dans toute l'étendue que la main peut atteindre, au moyen d'une espèce d'entonnoir préparé avec une corne de bœuf — instrument employé presque partout chez les cultivateurs pour administrer des breuvages et des lavements aux grands animaux — nous versons dans la matrice, aussi rapidement que possible, deux ou trois seaux de décoction mucilagineuse de graines de lin. Pour cela, la femelle étant toujours maintenue sur le plan incliné, nous introduisons la corne dans la vulve, et à l'aide d'une marmite tubulée, ou ce qui est aussi convenable, d'une tôle, nous faisons verser, d'un seul coup, tout le liquide que contient le vase. Nous réitérons, sans interruption, deux ou trois fois de suite, en versant plus vite et plus abondamment, alors qu'un bruit d'aspiration se manifeste : moment pendant lequel le contenu d'un seau serait englouti en un clin d'œil. Nous faisons cesser de verser, lorsque apparaissent les efforts expulsifs qui rejettent une certaine quantité du liquide introduit et que nous remplaçons aussitôt que les efforts ont cessé, en recommençant jusqu'à ce que le liquide expulsé, de moins en moins chargé de matières sanguinolentes, finisse par être rejeté avec la transparence à peu près qu'il avait avant son introduction dans la matrice. Alors l'opération est terminée et on remet la femelle à sa place.

Soins hygiéniques après la réduction. — Si c'est une jument, il faut la surveiller, afin de s'opposer aux efforts expulsifs, l'attacher de manière à l'empêcher de se coucher de la journée et la promener si la température le permet. Pour la jument comme pour la vache, il est indispensable de relever fortement la litière sous le train postérieur, de continuer à introduire, de temps en temps, pendant la première journée d'abord un demi environ, puis un quart de seau d'eau de graines de lin dans la matrice, et de recommander la diète, des boissons adoucissantes, rafraîchissantes, mucilagineuses, quelques petits lavements émollients tièdes, plutôt froids que chauds. Ces soins, continués pendant quelques jours, suffisent pour assurer la guérison tant chez la jument que chez la vache ; chez cette dernière femelle, nous n'avons jamais eu aucune mauvaise suite à regretter, la guérison a toujours été si heureuse que les fonctions vitales n'en ont presque jamais éprouvé d'altération notable ; souvent, le lendemain déjà, il n'y paraissait plus rien (1).

Modes d'action de ce moyen contentif. — Les différents modes d'action de ce pessaire d'un nouveau genre sont faciles à saisir :

Par sa fluidité, son poids et sa masse, il exerce une action mécanique importante ;

Il remplit, en outre, les fonctions salutaires d'un bain en même temps détersif et antiphlogistique, double effet d'une utilité incontestable ;

(1) M. Saint-Cyr dit : (page 609 de son traité) « ainsi M. Denembourg qui a eu *souvent* à traiter cet accident n'a perdu *aucune* de ses malades. » En soulignant les mots souvent et aucune son intention serait-elle de faire ressortir l'exagération dont ils paraissent être gros ? Nous avons maintes fois déclaré que c'est moins sur notre propre expérience que sur celle de nos pères que nos allégations sont basées ; or, quand du sommet de plus de deux siècles de pratique, on regarde les faits qui se sont produits sur l'étendue d'une grande clientèle, ils apparaissent nombreux, ils le sont en effet, le cas étant assez fréquent. Le mot souvent était donc bien en situation. Serait-il étonnant, maintenant, que, parmi une telle foule de faits, il y en eut quelques-uns dont la guérison fût contestable ? Ne sait-on pas combien de fois l'homme de l'art est appelé à intervenir alors que des tentatives maladroites ou l'irritabilité de la femelle ont déterminé des complications qui enlèvent toute chance de réussite ? Pour notre part, nous pouvons affirmer n'avoir jamais eu à regretter aucun insuccès. Une fois cependant, nous avons dû juguler la malade — opération que tout vétérinaire doit savoir faire proprement, — à notre arrivée la vache était étendue sur la litière n'ayant que quelques minutes à vivre ; les yeux étaient vitreux, le corps entièrement froid, les muqueuses d'une extrême pâleur et le pouls imperceptible. Les lésions nombreuses et profondes de l'organe hernie, et le sang qui avait jailli sur les murailles et dont la litière était imprégnée, témoignaient des mouvements violents et désordonnés auxquels s'était livrée la bête pendant la nuit, en l'absence — négligence inqualifiable — de toute surveillance. Des cas de cette nature ne sauraient, ce nous semble être mis en ligne de compte.

Et peut-être jouit-il encore d'une action spéciale toute physiologique non moins puissante et efficace. 1° Ce liquide, versé rapidement en abondance, en tombant dans la matrice, entraîne cet organe par l'effet de sa chute et de son poids ; et, par la facilité avec laquelle il se répand dans toutes ses parties, il étend ses parois et les points qui n'auraient pas été complètement réduits — la longueur du bras ne permettant pas toujours d'atteindre le fond de la corne — et le rétablit dans sa position ; enfin, par sa masse, il pèse fortement sur cet organe et s'oppose à un nouveau renversement ; 2° comme bain détersif, il baigne les parois utérines, les lave, les nettoie des matières excrémentitielles qui, expulsées pendant l'opération, ont de nouveau souillé le viscère hernié, et du sang que les manipulations ont fait suinter, matières qui, par leur décomposition dans l'intérieur de la matrice, deviennent principes irritants d'un organe déjà irrité ; 3° comme bain antiphlogistique, il baigne l'intérieur de la matrice, assouplit son

Notre père nous avait dit : « Cet accident chez la vache est assez fréquent, mais n'a pas de gravité quand la réduction en est bien faite. Je n'ai pas souvenance qu'une bête, opérée par moi dans des conditions ordinaires, en soit morte ou qu'elle en ait seulement été dérangée. » Le fait qu'il se reposait sur nos jeunes frères pour le remplacer dans la pratique de cette opération, prouve assez la confiance qu'il avait en son procédé.

« Chez la jument, au contraire, cet accident, disait-il, est redoutable, moins, cependant, à cause des difficultés plus grandes que présente la réduction, que de l'impossibilité d'intervenir avant que des désordres, des lésions graves n'aient compromis le succès. »

On remarquera donc qu'en affirmant n'avoir perdu aucune de nos malades, nous n'avions en vue que la femelle bovine, attendu qu'admettre la gravité de l'accident chez la femelle chevaline, c'est reconnaître implicitement que les suites n'en sont pas toujours heureuses.

Ces explications suffiront, pensons-nous, pour justifier l'emploi des mots *souvent* et *aucune* que M. Saint-Cyr souligne, comme lui paraissant entachés d'exagération.

tissu, le relâche, calme l'irritation ou l'inflammation primitive ou consécutive dont il est le siége; et partant, affaiblit ou fait cesser entièrement les douleurs et les efforts expulsifs; de plus, par absorption, par continuité et contiguité de tissu, il étend son action émolliente et sédative aux organes voisins, qui peuvent participer à l'irritation des viscères de la génération, action dont les effets se font sentir dans toute l'économie ; 4° la matrice, habituée insensiblement à contenir et à soutenir une masse d'un poids et d'un volume considérables, le fœtus et ses annexes, se trouvant subitement débarrassée et libre de cette masse, ne subirait-elle pas, par suite de ce passage trop brusque de l'état de plénitude à l'état de vacuité, l'effet d'une condition particulière, nerveuse, d'où dépendraient, dans la pluralité des cas, ces efforts expulsifs anormaux qui déterminent le renversement de l'utérus ? Si ce fait était admis, la masse de liquide que nous introduisons dans la matrice, en remplaçant la masse fœtale et en se perdant peu à peu, combattrait cet effet en rendant ce passage insensible. Quoi qu'il en soit de ce dernier mode d'action, ceux qui précèdent nous paraissent devoir suffire pour faire admettre les avantages qu'offre notre pessaire, si simple, d'une application si facile et toujours si efficace, sur tous ceux connus jusqu'aujourd'hui.

Suture. — Le procédé que nous venons de faire connaître préviendrait seul, dans l'immense majorité des cas, une seconde invagination. Cependant, pour plus de sécurité, surtout lorsque nous nous trouvons chez un client éloigné, nous pratiquons la suture de la vulve. Pour cela nous prenons une aiguille particulière, de la grosseur d'une aiguille d'emballeur, représentant assez bien en petit la lame d'une aiguille à séton. Elle est légèrement recourbée sur plat, percée d'un œil arrondi et munie d'un manche. Pour ligature nous employons une lanière en cuir blanc de Hongrie de la grosseur d'environ un tuyau de plume ordinaire ; nous donnons la préférence à cette ligature parce que, étant plus forte et plus résistante que toutes les ficelles, elle a sur elles l'avantage de moins déchirer les tissus. Saisissant d'abord la lèvre gauche de la vulve avec le pouce et les doigts de la main gauche, le pouce en dedans de cette ouverture, au niveau de la commissure supérieure, et les doigts en dehors, la face dorsale appuyée sur l'ischion, nous enfonçons de dedans en dehors l'aiguille en rasant le pouce et nous la faisons sortir près de l'index, de manière que cette première ligature se trouve au niveau et même un peu au-dessus de la commissure supérieure de la vulve ; puis nous faisons entrer le bout de la lanière dans l'œil de l'aiguille et, en retirant celle-ci, la ligature est amenée avec elle. Prenant alors la lèvre droite comme la précédente (seulement ici les doigts sont en dedans de la vulve et le pouce en dehors, l'articulation appuyée sur l'ischion), nous enfonçons l'aiguille de dehors en dedans, avec la précaution de ne pas blesser inutilement la lèvre opposée ; nous faisons passer la lanière dans l'œil et nous l'attirons de l'autre côté en ramenant l'aiguille. Nous plaçons, en suivant le même procédé, deux autres ligatures : une vers la partie moyenne de la vulve, et l'autre vers la partie inférieure un peu au-dessus du clitoris, pour ne pas atteindre cet organe. Il est plus expéditif et aussi facile de pratiquer cette dernière ligature en passant d'un seul temps l'aiguille à travers les deux lèvres (la disposition de ces parties en cet endroit le permet) ; l'opération se pratique absolument de la même manière que nous l'avons indiquée pour une seule lèvre. Nous réunissons ensuite les deux bouts de chaque ligature par un nœud solide (droit), en face de l'entrée de la vulve, en serrant assez fort pour rapprocher les lèvres de la vulve, mais de façon à permettre la sortie des urines et l'introduction de la corne qui doit encore servir pour verser de nouvelles quantités de liquide mucilagineux dans la matrice. Lorsque ces trois ligatures sont bien placées et bien nouées, nous les réunissons entre elles de manière à leur donner une plus grande résistance ; nous prenons un bout de la ligature supérieure, supposons celui que le nœud dirige à gauche, et nous le nouons avec le bout de la ligature moyenne qui offre la même direction ; puis prenant un bout de ce nœud, celui qui se dirige en bas et qui doit appartenir à la ligature moyenne, nous le nouons avec le bout de la troisième ligature et, enfin, nous faisons la même chose de l'autre côté.

Cette suture, lorsqu'elle sera bien faite, quand par timidité on n'aura pas passé les points trop près du bord des lèvres de la vulve, quand au contraire elle embrassera toute l'épaisseur de ces organes jusque près des ischions, présentera une solidité à toute épreuve.

Après deux ou trois fois vingt-quatre heures, on peut enlever cette suture purement et simplement ; les plaies ne réclament aucun pansement ultérieur.

M. Saint-Cyr, dans son *Traité de parturition*, p. 625, dit : « Il est facile de voir que toutes ces sutures, quel qu'en soit le mode, ne s'opposent en aucune façon

» au renversement de l'utérus. » En quoi les bandages s'y opposent-ils davantage? Nous lui dirons cependant que les sutures et les bandages atteignent le même but : la fermeture de la vulve qui empêche le recul du vagin ; recul sans lequel toute récidive du renversement de la matrice est impossible, lorsque la réduction en a été bien faite et l'organe parfaitement rétabli dans ses rapports. Notre expérience nous autorise à l'affirmer.

Nous finissons en déclarant que, pour notre compte, les reproches qui ont été faits aux sutures, dans le cas que nous venons d'exposer, ne sont nullement fondés. Quant aux accusations exagérées que le savant professeur de Genève, M. Favre, a portées contre les sutures, M. Rainard, dans son ouvrage sur la parturition, en a déjà fait justice en disant : *que la grande sensibilité de M. Favre l'a égaré et qu'il n'en parle que par théorie.* Nous ne nions pas, cependant, que des inconvénients graves aient été remarqués à la suite des sutures ; mais est-ce bien aux sutures qu'on doit en faire le reproche ? N'est-ce pas plutôt sur l'opérateur que le blâme doit en retomber, soit que la suture ait été mal faite, soit que l'irritation de la matrice, n'ayant pas été combattue efficacement ou que cet organe étant mal replacé ou imparfaitement réduit, ait provoqué des efforts expulsifs qu'augmentent encore les résistances et auxquels aucune force ne saurait résister ? Quoi qu'il en soit, nous affirmons que la suture dont nous venons de donner le manuel opératoire n'a jamais occasionné la moindre déchirure ni le plus léger inconvénient. Serait-ce un avantage de plus que nous pourrions attribuer à la méthode que nous recommandons ?

M. Saint-Cyr n'a trouvé à citer, de ce travail, que la partie accessoire — notez le bien — de notre méthode de traitement : la suture de la vulve, opération à laquelle nous n'attribuons qu'une utilité éventuelle ; et, chose singulière! il substitue à celle-ci la suture métallique, que nous avons fait connaître pour contenir le vagin, dans le cas de renversement chronique de cet organe ; ce qui n'est pas du tout la même chose ; car l'une n'a qu'une destination temporaire, de courte durée, puisqu'on la défait après deux fois vingt-quatre heures, tandis que l'autre se place à demeure pour un temps indéterminé, trois ou quatre mois et plus, et souvent jusqu'à la fin de l'existence de la bête. Elle ne convient donc pas pour contenir la matrice ou le vagin après un renversement aigu ; son usage pourrait même occasionner des accidents graves : le fil de fer étant plus coupant que la lanière en cuir blanc, dit de Hongrie, les déchirures seraient à craindre par suite des efforts expulsifs toujours, dans ce cas, plus violents et plus soutenus. De sorte que l'auteur du traité d'obstétrique nous prête gratuitement une absurdité. Nous voudrions croire que c'est là une simple méprise, une distraction de sa part ; mais avec la meilleure volonté, nous ne saurions l'admettre. En transcrivant une partie de notre procédé, il aurait dû s'apercevoir de son erreur ; il nous fait, au contraire, dire des choses plus singulières encore ; et, en vue de se ménager une excuse, il a soin de prévenir *qu'il reproduit notre procédé en l'abrégeant ;* ainsi, pour le premier temps de l'opération, il nous fait prendre : *la lèvre gauche de la vulve et plonger l'aiguille de dehors en dedans.* Un peu plus loin il nous fait dire : *on ferme cette extrémité rompue par un œil semblable au premier, à cela près qu'on lui donne la figure d'une ellipse...* Comprendra qui pourra. Est-il permis de falsifier, de dénaturer d'une façon aussi grotesque, dans un ouvrage destiné à une grande publicité, les travaux de confrères étrangers ? Devons-nous voir dans cette manière d'agir un effet de l'esprit étroit de nationalité, ou ne serait-ce qu'une négligence ? Dans cette dernière supposition, il y aurait de grandes réserves à faire, au sujet de la parfaite exactitude des citations dont l'auteur du traité d'obstétrique se prévaut pour rehausser le mérite de son œuvre.

Le lecteur dira avec nous que, quand on ne veut pas y apporter le soin nécessaire et la loyauté obligée, on doit s'abstenir de faire des citations et surtout des reproductions.

RENVERSEMENT CHRONIQUE DU VAGIN. — CONSIDÉRATIONS NOUVELLES SUR CET ACCIDENT CHEZ LA VACHE (1).

Sous ce titre, nous allons exposer différents procédés chirurgicaux qui, méconnus en théorie, ont fait leur chemin dans la pratique pour contenir, dans le cas de renversement, le vagin après la réduction. De l'observation des faits et des résultats que nous obtenons de l'emploi de ces procédés, nous déduisons la conséquence aboutissant à cette conclusion : que c'est à tort, selon nous, que le législateur a rangé le renversement du vagin, chez la femelle bovine, au nombre des cas prévus par l'art. 1641 du code civil.

(1) Extrait du *Bulletin de l'Académie royale de médecine de Belgique*, t. III, 3me série, N° 10, année 1869.

Nous avons publié dans les *Annales de médecine vétérinaire*, cahier de mai 1859, un *Mémoire pratique sur le renversement de la matrice, chez les grandes femelles domestiques*. En indiquant ce qu'il y avait à faire, dans le cas de chute récente du vagin, nous avons eu l'occasion de citer un travail remarquable, publié dans le numéro de novembre de l'année 1857, de la même publication, par M. Walravens, médecin vétérinaire du Gouvernement à Enghien, notre ancien condisciple et ami, travail intitulé : *Quelques notes sur le renversement chronique du vagin*. En rendant à cette œuvre un hommage mérité, nous avons pris l'engagement de fournir un jour notre contingent de lumière, sur cet important sujet, encore incomplètement élucidé. Nous venons aujourd'hui nous acquitter de cette tâche.

Disons tout d'abord — et déjà, sur ce point, nous nous empressons de le constater, nous sommes depuis longtemps presque d'accord avec notre ancien condisciple — que les bandages et les pessaires; que le nombreux cortége, en un mot, des moyens contentifs de l'organe vaginal hernié, qui occupe une si grande place à l'article *renversement de l'utérus et du vagin*, dans les ouvrages de médecine et de chirurgie vétérinaires, méritent tout au plus d'être conservés comme souvenir dans un cabinet d'antiquités; et, déclarons sans hésitation aucune, qu'il nous paraît impossible, de rien inventer de mieux que *la suture métallique*, mais différente de celle que M. Walravens a fait connaître, sans prétendre l'avoir imaginée et qu'il emploie depuis une *vingtaine d'années* avec succès. Il avoue néanmoins qu'elle est susceptible de recevoir des modifications. Aussi, sommes-nous certain que ce praticien consciencieux, si heureusement doué sous le double rapport de l'esprit et du cœur, nous saura gré de ce que nous venons, en toute franchise, exprimer notre pensée sur son procédé opératoire.

La découverte de la suture de la vulve au moyen d'un fil métallique date de très-longtemps, et on ne pourrait pas dire si elle a été primitivement appliquée pour maintenir la réduction du vagin ou pour s'opposer à la saillie ; en d'autres termes, si cet obstacle a été opposé à la sortie ou à l'entrée d'un organe, et si cette *suture* est antérieure au *bouclement*. La première application a, évidemment, fait naître l'idée de la seconde. Quoi qu'il en soit, la suture métallique que nous tenons de nos aïeux et qui, en passant par les mains de notre père, a reçu l'empreinte de son génie, est pratiquée depuis les temps les plus reculés sans qu'elle ait jamais, que nous sachions, été suivie d'accidents graves.

Les modifications que notre père y a apportées, en remédiant à certains inconvénients, en ont rendu la pratique d'une application plus facile et surtout plus efficace.

Dans notre profession, et bien plus autrefois que de nos jours, une opération du genre de celle dont nous nous occupons doit avoir des contrefacteurs. Pratiquée sur des bêtes qui, sauf l'infirmité à laquelle elle a pour but de remédier, jouissent d'une parfaite santé, cette suture, par sa permanence, est exposée à tous les regards ; on ne saurait la cacher, chacun peut la voir et l'examiner ; si quelqu'un s'avise de la pratiquer, par imitation, il n'y a pas lieu de s'en étonner ; mais, s'il est toujours possible de saisir la forme de la chose, la philosophie en échappe souvent ; de sorte qu'il n'est pas aussi aisé d'en faire une bonne application. Ou nous ne comprenons pas bien la méthode opératoire de notre ami Walravens ou nous trouvons la preuve de ce que nous avançons dans la description qu'il en donne. Les précautions et les recommandations, dont il se croit obligé de l'entourer, et les perfectionnements dont il la reconnaît susceptible attestent suffisamment que la suture de la vulve, telle qu'elle est arrivée jusqu'à lui, laisse beaucoup à désirer, tant sous le rapport chirurgical que sous celui de son efficacité.

Le renversement du vagin, qui fait dire au vulgaire que *la bête montre la rose ou le bonnet*, en donnant à la femelle la qualification de *pousseuse*, s'observe fréquemment chez la vache. Nous ne l'avons jamais observé chez la jument. Le cas doit donc être fort rare, bien que M. Walravens dise l'avoir constaté cinq fois en vingt-cinq ans. Chez les femelles des petites espèces, il nous paraît offrir peu d'intérêt au point de vue pratique. Tout ce que nous allons exposer sur ce sujet aura donc particulièrement trait à la femelle bovine; mais on pourra facilement en faire l'application à toute autre femelle.

La cause essentielle du renversement du vagin, nous la trouvons dans la *constitution et la conformation d'une bonne et belle vache laitière*; en effet, à part quelques cas accidentels, assez rares, qui se produisent au moment de la parturition ou par suite d'une stabulation vicieuse, les bêtes sur lesquelles nous avons observé cette infirmité étaient toutes d'excellentes *donneuses*, jouissant d'une parfaite santé, très-fécondes et aptes à l'engraissement, bien développées surtout du côté du bassin. C'est là un fait considérable, à propos duquel nous sommes d'accord avec feu le directeur de l'école impériale de Lyon, qui, dans son traité complet de la parturition, nous apprend : *que tous les praticiens s'accordent à reconnaître que les vaches grasses, molles, lymphatiques, y sont plus exposées,* et ajoute *que les grosses vaches Fribourgeoises qu'on nourrit aux environs de Lyon comme laitières sont dans ce cas.*

Peut-être nous dira-t-on que ce savant écrivain n'était pas toujours sérieux, et que né, sans doute, dans la contrée fortunée qu'arrose la Garonne, il éprouvait, parfois, le besoin de se délasser de ses travaux de de cabinet par de petites historiettes particulières à l'esprit facétieux de ce pays, du genre de celle-ci, qui se trouve intercalée dans l'exposé qu'il fait des symptômes du renversement du vagin : « *il a vu dit-il, dans une chèvre une quinzaine de jours avant le part, la bouche apparaître, le chevreau respirer par cette voie et lécher la main qu'on lui présentait.* » Ceci, en effet, nous rappelle que, dans un conte à rire, un accoucheur Gascon consulté par un mari impatient d'être père, retira vivement la main au moment de l'exploration en s'écriant : « Sandis ! Je le crois bien, le petit a failli me manger le bout du doigt. »

Mais ce n'est là qu'une boutade humouristique d'un savant qui aimait à rire. Continuons notre sujet.

Nous ajouterons, en outre, rapidement, qu'il y a des femelles chez lesquelles le renversement du vagin ne se montre que hors l'état de grossesse. Chez d'autres, au contraire, il n'apparaît que dans les premiers temps de la gestation pour disparaître quand celle-ci est plus avancée et reparaître de nouveau vers son terme. Chez d'autres, encore il n'est visible que quelque temps avant le part, et son développement se manifeste au fur et à mesure que le moment de cet acte approche. Chez d'autres enfin, il est permanent, que la femelle soit pleine ou non, et après comme avant le part. Sans nous attacher à expliquer longuement les variations diverses que présente ce phénomène dans son développement et dans sa marche, ce qui, sous aucun rapport ne peut être utile à notre travail, disons que si le vagin n'apparaît que quand la vache est couchée en formant une espèce de boursoufflure entre les lèvres de la vulve, il n'y a pas à s'en inquiéter, il suffit que la bête soit placée à l'étable, de manière à avoir le train de derrière plus élevé que celui de devant, surtout pendant le décubitus; et alors même que le vagin sortirait plus fortement, s'il rentre facilement de lui même aussitôt que la bête se lève, le cas fût-il encore plus ancien, il n'y a pas à s'en occuper davantage. Cependant si la femelle est pleine et que la tumeur formée par le vagin renversé soit assez grosse pour rendre difficile la rentrée spontanée de l'organe, nous pratiquons préventivement la suture de la vulve. Néanmoins, ces femelles peuvent jouir d'une parfaite santé, être fécondées, donner un veau tous les ans avec un bon rendement en lait et en beurre sans être pour cela exposées à de mauvaises suites de parturition. Cet état réclame peut-être plus d'attention et des soins plus intelligents au moment de la mise-bas et un jour ou deux après. S'il est toujours prudent, nécessaire même, de laisser à la nature le temps de tout préparer et de dilater les voies par lesquelles le jeune sujet doit être expulsé, il l'est ici à plus forte raison; aussi, faut-il se garder d'intervenir intempestivement, avant que la poche des secondes eaux se présente au dehors ; on peut alors la déchirer, la ponctuer, saisir les membres du fœtus et, si celui-ci est bien placé, tirer très-modérément et simultanément avec les efforts expulsifs de la mère, en s'arrêtant quand ils cessent. Lorsque le nouveau-né est sorti, il est urgent de faire lever la femelle. Si la matrice ou le vagin avait éprouvé un commencement de déplacement, ces organes reprendraient dans cette attitude plus facilement et plus vite leur position normale.

Toutefois, nous n'avons en vue, dans cette étude pratique, que les cas de renversement ancien du vagin, alors que cet organe se présente au dehors sous la forme d'une tumeur assez volumineuse, pour ne plus rentrer de lui-même quand la femelle est debout, que, souillé par les excréments, irrité par l'action de l'air et des mouches, froissé par les mouvements de la queue et le frottement contre les corps durs, sa surface est recouverte d'érosions, avec suintement de matières ichoreuses sanguinolentes, qui lui donnent un aspect ulcéreux et repoussant ; et que, par suite de l'épaississement de la membrane muqueuse, de l'infiltration et de l'induration du tissu cellulaire sous-jacent, l'organe hernié a atteint un volume et une rigidité qui rendent la réduction difficile, sans le secours de l'homme de l'art. La partie devient alors le siége d'une irritation prurigineuse qui oblige la vache à faire des efforts impulsifs, plus ou moins violents à *pousser* comme on le dit vulgairement, et la porte à frotter son derrière contre des corps durs qui sont à sa portée.

Qu'à cet état, qui s'accompagne de l'affaiblissement graduel des forces digestives et entraîne nécessairement l'amaigrissement de la femelle, vienne encore s'ajouter une autre cause d'épuisement, comme une nourriture insuffisante ou de mauvaise qualité, ou la présence d'un fœtus vivant dans la matrice, il ne manquera plus que l'action d'un bandage ou d'un pessaire pour que l'œuvre de la destruction soit bientôt achevée. Est-ce à dire pour cela que le renversement, même très-ancien, doit être considéré comme un accident grave? Combien n'avons-nous pas vu de vaches commencer à dépérir, vers les derniers mois de la gestation, pour manque de bons soins ou d'une alimentation saine et substantielle, et mourir au moment de vêler, pendant cet acte ou peu de temps après, sans qu'il ait été nécessaire que cette infirmité se mette de la partie.

Nous ne nions pas que la chute du vagin puisse devenir redoutable, mortelle même; c'est surtout, nous allions dire seulement, vers les deux derniers mois de la gestation que la femelle qui en est affectée court des dangers. Il n'y a là rien d'étonnant, si l'homme de l'art n'a, pour y remédier, que des pessaires ou des bandages. Toutefois, nous affirmons que le moyen contentif, que nous décrirons tout à l'heure, appliqué en temps utile et aidé de soins hygiéniques convenables, sauverait la mère et le produit.

La réduction du vagin hernié n'est pas une chose bien difficile; elle est, au contraire, extrêmement simple ; quelques manipulations suffisent, le plus souvent, pour l'obtenir, ainsi que nous l'avons dit plus haut dans notre *Mémoire pratique sur le renversement du vagin et de l'utérus*. Il est vrai qu'il ne s'agit là que de la chute récente du vagin, tandis qu'ici nous ne nous occupons que de cet accident à l'état ancien.

Bien que le procédé opératoire et les manœuvres soient les mêmes dans les deux cas, nous allons indiquer comment nous procédons, en supposant la circonstance la plus difficile. On place la femelle sur un plan incliné, de manière qu'elle soit plus élevée du train postérieur ; un aide la tient énergiquement par la tête, en lui serrant fortement les narines ; un autre l'empêche de voûter la colonne vertébrale en la pinçant rudement à la région des reins ou en pressant vigoureusement cette région au moyen d'un solide bâton ; enfin, un troisième tient la queue fortement levée, condition qui permet une dilatation plus grande de l'entrée du bassin. Alors, après avoir bien lavé, à grande eau tiède ou mucilagineuse, l'organe hernié sans craindre de le palper et de le malaxer — manipulations qui en favorisant la circulation assouplissent la masse et diminuent son volume l'opérateur — les mains ouvertes ou fermées, manœuvre en procédant des parties inférieures et latérales de la tumeur, de manière à la porter en haut et en avant et successivement à en forcer la rentrée par un mouvement d'arrière en avant ; l'entrée de la cavité du bassin étant plus large supérieurement, par suite du relâchement des ligaments sacro-ischiatiques et de l'élévation de la queue. Il ne faut pas craindre d'imprimer à ces manœuvres un degré de force convenable.

Dans aucun cas, nous n'avons dû avoir recours aux scarifications, ni reconnu l'utilité de continuer le massage pendant plus de quatre à cinq minutes. Nous n'avons jamais non plus fait usage de lotions astringentes, et nous opérons la suture sans aucune préparation hygiénique ou thérapeutique quelconque.

Nous n'aimons pas la critique, surtout en matières pratiques, d'abord parce qu'elle éclaire rarement une question, provoque souvent des personnalités irritantes, et qu'il est malséant selon nous de critiquer ce qu'on ne connaît pas. Par contre, nous recherchons les discussions calmes et dignes; mais, pour discuter une chose, il faut bien la connaître, l'avoir examinée, étudiée, expérimentée. En feuilletant le n° de janvier 1861 des *Annales de médecine vétérinaire*, nous trouvons un article intitulé: *Procédé infaillible pour la réduction de la matrice et du vagin renversés*, où l'auteur ne paraît point, à cet égard, être de notre avis. Après avoir dit *que cette opération* — la réduction de l'utérus et du vagin renversés — *n'était pas aussi facile que certains auteurs l'ont avancé*, il ajoute: « *on prescrit des bandages, des pessaires de toutes sortes, la position inclinée de l'animal; on conseille même des breuvages calmants, et on dit qu'il est parfois nécessaire de faire au vagin ou à la vulve des sutures pour prévenir le retour de l'accident. On a publié aussi tout dernièrement qu'il fallait remplir la matrice, remise à place, d'un décoctum de graines de lin; mais tous les moyens, les uns plus ou moins dangereux, les autres incertains, et la plupart du temps impraticables, sont souvent encore impuissants dans quelques cas,* RARES À LA VÉRITÉ. » *Qui potest capere capiat.*

Sans chercher à pénétrer le sens ou la portée de cette phrase, ni ce qu'elle renferme de sous-entendu, nous prierons ce confrère de vouloir être plus explicite en ce qui nous concerne; en revanche, nous lui donnerons avec plaisir et empressement tous les éclaircissements qu'il jugera à propos d'exiger, relativement à notre procédé de contention de l'utérus, que nous persistons, quoi qu'il en puisse penser, à estimer comme le plus rationnel, le plus efficace, le plus chirurgical, et d'une pratique plus facile et moins dangereuse que tous ceux qui ont été préconisés jusqu'à ce jour. De plus, nous lui dirons que nous ne saurions qu'applaudir aux louables intentions dont il a fait preuve en divulgant un mode de réduction de la matrice, qu'il considère comme une simplification, en vue d'aplanir les difficultés contre lesquelles vont se briser la réputation et l'avenir des vétérinaires qui, n'étant pas doués d'une très-grande force physique, — c'est moins cependant la force que la taille qui convient dans ce cas — sont incapables de pratiquer cette opération par la méthode généralement admise dans l'enseignement et la pratique, et nous applaudissons d'autant plus à ces intentions, que les considérations qu'il émet, nous les avons maintes fois exprimées et sont de nature à être sérieusement méditées par les jeunes gens qui se destinent à la profession de vétérinaire, comme par les hommes préposés à leur admission aux écoles.

En décrivant, dans notre Mémoire sur le renversement de la matrice, le procédé le plus rationnel et le plus en usage pour en opérer la réduction, nous avons insisté, plus fortement que les auteurs ne l'avaient fait, sur l'exécution de certaines règles et la pratique de quelques manœuvres que l'expérience nous a appris à mieux comprendre. C'est sur l'observation attentive des faits que sont établis les principes et les théories ; mais il serait impossible aux auteurs de savoir toujours tout prévoir, de préciser exactement, de point en point, toutes les manipulations à exercer dans les opérations de la nature de celle dont il est ici question. Il est des circonstances où le jugement du praticien doit suppléer à la théorie et faire face à l'imprévu. La plus légère modification apportée à la manière indiquée de pratiquer une manœuvre, un rien quelquefois, fait merveille. Il ne suffit pas, pour pouvoir compter sur un succès certain, d'opérer par une méthode qui a fait ses preuves, fût-elle même infaillible : il faut savoir l'appliquer. Le *modus faciendi* est tout en tout. En un mot, le meilleur procédé est mauvais dans des mains inhabiles.

De plus, pour pratiquer avec honneur le rude métier de vétérinaire et réussir comme accoucheur et chirurgien, on doit être bien pénétré de ces vérités : qu'il faut, outre les connaissances théoriques et le tact pratique ; outre la santé ; la force et la taille, avoir le feu sacré et le goût de la profession ; savoir toujours payer de sa personne ; être énergique et courageux.

Bien que nous préférions la méthode que nous avons décrite qui, sans être plus difficile, est certainement aussi simple et moins compromettante pour la femelle que celle exposée par le confrère auquel nous faisons allusion, il peut arriver, dans certains cas, comme quand la femelle, trop affaiblie ou par l'effet de toute autre cause, ne sait pas se lever et se tenir debout, qu'on se décide, — en admettant que la réduction soit plus facile et les efforts expulsifs moins forts, la bête étant suspendue sur le dos, que couchée sur un plan incliné, — à essayer cette méthode. Dans cette supposition nous demanderons : 1° si la matrice peut reprendre sa place et s'y étendre aussi facilement que dans la position quadrupédale ; 2° comment il est possible de toujours maintenir l'organe réduit pendant qu'on débarrasse la bête des liens qui ont servi à la suspendre, et au moment où elle s'agite pour se lever? Nous ne pouvons nous empêcher de croire que l'organe sera réexpulsé, au moins neuf fois sur dix, avant que la femelle soit remise sur pieds.

Quant au *moyen simple, peu coûteux, facile à mettre en pratique et qui a toujours réussi à maintenir l'organe en sa place normale* — la suspension de l'animal au moyen de cordages — nous sommes loin de lui reconnaître les avantages que son auteur lui attribue, et nous félicitons l'inventeur de n'avoir jamais eu de mauvaises suites à regretter de son emploi; car nous sommes épouvanté des conséquences effroyables auxquelles les femelles sont exposées par ce procédé, en pensant que, si c'est une jument, les coliques et les efforts expulsifs peuvent continuer ou reparaître, et que, si c'est une vache, elle sera à la torture pendant deux ou trois jours de suite, après les fatigantes secousses du part et celles non moins énervantes qu'elle vient de subir.

Qu'on s'attache à éviter des opérations graves alors que, n'étant pas de nécessité, il est possible d'y suppléer par des moyens plus longs, bien qu'ils ne soient pas toujours aussi avantageux, nous l'admettons jusqu'à un certain point; mais, qu'on condamne des procédés chirurgicaux, exempts de tout inconvénient et d'une efficacité incontestable, au profit de pratiques vulgaires, mauvaises ou douteuses, à la portée de tout le monde, c'est là une erreur incroyable de la part des vétérinaires qui, comme les anciens preux, ne peuvent combattre uniquement pour la gloire et l'amour.

Ces considérations nous ont décidé à faire connaître un procédé chirurgical, aussi simple, c'est-à-dire, aussi facile à exécuter qu'il est peu dangereux, destiné à pallier une infirmité légère qui enlève aujourd'hui à l'agriculture, pour les mener à l'abattoir, un bon nombre de bêtes précieuses qu'il est possible, avec notre appareil, de conserver pendant de longues années encore, et d'en obtenir un bon rendement en lait et en chair.

Avant de décrire cet appareil et l'opération que nécessite son application, entendons-nous sur cette expression : *suture de la vulve.*

Les recherches auxquelles nous nous sommes livré dans les ouvrages des anciens et des modernes nous ont appris que les mots *suture* et *bouclement* sont employés pour désigner la même chose : la fermeture de la vulve ; que la désignation de suture est spécialement réservée aux opérations ayant pour but de faire obstacle à la sortie, et de bouclement à celles qui ont pour but de s'opposer à l'entrée dans cet organe. Mais, puisqu'on ne pratique plus d'opération dans cette dernière intention, nous nous servirons indistinctement, à défaut d'une expression rendant mieux l'idée de la chose, des termes *suture* et *bouclement de la vulve* que l'usage a consacrés. Toutefois, on se tromperait étrangement, en donnant au mot suture son acception véritable, celle qu'il avait, sans doute primitivement, comme l'atteste la répulsion presqu'unanime dont cette opération est frappée. Que d'accidents, en effet, ont dû en être la conséquence !

Pour nous, l'expression suture ne veut pas dire coudre, joindre ensemble, serrer l'une contre l'autre les lèvres de la vulve ; par notre procédé, ces organes soutiennent, en le complétant, un appareil introduit à travers leurs tissus, à l'effet de barricader le fond de la vulve et faire obstacle à la sortie du vagin ou de l'utérus; de façon, que cet appareil se trouve placé là, comme de lui-même, sans être la cause d'aucune traction, d'aucun tiraillement : la vulve est absolument dans sa situation normale, ses lèvres ne sont point rapprochées davantage mais leur écartement est impossible. Que cet appareil soit fait d'un lien, d'un lacet, ou par la réunion de plusieurs pièces métalliques, le principe est le même; ainsi, dans le cas de renversement récent de l'utérus ou du vagin, nous faisons notre appareil avec une lanière, parce que, ne devant rester en place que deux ou trois jours, un lacet de bon cuir est assez solide.

Si les auteurs et les praticiens qui ont condamné cette opération avaient l'expérience de notre système, nous ne doutons pas qu'ils ne reviennent de leur jugement et réhabilitent un procédé chirurgical ayant rendu entre nos mains de bons services, et qui est appelé à en rendre de plus grands lorsqu'il sera bien connu.

Les objets nécessaires pour cette opération sont : 1° une aiguille propre à cet usage; 2° une pince ; 3° un fil de fer ou de cuivre, n° 14 ou 13; 4° un second fil de fer, n° 17 ou 18.

Voir ci-contre, les dessins représentant les deux appareils, que nous allons décrire, et les instruments nécessaires pour en faire l'application.

L'aiguille est la même que celle que nous avons décrite ailleurs, dans notre *Mémoire sur le renversement de la matrice*, c'est la lame d'une assez forte aiguille d'emballeur légèrement aplatie et convexe sur plat,

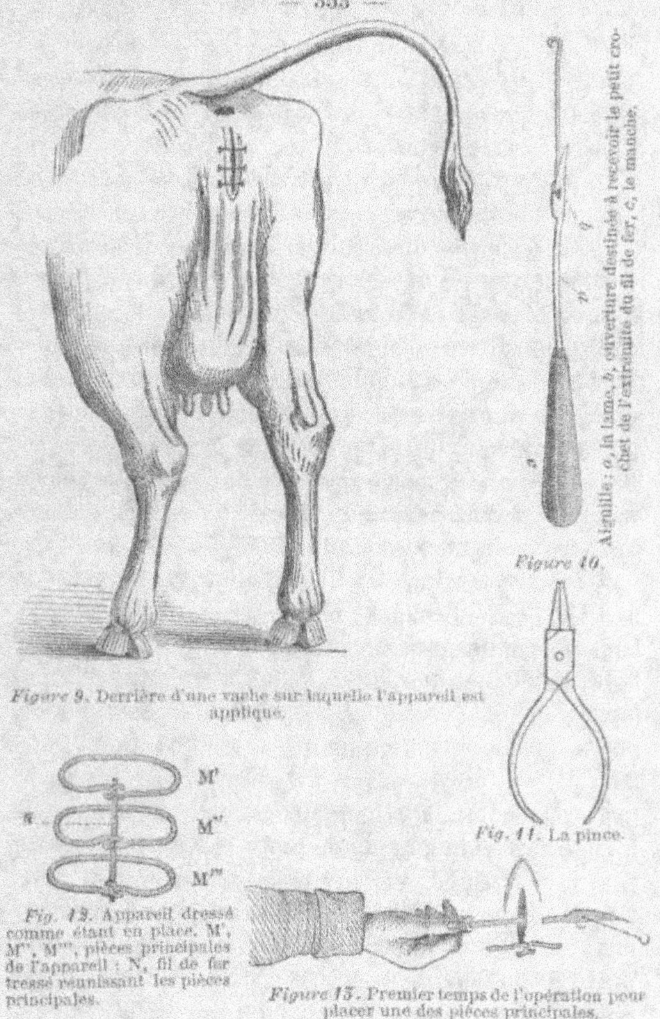

Figure 9. Derrière d'une vache sur laquelle l'appareil est
appliqué.

Aiguille : *a*, la lame, *b*, ouverture destinée à recevoir le petit crochet de l'extrémité du fil de fer, *c*, le manche.

Figure 10.

Fig. 11. La pince.

Fig. 12. Appareil dressé comme étant en place. M', M'', M''', pièces principales de l'appareil ; N, fil de fer tressé réunissant les pièces principales.

Figure 13. Premier temps de l'opération pour placer une des pièces principales.

Figure 14. Aiguille creuse qui permettrait de pousser le fil de fer à sa suite à travers les lèvres de la vulve.

percée d'un œil arrondi à quelques centimètres de sa pointe, assez grand pour permettre l'entrée facile du fil métallique, n° 13, et enchassée par son extrémité opposée dans un manche.

La pince n'offre rien de particulier, si ce n'est que les mors en sont arrondis et solides en bec de corbin.

Le fil de métal doit être assoupli ; on obtient ce résultat si c'est du fer, en le faisant chauffer au rouge presque blanc et en le laissant refroidir de lui-même ; si c'est du cuivre, quand il est rouge on le plonge dans l'eau froide comme pour tremper l'acier. Le fil de fer ou de cuivre ainsi préparé, est plus mou et obéit mieux aux mouvements qu'on lui imprime. Nous préférons le fil de cuivre, à grosseur égale, il est plus flexible et se manipule plus aisément que le fil de fer, ce qui permet d'employer un numéro plus fort.

Nous prenons donc du fil de cuivre n° 13 ou de fer n° 14 et nous en coupons un morceau assez long pour faire deux ou trois sutures. Dans bien des cas, lorsque la bête est jeune, de petite taille, la vulve peu développée ou que nous opérons préventivement, deux points de suture sont ordinairement suffisants. Cependant il n'y aurait pas d'inconvénient à ce que le morceau de fil fût plus long. On fait avec la pince un œil à l'une des extrémités et on replie l'autre en forme de petit crochet qui doit être reçu facilement dans cet œil. On peut opérer la femelle maintenue debout à sa place ; mais, si elle était difficile, irritable, il serait plus commode de la mettre dans un travail de forge. Si on n'avait pas ce moyen de contention à sa disposition, on fixerait en travers d'une porte, à la hauteur du pli de la jambe de la bête, une forte barre contre laquelle

on l'acculerait. On opérerait alors avec autant de
sécurité que dans un travail.

Que l'on opère la femelle, à sa place ou dans un
travail ou en la maintenant dans l'embrasure d'une
porte deux aides sont nécessaires : un à la tête, la tient
d'une main vigoureusement par la corne droite et de
l'autre par les narines ; le second prend la queue en la
repliant sur le côté, tandis que de l'autre main, il tient
les objets nécessaires qu'il passe à l'opérateur.

Le manuel opératoire est absolument le même que
celui décrit plus haut pour la suture de la vulve après le
renversement de l'utérus, seulement, au lieu du bout
de lanière, nous passons le petit crochet du fil métallique dans le trou de l'aiguille et nous l'attirons à travers
les lèvres de la vulve ; ainsi, nous saisissons la lèvre
gauche de cette ouverture avec le pouce et les doigts de
la main gauche, le pouce en dedans au niveau de la
commissure supérieure et les doigts en dehors, la face
dorsale de la main appuyée sur l'ischion ; nous plon-
geons l'aiguille de dedans en dehors à ras du pouce en
la dirigeant un peu obliquement, de bas en haut, pour
faire sortir près de l'index, un peu au-dessus du
niveau de la réunion supérieure des deux lèvres ; puis,
nous introduisons le petit crochet, qui se trouve à
l'une des extrémités du fil, dans le trou de l'aiguille et
nous retirons celle-ci par un mouvement brusque, en ame-
nant le fil avec elle. Prenant ensuite la lèvre droite (ici, le
pouce doit être en dehors et les doigts en dedans de la vulve), on la traverse de dehors en dedans en faisant pénétrer
l'aiguille à la hauteur de sa sortie à la lèvre opposée,
et en lui donnant une direction légèrement oblique de
haut en bas ; le crochet du fil est de nouveau reçu dans

le trou de l'aiguille qu'on retire comme tout à l'heure.
Le fil de fer ayant ainsi traversé les deux lèvres de la
vulve, on fait passer le bout replié en crochet dans
l'œil de l'autre extrémité, et, manipulant de la main
gauche et de la main droite armée de la pince, on
resserre le cercle de la suture à la dimension qu'il doit
avoir; puis, on prend le fil avec la pince à l'endroit
qu'il convient de le rompre et, par quelques mouvements brusques et successifs de gauche à droite, puis
de droite à gauche, le but est facilement atteint. On
ferme cette extrémité par un œil de la même gran-
deur que celui qu'il embrasse. Enfin, en travaillant
des deux mains et en s'aidant au besoin de la pince,
de la boucle arrondie qui embrasse la vulve, on fait
une ellipse ou une ellipsoïde; de manière que le ventre
de cette figure se trouve précisément en face de la
ligne d'ouverture de la vulve et de l'embrassement des
œils qui ferment la suture. Tout en exécutant cette
manœuvre, on replace les lèvres et les tissus de la
vulve dans leur situation normale, afin d'effacer tout
tiraillement et d'éviter toute pression.

Cette première suture étant la plus importante de
l'opération, et, sur ce point, nous sommes encore en
parfait accord avec M. Walravens, quelques détails
sont ici nécessaires. Nous saisissons la lèvre gauche,
nous implantons l'aiguille en dedans de la vulve, le
plus haut possible, au niveau de la commissure supérieure, et, en tirant sur cette partie et en la renversant
au dehors, nous l'embrassons tout entière; la direction
oblique, de bas en haut et de dedans en dehors, que
nous imprimons à l'instrument, nous permet de le
faire sortir un peu au-dessus de la réunion supérieure

des lèvres. En nous conduisant, pour traverser la lèvre droite, de façon à obtenir une régularité parfaite avec ce qui a été fait du côté gauche, et en donnant au cercle de la suture la forme elliptique, la branche interne de cette première suture représente un arc, situé en travers de la partie la plus élevée de la vulve, dont la convexité est dirigée vers la partie correspondante du vagin ; et, *sans ponction, d'un seul coup*, chose qui ne serait pas facile, surtout avec le fil de fer, quelque pointu qu'il fût, *à un ou deux centimètres au-dessus de la commissure supérieure de la vulve*, nous remédions aux inconvénients signalés par notre ami d'Enghien et améliorons, selon son désir, son procédé opératoire, ainsi qu'il est facile d'en juger en tenant compte de l'endroit où doit passer le segment ou l'arc interne de notre première suture ; le segment ou l'arc externe, qui soutient l'interne en passant en dehors de la vulve un peu au-dessus du niveau de sa commissure supérieure, atteint parfaitement le but que vise M. Walravens en cherchant *le moyen de faire passer en dehors de la vulve la branche supérieure du fil de la suture*.

Maintenant, que nous croyons avoir suffisamment démontré que notre système obvie entièrement aux difficultés qui embarrassent notre ancien condisciple, nous continuons l'exposé de notre opération.

Après avoir, préalablement, refait un œil à l'extrémité rompue du fil, nous plaçons une seconde suture un peu au-dessus de la partie moyenne de la vulve en nous comportant comme pour la première. Enfin, nous en plaçons une troisième à quelques centimètres au-dessus de la commissure inférieure des lèvres de la vulve ; ici, l'œil étant rétabli, nous traversons d'un seul coup les deux lèvres de cette ouverture ; la chose est très-facile, on prend ces parties de la main gauche, on les attire à soi et de la droite on les traverse avec l'aiguille, en commençant par la lèvre droite. Mais, en retirant l'instrument un peu trop vivement, il peut arriver que le fil, étant plus court, soit entraîné tout à fait hors des tissus en suivant le trajet ouvert par l'aiguille. On évite ce léger contre-temps en mettant dans l'œil le petit fil de fer qui doit nous servir tout à l'heure, il sera retenu en travers de la sortie de l'aiguille, si on doit tirer trop fortement pour ramener cet instrument ; du reste on se conduit comme pour les sutures précédentes.

Lorsque deux sutures nous paraissent devoir suffire, nous plaçons la seconde au milieu de l'espace qui sépare la partie moyenne de la vulve de la commissure inférieure des lèvres.

Ces deux ou trois pièces principales étant convenablement établies, nous complétons l'appareil en les réunissant au moyen d'un fil métallique d'un diamètre moins fort : du n° 17 ou 18. Ici, la nature du métal nous est indifférente et, comme le fil de fer est plus commun et d'un prix moindre, nous lui donnons la préférence. On en prend un bout qui, plié double, soit un peu plus long que la hauteur des deux ou des trois sutures ; on introduit chaque branche dans chacun des œils de la suture supérieure en procédant de haut en bas, on l'attire jusqu'à son angle de flexion, on rapproche les deux branches en les croisant et les serrant fortement contre les œils ; puis, on les passe deux ou trois fois l'une sur l'autre en tressant et en serrant, de manière que le bout tressé soit assez long pour maintenir à la hauteur voulue la suture supérieure, et à

égale distance de la moyenne que celle-ci de l'inférieure. Alors, on passe les branches dans les œils de la
seconde suture en se conduisant comme nous venons
de le dire pour la première et, après les avoir serrées
et tressées à la longueur convenable, afin que les trois
sutures soient maintenues à égale distance l'une de
l'autre, on les passe dans les œils de la troisième où on
les arrête; voici comment : on les croise, on les serre
et on les tresse et, si le bout de la tresse est trop long,
on le rompt au moyen de la pince. En s'aidant de cet
instrument, on contourne ensuite l'extrémité restant en
dedans de l'embrassement des œils, pour la ramener
au dehors, et on la dissimule, afin qu'éloignée des
tissus sensibles, elle ne puisse les blesser.

Ces trois agrafes, ainsi réunies, constituent un appareil qui doit se trouver là, dans les lèvres et la cavité
de la vulve, comme s'il s'y était introduit de lui-même
ou y serait placé par juxta-position, sans opérer de
tiraillement sur les parties qui le soutiennent en le
complétant. Il présente, comme il est facile d'en juger,
toutes les conditions désirables de solidité et d'efficacité.
Embrassant beaucoup de tissus, les efforts les plus
violents de la femelle ne sauraient l'ébranler ; par sa
nature moins altérable que les ligatures, il peut rester
en place pendant six ou huit mois et plus, et, n'exerçant aucune tension sur les parties qu'il pénètre et qui
l'entourent, il résiste aux efforts expulsifs sans que des
déchirures ou l'inflammation consécutive soient à craindre. Un engorgement considérable pourrait même avoir
lieu sans que l'étranglement fût à redouter. D'autre
part, l'action éliminatoire est presque nulle et les dangers exprimés à propos de l'évacuation des urines sont
chimériques.

L'opération terminée, on arrose la partie avec de l'eau froide, et on continue à la lotionner trois ou quatre fois dans la journée pendant deux ou trois jours. Un léger gonflement se manifeste suivi d'un peu de suppuration : quelque chose d'à peu près semblable à ce qui se passe quand on perce les oreilles d'une jeune fille.

On pourrait passer le fil de fer à travers les lèvres de la vulve, en se servant d'une aiguille à tige creuse, confectionnée pour cet usage : un des bouts du fil de fer introduit dans son intérieur, la suivrait au dehors en la poussant en avant. Par ce procédé, les piqûres seraient moins larges et on éviterait le léger froissement, résultat du passage, à travers la plaie, du petit crochet du fil de fer attiré par l'aiguille.

Nous allons exposer un autre procédé, qui nous paraît offrir plus d'avantages aux cultivateurs qui voudraient livrer à la reproduction les vaches affectées de renversement du vagin.

Il consiste dans un appareil également composé de plusieurs pièces que nous introduisons dans les tissus de la vulve. Placées séparément, ces pièces se réunissent pour fermer l'ouverture dudit organe et s'opposer à la sortie du vagin.

Les pièces de cet appareil sont deux tiges en fer limées et polies d'environ deux pouces de long, légèrement courbes et de la grosseur à peu près d'un fil de fer du n° 28 ou 30. Elles sont terminées à leurs extrémités : d'un côté, par une tête en T de la longueur d'un pouce et du même diamètre que le corps de la tige ; et, de l'autre, par une vis ; de plus, elles sont percées dans leur milieu d'un trou rond destiné à recevoir une

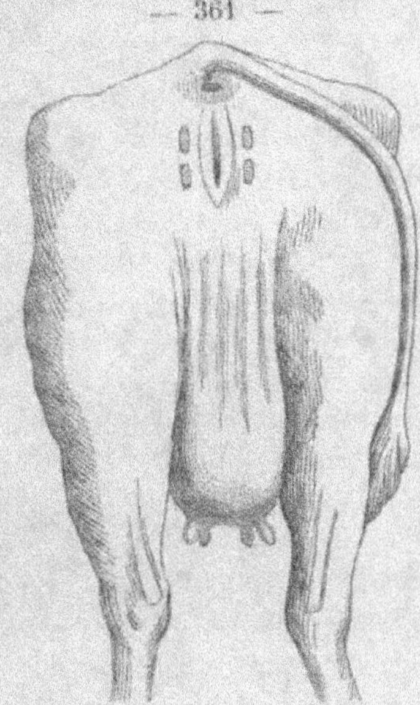

Figure 15. Derrière d'une vache sur laquelle l'appareil est placé.

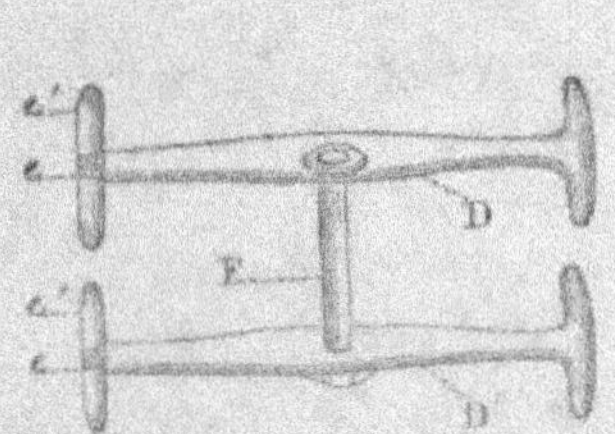

Figure 16. Appareil monté comme étant en place : D, D', pièces principales de l'appareil : e, e, extrémités à vis sur lesquelles se fixent la lame d'aiguille et les écrous en T ; e, e', F, pièce transversale réunissant les deux pièces principales.

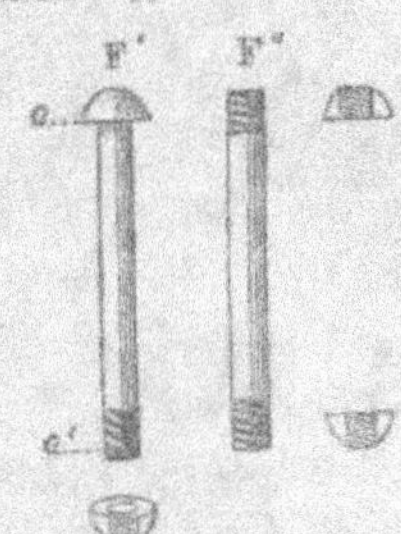

Figure 17. Pièces transversales ; F', pièce à une tête arrondie o et à un écrou inférieur o, la seconde F'', est à deux écrous, un à chaque extrémité ; au moyen de cette traverse les deux pièces principales ne sauraient se rapprocher.

Figure 18. G, lame d'aiguille se vissant sur les extrémités des pièces principales.

troisième tige, également en fer, mais d'une grosseur
un peu moindre, garnie à une de ses extrémitées d'une
tête arrondie, et à l'autre d'une vis, ou bien d'une vis
à chaque extrémité.

Une aiguille, longue d'un pouce et demi environ, un
peu courbe sur plat, dans le genre de la lame d'une
forte aiguille d'emballeur, présentant au bout opposé à
la pointe une vis femelle, s'adaptant à la vis des tiges.
Trois écroux, dont un arrondi pour la traverse qui réunit les pièces principales, et deux autres, un pour chacune de celles-ci, semblables de forme et de dimension à la tête, complètent cet appareil qu'il s'agit de
placer.

La bête étant maintenue comme il est dit ci-dessus,
et l'aiguille fixée sur l'une des tiges, on saisit, de la
main gauche, la lèvre droite de la vulve, les quatre
doigts placés à l'intérieur de cette cavité et le pouce à
l'extérieur, on renverse cette partie au dehors en l'attirant à soi, et on plonge l'aiguille comme par l'autre
méthode, le plus près possible de l'ischion et un peu
au-dessus de la commissure supérieure, en donnant à
l'instrument une légère direction oblique de haut en
bas et de dehors en dedans. Cette partie étant traversée, on attire la tige jusqu'à la tête et on place la traverse ; on dirige ensuite la pointe de l'aiguille vers la
lèvre gauche, qu'on entame de dedans en dehors, de
manière à l'embrasser tout entière, ainsi qu'il a été fait
pour la lèvre droite, et en la faisant sortir au niveau de
son entrée ; puis, en tirant en dehors on amène la tige
qui suit l'aiguille ; on dévisse celle-ci et on la remplace
par un écrou. On place la seconde tige par le même
procédé, en la faisant passer un peu au-dessus de la
crête ischiale.

Quand la lèvre droite de la vulve est traversée, on attire la tige et on introduit, dans le trou qu'elle porte, l'extrémité inférieure de la traverse qu'on fixe avec l'écrou ; puis on saisit la lèvre gauche et on se conduit comme pour la première. Il est bien entendu que la convexité des tiges doit être tournée du côté du vagin. La traverse représente une perpendiculaire abaissée de la tige supérieure, placée horizontalement en travers de la vulve, sur la seconde qui affecte la même direction. Elle est placée dans le plan médian justement en regard de la ligne d'ouverture de la vulve, sert à réunir les deux pièces principales, à leur donner plus de fixité et une solidité plus grande, tout en concourant à barricader l'entrée du vagin.

L'appareil étant placé, on lotionne de temps en temps la partie avec de l'eau froide pendant quelques jours, et tout est dit.

De ces deux systèmes, c'est au premier que nous donnons la préférence ; d'une pratique aussi facile et moins coûteuse, il atteint, mieux que le second, le but proposé ; les arcs de cercle que présentent les ellipses de l'appareil, en faisant saillie du côté du vagin, en pénétrant même dans cette cavité, tendent à repousser cet organe en avant, l'empêchent de se replier en arrière, et le maintiennent parfaitement en place. L'application de ce système, avantageuse dans tous les cas, est surtout préférable quand il s'agit de bêtes qu'on veut livrer à l'engraissement. L'appareil ne coûte rien ou très-peu de chose ; cinq ou dix centimes de fil de fer ou de cuivre !

Lorsque les vaches pleines ont été opérées par ce procédé, dès qu'on s'aperçoit que le moment du part approche, on coupe avec des tricoises, les fils métalliques et on enlève l'appareil ; rien n'est plus facile. Pendant la mise-bas on doit avoir soin de prendre les précautions recommandées plus haut. Aussitôt que le petit sujet est sorti, on fait relever la mère et on dispose la litière pour que le train postérieur soit plus élevé que l'antérieur, quand elle est couchée ; du reste, les suites du part ne sont pas plus à craindre chez elle que chez tout autre nouvelle accouchée. Ordinairement, l'arrière-faix est rejeté peu de temps après le part ; si on pouvait prévoir que son expulsion serait retardée, des efforts capables de provoquer le renversement de l'utérus n'auraient rien de redoutable. Car, comme nous avons déjà eu l'occasion de le soutenir ailleurs, le renversement de l'utérus est un accident dont les conséquences sont ordinairement moins préjudiciables que celles auxquelles peut donner lieu le séjour prolongé du délivre dans la matrice. La réduction de l'utérus n'est pas une mer à boire ; et cette opération, beaucoup plus facile et moins dangereuse, pour le chirurgien et pour la bête, que celle que certains vétérinaires disent pratiquer encore pour détacher et enlever l'arrière-faix, n'aurait pas de suite si le renversement pouvait se produire en présence d'un praticien qui n'en est pas effrayé.

Le second système, également facile à appliquer, est plus coûteux et n'agit pas, pour le maintenir, aussi directement sur le vagin ; mais, en revanche, il offre aux cultivateurs une commodité plus grande. L'appareil, on peut en juger par la description que nous en avons donnée, doit coûter assez cher. Nous n'en connaissons pas le prix, nous le fabriquions nous-mêmes.

De plus, les pièces s'égarent ou se perdent fréquemment, et il peut arriver des moments où le vétérinaire, en eût-il plusieurs à sa disposition, se trouverait encore embarrassé. D'un autre côté, plus pesant que le premier, il distend davantage les tissus et se trouve insensiblement entraîné hors de sa sphère d'action efficace, et, chassé par l'inflammation éliminatrice qui a plus de prise sur lui, il reste moins longtemps en place. Nous devons en outre, ajouter à tous ces inconvénients que l'entretien du jeu facile des vis et des écrous réclame beaucoup de soins, surtout pendant son application. Néanmoins, lorsque le cas exige une contention permanente, cet appareil est plus commode : le cultivateur n'a que trois écrous à dévisser pour l'enlever et le replacer avec la même facilité qu'une dame replace ses boucles d'oreille. Ainsi, on peut l'ôter au moment de l'accouplement et du part, et le replacer immédiatement après l'accomplissement de ces actes.

Ce procédé et l'appareil, en passant de main en main, ont subi des modifications : les uns ont remplacé la tête en T par une autre plus petite, dans le genre de la tête d'un clou, pouvant retenir une rondelle en cuir souple ; à l'autre extrémité, une pareille rondelle est maintenue par un petit écrou. Il faut reconnaître que c'est là une simplification en même temps qu'une amélioration ; étant moins façonné, l'appareil doit être d'un prix moins élevé ; d'un autre côté, si la disposition en T des têtes et des écrous augmente son action en représentant deux tiges de fer placées longitudinalement à droite et à gauche de la vulve, dans toute la longueur des lèvres, elle est souvent la cause d'excoriations et de plaies. La rondelle de cuir, par sa souplesse, s'adapte mieux sur les parties et ne les blesse pas. En tout cas, la tête en T, n'exclut par l'usage de la rondelle en cuir.

D'autres contrefacteurs ont supprimé l'aiguille; ils terminent en pointe le bout de la vis, de façon à pouvoir la faire pénétrer à travers les tissus; quand la rondelle en cuir et l'écrou sont fixés, on rompt facilement, au niveau de l'écrou, cette pointe fortement entamée d'avance avec la lime. Ce procédé, moins chirurgical que le premier, ne permet pas plus que lui d'utiliser plusieurs fois l'appareil, et est à peu près aussi coûteux que le second. Il est bon de faire remarquer aussi qu'il n'est pas facile, tout fort que l'on puisse être des mains, d'enfoncer un clou à travers les lèvres de la vulve.

D'autres enfin, ne placent que les deux pièces principales sans la traverse; ce moyen est mauvais, car il peut arriver que le vagin, en se renversant, écarte ces barres de fer, s'engage entre elles et s'y trouve fortement enchâssé par les efforts expulsifs; la douleur résultant de cette constriction exciterait la femelle à pousser avec une telle violence que les accidents les plus redoutables seraient à craindre.

Comme on le voit, la simplification du procédé de notre ancien condisciple par les engraisseurs de son district, le rapproche du second que nous venons d'exposer, avec des inconvénients beaucoup plus grands en plus et ses avantages en moins.

Ce second système serait préférable, comme *bouclement*, pour prévenir la saillie; c'est évidemment dans ce but qu'il mériterait la préférence, mais cet usage est abandonné.

Que vont dire les professeurs et les praticiens qui ont fait de la sensiblerie à propos de la suture de la vulve des femelles domestiques au moyen de lanières, de ficelles, etc.? Ils ne manqueront pas de jeter les hauts cris en apprenant qu'un fil métallique remplace, depuis plus d'un siècle, ces ligatures dans le cas de renversement chronique du vagin, sans que jamais, que nous sachions, on ait eu aucune mauvaise suite à en regretter.

La suture avec des ficelles, des lanières, etc., occasionnerait, nous en convenons volontiers, des douleurs inutiles dans le cas dont nous nous occupons : bien faite, c'est-à-dire exécutée avec intelligence et discernement, en moins de huit jours les liens seraient pourris et brisés ; mal faite, les lèvres de la vulve seraient en morceaux. Aussi, ce procédé, que nous proclamons le plus sûr, le plus chirurgical et le plus rationnel pour contenir, chez la femelle domestique, les organes de la génération, dans le cas de chute récente, est-il insuffisant lorsqu'il s'agit d'un renversement ancien ; ici, un lien plus solide, plus résistant, comme un fil métallique, est indispensable ; mais l'opération doit être exécutée plus intelligemment encore qu'avec une ligature ; et si des praticiens ont essuyé des mécomptes par l'emploi de ces moyens contentifs, nous ne craignons pas d'affirmer que c'est pour avoir agi sans discernement ou avec trop de timidité, ou, enfin, pour avoir pris au pied de la lettre la signification du mot suture. Nous sommes étonné que notre ami Walravens n'ait pas eu, lui aussi, à s'en plaindre ; c'est qu'il se conduit probablement autrement qu'il le laisse entendre, lorsqu'il recommande *de prendre le fil le plus gros possible parce que*, dit-il, *il coupe moins les bords de la vulve*. Cette recommandation implique évidemment, qu'il passe le fil de fer sur les bords de la vulve.

Nous ne sommes pas de ceux, que Dieu nous en garde! qui font du mal aux bêtes pour le plaisir de les voir souffrir; nous aimons trop, pour cela, ces intéressants auxiliaires de notre bien-être! Mais, pas plus que le chirurgien de l'homme, lorsque nous entrevoyons la possibilité de conserver à l'agriculture un animal précieux, nous ne reculons devant aucune opération, fût-elle encore plus sanglante et plus douloureuse.

Que nos collègues, dont la sensibilité n'a heureusement pas été pervertie par la fréquentation des amphithéâtres et des cours de chirurgie pratique, se rassurent. Nous comprenons que l'imagination soit naturellement portée à exagérer l'organisation nerveuse des parties génitales de la femelle; aussi, nous empressons-nous de leur affirmer que cette opération n'est pas bien douloureuse; ce que témoigne la légère inflammation, sans la moindre apparence de trouble général, sans diminution de l'appétit et de la sécrétion laiteuse, qui en est la suite. D'ailleurs, cette opération, urgente chez la femelle de la brute, un autre être, beaucoup plus digne de nous émouvoir, la femme de la haute fashion, chez les Hottentots, n'en subit-elle pas volontairement une, à peu près semblable, pour satisfaire aux caprices de la mode et des hommes?

Les praticiens doivent être étonnés de nous entendre déclarer que le bouclement de la vulve n'a jamais été suivi d'accidents. Cela ne nous surprend pas; nous avons nous-même éprouvé cet étonnement chaque fois que notre imagination, sollicitée par les faits qui se passaient sous nos yeux, s'est prêtée à réfléchir sur ce sujet. Quand on pense qu'une simple piqûre, une saignée, une opération légère, enfin, bien que pratiquée avec toute la dextérité possible, entraînent quelquefois les suites les plus redoutables, la gangrène et la mort, comment expliquer que six piqûres profondes, presque des déchirures, à travers les tissus d'une région sensible, certainement moins, cependant, qu'on est porté à le croire, seraient inoffensives? Il faut bien admettre que la nature, dans sa prévoyante sagesse, a accordé des immunités à certaines parties, en raison de ce qu'elles sont plus exposées, par l'effet de ses desseins, à l'action des causes capables de les blesser. N'est-ce pas sur la vulve et le vagin que sont dirigées les furieuses attaques du mâle, à qui la création a donné l'ardeur et la force de soumettre par la violence la femelle à ses lois? D'autre part, le produit de la conception, par sa sortie, ne doit-il pas exercer sur ces organes une pression telle qu'il peut en résulter souvent des érosions, des déchirures même plus ou moins étendues? Il est évident que, si ces tissus ne jouissaient pas d'un certain privilége, ils deviendraient fréquemment le siége d'inflammations graves, suivies de gangrène ; et notre opération, quoiqu'adroitement pratiquée, ne serait pas toujours exempte de conséquences fâcheuses!

Pendant les premières années de notre pratique, nous habitions Lessines ; les nombreuses distilleries qui couvraient cette riche localité étaient en pleine activité; on y engraissait un nombre considérable de bêtes bovines; les *pousseuses* n'étaient pas méprisées des distillateurs qui, au contraire, ne manquaient jamais de les acheter de préférence, quand l'occasion s'en présentait ; car, outre qu'ils les obtenaient toujours à un prix au-dessous de leur valeur, ils avaient reconnu qu'avec des aptitudes plus grandes à l'engraissement, elles jouissaient d'une santé plus robuste ; et ils avaient, surtout, confiance dans l'efficacité de notre appareil dont l'application ne coûtait que quelques francs. C'étaient donc les rebuts du commerce et des marchés qui leur assuraient les plus clairs bénéfices. Aussi, opérions-nous à cette époque un très-grand nombre de bouclemens. Nous avons quelquefois bouclé vingt-cinq bêtes dans un seul établissement, sans jamais avoir eu à remédier au moindre accident.

Notre père qui, pour les besoins de sa petite culture, entretenait deux ou trois vaches à lait, achetait de préférence des bêtes atteintes de l'infirmité qui nous occupe. Il savait qu'elles étaient, presque toutes, d'excellentes laitières et d'une grande fécondité. Il en garda plusieurs pendant un terme de plus de dix années, et sur lesquelles il devait renouveler l'opération deux fois par an. Il enlevait l'appareil quelques heures avant le part et le rétablissait aussitôt que la femelle avait été au taureau ; car, ordinairement, elle était pleine après une seule saillie. Ces vaches ont constamment joui d'une santé et d'un embonpoint luxuriants, et, jamais on n'a eu à constater, chez elles, aucun accident provenant soit du part, soit de la suture.

Nous pourrions multiplier ces faits, mais en les rapprochant de ceux rapportés par notre ami d'Enghien, ils nous paraissent suffir pour étayer solidement notre opinion quant aux avantages et à l'efficacité de la suture de la vulve, au moyen d'un fil métallique, dans le cas de renversement ancien du vagin, et sur le peu de gravité de cette infirmité.

Il nous reste à examiner le renversement du vagin au point de vue de la jurisprudence ; on verra que c'est principalement, sous ce rapport, que nous sommes en parfait accord avec notre ami d'Enghien. Pénétré de ses idées et fort de son expérience, ce judicieux observateur pose cette interrogation : *y avait-il nécessité de comprendre parmi les vices rhédibitoires une maladie aussi facilement curable ?* La réponse est catégorique : *Elle ne porte pas,* dit-il *un préjudice assez grand à l'acheteur pour avoir à réclamer une protection dans ce cas.* Il y a, en effet, de quoi être étonné de ce que, d'une particularité qui affirme d'une façon un peu trop exagérée, il est vrai, les qualités les plus recherchées chez toute vache fruitière, le législateur en ait fait un stigmate de rebut. C'est une vérité que nous soutiendrons avec toute l'énergie d'une profonde conviction : que toutes les vaches qui présentent cette infirmité, alors qu'elle s'est produite naturellement sans être la conséquence d'aucun accident, comme cela peut avoir lieu dans certains cas pourtant assez rares, sont d'excellentes laitières, de bonnes reproductrices et des bêtes d'engrais très-recherchées des engraisseurs ; que peut-on désirer de mieux ? aussi, protestons-nous ici, comme nous l'avons fait au sein de la Commission, chargée de préparer la revision de la loi sur les vices redhibitoires ; mais par la raison que nous avons le bonheur d'appartenir à un pays régi constitutionnellement, où les majorités gouvernent, nous étions seul de notre avis, nous nous sommes incliné. Toutefois, nous ne désespérons pas de voir un jour triompher la cause que nous défendons. Quand nos collègues auront, contre cette affection, des armes plus sûres que celles que les auteurs leur ont mises entre les mains, et qu'ils auront pu, par l'expérience et la pratique, en apprécier l'efficacité, ils se rallieront à nous, nous le croyons fermement, pour demander la radiation, de la liste des vices qui entraînent la résiliation dans les transactions en matière d'animaux domestiques, d'une infirmité légère, qui ne saurait tomber sous l'application de l'article 1644 du Code civil, et est une source intarissable d'abus, de tracasseries et de procès, dont les petits cultivateurs, chez qui, la grange trop petite ne permet pas l'engraissement, sont particulièrement les victimes.

Ce but est digne des efforts des vétérinaires, s'ils l'atteignent, ils auront la satisfaction d'avoir rendu un grand service : à l'agriculture, en lui conservant des bêtes d'un excellent rendement ; au commerce des bestiaux, en apportant une sécurité plus grande dans les transactions ; et à la société, en restreignant, sur ce point, l'exploitation du faible par le fort.

Nous ne terminerons pas ce travail, sans rapporter quelques faits qui ne nous paraissent pas dénués de tout intérêt.

C'était, chose remarquable, la dernière fois que nous devions pratiquer le bouclement de la vulve ; la ville d'Ath allait être le théâtre d'événements à jamais déplorables, suscités par la politique et envenimés par de mauvaises passions, qui nous obligeraient à quitter cette localité, en abandonnant la profession de vétérinaire, que nous exercions avec goût, et une belle clientèle, héritage de famille, dont nous venions, après la mort de mon père, de prendre possession. Douze années se sont écoulées depuis, sans que ce long espace de temps ait pu modifier l'amertume des regrets que ces circonstances ont laissées dans notre âme ; et, à cette heure encore, sous l'impression de ces tristes souvenirs, nous ne saurions nous défendre d'un moment de pénible émotion ! Que les hommes de cœur nous pardonnent cette faiblesse, et nous continuerons notre récit. La vache, sujet de cette observation, appartenait à un brasseur, de Stambruges ; elle était âgée de 7 à 8 ans, pleine d'environ sept mois et affectée d'un renversement du vagin, déjà ancien, contre lequel plusieurs moyens avaient en vain été tentés. La tumeur, assez grosse, d'un rouge violacé, d'un aspect repoussant, recouverte de saletés et d'érosions d'où suintaient des matières ichoreuses et sanguinolentes, ne permettait pas toujours la rentrée facile de l'organe. Du reste, cette bête était magnifique de santé, d'embonpoint et de conformation ; c'était, en un mot, une belle et excellente vache fruitière. La suture de la vulve fut pratiquée en faisant usage du fil de cuivre. Le besoin de revoir la bête ne s'étant jamais fait sentir en pareil cas, avant de partir, nous avons indiqué au propriétaire les petits soins à donner pendant quelques jours, et la conduite à tenir aux approches et au moment du part. Un certain laps de temps après, le hasard nous fit rencontrer le propriétaire et, naturellement, nous nous sommes informé de notre opérée. Il nous répondit d'abord avec quelque embarras, puis finit par avouer que, sept ou huit jours après l'opération, un vétérinaire, en voyant la bête, se mit à jeter des clameurs : oh quelle barbarie ! comment peut-on employer des moyens aussi atroces! Où M. Deneubourg a-t-il appris d'aussi belles choses! Votre vache n'a plus vingt-quatre heures à vivre; la gangrène a déjà fait de grands progrès, etc., etc. Enfin, il en dit tant que le propriétaire, quoique très-intelligent et considérablement riche, se laissa effrayer, et notre estimable collègue enleva bravement l'appareil. On comprend que ces révélations durent soulever dans notre esprit des sentiments qui ne nous permirent pas de pousser plus loin nos informations.

Semblable chose, à peu près, se passa dans la pratique de notre frère, médecin vétérinaire du Gouvernement, à Lessines. Il avait opéré une vache appartenant à un petit cultivateur d'Ellebecq quand, quelques jours plus tard, un vétérinaire, dont nous tairons le nom, — ceux d'ailleurs que ces faits intéressent, s'ils lisent ce travail, n'auront pas de peine à se reconnaître — vit cette vache; c'était à la tombée de la nuit; après des holà! et une foule d'autres exclamations, la bête était infailliblement perdue si on ne se hâtait pas d'enlever cet instrument de torture; la gangrène s'annonçait déjà avec son formidable cortège de symptômes! et *hic et nunc*, voulait joindre l'action au conseil. Mais, par hasard, ce vétérinaire ne jouissait pas d'une bien grande confiance; le propriétaire resta ferme. Cependant, il n'en eut pas moins la puce à l'oreille et, lorsque ce vétérinaire fut sorti de chez lui, il courut à Lessines, distante d'une lieue. La nuit était déjà assez avancée; il trouva mon frère couché, qui, ne comprenant rien aux dires de son client, jugea, néanmoins, qu'il serait imprudent d'exposer sa responsabilité en faisant fi des allégations d'un confrère sans vouloir se donner la peine d'en vérifier l'exactitude. Il se leva et partit. Arrivé sur les lieux, il examina la bête et dit au propriétaire : si ce n'est que cela, vous pouvez vous coucher et dormir tranquillement sur vos deux oreilles, je réponds de tout. Il lui souhaita la bonne nuit et reprit le chemin de Lessines, l'esprit à la recherche d'une explication satisfaisante de la conduite de son confrère.

Nous rapportons les deux faits ci-dessus, moins pour blâmer nos confrères, qui, jusqu'à un certain point, sont assez excusables, puisque l'opération dont il est question n'était pas à cette époque du domaine de l'enseignement, que pour démontrer combien il convient d'être circonspect dans l'appréciation des choses qu'on ne connaît pas.

En terminant, nous concluons :

1° Que le renversement du vagin, même très-ancien, est une infirmité légère, conséquence de la constitution et de la conformation d'une bonne et belle vache fruitière, pouvant toujours être aisément palliée par un appareil d'une application simple, peu coûteuse et exempte de tout danger ;

2° Que les bêtes qui en sont affectées jouissent d'une santé robuste, sont très-fécondes et peuvent donner un veau tous les ans, avec un bon rendement en lait et en beurre, sans être le moins du monde plus exposées que les autres vaches à des accidents ou à des suites fâcheuses du part ;

3° Qu'une infirmité de cette nature ne saurait être comprise dans les cas prévus par l'article 1641 du Code civil ;

Et 4° que, dans l'intérêt général, il serait utile qu'elle fût rayée des vices rédhibitoires. Cette réforme fermerait la porte à bien des abus, à de nombreux procès et empêcherait, en outre, l'exploitation du pauvre cultivateur par le riche nourrisseur.

RENVERSEMENT DE LA VESSIE.

Le renversement de la vessie est un accident assez grave. Nous n'avons jamais eu la chance d'avoir à y remédier. Notre père, dans le cours de sa longue pratique, l'a observé trois fois sur la jument à la suite du part; et dans les trois cas il est parvenu, non sans peine, à en opérer la réduction par le taxis. Ces manipulations demandent souvent beaucoup de temps et de patience. Il a dû agir avec précaution, nous a-t-il dit, pour ne pas déchirer les parois de la vessie qui, cependant, offrent assez de résistance; il a commencé par rentrer les parties les premières sorties, c'est-à-dire les plus rapprochées du canal de l'urètre. Les manipulations, favorisées par des humectations fréquentes avec du mucilage de graine de lin, produisirent, peu à peu, une plus grande dilatation du canal, et finalement il obtint la rentrée du viscère. Pendant qu'il manœuvrait, les moyens les plus énergiques furent employés, pour forcer la flexion des lombes, afin d'empêcher la femelle de faire des efforts expulsifs. Après la réduction, il maintenait quelque temps la main sur la partie, en faisant, par moment, injecter du liquide mucilagineux dans le vagin. Dans aucun des cas, l'accident n'a eu de mauvaises suites.

C'est tout ce que nous a appris notre père relativement à ce cas pathologique.

Les auteurs et les publications périodiques rapportent sur cet accident d'assez nombreuses observations, desquelles il résulte : que plusieurs praticiens ont obtenu, comme notre père, la réduction par le taxis ; que d'autres, ne pouvant y remédier autrement, ont eu recours à l'ablation de la tumeur formée par le viscère, au moyen d'une ligature appliquée en-deçà des uretères. Les femelles guéries par ce dernier procédé ont conservé, toute leur vie, une incontinence d'urine incommode et irrémédiable, et qui, probablement, les a menées en peu de temps à l'équarrisseur : c'est ce qu'on ne dit pas. Ce moyen est certainement pire que le mal ; et nous croyons qu'avec un peu de dextérité, de patience, de bonne volonté, et en agissant avec précaution, mais sans trop de timidité, on peut parvenir, dans le plus grand nombre des cas, si pas toujours, comme beaucoup de faits l'attestent, à réduire le viscère hernié par le taxis. C'est, à notre avis, le seul procédé auquel on doit avoir recours.

DE LA DÉLIVRANCE (1).

La *délivrance* est le temps de la parturition qui consiste dans l'expulsion des annexes du fœtus.

Les annexes du fœtus, dont nous avons donné plus haut la composition et la description sommaire, forment un corps appelé délivre, arrière-faix, enveloppes fœtales, dernier, secondines, *parure* et *araimure* dans nos campagnes wallonnes.

(1) Extrait des *Annales de médecine vétérinaire de Belgique*, cahier de juin, 1861.

L'expulsion de ce corps a lieu ordinairement de suite ou peu de temps après la sortie du fœtus et, quelquefois, seulement, dans les vingt-quatre heures qui suivent cet acte. Après l'expulsion du délivre, on dit que la femelle *a délivré*, ou vulgairement qu'elle a *paré* ou *arainé*.

Quand la délivrance ne s'est pas opérée dans la journée qui suit la naissance du jeune être, c'est que le travail s'est arrêté ; elle peut alors se faire attendre plusieurs jours. C'est une chose souvent remarquée et remarquable que l'expulsion du délivre, abandonnée aux soins de la nature, s'accomplit en suivant une marche assez régulièrement tiercée ; ainsi la chute de l'arrière-faix n'ayant pas eu lieu le troisième jour, elle se fera le sixième, le neuvième, le douzième, ou le quinzième, etc. ; mais c'est le plus souvent le neuvième. La plupart des éleveurs de bestiaux l'attendent pour le neuvième jour. Quelquefois, cependant, les enveloppes fœtales se décomposent dans la matrice et sont rejetées par lambeaux ou sous la forme de sanie d'une odeur pestilentielle.

On indique comme cause du retard dans l'expulsion de l'arrière-faix, l'état malingre ou de maigreur de la femelle, sa faiblesse par suite d'une alimentation insuffisante ou de mauvaise qualité, ou par l'effet de l'âge ; les influences atmosphériques : le froid, l'humidité, les brouillards, les pluies, etc. Sans nier l'action de ces causes sur l'économie animale, nous ne croyons pas qu'on puisse leur attribuer les cas fréquents de non-délivrance que l'on observe chez la vache ; en effet, le retard dans l'acte de la délivrance se remarque aussi fréquemment chez les femelles adultes, bien nourries, d'une bonne constitution, en un mot jouissant d'une santé luxuriante, que chez celles qui se trouvent dans des conditions opposées; au printemps comme en automne, en été comme en hiver; seulement, les cas sont plus nombreux au printemps, puisque c'est dans cette saison que l'industrie animale fait naître le plus de veaux et de poulains.

Le retard dans l'expulsion de l'arrière-faix dépend principalement, selon nous, des dispositions anatomiques qui fixent cette production à la matrice, favorisées par la conduite de l'homme au moment de la parturition. Dans la vache et les ruminants, les connexions entre le placenta et l'utérus sont beaucoup plus intimes que chez la jument et les autres femelles; aussi la non-délivrance est-elle très-fréquente chez les premières, surtout chez la vache, pour les motifs que nous allons expliquer, et fort rare chez les secondes.

Le travail se faisant lentement chez la vache, l'homme ne sait pas rester impassible à la vue des douleurs qu'endure cette femelle précieuse, souvent toute sa fortune; autant par ignorance qu'égaré par une sensibilité intéressée, il intervient intempestivement et s'empresse de hâter la sortie du fœtus. Dès que la première boule des eaux apparaît au dehors de la vulve ou même à l'entrée de cette ouverture, vite on la perce avec une épingle ou on la déchire avec les doigts. On comprend aisément que cette manœuvre, en entravant l'œuvre de la nature, peut avoir les conséquences les plus graves sur les suites de la parturition. En effet, cette première boule des eaux, formée par l'allantoïde et le liquide qu'elle renferme, provoque et entretient, par son volume et sa présence dans les vois génitales, les contractions utérines et les efforts expulsifs ; favorise la progression du sac amniotique et du fœtus qu'il contient, tout en soutenant et protégeant cette seconde boule des eaux, afin que, ne se brisant pas, elle achève la dilatation du col de l'utérus et conserve ses humeurs jusqu'au moment utile. Cela est si vrai que toutes les fois que les premières eaux (les eaux de l'allantoïde) viennent à s'écouler, soit naturellement, soit de toute autre manière, le part languit, les douleurs et les efforts expulsifs diminuent ou cessent complètement, la femelle se calme, mange et rumine tranquillement. Cet état peut durer plusieurs heures. Enfin, après un temps plus ou moins long, surviennent de nouvelles douleurs, et les efforts expulsifs amènent au dehors les secondes eaux (la poche de l'amnios) dans lesquelles nage le fœtus. C'est donc un fait incontestable que les eaux de l'allantoïde jouent dans le travail du part un rôle important. Les auteurs l'auraient-ils méconnu ? Aucun d'eux n'en fait mention. Ils ne parlent que d'une seule boule d'eau, formée par l'amnios, dans laquelle se trouve quelqu'une des parties du petit sujet. Dans ce cas, que seraient devenues les eaux de l'allantoïde toujours si abondantes et d'une nature, d'une consistance, d'une odeur et même d'une couleur si différentes de celles de l'amnios ? Où supposeraient-ils qu'elles fussent écoulées ? Penseraient-ils que cette boule fût formée par les deux sacs de l'allantoïde et de l'amnios, qui se briseraient au même moment et que leurs eaux s'échapperaient ensemble ? C'est ce qui n'est pas et ne saurait être ; la nature ne l'a pas voulu et ne pouvait le vouloir. Pour le démontrer, exposons brièvement le rôle des eaux de l'allantoïde. Ces eaux étant les plus superficielles reçoivent les premières l'impulsion donnée par les contractions utérines et les efforts expulsifs, et, déplacées les premières, sont poussées vers le col de la matrice contre lequel elles pressent, puis s'engagent, avec le sac qui les renferme, dans l'ouverture qui résulte de la dilatation de cette partie ; là, agissant à la manière d'un coin mou, élastique, elles élargissent peu à peu cette ouverture, la traversent, font hernie dans le vagin, vont se présenter à la vulve et y faire saillie sous la forme d'une vessie ronde ou ovoïde, d'une couleur brunâtre. Cette vessie, distendue peu à peu par les liquides qui s'y accumulent sous l'effet des efforts expulsifs et de la pression des eaux de l'amnios et du fœtus poussés aussi dans cette direction, acquiert un volume considérable, se crève et donne issue aux eaux qui s'échappent en produisant un bruit particulier assez semblable à celui qui se fait entendre lors d'une forte évacuation d'urine. La femelle alors éprouve un moment de calme, mais après un laps de temps qui varie d'un quart d'heure à une heure, quelquefois même après plusieurs heures, les maux reparaissent et avec eux les efforts expulsifs. qui sont suivis de l'apparition à la vulve d'une seconde boule moins grosse et moins foncée en couleur que la première. Cette seconde boule, dans laquelle, en écartant les lèvres de la vulve ou en introduisant prudemment la main dans le vagin, on peut voir ou sentir quelqu'une des parties du petit sujet, ordinairement les pieds, est formée par l'amnios et la liqueur qu'il renferme. Distendue peu à peu par l'accumulation de cette liqueur et la pression du fœtus, elle se brise comme celle de l'allantoïde et laisse écouler une partie de ses eaux ; mais ici l'écoulement se fait sans bruit, ce qui tient à la consistance si différente des eaux de l'allantoïde et de l'amnios : les premières étant fluides comme l'eau, produisent comme elle, en s'échappant brusquement et en grande quantité par la rupture de la poche dans laquelle elles sont comprimées, un bruissement particulier dû au frottement du liquide sur les bords de la déchirure. Les eaux de l'amnios étant glaireuses, filantes comme l'huile, ne peuvent, pas plus que cette dernière, produire un bruissement en s'écoulant.

M. Rainard mentionne ce bruit particulier que font les eaux en s'écoulant, mais sans l'expliquer, et, puisqu'il ne parle que d'une seule boule d'eau, il l'attribue nécessairement à la liqueur amniotique. C'est une erreur ; ces eaux ne produisent aucun bruit, pour les motifs que nous venons d'indiquer. La nature, dans le but de ménager les eaux de l'amnios, ne permet pas qu'elles s'écoulent aussi brusquement et en aussi grande quantité à la fois.

Il est évident que la nature qui, dans sa prévoyante sagesse, a tout disposé pour l'accomplissement de ses desseins, avait son but en conservant, en accumulant pendant la gestation, les eaux de l'allantoïde ; qu'elle les destinait à protéger, à soutenir l'amnios, afin d'empêcher que cette membrane se déchirât trop tôt et que ses eaux se perdissent avant le moment utile ; à faciliter, en outre, sa progression et celle du fœtus qu'elle contient, en leur frayant le chemin à travers les voies génitales, en les conduisant, en les remorquant en quelque sorte, par les passages les plus difficiles, jusqu'à ce que, bien engagés dans le canal de sortie, ils ne fussent plus exposés à faire fausse route. Alors, pour compléter leur rôle, elles se brisent et, en mouillant les parois du vagin, elles favorisent encore la marche de la poche de l'amnios et son arrivée avec le fœtus à la sortie des voies génitales. Parvenue en cet endroit, la seconde poche se crève comme la première, et ses eaux, intactes dans leur qualité et leur quantité, en s'écoulant peu à peu, chassées par les efforts expulsifs, lubrifient le passage et facilitent le glissement du petit sujet. C'est évidemment pour cet usage que la nature a pris soin de les conserver et de les ménager.

Qu'arriverait-il, si l'allantoïde venait à se briser trop tôt avant que l'amnios et le fœtus fussent engagés dans le canal de sortie. Le travail du part serait interrompu et la parturition subirait un retard fâcheux ; le fœtus et l'amnios chemineraient avec peine dans les voies génitales, et l'amnios, n'étant plus soutenu et protégé par l'allantoïde et ses humeurs, se briserait souvent dans l'intérieur près du col de la matrice. Ses eaux s'écoulant en pure perte rendraient la mise au monde difficile, laborieuse, presque constamment accompagnée de la mort du nouveau né et suivie de grands dangers pour la mère. C'est là, en effet, ce que tous les praticiens ont pu observer ; ces faits, malheureusement, ne sont que trop fréquents.

Il est donc vrai que les eaux de l'allantoïde jouent, dans l'acte de la parturition, un rôle important, et le praticien ne peut l'ignorer sans s'exposer à compromettre gravement les intérêts qu'il est appelé à sauvegarder. N'est-il pas étonnant qu'aucun auteur n'en fasse mention ? Auraient-ils tous méconnu un phénomène pourtant si remarquable qu'il n'a pas échappé aux fermiers, aux éleveurs de bestiaux, aux filles de basse-cour, etc., en un mot à toutes les personnes intelligentes qui sont appelées près de ces femelles, au moment où elles vont mettre bas? Chacun sait que celles-ci jettent deux espèces d'eaux, qu'on distingue en *premières* et en *secondes*, et que le petit animal est contenu dans les secondes, qui n'apparaissent qu'au bout d'un temps plus ou moins long après l'évacuation des premières.

Chez la jument, le travail du part se fait ordinairement si vite, tous les phénomènes se succèdent avec tant de rapidité, qu'il est souvent assez difficile de bien les distinguer ; mais il est évident que l'allantoïde et l'amnios ne se crèvent pas dans le même moment ; que la rupture de l'allantoïde précède toujours celle de l'amnios qu'elle est destinée à protéger. Nous trouverions dans la pratique la preuve de ce que nous avançons, si les auteurs n'avaient pris soin de nous la fournir eux-mêmes : ne disent-ils pas que dans cette poche — notez que tous ne font mention que d'une seule poche des eaux — « *on peut sentir au toucher ou distinguer à la vue quelqu'une des parties du petit sujet?* Or, il est clair comme le jour que l'apparition de la poche, dans laquelle on peut voir et sentir le petit sujet, ne saurait se faire sans qu'elle soit précédée de la déchirure de l'allantoïde.

S'il y a lieu d'être étonné de ce que les auteurs n'ont pas observé, on doit l'être bien davantage de ce qu'ils disent avoir vu. Ainsi, Hurtrel d'Arboval, l'auteur de l'ancien *Dictionnaire de médecine et de chirurgie vétérinaires*, auquel, soit dit en passant, il n'a donné que la forme, a vu, sur des vache, *la boule des eaux paraître quelques jours avant les douleurs du part*. M. Rainard, dans son remarquable *Traité de la parturition*, tout en voulant expliquer l'erreur dans laquelle est tombé le médecin du Calvados, lui fait dire *un mois ou deux*, au lieu de *quelques jours*. Ne serait-ce qu'une distraction de la part de ces hommes éminents?

Quoi qu'il en soit, il est évident que l'apparition de la boule des eaux doit être précédée du travail du part et de la dilatation du col de l'utérus; mais cette erreur, que d'Arboval n'eût sans doute pas commise, s'il avait tenu compte de l'existence de deux boules des eaux, dont la première peut, dans certains cas que nous n'avons point à exposer ici, se présenter longtemps avant la seconde, serait une absurdité monstrueuse, dans les termes que lui prête M. Rainard.

On nous pardonnera, nous l'espérons, ces longues considérations physiologiques et pratiques, en faveur de leur importance et du jour qu'elles doivent projeter sur cette étude.

Ainsi donc, du rôle que jouent les eaux de l'allantoïde dans l'acte de la parturition, on doit reconnaître : qu'il faut attendre religieusement qu'elles s'écoulent par les seuls efforts de la nature, si on ne veut pas compromettre les suites de cet acte ; qu'il en est de même des eaux de l'amnios ; mais que la ponction de celles-ci, lorsqu'elles sont parvenues près de l'ouverture de la vulve, ne saurait avoir des conséquences aussi fâcheuses que la déchirure intempestive de l'allantoïde.

Cependant les personnes ignorantes des campagnes — et c'est le plus grand nombre — s'empressent, en vue de bien faire, de ponctuer les eaux, les premières et les secondes, dès qu'elles apparaissent à l'ouverture de la vulve et, même, alors qu'elles sont encore dans le vagin, et de tirer à outrance sur les membres du fœtus au moyen de cordes fixées dans les paturons. En exerçant ces tractions, on ne tient aucun compte des contractions de la matrice, des efforts expulsifs de la femelle, on tire sans discernement, à qui mieux mieux ; au lieu d'aider la nature on la violente ; on arrache le fœtus des entrailles de sa mère ; dès qu'il est sorti, tout est dit ; le plus fort est fait !

Nous n'essaierons point d'énumérer ici les accidents nombreux, souvent funestes, qui sont la conséquence d'une pareille conduite ; nous nous bornerons à dire que la non-délivrance, qui fait le sujet de ce travail, en est la suite la plus fréquente et heureusement la moins grave ; l'explication de ce fait est toute simple, toute physiologique : la nature, en condamnant la femelle à mettre au monde, dans la douleur, le fruit de ses entrailles, a son but que, dans sa marche immuable, elle doit atteindre. La douleur est en même temps la cause et l'effet de la dilatation des voies par lesquelles le produit de la conception fera sa sortie ; de sa progression à travers ces voies ; de la désunion des moyens d'attache qui l'unissent à la mère et de leur expulsion. Les douleurs étant une nécessité de toute mise au monde, la femelle doit l'endurer jusqu'au bout ; la nature, dit Richerand, *après avoir opéré la fécondation par un acte de plaisir, en chasse le produit au milieu des douleurs*, si donc on abrège ces douleurs en hâtant la sortie du fœtus, les suites de cette action imprudente peuvent être terribles pour la mère ou le petit sujet, ou pour tous les deux à la fois.

La persistance et la vivacité des douleurs impriment à la matrice les contractions, les secousses expulsives qui dilatent son col, chassent le fœtus et détachent ses enveloppes. Par la ponction de la poche de l'allantoïde, dont la présence dans le vagin entretient les douleurs et les efforts expulsifs, et par celle de l'amnios, on contrarie la nature, on entrave sa marche, on arrête ses desseins, son travail est interrompu ; et, par l'extraction rapide et forcée du petit sujet, on détermine des douleurs atroces, qui ont sur l'économie un retentissement tout autre que celui qui résulte des douleurs naturelles de la mise au monde. Les contractions de la matrice en sont paralysées et l'arrière-faix, n'ayant pu être détaché par le travail du part, séjourne dans l'organe utérin qui, par suite du collapsus dont il est frappé, ne saurait plus réagir assez fortement pour en détruire les adhérences.

La non-délivrance a donc, le plus souvent, pour cause une parturition trop rapide, soit qu'elle ait été opérée par les seuls efforts de la nature, soit par d'imprudentes manœuvres ; à cette cause, il faut joindre l'inflammation ou seulement l'irritation de la matrice, conséquence fréquente de ces manœuvres, ou de toute autre cause dépendante ou non de la mère.

La non-délivrance s'observe aussi très-souvent à la suite de l'avortement ; la raison en est simple : l'avortement étant ordinairement l'effet d'une cause qui détermine une irritation ou inflammation quelconque de l'utérus, les cotylédons de cet organe, étant congestionnés, tuméfiés, retiennent les cotylédons placentaires dont la désunion ne saurait se faire que par leur décomposition ou la disparition de l'état congestionnaire de la matrice.

On reconnaît que la délivrance n'a pas eu lieu à un cordon plus ou moins long et gros qui pend par la vulve et descend jusqu'aux jarrets et même jusqu'à terre. Il peut arriver que ce cordon disparaisse, soit qu'il rentre dans la matrice, soit que, engagé sous les pieds de la femelle ou par suite de toute autre cause, il ait été déchiré. Quelquefois, il n'est visible que lorsque la femelle est couchée, et d'autres fois, on n'en aperçoit rien. Néanmoins, on peut toujours soupçonner le séjour de l'arrière-faix dans l'utérus, lorsque la femelle ne se referme pas, qu'elle reste *croquée*, comme on le dit vulgairement, c'est-à-dire que les ligaments sacro-ischiatiques et les parties qui avoisinent la base de la queue ne se raffermissent pas, ne se retendent pas. Il arrive aussi que l'arrière-faix, d'abord très-visible et assez descendu, disparaisse complétement ; on ne le retrouve pas dans la litière et rien n'accuse sa rentrée dans la matrice ; dans ce cas, il sera tombé à la portée de la bouche de la femelle qui l'aura mangé. Cette anomalie, si extraordinaire pour les femelles herbivores, qui y sont, paraît-il, presque toutes portées, mais que nous n'avons observée que chez la vache, ne saurait, nous semble-t-il, être expliquée que par un égarement prenant sa source dans un excès d'amour maternel. N'est-ce pas, poussées par une aberration de même nature, que beaucoup de femelles primipares, dans la plupart des espèces carnivores et même dans certaines espèces herbivores, comme la lapine, par exemple, dévorent leurs petits ? Quoi qu'il en soit, nous n'avons jamais remarqué, après l'ingestion de cet aliment insolite, d'autre dérangement qu'un dégoût plus ou moins profond qui ne dure que quelques jours et disparaît promptement par l'administration d'agents excitants des estomacs et du tube intestinal.

Lorsque l'arrière-faix séjourne dans la matrice, il se manifeste au bout de quelques jours — trois ou quatre jours en été, cinq ou six jours en hiver — une odeur infecte avec écoulement par la vulve de matières sanieuses grisâtres ou couleur lie de vin, puriformes, matières bien différentes de celles résultant des lochies qui, malgré les assertions contraires des auteurs, existent chez la vache. Nous engageons ceux qui en douteraient encore, sans vouloir se donner la peine de s'en convaincre par eux-mêmes, à se renseigner près des éleveurs, des fermières, des filles de basses-cours, des praticiens, en un mot, près de toutes les personnes dont l'esprit d'observation n'est point perverti par des idées arrêtées : ils apprendront que, lorsque la vache *purge bien, se nettoie bien*, — expressions consacrées dans les campagnes pour exprimer ce que les médecins humains appellent les lochies — on augure bien des suites du part et du rendement de la femelle ; et que, lorsque cet écoulement ne s'établit pas ou est peu abondant, la santé de la femelle et principalement la sécrétion laiteuse sont compromises pour toute l'année ; aussi, s'empresse-t-on de consulter le vétérinaire, ou, le plus souvent encore, de courir chez le pharmacien demander un remède pour faire purger.

Il s'établit donc chez la vache après la parturition comme chez la femme dans les premiers jours qui suivent l'accouchement, un écoulement par la vulve de matières glaireuses, muqueuses, sanguinolentes, plus tard mucoso-purulentes, blanchâtres, sans odeur désagréable. Cet écoulement, auquels les médecins humains ont donné le nom de *lochies*, plus abondant chez certaines bêtes que chez d'autres, n'est pas continu, il est marqué par des intervalles parfois d'un ou de quelques jours. Il se fait pendant le décubitus ; on remarque derrière la femelle des flaques de ces matières qui salissent la queue et agglutinent les poils. Il peut durer quinze jours, trois semaines et plus. Sa suppression par l'effet d'une cause quelconque amène des dégoûts, des dérangements de santé et des maladies graves. Nous avons déjà eu l'occasion, dans un travail sur la *fièvre vitulaire*, de parler d'une indisposition de la femelle bovine que nous attribuons spécialement à la suppression des lochies. La jument est également exposée à une maladie particulière qui n'a encore été décrite nulle part, que nous sachions ; elle est pourtant assez fréquente et très-grave ; elle présente quelque analogie avec celle de la vache ; nous la croyons due à la même cause et nous la combattons par des moyens semblables. Ce fait prouverait, ce dont nous ne doutons pas, que la femelle chevaline n'est pas exempte de ce flux dépuratoire qui s'opère à la surface de la membrane muqueuse utérine de la femme et de la vache, et probablement de toutes les femelles mammifères.

Si nous avions la conviction que nos faibles travaux fussent accueillis avec bienveillance nous donnerions prochainement une description de cette maladie en faisant connaître le traitement empirique qui nous a toujours complètement réussi.

Il n'est pas possible de confondre la matière des lochies, dont l'écoulement, d'ailleurs, ne saurait s'établir que lorsque le placenta est détaché, avec les matières résultant de la décomposition des enveloppes fœtales. Ces dernières, sous forme d'une bouillie sanieuse, rougeâtre, couleur de lie de vin ou chocolat, granuleuse, mélangée de petits lambeaux en putréfaction, répandent une odeur d'une fétidité si caractéristique que, en entrant dans une étable, on s'aperçoit à l'instant qu'il s'y trouve une vache non délivrée. Cette odeur insupportable n'est certainement pas le moindre des inconvénients de la non-délivrance : elle indispose toutes les bêtes de l'étable aussi bien que celle de qui elle émane ; les gens mêmes en sont incommodés, et c'est principalement pour ce motif qu'on attend avec autant d'impatience la chute du délivre.

Quand aucune partie des enveloppes fœtales n'apparaît au dehors, l'odeur des matières qui s'écoulent par la vulve suffit pour donner la conviction que l'arrière-faix n'a pas été expulsé. On constate la présence de ces matières dans le fumier derrière la femelle, quand elle est couchée ou qu'elle vient de se lever, ou sur la queue au niveau de la vulve, ou mieux encore dans le vagin et près du col de la matrice, d'où on peut toujours en ramener une certaine quantité, ou tout au moins, l'odeur qui s'attache à la main avec une si grande ténacité, que plusieurs lavages avec du savon ou autres substances, excepté le chlorure de chaux, ne sauraient l'enlever.

Lorsque la parturition est encore trop récente pour que la décomposition ait pu s'établir, en explorant le col de la matrice, on s'assure de la présence de l'arrière-faix par quelques portions de cette production que la main peut toujours atteindre. C'est en procédant ainsi

qu'on déjoue les manœuvres frauduleuses des gens de
mauvaise foi qui, pour vendre ou livrer une vache nouvellement vêlée comme étant délivrée, alors que la
délivrance n'a pas encore eu lieu, ont coupé ou arraché
la portion du délivre qui pendait par la vulve.

La vache non délivrée est assez souvent dégoûtée,
indisposée, malade, et la sécrétion laiteuse moins abondante et le lait de mauvaise qualité. Cet état, qu'on
remarque également à la suite de la suppression des
lochies, ne doit-on pas l'attribuer à cette dernière circonstance, plutôt qu'à une action nuisible de l'arrière-
faix? C'est un fait, que le flux dépuratoire ne saurait
s'établir aussi longtemps que les enveloppes fœtales
conservent toutes leurs adhérences avec l'utérus ; ne
serait-ce pas de cette manière que la non-délivrance
exercerait son influence fâcheuse sur l'économie? Toujours est-il que nous avons observé une infinité de cas,
où le séjour prolongé de l'arrière-faix n'a pas occasionné le plus léger dérangement ; probablement qu'ici,
le placenta détaché, mais retenu dans la matrice par
le resserrement du col, ne s'opposait pas à l'établissement du flux dépuratoire, ou, pouvons-nous supposer
que cet avantage est dû à l'efficacité des moyens que
nous préconisons?

Quoi qu'il en soit, la non-délivrance est une affection
légère devenant rarement inquiétante. Il est vrai que
les vaches non délivrées sont parfois très-malades,
qu'on en voit qui succombent dans cet état ; mais nous
ne croyons pas que ce soit absolument par suite de cet
état ; ces graves conséquences ne peuvent, pensons-
nous, être attribuées directement au séjour de l'arrière-
faix, mais bien aux maladies existantes avant ou au

moment du part, ou survenues après cet acte et qui ont empêché, arrêté la désunion du placenta et son expulsion. Les femelles accouchées sans efforts et délivrées spontanément immédiatement ou quelques heures après le part, ne sont-elles pas également exposées à ces maladies et à leurs conséquences funestes?

Il nous paraît donc assez rationnel d'admettre que ce n'est pas la présence de l'arrière-faix dans l'utérus qui détermine ces maladies ; que ce sont, au contraire, ces maladies qui retiennent le délivre, en entretenant l'état congestionnaire et inflammatoire de la matrice et en paralysant ses contractions ; d'où il résulte que les cotylédons placentaires ne peuvent se dégager, se désengaîner des cotylédons utérins, avant la disparition de ces maladies ou la décomposition des enveloppes fœtales.

C'est à cette décomposition et à l'absorption par la surface de la matrice des matières infectantes qui en proviennent, qu'on attribue les affections graves, mortelles, qui surgissent lors de la non-délivrance. Ne serait-ce pas à tort que cette théorie empruntée à la médecine humaine est appliquée à la médecine vétérinaire, alors qu'elle n'est aucunement justifiée par l'organisation anatomique du viscère utérin de la femelle bovine? Les résorptions pas plus que les hémorrhagies si redoutables chez la femme n'ont lieu et ne sauraient, nous semble-t-il, avoir lieu chez la vache, comme cela résulte de dispositions anatomiques très-différentes et bien connues, que nous croyons inutile de reproduire. Chez cette femelle, l'arrière-faix et les matières qui résultent de sa décomposition séjournent dans la matrice, sans exercer, pensons-nous, lorsque cet organe se trouve dans toute son intégrité, d'autre action que celle d'un corps étranger qui doit être éliminé.

Comment expliquer autrement ces cas fréquents de décomposition des enveloppes fœtales et leur expulsion lente et par lambeaux, ou sous la forme d'une sanie infectante, sans que la femelle en paraisse le moins du monde indisposée? Il y a plus, tous les vétérinaires qui ont quelque pratique n'ont-ils pas vu des fœtus de cinq et six mois, ou parvenus au terme de la gestation, qui, par suite de circonstances que nous n'avons pas à exposer ici, se détachèrent de la mère et qui, n'ayant pu être chassés de l'antre utérin, finirent par être expulsés, après un temps très-long, par pièces et morceaux, et souvent réduits en bouillie par l'effet de la décomposition? Notre père nous a affirmé avoir vu, dans des cas semblables, sans que les femelles en aient manifesté le moindre dérangement, les os du petit sujet expulsés avec les excréments, après avoir traversé les parois de la matrice et du rectum, poussés par un travail éliminatoire. Comment expliquer ces faits extraordinaires, si la décomposition d'une mince partie des enveloppes fœtales exerçait une influence aussi pernicieuse, que la plupart des auteurs et des praticiens le prétendent? Nous avons observé, il est vrai, que, parmi les faits que nous invoquons, des bêtes moururent assez rapidement; que d'autres, après avoir langui pendant un laps de temps très-long, une année et plus, revinrent à la santé ou succombèrent. Peut-on inscrire ces cas funestes sur le compte de l'infection putride? Nous ne le croyons pas; nous admettons plus volontiers qu'ici, comme dans le cas de non-délivrance, la matrice, mise en action dans des conditions anormales qui développent son irritabilité, subit facilement l'influence des causes capables de l'enflammer ; d'où naît la métrite et ses complications. Les autopsies que nous avons faites nous laissent peu d'incertitude à cet égard.

En résumé, nous pensons que la persistance des adhérences des enveloppes fœtales avec la matrice en empêchant l'écoulement des lochies, provoque les désordres qui en sont la conséquence, tient la porte ouverte à l'action des causes qui engendrent les maladies de l'organe utérin, et aggrave ces maladies lorsqu'elles existent, mais n'en est pas la cause déterminante.

Nous allons maintenant passer en revue les diverses pratiques usitées pour obtenir l'expulsion de l'arrière-faix.

Nous ne parlerons des agents médicamenteux tels que : la rue, la sabine, l'ergot de seigle surtout, que pour en condamner l'emploi, comme incertain, sinon inutile et même dangereux à des doses élevées, comme certains auteurs les prescrivent.

Il existe une foule de pratiques vulgaires pour hâter l'expulsion de l'arrière-faix ; chaque éleveur en a une en laquelle il a confiance. Mais comme presque toutes reposent sur des préjugés, disons-en un mot.

Les uns se hâtent de traire la femelle bovine de suite après la parturition et de lui en faire boire le produit. Cette pratique, tout à fait inutile dans le but qu'on se propose, a l'inconvénient de priver le petit sujet d'une substance salutaire, préparée par la nature pour débarrasser, par la purgation qu'elle détermine, les intestins du méconium qui les obstrue.

D'autres présentent à la femelle immédiatement après

le vêlage, une boisson tiède, dans laquelle ils versent une certaine quantité d'huile grasse, ou délaient le levain apprêté pour faire le pain. Ce liquide ne peut avoir d'autre utilité que de rafraîchir la femelle altérée par les fatigues de la parturition.

D'autres, encore, mettent dans les soupes, qu'ils préparent pour la femelle non délivrée, des feuilles de lierre (*hedera*) (rampuelle dans les campagnes). Cette substance ayant, paraît-il, des propriétés vénéneuses ne peut être que dangereuse.

Il en est qui donnent des œufs ou du pain rôti dans de la bière ou des infusions d'absinthe : ces préparations sont avantageuses pour les femelles vieilles, maigres ou affaiblies par le travail de la parturition.

Enfin plusieurs, et c'est le grand nombre, ne font rien, ne prennent aucune des précautions hygiéniques que réclame l'état de la femelle ; ils se contentent, si le cordon pend trop bas, de le raccourcir par un ou plusieurs nœuds, ou simplement en le coupant à une certaine hauteur, et ils attendent le sixième ou le neuvième jour pour voir tomber la parure. Cette indifférence inqualifiable n'est pas assez souvent punie comme elle le mérite.

Avant de faire connaître notre méthode, il nous reste encore, pour satisfaire à l'engagement que nous avons pris dans un précédent article sur le renversement de l'utérus, à démontrer que l'extraction des enveloppes fœtales ne doit, dans aucun cas, être pratiquée sur la vache.

La médecine vétérinaire, toujours jalouse de suivre sa sœur aînée, la médecine humaine, dans sa marche progressive, a appliqué aux femelles domestiques le

système de détacher le délivre par des manipulations particulières ; mais cette application est-elle aussi opportune chez la vache que chez la femme ? Sur celle-ci la
possibilité d'extraire les secondines, immédiatement
après l'accouchement, et le décollement facile du placenta en font une chose assez simple. Il est loin d'en
être de même pour la femelle bovine, sur laquelle cette
opération ne saurait être faite de suite après le part, vu
que, dans les circonstances ordinaires, elle met bas
sans le secours des chirurgiens vétérinaires ; et, en
supposant que ceux-ci, comme les accoucheurs
humains, pussent être présents à toutes les parturitions, conviendrait-il qu'ils tentassent de détacher
l'arrière-faix aussitôt après la sortie du fœtus ? Nous
répondons sans hésiter que non ; d'abord parce que le
délivre tombe souvent de lui-même dans les premiers
jours qui suivent le part, et ensuite, parce que ce corps
peut séjourner pendant plusieurs jours dans la matrice,
et même s'y décomposer sans donner lieu à aucun accident ; tandis que les manœuvres qu'exige son extraction sont toujours longues, difficiles et dangereuses.
C'est un fait que le délivre se détache le plus souvent
par les seuls efforts de la nature et tombe de lui-même,
dans les trois, six ou neuf jours qui suivent le vêlage,
sans entraîner aucune suite fâcheuse. Il est également
vrai que, dans les premiers moments de la sortie du
fœtus, son extraction rencontrerait des difficultés presque insurmontables, résultant : des violents efforts
expulsifs que les manipulations ne manqueraient pas
de provoquer : de l'étendue du viscère utérin qui ne
permettrait qu'avec peine d'atteindre tous les cotylédons ; des adhérences étroites qu'une seule main,

agissant aveuglément à la longueur du bras, ne parviendrait pas aisément à vaincre sans blesser plus ou moins gravement la muqueuse de la matrice, en arrachant les cotylédons ou en l'égratignant; — nous verrons que le secours des ongles est indispensable — de la longueur inévitable des manœuvres, pendant lesquelles le bras de l'opérateur, toujours tendu et fortement comprimé par les contractions de l'utérus et les efforts expulsifs et la main, agissant sur des parties molles, glissantes, glutineuses, seraient promptement fatigués et engourdis; circonstances qui, évidemment, ne rendraient pas l'opération plus facile et moins dangereuse. Ajoutons enfin que l'extraction complète du délivre est, de l'aveu même des auteurs, chose impossible. Tout praticien de bon sens comprendra dès lors aisément avec nous, que les portions qui n'ont pu être extraites exerceront, par leur séjour dans l'utérus, une influence plus pernicieuse que celle qui serait résultée de la non-délivrance.

Ces faits admis, et ils sont incontestables, est-il sage, est-il rationnel de recourir à une opération difficile et dangereuse, dans le but de prévenir une éventualité qui ne se produira peut-être pas et dont les suites, d'ailleurs, sont souvent nulles ou de peu de gravité?

La chirurgie vétérinaire, nous dira-t-on, ne recommande pas l'extraction du délivre de suite après la sortie du fœtus; elle engage au contraire d'attendre, avant de mettre la main à l'œuvre, l'effet des efforts de la nature et des moyens vulgaires chirurgicaux et médicamenteux préconisés pour hâter la chute de ce corps. Mais quand décidera-t-on que ces moyens n'aboutiront pas? L'expulsion de l'arrière-faix ne pourra t-elle pas s'effectuer au moment ou quelques heures ou un jour après qu'on aura prononcé qu'elle ne se fera pas, puisque cette expulsion a presque toujours lieu dans les neuf jours qui suivent le part ?

Il est évident que, si l'utilité de cette opération était bien admise par la pratique, la théorie se montrerait moins timide, moins embarrassée pour reconnaître et préciser le moment opportun où l'homme doit intervenir. Or, nous voyons que les opinions des professeurs, des écrivains, des praticiens, en un mot, de tous les hommes les plus éminents dans la science et la pratique offrent, au contraire, sur ce point les plus grandes divergences; ainsi, Hurtrel d'Arboval dit : « Quand ces moyens ne suffisent pas, et quand on » reconnaît que la délivrance spontanée ne peut avoir » lieu, il s'agit d'aider la nature à l'opérer. » A quoi et quand peut-on reconnaître que la délivrance spontanée ne peut avoir lieu? C'est ce que les auteurs ne disent pas, et pour cause.

M. Delwart fixe le moment d'opérer à deux ou trois jours; un laps de temps aussi long est même dangereux selon cet auteur, pour la jument. M. Rainard dit à ce sujet : « En général il ne faut guère la faire (l'extrac- » tion) avant le deuxième ou le troisième jour, temps » en quelque sorte normal pour la rétention du déli- » vre; on ne doit cependant pas attendre jusqu'au » septième ou huitième jour; du quatrième au sixième » voilà la limite la plus sage et la plus convenable. » M. Eug. Renault, dans un article publié dans la *Maison rustique du* XIXe *siècle*, dit que, « lorsque le délivre » n'est pas sorti quarante-huit heures après l'accou-

» chement, il faut, sans attendre plus longtemps,
» opérer l'extraction ; et quand il y a plus de trois ou
» quatre jours que le part, a eu lieu, le resserrement
» de l'entrée de la matrice empêche qu'on puisse
» extraire le délivre avec la main. » M. Gellé, professeur
à l'École impériale vétérinaire de Toulouse, auteur d'un
excellent ouvrage sur les maladies du bœuf, déclare,
« que la délivrance naturelle, celle qui a lieu par les
» seuls efforts de la nature, est préférable à toute
» autre ; aussi doit-elle être attendue un, deux, trois,
» quatre et même huit jours. »

Enfin, pour terminer nos citations nous dirons que
des praticiens distingués, sortis des écoles ou formés
aux leçons de l'expérience, condamnent cette opération, que d'autres d'une réputation non moins bien
établie l'admettent ; et que plusieurs, après en avoir
été de chauds partisans, la répudient.

Disons encore que parmi les partisans de l'extraction de l'arrière-faix, les uns fixent pour y procéder,
le moment où pour les autres elle n'est déjà plus possible. Ainsi les uns veulent qu'on opère avant que la
décomposition se manifeste et que la bête ne présente
aucun signe de maladie ; les autres, que l'heure n'est
venue de mettre la main à l'œuvre qu'alors que la
décomposition a lieu et que la bête en paraît affectée.

Ces contradictions, il faut en convenir, sont peu
propres à répandre la conviction dans les esprits sur
l'opportunité et l'utilité de l'extraction des enveloppes
fœtales.

Quant à nous, nous approuvons volontiers l'extraction de l'arrière-faix en principe, nous considérons
qu'il est rationnel de débarrasser au plus tôt la matrice

d'un corps étranger qui, en entretenant au delà du terme
fixé par la nature son état congestionnaire et son irritabilité, l'expose, pendant toute la durée de cet état, à
l'action alors si puissante des causes capables de
l'irriter et de l'enflammer; mais les difficultés et les
dangers de son exécution nous forcent d'en blâmer
l'application.

Si, comme chez la femme, de suite ou peu de temps
après la sortie du fœtus, l'extraction du délivre pouvait
être faite chez la vache avec facilité, sans blesser la
matrice et sans qu'il restât rien de cette production,
certes, les avantages de cette opération seraient incontestables. L'hémorrhagie si redoutable chez la femme,
et qui cependant n'arrête pas les accoucheurs, n'est
nullement à craindre pour la femelle bovine; les praticiens vétérinaires qui ont vu quelques renverse-
ments de la matrice ne sauraient en douter : ainsi, chez
la vache, plus que chez la femme, le moment le plus
favorable de mettre la main à l'œuvre serait de suite
après la sortie du fœtus, si on n'était arrêté par les
difficultés signalées plus haut. Pourtant ces difficultés,
devant lesquelles on recule à cette époque, ne sont pas
moindres plus tard, comme cela découle clairement des
écrits des auteurs et des dires des praticiens partisans
de cette opération. Du quatrième au sixième jour,
terme moyen considéré comme étant le plus convenable
pour procéder à cette opération et même beaucoup plus
tôt, le col de l'utérus est déjà assez resserré pour
obliger l'opérateur d'en forcer l'ouverture afin de
pénétrer dans la matrice ; dès lors, le passage plusieurs
fois réitéré du bras à travers cette partie, siége d'une
grande sensibilité, ne peut se faire sans la froisser et

l'irriter considérablement, ce qui provoque des contractions de la matrice et des efforts expulsifs violents. Nous prions de tenir compte que nous supposons le cas où le placenta n'a rien perdu de ses adhérences avec l'utérus. C'est un fait notoire que, très-souvent à cette époque, l'arrière-faix est presque ou entièrement détaché; ici les efforts expulsifs et les contractions de la matrice suscités par le passage de de la main dans ce viscère et une légère traction opérée sur cette production parviennent aisément à en déterminer la sortie. L'opération, dans ce cas, n'est ni bien difficile ni dangereuse, nous le comprenons sans peine, et nous n'en parlons que pour expliquer la facilité des manœuvres et les résultats heureux vantés par quelques praticiens. Un peu plus de patience et l'expulsion se serait opérée d'elle-même.

Ainsi donc, nous n'avons en vue que les cas où il est indispensable, pour opérer l'extraction du délivre, de détacher un à un les cotylédons placentaires des cotylédons utérins. Évidemment l'opération ne sera pas moins difficile que si on la pratiquait de suite après la sortie du fœtus; de plus, il est certain que la muqueuse et les cotylédons utérins, par suite d'un état congestionnaire ou inflammatoire trop prolongé, offriraient une tolérance moindre à l'action des manipulations et une tendance plus grande à s'excorier, à s'arracher et à se gangréner. Ajoutons à toutes ces considérations que M. Rainard recommande de tenir les ongles longs pour procéder à l'extraction du délivre. Cette recommandation expresse, de la part de l'éminent directeur de l'École impériale vétérinaire de Lyon, doit être, pour tout praticien sensé, la condamnation de la méthode enseignée dans les écoles. N'en fait-t-elle pas, mieux que la plus savante critique, ressortir les difficultés et les dangers? Outre les lésions de la matrice, elle implique l'impossibilité d'extraire le délivre en entier ; or, les portions qui n'ont pu être extraites, quelque minces qu'elles puissent être, acquerront une influence plus pernicieuse que n'eût exercée la masse du délivre sans l'opération : leur décomposition sera plus rapide et les matières septiques, infectantes qui en résultent, par leur contact avec les plaies qui recouvrent la muqueuse enflammée, seront plus facilement résorbées et produiront en même temps une infection putride et une inflammation nécrotique.

Que les ongles longs soient, contrairement aux principes professés par plusieurs auteurs, avantageux lorsqu'il s'agit d'opérer un accouchement laborieux, c'est une vérité que nous proclamons : un accoucheur habile peut en tirer un grand parti. Mais qu'on recommande de briser les adhérences de l'arrière-faix et de l'utérus avec les ongles, *qui ne doivent pas être coupés ras afin de pouvoir s'en servir pour racler, diviser, etc.*, alors qu'on sait que la matrice est déjà le siège d'une inflammation plus ou moins étendue, voilà ce qui nous étonne. La compression telle qu'elle doit être exercée sur le cotylédon utérin, afin d'en exprimer le cotylédon placentaire, est déjà, selon nous, chose redoutable ; le raclage avec les ongles doit être infailliblement funeste.

Aux accidents fréquents que l'extraction du délivre avec la main doit nécessairement déterminer chez la bête, est-il besoin d'ajouter dans la balance ceux auxquels elle expose l'homme? Faut-il énumérer les victimes? Est-il un seul praticien dont le nom ne figurerait pas sur cette liste? N'est-ce pas déjà trop d'avoir, après chaque opération de ce genre, tout le corps imprégné d'une odeur infecte qui, pendant plusieurs jours, s'échappe par la peau, le nez, la bouche, etc., en exhalaisons pestilentielles? Se dévouer avec courage et abnégation aux devoirs de sa profession, telle doit être la conduite du praticien vétérinaire ; mais qu'il risque sa santé et sa vie, ou qu'il se mette seulement dans le cas d'être, pendant plusieurs, jours, dégoûté de lui-même, pour obtenir un résultat négatif ou douteux, c'est ce que nous ne saurions conseiller.

Nous comprenons que le praticien zélé, dévoué, ne sache pas rester inactif en présence de l'impatience de son client, et qu'à défaut de mieux, il ait recours sans hésiter aux moyens qu'il connaît quels qu'en puissent être les inconvénients.

Il existe évidemment une lacune dans le traitement de l'affection que nous étudions, nous voulons la combler en publiant la méthode que nous suivons depuis de longues années, à la grande satisfaction des éleveurs et à la nôtre. Elle n'offre pas les dangers de l'extraction à la main, ni les lenteurs d'une médication impuissante. Nous engageons nos collègues à l'expérimenter, ils en jugeront.

Voici comment nous procédons :

Nous insistons d'abord et surtout sur les mesures hygiéniques ; il est de toute nécessité de soustraire la femelle non délivrée à l'action des causes capables de déterminer l'inflammation de la matrice ou autres complications, en la tenant chaudement à l'étable et en la soumettant à un régime prophylactique composé de soupes, de bouillies, faites avec des herbes, des racines cuites, etc.

Si la femelle est maigre, faible, vieille, il convient de faire administrer des tisanes d'absinthe, d'armoise (*Artemisia nobilis*) vulgairement *mère des herbes*, de fleurs de camomille, de matricaire, auxquelles on ajoutera 1 à 1 1/2 litre de bière par jour. Si elle jouit d'un bon état de santé, si elle est jeune et d'une bonne constitution, on se contentera de lui donner des soupes avec des mauves, du lierre terrestre, du seneçon, des orties, des chardons, laitues, chicorée, etc.; en un mot, avec toutes plantes rafraîchissantes, adoucissantes, légèrement toniques, auxquelles on ajoutera une poignée de graine de lin et d'armoise. — Cette plante précieuse, principalement dans le cas que nous exposons, se rencontre partout en grande abondance.

S'il survient des dégoûts, de l'inappétence, on administrera des préparations propres à activer les fonctions digestives.

Les soins hygiéniques suffiraient seuls pour amener la chute du délivre; cependant une action directe sur la matrice est suivie d'un effet plus prompt.

Lorsque le cordon qui pend par la vulve, descend assez bas pour faire craindre que la femelle ne le brise en le piétinant ou en se couchant, on le raccourcit par un ou quelques nœuds. Si l'arrière-faix n'était visible que pendant le décubitus, nous profiterions de ce moment pour l'attirer de manière à le faire pendre hors de la vulve. Quand il n'apparaît pas du tout, nous allons le chercher à l'entrée de la matrice où on le trouve toujours dans les premiers jours qui suivent le part.

Après trois ou quatre jours, nous prenons le bout du cordon entre deux bâtons de la longueur et de la grosseur d'une canne ordinaire, sur lesquels nous roulons, jusqu'au niveau de la vulve, la partie pendante ; (fig. 19) et là, par des mouvements de demi rotation de droite et de gauche, exécutés au moyen des bâtons, nous promenons doucement, légèrement, la portion engagée

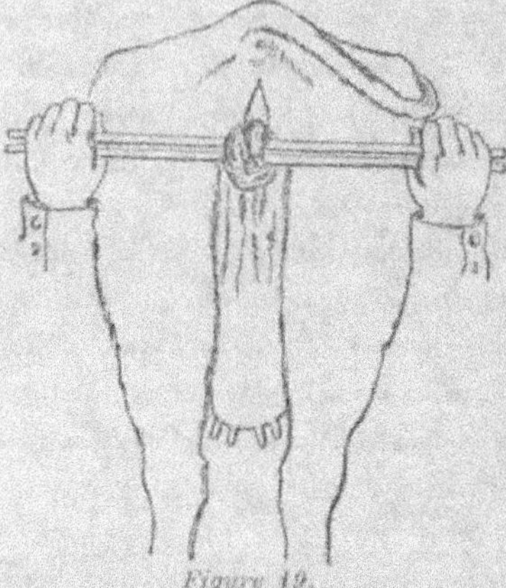

Figure 19.

dans le conduit, sur les bords de la vulve et les parois de l'entrée du vagin. Le chatouillement, la titillation que cette manœuvre produit excite la femelle à se camper comme pour uriner, acte qu'elle accomplit presque toujours. Pendant ce temps, nous continuons à rouler l'arrière-faix sur les bâtons au fur et à mesure qu'il vient, et lorsqu'il est tout à fait détaché, ce qui a lieu le plus souvent vers le cinquième ou le sixième jour, on l'amène ainsi facilement et entièrement au dehors. Si nous éprouvons de la résistance et que nous sentons quelque chose qui casse, qui craque, c'est qu'il existe encore des adhérences ; nous nous arrêtons. Mais alors, par un mouvement assez rapide et saccadé de va et vient, nous communiquons à l'utérus, au moyen de l'arrière-faix qui lui est adhérent, des secousses plus ou moins fortes, suivant l'état dans lequel se trouve cet organe. On peut dis-

tinguer aisément ces secousses, en examinant les flancs
pendant l'opération, surtout le grand flanc (le flanc
droit). Ainsi, dans le mouvement de vient, on voit parfaitement qu'une masse arrondie est soulevée et attirée
du côté du bassin et que, dans celui de va, elle
retombe dans sa position en remuant, en agitant par
des oscillations assez étendues les parois du ventre et
les viscères que cette cavité renferme.

On ne doit pas craindre d'employer une certaine
force dans la pratique de ces mouvements, tant pour
amener l'arrière-faix au dehors que pour secouer la
matrice, en évitant toutefois de casser le cordon, car
alors on obtiendrait difficilement l'extraction du délivre
en entier. On peut agir fortement mais avec douceur (1)
un bruit, une sensation de quelque chose qui craque,
qui se déchire, qu'on perçoit facilement, avertit qu'on a
déjà été trop loin et qu'il faut s'arrêter. En général, on
doit être d'autant plus prudent que la non-délivrance

(1) M. Saint-Cyr, en reproduisant cette partie de notre procédé,
page 591 de son traité, place ici entre deux parenthèses un petit *sic*
qui voudrait être plus méchant qu'il n'est gros. Il ne saurait nous
blesser : n'est pas écrivain qui veut ; et si nous prenons quelquefois la
plume nous n'avons pas la prétention de produire une œuvre littéraire,
nous cédons, uniquement, au besoin d'occuper utilement nos loisirs.
Certes, nous serions doublement heureux si nous étions de force à
toujours trouver les mots propres et à les agencer de façon à exprimer brillamment nos idées. Privé de ce don, nous faisons de notre
mieux pour les rendre aussi intelligiblement que possible, espérant que
l'on nous tiendra compte de nos efforts. Toutefois cette phrase où
les mots *fortement* et *douceur* semblent se heurter ne nous paraît pas
aussi incorrecte que la remarque de M. le professeur de Lyon, tend
à l'insinuer. Qu'on veuille bien observer que, dans notre pratique,
nous laissions au client le soin d'extraire le délivre ou d'en provoquer
la chute ; et, par une traction sur un pli de son vêtement, nous lui
montrions qu'il pouvait aller jusqu'à agir *fortement* en procédant avec
douceur, c'est-à-dire doucement et progressivement, pour s'arrêter
quand il s'apercevrait que l'arrière-faix, encore trop adhérent, se
déchire.

date de plus longtemps et que l'arrière-faix a subi un degré plus avancé de décomposition.

Ces manœuvres, répétées une fois par jour, amènent promptement la chute du délivre, très fréquemment même elle a lieu dans les vingt-quatre heures qui suivent la première épreuve. Elles sont d'une pratique si facile que nous en laissons presque toujours le soin au propriétaire, après toutefois lui avoir montré comment il doit s'y prendre.

Quand nous ne sommes consultés que plusieurs jours, huit ou dix et plus, après la parturition, alors que le cordon qui pendait par la vulve est tombé et que le col de la matrice est trop resserré pour y introduire la main ; dans ce cas, des chatouillements, exercés une fois par jour sur cette partie par le passage du doigt dans l'ouverture, provoquent promptement l'évacuation du délivre ou des produits de sa décomposition.

Ce procédé, que nous tenons de notre père, est sans contredit le plus simple, le plus rationnel, et nous le proclamons le plus efficace de tous ceux connus jusqu'aujourd'hui. Reposant sur le même principe, mais d'une conception plus judicieuse, il est au moins d'une application aussi facile que celui indiqué par Chabert et qui consiste dans la suspension d'un objet pesant, comme un morceau de brique, au bout du cordon qui sort par la vulve ; de plus, il n'oblige pas à toucher à ce corps, dont l'odeur infecte s'attache aux mains avec une ténacité désespérante ; en outre, il ne gêne aucunement la bête, ne comprime nullement le méat urinaire et ne détermine pas la rupture du cordon, inconvénients que la modification apportée par M. Favre n'est pas parvenue à faire disparaître. Il est facile de se rendre compte de l'action puissante qu'exercent les secousses que nous imprimons directement à la matrice et avec le degré d'énergie que nous jugeons convenable : elles réveillent cet organe, l'excitent, favorisent son dégorgement, provoquent ses contractions et les efforts expulsifs. Qu'espère-t-on de plus de l'administration de médicaments dont les effets, toujours douteux, quelquefois même dangereux, ne sauraient être ni aussi prompts ni aussi efficaces ?

Nous livrons ce procédé en toute confiance ; il est aussi inoffensif que l'expulsion naturelle, et les résultats que nous en obtenons sont au moins, nous l'affirmons, aussi satisfaisants que ceux attribués à l'extraction avec la main ; promptement suivi de la délivrance qui laisse rarement après elle des traces appréciables, il n'a rien de dangereux ni même de désagréable pour l'opérateur.

Pour terminer, il nous reste quelques mots à dire relativement à la jument : chez cette femelle, le retard de la délivrance est un cas assez rare, ce qui s'explique parfaitement par le mode d'union du placenta à l'utérus, sur lequel il n'est en quelque sorte que collé ; aussi, l'extraction des annexes du fœtus par le procédé indiqué par les auteurs est chose assez facile ; cependant, nous ne la conseillons pas, surtout lorsque le sujet est jeune, irritable et bien portant ; le renversement de la matrice, accident redoutable chez la jument, pourrait bien en être la conséquence. Nous n'avons jamais vu chez cette femelle le retard de la délivrance se prolonger au delà du sixième jour. Par l'emploi sévère de bonnes mesures hygiéniques, on prévient les complications, et la délivrance se fait

presque toujours spontanément du troisième au quatrième jour. S'il arrive que le délivre ne soit pas tombé
le cinquième jour, on l'extrait aisément par le procédé
indiqué ci-dessus. Dans un seul cas, nous avons vu la
non-délivrance se compliquer, le troisième jour, de
la fourbure dont nous avons parlé plus haut, et que
nous considérons comme la fièvre vitulaire de la
jument.

En publiant ce travail, fruit des nombreuses observations que nous avons recueillies pendant notre
longue pratique, notre but est uniquement de contri-
buer à élucider une question importante, qui intéresse
vivement la science, l'agriculture et l'humanité dans
la personne des vétérinaires, dont la santé et la vie
peuvent en dépendre. Puisse ce faible rayon donner
plus d'éclat à la lumière qui tend à se répandre.

MALADIE DES MAMELLES.

*La mastoïde, mammite, mastite, engorgement laiteux,
empissement, quartier de pis, feu de pis, feu des mamelles,
araignée* chez la brebis, etc., telles sont les dénomina-
tions scientifiques et vulgaires sous lesquelles cette
maladie est connue.

La maladie des mamelles s'observe chez toutes les
femelles domestiques; mais c'est la vache qui en est le
plus fréquemment atteinte; fait qui s'explique par le
développement et l'activité excessifs que l'industrie de
l'homme a donné, chez cette femelle, aux organes
mammaires dont la sécrétion exagérée est en quelque
sorte permanente. C'est chez cette femelle aussi, qu'en

raison de considérations économiques, elle offre le plus d'intérêt : outre, la perte du lait qui représente une grande valeur, il peut en résulter des altérations qui déprécient la bête, et obligent de la livrer à la boucherie.

C'est donc la vache que nous aurons, principalement, en vue dans l'exposé que nous allons faire de la maladie des mamelles; cependant nous ne négligerons pas de signaler les particularités importantes qu'elle présente chez les autres femelles.

La maladie des mamelles n'a pas toujours les mêmes caractères, et son degré de gravité dépend de l'intensité du mal, et des conditions hygiéniques et constitutionnelles de la femelle, plutôt que de son siége primitif. En effet, qu'elle procède de la muqueuse des canaux et des sinus galactophores, ou du tissu conjonctif superficiel, ou profond et interstitiel, ou du parenchyme même de la glande, quand l'inflammation se manifeste avec acuité, si elle ne frappe pas en même temps la masse glandulaire, elle ne tarde pas à se propager de l'un des tissus à l'autre, donc, des distinctions basées sur la nature du tissu primitivement enflammé intéressantes, peut-être, au point de vue de la science, sont impossibles à saisir, et n'ont aucune importance au point de vue de la pratique où nous sommes placés pour examiner cette maladie.

Nous ne confondrons pas, avec l'inflammation proprement dite, l'*œdème*, et l'ampliation des mamelles ou l'*empissement*; ces faits, que nous qualifierons de pathologiques, bien qu'ils aient avec cet état, un rapprochement assez intime, nous le voulons bien, ne constituent pas ce qu'on peut appeler des maladies. Ce qui permettrait de faire erreur c'est que, souvent, à la suite de négligences, de mauvais soins ou de toute autre cause, les tissus qui en sont le siége s'irritent, se congestionnent, s'enflamment, et l'inflammation, gagnant de proche en proche, envahit la masse glandulaire, et se montre avec tous les caractères et les conséquences qui lui sont propres, et que nous décrirons plus loin.

Nous examinerons d'abord l'œdème, puis l'empissement ou l'engorgement laiteux et nous verrons ensuite, l'inflammation proprement dite.

Les mamelles entrent en action en même temps que l'utérus ; mais le mouvement est lent et insensible pendant les premiers mois de la gestation. A partir du cinquième au septième mois, il devient plus appréciable et va en augmentant à mesure que le terme approche. Vers cette époque, contrairement à ce que dit M. Saint-Cyr, *que l'œdème ne s'observe presque jamais chez la vache,* il n'est pas rare de voir surtout chez les primipares douées de bonnes dispositions lactifères, un engorgement œdémateux se montrer d'abord en avant du pis, l'envahir complètement et s'étendre, ensuite, en arrière jusqu'au plat des cuisses, et en avant jusque sous la poitrine. Cette tumeur, dans laquelle les trayons semblent se dissimuler et qui conserve l'impression du doigt, sans être douloureuse, ni bien chaude et rouge, paraît cependant tenir davantage de l'œdème chaud. Chez la jument, au contraire, l'œdème est plutôt froid, cela dépend, sans doute, de la cause qui le produit chez l'une et l'autre femelle. Chez la vache, nous le considérons comme étant le résultat d'un mouvement fluxionnaire trop actif; chez la jument, on l'attribue à une gêne mécanique de la circulation veineuse : il commence chez cette femelle par les membres postérieurs, se montre en avant du pis, s'étend sur toute sa surface, gagne en arrière le plat des cuisses et monte jusqu'à la vulve; en avant, il suit les veines sous-cutanées abdominales, se répand sur toute l'étendue du ventre en le débordant de chaque côté et se propage sous la poitrine, et jusqu'aux membres antérieurs. Les juments déjà âgées et d'une constitution lymphatique y sont plus sujettes.

Cet état, chez l'une et l'autre femelle, n'est accompagné d'aucun trouble général ; la santé n'en reçoit pas la moindre atteinte ; et les cultivateurs, qui ne voient dans l'œdème que *des boules de lait*, augurent bien des qualités lactifères de la vache. Il n'y a donc pas lieu de s'en inquiéter, autrement que pour en modérer la marche par des moyens propres à ralentir le travail organique et sécrétoire des glandes mammaires chez la vache, et à activer la circulation veineuse chez la jument.

Pour la vache, on substituera aux aliments verts, aux substances féculentes, aux racines, etc., des soupes liquides peu nourrissantes, composées de plantes amères et rafraîchissantes : pissenlits, chicorées, feuilles d'endives, de laitue, orties, pariétaire, son, etc., et, entre temps, on donnera de la paille et du regain. Ce régime, secondé, au besoin, par une saignée moyenne, sont les seules indications à remplir à l'égard de la vache. Pour la jument, un exercice modéré, de fréquentes promenades à la main, sont utiles et nécessaires.

Après le part : les bons soins hygiéniques, l'extraction du lait souvent répétée et exécutée avec intelligence et douceur, et des fumigations et lotions fréquentes avec une décoction d'écorce de tilleul, suffisent pour que la sécrétion laiteuse, qui, dans les premiers jours, ne fournit que peu de lait, souvent altéré, sanguinolent ou mélangé de sang, s'établisse normalement et chasse, peu à peu, l'engorgement œdémateux qui, quelquefois, a pris des proportions assez considérables pour être alarmant.

Chez la jument, l'œdème diminue et disparaît également à mesure que le lait prend son cours, ce qui a lieu assez promptement si le poulain est vigoureux et tête bien.

Cependant, les choses ne se passent pas constamment ainsi : des mauvais soins, des erreurs de régime, des courants d'air froid ou humide, des tractions trop rudes sur les mamelons, et le séjour trop prolongé du lait dans les mamelles, par suite de la faiblesse ou de la mort du poulain pour la cavale et de la mulsion exécutée avec négligence pour la vache, portent le désordre dans le trouble naturel de la sécrétion laiteuse et le transforment en un véritable état pathologique, d'où naît l'inflammation avec toutes ses conséquences.

L'engorgement laiteux, vulgairement *l'empissement*. — On désigne ainsi un état des mamelles qui consiste dans l'accumulation et la rétention du lait dans les sinus et canaux galactophores.

L'ampliation des mamelles est le premier degré, ou plutôt, si on n'y remédie à temps, la cause de l'engorgement laiteux.

Le lait s'accumule et séjourne dans les mamelles

quand, par négligence ou autrement, quelquefois par ruse, pour simuler des qualités qu'elle n'a pas, on laisse la vache trop longtemps sans la traire, ou bien lorsqu'un obstacle quelconque s'oppose à la sortie du lait, telle que l'induration avec rétrécissement sur un point des parois de l'appareil excréteur, ou la présence d'une production morbide ou d'un corps étranger qui bouche le canal ou l'orifice du mamelon. Outre ces causes qui peuvent l'occasionner, l'engorgement laiteux affecte aussi fréquemment les vaches qui sont traites imparfaitement, soit par incurie, paresse ou maladresse, soit parce qu'elles sont difficiles à traire par suite de plaies, de gerçures ou d'une éruption de pustules, d'aphtes, de verrues, etc., sur la peau des trayons, qui rendent les manipulations douloureuses ; et celles chez lesquelles, à l'approche de la parturition ou pour faciliter l'engraissement, on a fait tarir le lait sans prendre les précautions voulues.

Chez les autres femelles, la mort ou la faiblesse du nourrisson, et un sevrage exécuté trop brusquement et sans ménagement, sont les causes ordinaires de l'engorgement laiteux.

Dans l'ampliation, résultat d'une manœuvre frauduleuse, tout le pis, considérablement tuméfié, n'offre d'autre caractère que son volume, sa pesanteur et la tension des mamelons. Le lait se répand quelquefois de lui-même ou sort abondamment par la mulsion ; il a son aspect naturel, mais il se coagule plus promptement et tourne au feu. Quand le fait se passe dans un des quartiers seulement, il est occasionné par une cause obstruante, soit du sinus galactophore, soit du conduit excréteur ou de l'ouverture du mamelon ; on n'en sait

rien faire sortir ou que fort difficilement un très mince
filet de lait dont le jet, chaque fois interrompu, ne
saurait suffire pour obtenir le désemplissement ou simplement le soulagement de la mamelle ; il serait même
dangereux d'y mettre de l'obstination.

On remédie facilement à l'empissement, résultant de
la rétention frauduleuse du lait ou de la négligence du
vacher, par des mulsions exécutées avec soin et à fond
pendant deux ou trois jours et répétées quatre ou cinq
fois dans la journée.

Quand, chez la jument, la sécrétion laiteuse ne tarit
pas après le sevrage du poulain et que l'abondance du
lait fait craindre l'ampliation des mamelles, il faut les
tirer deux ou trois fois par jour, non pas pour les
vider entièrement, mais pour en extraire le trop plein;
on les tire un peu moins chaque jour et bientôt cela
n'est plus nécessaire.

Lorsqu'un obstacle s'oppose à la sortie du lait, il
n'existe, ordinairement, que dans un mamelon et le
quartier correspondant seul en est affecté. Si c'est un
rétrécissement du canal excréteur ; on désemplira la
mamelle au moyen d'un tube trayeur introduit jusqu'au delà du point rétréci ; et, en maintenant cet
instrument ou mieux de petites bougies dans le trayon
tout le temps nécessaire, on parvient, quelquefois, à
rétablir le calibre du canal à sa largeur normale. S'il
était impossible d'obtenir le désemplissement de la
mamelle et la guérison du rétrécissement, soit qu'on ne
puisse atteindre au-delà du point rétréci soit pour tout
autre motif, plutôt que de tenter des opérations san-
glantes qui, si elles n'aggravaient pas la situation,
n'auraient d'autre résultat que de rendre la vache

difficile et impossible à traire, mieux vaudrait alors abandonner les choses à elles-mêmes ; il n'y a à craindre, au pis aller ,que l'abolition de la sécrétion laiteuse dans la glande correspondante.

Lorsque l'obstacle se trouve dans le conduit du mamelon ou à son orifice, c'est ordinairement, un rétrécissement, une petite verrue, une phlyctène ou une petite masse caséeuse durcie. Dans l'un et l'autre cas, il est toujours facile de donner écoulement au lait et la cause qui s'oppose à sa sortie n'étant jamais hors d'atteinte, peut en même temps que l'effet être combattue efficacement. Dans notre pratique, au moyen d'une penne de canard ou de poule, au besoin, nous improvisions un petit instrument, dont on appréciera l'avantage sur le tube trayeur inconnu à cette époque ; nous retranchions de la plume, la partie située au-delà de la moitié des barbes, comme étant inutile et quelques lignes de l'extrémité du tuyau pour ouvrir, au lait, une issue assez large. Au niveau de la réunion du tuyau avec le corps de la plume, nous pratiquions une ouverture arrondie pour l'écoulement du lait ; puis, l'intérieur du tuyau étant nettoyé des pellicules qu'il renferme, et l'extérieur enduit d'une couche de beurre frais, nous l'introduisions dans le conduit du trayon.

Au moyen de ce tube trayeur improvisé on désemplit la mamelle aussi bien qu'avec l'instrument le mieux perfectionné et le bord du calibre du tuyau, faisant l'office d'un instrument tranchant, on arrache les productions morbides qui se trouvent sur son passage ; si c'est un grumeau caséeux qui bouche le canal lactifère, on prend le mamelon entre les doigts, on presse sur le conduit pour retenir le corps et avec le bord du calibre du tuyau, en agissant prudemment par un mouvement de vrille, on l'entame et on le divise de manière à rendre possible la sortie par morceaux ; il peut aussi être employé avantageusement en guise de cathéter et rester à demeure dans le conduit du trayon jusqu'à la guérison des plaies ou du rétrécissement qui empêchent l'écoulement du lait ; de plus il ne coûte rien, en cas de perte il est promptement remplacé et on le retrouve plus facilement, dans la litière, qu'un tube trayeur, grâce à la partie du corps de la plume restant au-delà du tuyau et qui a l'avantage, encore, de servir de manche pour l'introduire et le retirer.

Quand la vache refuse de se laisser traire, à cause de la douleur que déterminent les manipulations, la peau des mamelons étant le siége de plaies, de gerçures, d'éruptions pustuleuses, aphteuses, etc., il suffira, d'opérer la mulsion pendant quelques jours au moyen de tubes trayeurs, et de faire des lotions, une ou deux fois par jour avec une solution d'alun, d'acétate de plomb, ou mieux de sulfate de cuivre, pour prévenir l'engorgement laiteux, et guérir les plaies ou ulcérations qui existent à la surface des mamelons.

Si on ne remédie pas, en temps, à l'ampliation des mamelles, la muqueuse qui tapisse les sinus et canaux galactophores, distendues par l'accumulation du lait, s'irrite et les humeurs qu'elle sécrète plus abondamment, altèrent ce liquide en s'y mêlant ; ou bien, par un séjour trop prolongé dans les canaux lactifères, le lait se conduit comme dans un vase : la partie solide, ou le caséum, se sépare de la partie liquide, ou le sérum, et, en s'altérant, acquiert des propriétés irritantes dont la muqueuse est la première à ressentir les effets. Ainsi se produit l'engorgement laiteux qu'il est difficile de distinguer de la congestion sanguine. Ces deux états se confondent, ils peuvent naître en même temps ou donner naissance l'un à l'autre. La distension des sinus et des conduits galactophores, par la gêne qui en résulte dans la circulation du sang, occasionne la congestion sanguine ; et la tuméfaction des tissus congestionnés, en comprimant les canaux excréteurs, détermine l'engorgement laiteux. L'engorgement laiteux peut donc être la cause, ou l'effet, de la congestion sanguine et réciproquement.

Les caractères de l'engorgement laiteux diffèrent de ceux de l'ampliation des mamelles, et se distinguent aussi des symptômes de la congestion sanguine ou de l'inflammation, se développant sous l'influence de causes particulières, comme nous le verrons plus loin.

Le pis, ou la mamelle, ou le quartier du pis, siège de l'engorgement laiteux, est gonflé, dur et empâté ; la peau est luisante, un peu plus chaude et rouge qu'à l'état normal ; les manipulations déterminent une sensation de souffrance ; le lait qu'on en trait est cailleboté, ou séreux, et mélangé de mèches caséeuses. Du reste, l'état général n'accuse aucun trouble, et la sécrétion laiteuse, dans les quartiers restés sains, ne présente d'altération notable, ni dans la quantité, ni dans la qualité du produit.

Traitement. — On remédie facilement, aussi, et en peu de jours, à l'engorgement laiteux, en vidant avec soin et à fond, plusieurs fois dans la journée, les canaux galactophores du lait altéré qu'ils contiennent, pour cela, il faut une personne qui sache bien traire et soit douce et patiente.

Il convient, en même temps, de ne donner que des aliments propres à modérer l'action sécrétoire des mamelles.

Une saignée moyenne, surtout pour les femelles chez lesquelles l'engorgement laiteux est la conséquence du sevrage, ou de la suppression trop brusque de la sécrétion laiteuse, est d'un emploi très-avantageux, ainsi que le sel de nitre à la dose d'une once ou le sulfate de potasse *(sel de deux)* à la dose de 5 à 6 onces par jour dans les boissons.

Si on ne faisait rien, ou si on employait des moyens irrationnels pour prévenir l'engorgement laiteux et y remédier, l'irritation de la membrane muqueuse ferait des progrès; les tissus se congestionneraient, et l'inflammation s'emparerait de toute la masse glandulaire.

La mastoïte n'est pas seulement une complication de l'œdème, et de l'engorgement laiteux, elle se développe souvent directement à la suite de contusions, de coups, de blessures et de l'action d'agents irritants; des dérangements gastriques, des courants d'air froid, etc, peuvent aussi lui donner naissance; mais les causes principales, que nous qualifierions volontiers de spéciales, sous l'influence desquelles nous avons vu, le plus fréquemment, la mastoïte se déclarer, tiennent à deux états physiologiques qui ne sont ni la santé ni la maladie: l'état lochial et l'état des chaleurs. Pendant leur durée, une sécrétion de nature particulière et propre à chacun d'eux, s'élabore à la surface de la muqueuse utérine. Il est évident que tout trouble se manifestant dans l'économie, suscité par l'un ou l'autre, de ces états, retentira sur les mamelles, principalement chez les grandes laitières, en raison des sympathies profondes, intimes, existant entre ces organes et l'utérus et des prédispositions résultant d'un développement organique et d'une activité fonctionnelle excessifs.

Dans l'un et l'autre cas, la maladie serait donc l'effet de la localisation, sur les mamelles, d'un trouble morbide général, partant de l'utérus et occasionné, d'un côté, par la suppression de l'écoulement des lochies, à la suite d'un refroidissement, d'un courant d'air, d'une erreur de régime, etc., et de l'autre par des ardeurs génésiques dont l'excès ou la perversion du produit est une cause puissante de perturbation générale.

L'observation de ces faits est populaire. Les renseignements que nous obtenions chaque fois que nous étions consulté étaient invariablement les mêmes : la vache est bonne laitière, elle purgeait bien : mais cela s'est arrêté; ou la vache jouissait d'une bonne santé donnait beaucoup de lait, a eu un fort *taureliage* elle a *taurelié au sang;* et dans ce cas les paysans désignent la maladie des mamelles de *feu de taureliage.*

Dans les quinze jours ou trois semaines qui suivent le part, et à la fin des chaleurs, ou un jour ou deux après, la vache est prise soudainement, principalement aux grassets et en arrière des épaules, de frissons et de tremblements qui peuvent envahir tout le corps et être quelquefois assez prononcés pour qu'il soit permis de dire : qu'elle oscille et tremble comme une feuille. Ces signes coïncident avec la perte ou une diminution sensible de la sécrétion laiteuse, de l'appétit et de la rumination, et sont, pour tout praticien expérimenté, l'avant-coureur de la localisation sur les mamelles d'un trouble pathologique, en évolution. En effet, quelques temps après, douze ou vingt-quatre heures au plus, une partie du pis, toute une mamelle, ou seulement un quartier, devient le siège d'une tuméfaction qui acquiert parfois un volume considérable. En même temps que le mal prend pied, les tremblements diminuent, et la chaleur du corps se relève. La surface de la mamelle affectée s'empâte et à travers cet empâtement, on sent dans le fond une masse bosselée, comme un pain, formée par la glande qui est dure et douloureuse; la peau qui la recouvre se tend, devient luisante, chaude et rouge; l'œdème du tissu cellulaire sous-jacent, quand ce caractère existe, s'étend quelquefois au-delà de la glande; le trayon correspondant est plus tendu et le lait, qu'on en fait sortir difficilement et en petite quantité, est vicié, cailleboté, séreux, filant, jaunâtre, purulent, mêlé de mèches caséeuses grisâtres, ou rougies par du sang exsudé. L'état général en est plus ou moins troublé; mais, ordinairement, la bête conserve de l'appétit, et rumine de temps en temps. La sécrétion laiteuse, bien que sensiblement diminuée, se maintient dans les quartiers non malades; toutefois la sécheresse de la peau et du poil qui est relevé, la soif, la dureté et la rareté des excréments, le froid et la chaleur alternatifs des oreilles et des cornes, l'accélération du pouls, etc., dénotent la persistance d'un état fébrile. La vache accuse de la souffrance, et les manipulations exercées sur le mamelon correspondant à la glande malade, occasionnent de la douleur, que la bête manifeste en levant le membre de ce côté et en voûtant les lombes. Quand elle est debout, et pendant la marche; elle écarte les membres postérieurs; couchée elle les dispose de manière à éviter toute compression de la partie souffrante.

La marche de cette maladie est assez rapide, et sa durée est de cinq à huit jours au moins et de huit à douze au plus. Alors elle s'achemine vers la terminaison qui peut se faire de différentes manières : 1° par *résolution*, c'est la seule favorable et aussi la plus ordinaire, elle s'annonce par la diminution progressive des symptômes généraux et locaux, et le rétablissement dans la mamelle affectée, de la sécrétion laiteuse. Elle s'opère plus rapidement lorsqu'il n'y a que congestion ; mais, si l'inflammation existe, la résorption des produits morbides formés et épanchés dans les tissus, en rend la guérison plus lente et conséquemment plus longue ; néanmoins, cette terminaison est encore dans ce cas, la plus fréquente ; et, avec de bons soins, et après un temps relativement court, tout rentre peu-à-peu à l'état normal.

2° Ou bien, après la disparition des symptômes généraux et locaux, l'engorgement persiste et la sécrétion laiteuse ne se rétablit pas ou qu'imparfaitement, pour finir par se perdre de nouveau et complètement. C'est la terminaison par *induration*. La glande reste dure et comme bosselée dans le fond. Quelquefois, rarement à la vérité, on voit, après un nouveau vêlage, la sécrétion laiteuse se rétablir ; mais, ordinairement : ou les produits morbides s'organisent et la masse glandulaire devient carcinomateuse, ce que, vulgairement, on appelle un *pis de viande* ; ou le tissu induré se condense, se résorbe et, au bout d'un temps — toujours assez long — la glande a, pour ainsi dire, disparu ; il n'en reste guère que la peau : c'est l'*atrophie*, cette partie du pis fait contraste avec les quartiers sains.

Souvent l'induration chez la chienne, et plus rarement chez la jument, se transforme en tissus hétérologues : le squirrhe ou le cancer, qui nécessitent l'extirpation de la mamelle.

3° Ou bien, il se forme des foyers de suppuration qui s'ouvrent d'eux mêmes, si on ne devance pas l'action de la nature en les ponctuant avec le bistouri. C'est la terminaison par *suppuration* : elle est assez rare chez la vache; plus fréquente chez la jument et la chienne. Il importe de ne jouer de l'instrument tranchant qu'à bon escient et attendre, aussi longtemps qu'on n'est pas bien certain de l'existence du foyer purulent, que la tumeur se forme en cul-de-poule et qu'une tendance à l'ulcération se manifeste à la peau. Pour une personne inexpérimentée, les indices fournis par la fluctuation seulement sont trompeurs.

4° Lorsque la nutrition est anéantie par la violence de l'inflammation, la partie envahie devient corps étranger et doit être éliminée. C'est la terminaison par *gangrène partielle ou circonscrite*. L'élimination, dans l'espèce bovine, des tissus mortifiés est assez ordinaire; les poumons des bêtes rétablies de la pleuropneumonie en fournissent de nombreux exemples; seulement, là, le sphacèle ne pouvant être éliminé, la nature le séquestre. Dans la mamelle, l'élimination peut se faire parfaitement. Nous en avons observé quelques cas dans le cours de notre pratique. Le travail est plus ou moins lent, et la nature a souvent besoin de l'aide de l'art pour en abréger la durée.

Cette terminaison se reconnaît aux caractères sui-

vants : l'état général a repris, ou à peu près, ses conditions normales ; toutefois, les symptômes locaux ont
peu varié ; cependant, ils ont moins d'acuité : la chaleur et la douleur ont plutôt diminué ; mais la couleur rouge de la peau prend une teinte plus foncée,
devient presque livide à la partie déclive, et la tuméfaction, augmentée de volume, représente une masse
avalée, en quelque sorte en forme de vessie, qui pend
quelquefois plus bas que les jarrets. Après un temps
qu'il serait difficile de déterminer, de petites collections
purulentes se montrent sur différents points de la décli-
vité de la tumeur ; et, soit qu'on les ouvre avec le
bistouri, ou qu'elles s'ouvrent d'elles-même par l'ulcération de la peau, il s'en écoule un pus peu abondant,
blanchâtre, jaunâtre, filant et plus ou moins épais. Si
alors on incise, dans toute son étendue le ventre
de la tumeur, une masse mortifiée, parfois du poids
de plusieurs livres, en tombe. La vaste plaie qui
en résulte, hideuse, d'abord, se remplit et se rétrécit
assez promptement, la suppuration est relativement peu
abondante et le pus de bel aspect. La cicatrisation ne
se fait pas trop attendre, et tout rentre dans l'ordre
excepté que cette partie de la mamelle est perdue pour la
sécrétion laiteuse. C'est ainsi, du moins, que les choses
se sont passées dans les différents cas de cette nature que
nous avons eu à traiter. Il est vrai que les malades
se trouvaient toutes dans les meilleures conditions d'âge
de santé, de tempérament et d'hygiène.

Au lieu d'être limitée, la gangrène peut être diffuse ;
cette forme rare chez les autres femelles est plus fréquente chez la brebis. Les bergers l'appellent *araignée*
parce qu'ils l'attribuent à la morsure de l'insecte de ce

nom. Les symptômes qui, dès le début, présentent une grande intensité, s'aggravent de plus en plus : un engorgement énorme et œdemateux envahit les mamelles, s'étend en avant sous le ventre jusqu'aux membres antérieurs, et en arrière jusqu'à la vulve. D'abord rouge, chaud, douloureux il devient emphysémateux, livide, insensible et froid. La prostration est extrême ; et la mort frappe sa victime en moins de deux ou trois jours.

Le traitement de la mammite doit varier en raison des conditions dans lesquelles elle se manifeste, de son degré d'intensité, et de la cause qui l'a produite, ou suivant qu'elle existe à l'état de trouble général, de congestion, ou d'inflammation.

Lorsque la maladie se déclare pendant le temps des lochies et qu'elle ne se manifeste encore que par des phénomènes fébriles ; des frissons et des tremblements, on tiendra la vache chaudement au moyen de couvertures sur le corps, et d'un sachet de cendres chaudes ou de son sur les lombes ; on fera des fumigations sous le ventre, et des frictions énergiques sur toute la surface du corps et des membres ; et on administrera toutes les deux ou trois heures, un litre d'une infusion de fleurs de sureau, ou de camomille matricaire, dans de la bière, si ce traitement ne produit pas une réaction salutaire, et que le courant morbide, continuant sa marche, se porte sur les mamelles et s'y localise, on appliquera sur la partie malade une couche de boue, préparée en délayant, dans du vinaigre, de l'argile ou de la terre grasse. Lorsque cette couche commencera à se sécher, on la rafraîchira par l'addition d'une nouvelle, en continuant, ainsi, aussi longtemps qu'il y aura indication. En vue de rétablir et de favoriser l'écoulement des lochies on agira en même temps sur la matrice, au moyen d'agents spéciaux, ayant une action modérée; ainsi, on fera prendre, deux ou trois fois par jour, un litre d'une infusion d'armoise et de camomille matricaire.

On passera quelques lavements dans la journée, aussi longtemps que les excréments, rendus en petite quantité, seront durs et recouverts d'un enduit muqueux.

La saignée est contre-indiquée; outre qu'elle peut faire diminuer et même tarir la sécrétion laiteuse, elle agit dans le sens de la cause, en favorisant la suppression et la résorption des lochies; nous ferons, de plus, remarquer que les sujets jouissent, rarement, dans ce cas, d'une santé exubérante; au contraire, surtout, si la maladie vient après une délivrance retardée.

Pour nourriture et boisson on ne donnera que des soupes liquides et tièdes, composées principalement d'herbes, telles que: laitues, chicorées, orties, sénéçon, mauves, lierre terrestre, chardons, épluchures de légumes, et son, etc. La malade peut en prendre à satiété.

On traira plusieurs fois dans la journée le contenu des sinus et canaux galactophores. Ces manipulations faites avec soin, douceur et précautions, ont en outre l'avantage de favoriser le rétablissement de la sécrétion laiteuse.

Quand la maladie des mamelles est consécutive au temps des chaleurs, sans hésiter, même pendant la manifestation des phénomènes avant-coureurs, on pratiquera une saignée de 4 à 6 livres, suivant l'état de la femelle, et on la répétera au besoin; ici, la sécrétion laiteuse étant bien établie, des émissions sanguines, pratiquées avec mesure, ne sauraient avoir, sur cette fonction, un effet fâcheux bien marqué; et, par suite de la nature des excitations répandues dans toute l'économie, le sang et les tissus ont contracté des prédispositions aux congestions actives, et aux maladies inflammatoires : donc, la saignée dans ce cas est héroïque.

On se conduira pour le reste du traitement comme il est dit dans le cas ci-dessus, sauf qu'on remplacera les tisanes utérines par des boissons tempérantes: de l'eau de son, du jus d'herbes, ou mieux du petit lait, *du sûr*, additionnées de sel de glauber, de sel anglais ou du sel de nitre à doses rafraîchissantes.

Nous avons toujours eu à nous louer de ce mode de traitement aussi efficace que peu dispendieux : La résolution s'opère ordinairement endéans les 5 ou 8 jours sans qu'il reste aucune trace de la maladie.

Si la résolution ne se déclare pas après cinq ou six jours c'est que la maladie est passée de l'état de congestion à celui d'inflammation : dans ce cas, la résolution qui est encore la terminaison la plus ordinaire se fera attendre quelques jours de plus.

Lorsqu'elle succède à l'œdème, à l'engorgement laiteux ou à la congestion sanguine, l'inflammation des mamelles revêt, dans l'un et l'autre cas, à part son degré d'intensité, les mêmes caractères. Le traitement curatif ne devrait pas varier non plus, semble-t-il. Pourtant, nous sommes opposé à la saignée générale pendant la durée de l'écoulement lochial, et nous la proscrivons comme étant nuisible. Les saignées locales, au moyen des sangsues, seraient d'un emploi avantageux s'il était possible de les appliquer aux grandes femelles.

Les auteurs ont préconisé la saignée générale contre l'inflammation des mamelles, soit qu'elle se manifeste à la suite du part ou à toute autre époque, sans doute, parce qu'ils ignoraient ou refusaient d'admettre le fait d'une sécrétion lochiale. Les praticiens de la vieille école, qui savaient à quoi s'en tenir au sujet de ce phénomène, la condamnaient ; aussi, la crainte de la saignée chez les vaches fraîches vêlées est-elle populaire. Aujourd'hui, que nous avons démontré péremptoirement l'existence d'un flux dépuratoire et rallié les savants à notre opinion, peut-on dire encore que cette crainte n'est qu'un préjugé ?

Lorsque la congestion a fait place à l'inflammation, on doit remplacer les topiques astringents et répercussifs par des agents antiphlogistiques et calmants. Les cataplasmes et les bandages matelassés étant incommodes pour la vache, et plus encore pour les femelles qui nourrissent, on doit en rejeter l'usage. On y suppléera, en faisant force fumigations, fomentations et lotions émollientes et calmantes, avec une forte décoction de mauves et de têtes de pavot, ou mieux d'écorces de tilleul, comme étant plus résolutive. On fera prendre des boissons adoucissantes et tempérantes ou du petit lait, en y ajoutant du sel anglais, de glaubert, ou de nitre à doses rafraîchissantes ; et on passera quelques lavements par jour.

Ce traitement, secondé d'un régime délayant, et de tractions sur les mamelons, fréquemment répétées et exécutées avec douceur et ménagements, pour vider les canaux lactifères des matières altérées qu'ils contiennent, réussit dans l'immense majorité des cas. La résolution, il est vrai, s'opère plus lentement, en raison du temps que nécessite la résorption des produits morbides.

Après la disparition des symptômes généraux et locaux, si l'engorgement persiste, l'inflammation passe à l'état chronique : les produits morbides et les tissus malades s'organisent et s'indurent. La masse indurée peut persister, se ramollir ou se résorber à la longue et faire place à l'atrophie. Dans tous les cas, mieux vaut alors laisser agir la nature. Pour la jument privée de son nourrisson, on emploiera les résolutifs : l'onguent mercuriel double, la pommade d'iodure de potassium, etc., et on soutiendra les mamelles au moyen d'un bandage matelassé qui, en même temps, a l'avantage de tenir la partie chaudement. Lorsque l'induration se transforme en tissus hétérologues, ou devient squirrheuse, cancéreuse, comme cela se voit assez fréquemment chez la chienne et plus rarement chez la jument, il ne reste plus qu'à extirper la mamelle.

S'il se forme des abcès, on s'empressera de les ouvrir quand, bien entendu, on aura la certitude de l'existence du foyer; sinon, on devra s'abstenir et attendre qu'ils s'ouvrent d'eux-mêmes. Ces abcès se montrent ordinairement près du mamelon. Pour faciliter l'écoulement du pus, empêcher que la plaie se ferme trop tôt et l'abriter contre l'action de l'air, on introduit dans la poche une mèche d'étoupes, de manière à en laisser pendre une petite partie au dehors; on renouvelle le pansement tous les jours.

Quand, à la suite de la gangrène partielle, la glande, ou la partie de la glande mortifiée est détachée, ce qu'on reconnaît à l'avalure du ventre de la tumeur et, avec plus de certitude, à la couleur livide, à l'ulcération de la peau et aux petits abcès qui se forment, il faut inciser, sans timidité, la tumeur dans toute l'étendue de son ventre, de façon à livrer, d'emblée, un passage assez large à la masse mortifiée. On panse tous les jours et on abrite la plaie avec des étoupes sèches ou recouvertes d'onguent digestif.

La gangrène diffuse est presque constamment mortelle ; les moyens à tenter sont : les pointes de feu pénétrantes, les scarrifications profondes, les antiseptiques et antiputrides, tels que : l'alcool camphré, l'essence de térébenthine, l'ammoniac, etc., et à l'intérieur, les stimulants et les toniques.

DEUXIÈME PARTIE.

DYSTOCIE. — DIFFICULTÉS OU ANOMALIES DU PART.

Les auteurs désignent, sous la dénomination de *dystocie* du grec : δυς difficile et τοχος accouchement, la partie de l'*obstétrique* qui traite des difficultés ou anomalies du part. Tous les accouchements dont la terminaison est impossible sans l'intervention de l'homme sont de son domaine ; que l'accoucheur, pour vaincre les obstacles, n'emploie que les mains ou qu'il fasse usage d'engins quelconques ou d'instruments tranchants.

Ces accouchements sont dits : *laborieux* ou *contre nature*.

Les obstacles qui s'opposent à l'accouchement dépendent de la femelle ou du fœtus, ou des deux à la fois. De la part de la mère, ils proviennent : du bassin, de la matrice, ou du col de cet organe ; du vagin et de la vulve ; du côté du produit de la conception, ils sont dûs : à un excès de volume, à une maladie, à une conformation vicieuse ou monstrueuse ; à la présence de deux fœtus, à une présentation et à une position défectueuse. Un des obstacles dépendant de la femelle peut coïncider avec un autre provenant du petit sujet ; dans ce cas, la mère et le produit participent à la fois aux difficultés de la parturition.

Nous n'avons pas la prétention d'avoir vu toutes les anomalies ou difficultés du part indiquées dans les groupes ci-dessus, sous les formes diverses qu'elles peuvent présenter. Mais, l'exposé de celles que nous avons observées suffira, croyons-nous, pour servir de guide aux jeunes praticiens.

Afin d'éviter des redites fastidieuses, nous commencerons par différencier les difficultés du part chez les principales femelles : la jument et la vache ; et, par établir des règles générales, relativement à la conduite à tenir, et aux dispositions à prendre par l'accoucheur appelé à aider à un accouchement.

Avant d'entrer en matière, nous éprouvons le besoin de justifier nos dires, au sujet des appréhensions qui tourmentent nos jeunes confrères quand, au sortir de l'école, ils sont appelés, pour la première fois, à aider une femelle en travail de parturition laborieuse. En faisant l'aveu, que, plus heureux que la plupart d'entre eux, nous nous sentions à couvert, sous l'égide d'un bon père, praticien en renom, ils verront que nous n'avons été inspiré par aucune intention malveillante ; et le fait que nous allons raconter est de nature à les rassurer en leur prouvant par un exemple que, la plupart du temps, on est agité de craintes chimériques.

C'était un dimanche. Revenu depuis quelques jours, seulement de l'école d'Alfort, mes études terminées, j'assistais à la messe de mon village. L'office était à peine commencé qu'un paysan de la commune vint réclamer mon aide pour une vache qui ne savait pas vêler, les pieds du veau passaient, mais la tête était restée en arrière. Je lui recommandai de laisser la bête tranquille, jusqu'après la messe. En disant que ce fut par dévotion que je ne me rendis pas sur le champ près de la patiente, je mentirais. La vérité est que je voulais me remettre de l'émotion que souleva, en moi, l'idée d'intervenir pour la première fois dans un accouchement, ce cauchemar de tous les jeunes praticiens, et la crainte de ne pas réussir. Je voulais surtout gagner du temps ; je savais mon père parti du matin pour une course urgente, et, j'espérais qu'en traînant un peu il pourrait être de retour avant que je misse la main à l'œuvre.

Ce que j'éprouvai d'agitation, d'angoisses, jusqu'à la fin de la messe, que je trouvai trop courte ce jour là, n'est vraiment pas à dire. J'étais fier de mes études à la première école du monde, et de mes maîtres, les plus éminents dans la science ; mais, je sentais si léger mon bagage de connaissances pratiques en matière d'accouchement et la pensée d'échouer honteusement me torturait l'imagination. Je suppose que tous les jeunes praticiens passeront par là et qu'ils sauront un jour ce que ce premier pas coûte, plus ou moins ; car, la tourmente des esprits, en pareille occurrence, est en raison directe de la passion avec laquelle on aime son art, et l'amour-propre qu'on attache au succès de ses débuts.

Bref, la messe terminée, il fallait bien que je m'exécutasse. Un instant j'avais eu la pensée, afin de gagner encore quelques moments de répit, de prétexter le besoin d'aller jusque chez moi, changer ma toilette de dimanche, contre un vêtement mieux approprié à la circonstance. Je ne l'osai dans la crainte de lasser la patience du malheureux que mon insouciance apparente, à l'endroit de ses intérêts, tenait, depuis trop longtemps, déjà, dans des transes cruelles. La foule du public, qui m'entourait au sortir de l'église, n'était pas, non plus, sans m'intimider quelque peu. Hommes, femmes et enfants, se dirigeaient les yeux fixés sur moi, vers la maison, située à quelques pas de là, où j'étais attendu avec une vive impatience. Une vache qui ne sait pas vêler, est un évènement au village, principalement le dimanche quand tout le monde est oisif ! Déjà, pendant la messe, la nouvelle s'était répandue, comme la flamme sur une traînée de poudre, en passant de bouche en bouche et de l'oreille à l'oreille, tant du côté des hommes que du côté des femmes ; qu'il allait mal à la vache Latouche ; qu'elle ne savait pas donner son veau. Chacun voulait voir, comme j'ai cru le comprendre, bien qu'on ne se le dît qu'à mi-voix, comment en sortirait le *parisien* qui affectait si peu d'empressement, dans une circonstance aussi urgente.

Arrivé près de la vache je me déshabillai, et fis mes préparatifs sans trop de précipitation, comme bien on pense, en raison des préoccupations qui me troublaient. J'introduisis la main dans le canal génital, en suivant les principes que j'avais reçus à l'école. J'explorai les membres engagés dans le bassin et dont les pieds se montraient à l'entrée de la vulve, et, constatant que c'étaient bien ceux de devant, j'allai à la recherche de la tête que je trouvai inclinée du côté du flanc droit. Je ne savais que ce que j'avais appris à l'école : ce n'était pas beaucoup ; et mon père n'avait encore eu, ni le temps, ni l'occasion, de m'éclairer de son expérience, sur cette branche de la pratique vétérinaire. A tout hasard je saisis la mâchoire inférieure par le collet ; les petites dents qui, chez le veau, garnissent le bord incisif, contribuèrent à donner à ma main une prise assez solide, et je réussis à amener la tête vers le bassin, et à l'attirer dans cette cavité en l'étendant sur les membres, en bonne position. Quelques secondes après le veau était venu et plein de vie.

Dire ce que je ressentis de joie, de bonheur se répandre dans mes esprits, tout à l'heure si tourmentés me serait impossible : je triomphais ! J'avais reçu le baptême d'accoucheur. J'entendais les paysans chuchoter autour de moi : comme il a eu vite fini et bien. Il sera aussi habile que son père ; oh ! il savait bien ce qu'il faisait en ne se pressant pas.

J'écoutais avec un calme apparent, et une feinte modestie, les compliments qu'on m'adressait de tous les côtés, d'abord parce que je ne me faisais pas illusion : mon œuvre en réalité ne méritait aucun éloge ; et ensuite, et surtout, parce que je craignais, qu'en laissant maintenant percer trop de contentement, je ne trahisse les vrais sentiments qui avaient guidé ma conduite.

A midi mon père était de retour. Pendant le dîner,

je lui fis le récit de cet exploit, sans oublier par quelles angoisses j'avais passé ; ce qui le fit beaucoup rire. Vous avez eu de la chance me dit-il, vous ne réussiriez pas toujours aussi aisément. Les accouchements chez la vache, le veau étant ainsi placé, sont très-faciles ; mais la tête du veau est grosse et exige, ordinairement, pour être attirée dans le détroit et étendue sur les membres, un effort plus grand que le glissement de la mâchoire, recouverte qu'elle est de matières glaireuses, ne le permet à la main seule. Alors il me fit connaître les avantages d'un lacs embrassant le col du maxillaire, me montra à faire un nœud coulant et à le fixer ; en me recommandant, pour acquérir de la dextérité, de m'exercer souvent à le placer, à bras tendu, sur un objet quelconque, de grosseur et de forme à peu près semblables à la mâchoire du veau et du poulain. Il m'expliqua, ensuite, au double point de vue de la fixité du lacs et des difficultés de redressement, les différences qui existent entre la mâchoire du veau et celle du poulain. Je donnerai plus loin ces explications, dans tous les détails que le sujet comporte.

Maintenant, que j'espère pouvoir compter sur la bienveillance de mes jeunes confrères, j'aborde le sujet de cette seconde partie.

DIFFÉRENCES QUE PRÉSENTENT LES DIFFICULTÉS DU PART CHEZ LES PRINCIPALES FEMELLES DOMESTIQUES : LA JUMENT ET LA VACHE.

La jument, dit Aristote, *est celle de toutes les femelles domestiques dont le part est le plus facile.* (Ne serait-ce pas plutôt *rapide* qu'il faudrait dire?) Par contre, quand les choses ne se passent pas naturellement, le cas est toujours grave et la vie du poulain fortement compromise : aussi l'accoucheur remporte-t-il rarement un triomphe complet ; heureux encore si la vie de la mère est sauve ! Toutefois, s'il peut terminer l'accouchement sans que la mort de la femelle ou du produit, ou de tous les deux, puisse être attribuée à des manœuvres inconsidérées et maladroites, c'est déjà un succès. De là, l'indication pour l'accoucheur de ne faire usage des moyens dangereux, tels que : crochets, instruments tranchants, tractions forcées, etc., qu'en désespoir de cause et après en avoir conféré avec le propriétaire.

C'est un fait presque constant que le poulain est perdu, lorsque la jument ne peut le mettre au monde sans le secours de l'accoucheur, celui-ci fût-il le plus habile. Des savants expliquent cette différence de vitalité, entre le poulain et le veau, par des raisons toutes scientifiques que nous nous garderons bien de discuter. La science en est peut-être satisfaite ; mais pour nous, praticien, la perte plus fréquente du produit de la cavale doit être attribuée à la violence des efforts expulsifs qui, bien plus énergiques et soutenus chez cette femelle que chez la vache, tuent le poulain, pour peu que le travail du part se prolonge. Nous nous abstiendrions de le démontrer, si nous n'avions à en tirer des conclusions pratiques. Le travail de la parturition chez la jument une fois commencé, les phénomènes se succèdent sans interruption : les eaux de l'allantoïde et de l'amnios se brisent presqu'en même temps et sont promptement entièrement expulsées ; le fœtus reçoit alors directement l'action considérable des efforts expulsifs qui, répétée à de courts intervalles, est plus que suffisante pour anéantir en lui les sources de la vie, si un obstacle l'empêche de céder à l'impulsion qu'elle a pour effet de lui imprimer.

Douterait-on de la puissance avec laquelle s'exerce cette pression? On en serait convaincu seulement par ce qui se passe lors de l'accouchement naturel ; le poulain est mis au monde avec une vitesse telle qu'on pourrait presque dire : qu'il est lancé hors du corps de sa mère. D'ailleurs, tout accoucheur a pu en juger ; que de fois n'est-on pas, pendant la durée de l'accouchement, forcé d'interrompre les manœuvres, parce que le bras et la main sont instantanément frappés d'inertie !

De là l'urgence pour l'accoucheur de se hâter de répondre à l'appel de son client ; de quelques instants plus tôt ou plus tard dépend la vie du jeune être.

Pour obvier aux inconvénients de l'intervention tardive de l'homme de l'art qui, à moins de circonstances exceptionnellement favorables, ne saurait être près de la femelle que plusieurs heures après la manifestation des phénomènes du part et de la rupture de la poche des eaux, nous avons cherché à faire entrer dans l'esprit de nos clients, qu'il était de leur intérêt de nous amener la jument, ou, en attendant notre arrivée, de la promener et d'empêcher qu'elle ne se couche et ne fasse des efforts expulsifs. Des observations assez nombreuses nous permettent d'affirmer que cette mesure, en se généralisant, rendrait d'importants services : les accouchements seraient moins difficiles et plus souvent heureux pour la mère et le poulain.

Nous en rapporterons quelques-unes :

1° Une jument appartenant à un cultivateur de

Thumaide ne pouvait donner son poulain : les pieds se montraient à la vulve sans être suivis de la tête. Le propriétaire comprit qu'au lieu d'aller à trois lieues de là, chercher notre père qu'il ne trouverait probablement pas chez lui — il était 2 heures après midi — il ferait mieux de lui mener la jument. Marchant derrière elle et la conduisant au moyen d'un filet, pour la relever à coups de fouet chaque fois qu'elle faisait mine de se jeter à terre ou de faire des efforts expulsifs, il arriva à Bouvignies vers 5 heures. Notre père était en course, on continua à promener la jument jusqu'à ce qu'il fut de retour. Quand il rentra, à 8 heures environ, il accoucha la jument et prit un poulain bien vivant ; huit ou dix jours plus tard, la jument et le poulain, cheminant à petites étapes regagnaient, sans incident, le domicile du propriétaire.

2° Le Sieur Vermeulen fermier à Everbecq, fit demander notre frère Jules, vétérinaire du gouvernement à Lessines, pour une jument de grand prix en travail de parturition ; il était en course, sa femme renvoya l'exprès en lui recommandant d'empêcher la jument de se coucher et de la faire promener jusqu'à l'arrivée de son mari. Le propriétaire, éleveur intelligent, en voyant que les choses ne se présentaient pas bien, n'avait, heureusement, pas attendu pour prendre ces précautions, si souvent conseillées par notre frère et par nous, que le commissionnaire fut de retour. A 9 heures du soir le frère termina cet accouchement dont les phénomènes s'étaient manifestés vers une heure de l'après midi, huit heures donc après l'écoulement des eaux. Il prit un poulain très fort, très bien portant et qui a parfaitement vécu.

Ces faits, choisis parmi plusieurs autres comme étant les plus concluants, ne prouvent pas, pensons-nous, en faveur de la thèse appuyée par M. Saint-Cyr.

Les accouchements chez la vache n'imposent pas l'obligation de tant se hâter et point n'est besoin d'empêcher cette femelle de se coucher et de faire des efforts expulsifs. La marche des phénomènes de la parturition est moins rapide et les contractions de la matrice et les efforts expulsifs sont loin de présenter chez cette femelle les mêmes caractères de violence et de force que chez la jument. Nous avons toujours, au contraire, observé qu'il était plus avantageux de temporiser que d'intervenir trop tôt et intempestivement. La temporisation est même de nécessité absolue pour les primipares. Combien de fois n'avons nous pas terminé l'accouchement, heureusement pour la vache et le veau, un et plusieurs jours après l'apparition des signes du part et de l'évolution du fœtus!

Les accouchements laborieux chez la jument présentent des difficultés incomparativement plus grandes que chez la vache. Ce fait s'explique par la taille plus élevée et l'ampleur du ventre de la femelle chevaline et, surtout, par la longueur des membres du cou et de la tête du poulain. Comme conséquence de la structure de la mère, le fœtus est moins accessible à la main de l'accoucheur; conditions qui, aggravée de la longueur des parties déviées, rend les redressements plus difficiles.

La tête du fœtus de la jument et celle du fœtus de la vache présentent, dans leur conformation, des différences qui, au point de vue dystocique, sont importantes à considérer. Elles fournissent l'explication des déviations plus compliquées, de cette partie et du redressement moins facile chez l'un des sujets que chez l'autre.

La tête du poulain, moins grosse, plus longue et effilée se prête, en raison de ces dispositions et de la longueur du cou, à des déplacements qui la mettent hors de la portée de la main et à des enclavements et des 'heurtages nécessitant pour la dégager des manœuvres mieux combinées et plus habilement exécutées.

Chez le veau, la tête plus grosse, plus courte et sur un cou moins long, n'est pas exposée à des déviations qui la rendent inaccessible et peut toujours, pour être remise en bonne position, accomplir son mouvement de rotation sans être arrêtée dans sa marche par aucun obstacle.

De plus, la mâchoire inférieure, seul point de la tête, pour ainsi dire, sur lequel on peut agir efficacement dans les accouchements des grandes femelles, étant chez le veau rétrécie au collet, élargie à la base et garnie au bord incisif d'un relief dentaire, fournit aux moyens d'action une prise solide et ferme. Chez le poulain au contraire, la mâchoire n'a pas de collet bien prononcé ni de dents incisives sorties. Par sa forme en pointe ou en cône et par les matières visqueuses qui la recouvrent, elle est glissante à la main de l'accoucheur et à l'attache du lacs.

C'est là une difficulté de plus et ce n'est pas la moindre, à mettre au bilan de l'accouchement de la jument; nous ne sachons pas qu'elle ait encore été signalée. Elle a pourtant une grande importance comme nous le démontrerons par la suite.

Ce qui rend, surtout, les difficultés de l'accouchement plus redoutables chez la jument, c'est l'irritabilité de cette femelle qui exige, de la part de l'accoucheur, plus de hardiesse, de courage, d'énergie, de présence d'esprit et de dextérité, par la raison que, les intervalles de calme pendant lesquels il peut manœuvrer étant ordinairement très-courts, il faut qu'il agisse avec célérité. De plus il doit se tenir constamment en garde contre les coups de pied ; être attentif à tous les mouvements de la femelle afin de pouvoir les pressentir ; car, s'il était surpris, le bras profondément engagé dans les voies génitales lorsqu'elle se jette brusquement à terre, il ne serait pas impossible qu'il fût plus ou moins grièvement blessé, et qu'il eût l'épaule luxée ou le bras cassé.

Nous disons donc, pour nous résumer, que chez la vache le travail de l'accoucheur n'est rien, comparativement à celui qu'il doit exécuter chez la jument ; ici, il a à lutter non-seulement contre des difficultés plus grandes qui dépendent de la conformation du fœtus et de celle de la mère, mais, surtout, contre la résistance que celle-ci lui oppose par son indocilité, par sa force, ou l'énergie des contractions de la matrice et la violence des efforts expulsifs ; et, de plus, contre les dangers d'être blessé.

RÈGLES GÉNÉRALES SUR LA CONDUITE A TENIR PAR L'ACCOUCHEUR DANS LES PARTURITIONS DYSTOCIQUES.

Voyons, maintenant, quelle doit être la conduite de l'accoucheur, en présence d'une femelle en travail de parturition, et d'un fœtus dont l'évolution est commencée.

1° Point n'est besoin de tant insister sur les renseignements, ce serait, dans la plupart des cas, perdre, inutilement un temps précieux. La parole est aux faits; ils sont là devant les yeux, et on va les avoir sous la main. Cependant, comme on ne manque jamais de dire à l'accoucheur, ce qui a été fait avant son arrivée, nous ne voyons pas d'inconvénient à ce qu'il y prête une attention relative; c'est un moyen d'occuper le temps que demandent les préparatifs. Peut-être, qui sait, trouvera-t-il à en tirer profit pour sa réputation.

2° Tous les auteurs commencent par recommander expressément à l'accoucheur qu'il coupe ses ongles. Nous lui disons, nous, qu'il s'en garde bien; parce que nous ne croyons pas que des praticiens vétérinaires puissent avoir la fantaisie de singer les fréluquets en soignant et en entretenant des ongles trop longs et qu'à moins de le faire volontairement ou d'être le plus maladroit des accoucheurs, les blessures de la matrice ne sont pas à craindre. Les doigts bien armés ont plus de force et d'action; et partant la poigne est plus solide. Les ongles font encore l'office de petits crochets pour saisir, retenir, attirer les parties sur lesquelles on agit, ou déchirer et arracher des tissus, par exemple : la poche des eaux, les enveloppes fœtales, ou les lambeaux de celles-ci qui, si souvent, gênent pour placer le nœud coulant à la mâchoire inférieure ou sur d'autres parties.

Cette recommandation, de couper les ongles courts, évidemment empruntée à la médecine humaine, tous les auteurs l'ont reproduite les uns après les autres, sans qu'ils aient voulu comprendre que, si l'accoucheur de la femme ne peut avoir les mains trop douces, l'accoucheur vétérinaire ne saurait les avoir trop solides, nous allions dire trop rudes.

A l'élégant qui, en amateur, voudrait expérimenter les manœuvres que nous indiquerons dans ce livre, nous lui dirons de raccourcir ses ongles en les coupant carrément au niveau de la pulpe du doigt : lorsque les ongles sont trop longs, la partie libre se renverse au moindre effort et, souvent, se déchire jusqu'au vif, ramollie qu'elle est par les humeurs de la matrice ; ce qui occasionne de la douleur en diminuant de beaucoup l'action énergique et habile des doigts et de la main.

S'il porte des bijoux : bagues, chevalières, etc., qu'il n'oublie pas de les retirer, car ils seraient inévitablement perdus, soit qu'ils tombassent dans la matrice ou dans la litière.

Nous dirons donc : que c'est un grand avantage pour le praticien vétérinaire d'avoir, en tout temps, les ongles forts et solides, c'est-à-dire ni trop longs ni trop courts.

3° L'accoucheur vétérinaire devrait pouvoir travailler dans le costume que la nature a donné à l'homme ; mais, comme les mœurs s'y opposent, il se déshabillera entièrement nu, seulement jusqu'à la ceinture. Pour des motifs que nous n'avons pas à examiner ici, il peut ne pas lui convenir de poser dans ce simple appareil ; de plus, il a encore à garantir son pantalon et son corps contre les saletés. Il demandera donc à la ménagère trois tabliers, en la priant de lui en passer un sous chaque bras pour l'attacher sur l'épaule opposée, et le troisième à la ceinture, au-dessus des deux autres. Elle les étalera de façon à envelopper tout le buste. Sa pudeur et son corps ainsi abrités, l'opérateur, libre dans ses mouvements, pourra pénétrer dans la matrice de toute la longueur de son bras et même d'une partie de l'épaule, avantage qu'il ne saurait obtenir en gardant sa chemise ; en effet, il serait impossible d'en relever les manches assez haut pour que le bourrelet qui en résulterait ne s'y opposât, et puis, en se déroulant pendant le travail, comme cela arriverait infailliblement, il se produirait des embarras excessivement gênants.

On comprendra l'importance de cette mesure, si puérile en apparence, quand on saura que gagner quelques centimètres, c'est le succès.

Une considération qui a aussi sa valeur, c'est que, après l'accouchement terminé, l'accoucheur étant bien nettoyé, bien lavé, ne se trouvera pas dans une chemise toute mouillée, remplie de sang et de saletés.

4° L'accoucheur doit préparer d'avance, pour les avoir sous la main, tous les objets et instruments qui pourraient lui être nécessaires.

Les instruments que nous avons mis en usage pendant notre longue pratique, sont : 1° un petit lacs que nous décorerions volontiers du nom de forceps ; 2° un petit crochet de boucher ; 3° un bistouri convexe et 4° un bistouri à serpette. Les autres objets : cordages, repoussoirs, etc , nous les trouvions partout, ou nous les improvisions sur les lieux.

Tel est le mince appareil d'instruments qui nous a suffi et doit suffire dans tous les accouchements difficiles des grandes femelles domestiques.

Le *lacs-forceps*, comme nous le désignons, est d'une telle utilité dans la plupart des accouchements des grandes femelles, particulièrement de la jument, que nous croyons devoir le faire connaître dans tous les détails qu'il comporte.

Il est fait d'un petit cordeau, très solide et très souple, d'un mètre cinquante centimètres environ de longueur, et du diamètre d'une plume d'oie, muni à l'un de ses bouts d'un nœud coulant qui, une fois serré autour de la partie qu'il embrasse, ne saurait se relaxer.

Pour faire le nœud coulant, on commence par un nœud ordinaire, double ou triple, à l'une des extrémités du cordeau ; on a ainsi un gros bouton qui sert à arrêter le nœud coulant une fois fait, et à en faciliter le placement et le serrement. Puis on tient, entre le pouce et l'index de la main gauche, le cordeau à vingt centimètres environ de son extrémité nouée ; celle-ci est ramenée, par la main droite, près des doigts de l'autre main, de manière à former une anse de toute la portion du cordeau comprise entre les deux mains. On la fait alors contourner, en passant de dedans en dehors, sur l'ongle du pouce, et de dehors en dedans sur celui de l'index, les doigts et le cordeau qu'ils retiennent, pour la rapprocher du pouce. Là, on la fait passer au-dessus de l'anse, de manière à l'engager de haut en bas dans le centre du circuit qu'elle a formé autour de la portion coulante du cordeau, puis on la tire en dessous pour placer le gros nœud qui la termine entre les extrémités du pouce, de l'index et du majeur qui le retiennent en même temps que la portion coulante ; et, pendant qu'avec les extrémités du pouce et de

l'index de la main droite on presse sur l'enlacement du
nœud formé autour du cordeau, les autres doigts placés dans l'anse, tirent sur celle-ci et le nœud se ferme
en embrassant le cordeau qui coule dans son centre.

Si la façon de ce nœud coulant est simple, la description, nous devons l'avouer, en est assez compliquée. En l'exécutant avec moins de méthode, nous
pourrons, peut-être, nous faire mieux comprendre et
en moins de mots : une des extrémités du cordeau
étant arrêtée par un nœud assez gros, on en fait un second immédiatement au-dessous, qu'on laisse ouvert
pour y faire passer l'autre bout du cordeau. On donne
à l'anse l'ouverture voulue; et on ferme le nœud
comme nous l'avons dit plus haut.

Enfin, en deux mots, c'est un cordeau qui coule
dans un nœud simple fait à l'un de ses bouts. Un simple
coup d'œil sur la planche ci-contre (fig. 20) fera immé-

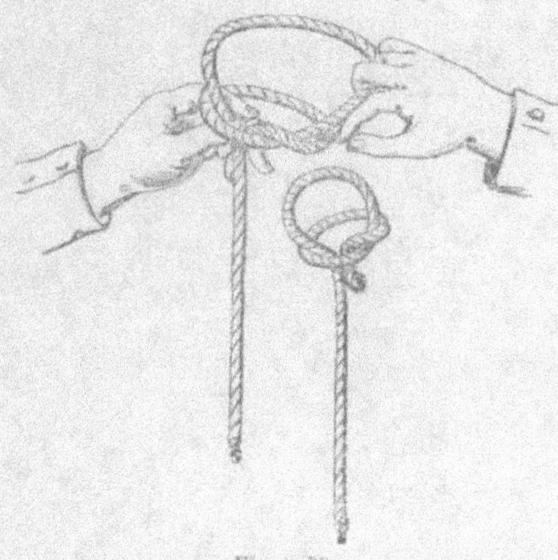

Figure 20.

diatement saisir la disposition à donner à la corde pour former le coulant dont il s'agit.

Pour aller fixer ce lacs dans la matrice, sur une partie quelconque du fœtus, on introduit les doigts rassemblés en cône dans l'anse du nœud coulant qui passe sur la face dorsale de la seconde phalange, près de l'articulation de celle-ci avec la première, de manière que le nœud, lorsque les doigts sont rapprochés, se trouve du côté de la paume de la main entre le pouce et l'auriculaire, au niveau de la dernière articulation de ces doigts. Quand on veut élargir l'anse, il suffit de redresser les doigts en écartant le pouce en même temps qu'on cesse de tendre sur la partie libre, et on la resserre en rapprochant les doigts ; tandis que, de l'autre main, on tire légèrement sur le cordeau.

L'anse ainsi maintenue sur les doigts, la main la porte dans la matrice, l'ouvre à la largeur voulue et la passe autour de la partie à saisir, la mâchoire, par exemple, que l'on prend avec les cinq doigts dans l'espace ouvert par leur écartement et par de légers mouvements de flexion et d'extension des phalanges, on fait tomber l'anse sur le point à embrasser, et pendant

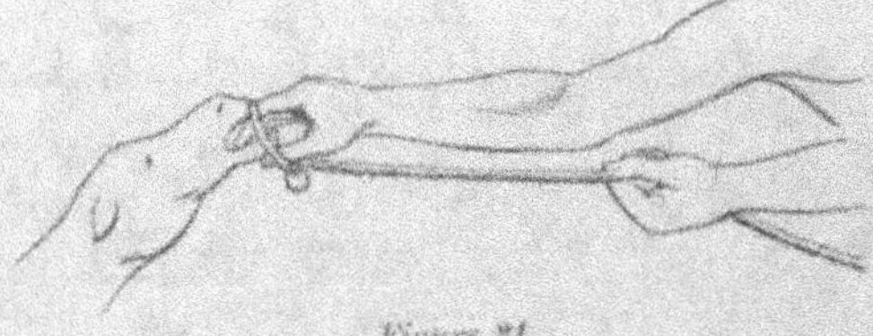

Figure 21.

qu'avec les trois doigts mitoyens on maintient à l'intérieur de la bouche le segment de l'anse sur l'espace interdentaire, au moyen du pouce et du petit doigt retirés de l'anse, on dispose extérieurement autour du collet de la mâchoire, l'autre portion de l'anse en la poussant au-delà du menton. Alors le pouce, rencontrant le gros nœud destiné à faciliter le serrement de l'anse s'y applique tandis que, de l'autre main, on tire sur le cordeau. L'anse étant fermée et la mâchoire prise, on assure la fixité du lacs en pressant de nouveau fortement le nœud entre le pouce et l'index et en tirant de même sur la partie libre. Ce dernier temps de la manœuvre, a pour résultat d'étreindre, aussi solidement que possible, l'anse autour de la mâchoire et la partie coulante du cordeau dans le nœud, ce qui empêche le desserrement du lacs.

Une chose à laquelle il importe de faire attention, c'est qu'aucune partie des enveloppes fœtales ne soit comprise dans l'anse du nœud coulant, ce qui arrive fréquemment lorsque les eaux sont écoulées depuis longtemps, et après l'introduction, plusieurs fois répétée, de la main dans la matrice. Cette circonstance aurait pour inconvénient grave de donner moins de fixité à l'attache du lacs, qui s'échapperait à la moindre traction; il pourrait aussi en résulter des tiraillements nuisibles sur la matrice. Quand le nœud coulant est bien adapté, il importe encore de s'assurer si un lambeau des enveloppes ne s'est pas glissé dans l'anse pendant son application; dans ce cas, il faudrait le déchirer.

On procède de la même manière, pour fixer le lacs, soit dans le paturon, soit à la queue, soit sur toute autre partie.

On peut alors abandonner la partie libre du lacs pour agir, si le cas l'exige, sur un autre point quel-

conque ; il n'y a pas à craindre que le nœud se relâche.

Il ne nous serait jamais venu à l'idée que le nœud
coulant, que nous venons de faire connaître, n'était
pas du domaine de l'enseignement et de la pratique ;
nous pensions, au contraire, qu'il était le seul en
usage. Mais en 1851, en siégeant au jury vétérinaire,
nous avons acquis la certitude que nous nous trom-
pions. Aucun des lacs qui ont été mis sous nos yeux
ne répondait, ni par la nature de la corde, ni par le
nœud coulant, qui n'était autre qu'un lacet, aux besoins
pour lesquels nous employons celui que nous venons
de décrire. Ces lacs n'auraient pu servir utilement qu'à
opérer une traction forte et continue sur les membres
et peut-être sur la mâchoire du veau. On conçoit aisément que si, pendant les manœuvres d'une certaine
durée, la tension devait cesser momentanément, le
lacet se relaxerait et s'échapperait.

C'est ce qui a été compris par tous nos collègues du
jury et par MM. les professeurs de l'École vétérinaire,
notamment par feu le regretté Defays qui donnait alors
le cours d'obstétrique audit établissement. Tous ont bien
apprécié les avantages de notre procédé, et M. Defays
l'enseigna dans ses leçons. Les confrères, auxquels
nous en avons fait la démonstration, ont partagé la
même opinion. M. Contamine, vétérinaire du gouvernement à Péruwelz (Hainaut), praticien distingué et
d'un grand savoir, l'expérimenta. Il en parle d'une
manière élogieuse dans les *Annales de médecine vétérinaire* de Belgique, années 1870, page 472, 1873,
page 151, et le numéro de février dernier, page 89.

Outre l'utilité de notre *lacs-forceps* pour saisir la mâchoire inférieure, nous l'employons avec un égal avantage au redressement des membres et, comme moyen de traction sur la queue, dans les présentations postérieures. Il peut résister aux efforts d'un homme de première force.

En raison de la facilité et de la fermeté de son attache, nous avons pu, dans bien des cas, terminer des accouchements en le fixant sur des parties molles — un lambeau de peau, la langue, l'oreille, etc. — alors que tous les points solides, donnant prise aux moyens d'action ordinaires, avaient été détruits ; par sa nature très-adhérente, il s'adapte en s'étalant sur la partie qu'il étreint, et s'y imprime sans couper les tissus comme le ferait tout autre lien de même grosseur.

Pour le veau, toute corde de la grosseur du petit doigt, plus ou moins, peut parfaitement convenir, pourvu qu'elle ne soit pas absolument trop raide. L'évasement de la mâchoire, le rétrécissement du collet et les productions dentaires qui en garnissent le bord incisif, fournissent au nœud une attache facile et ferme. Il n'en est pas ainsi chez le poulain : la mâchoire de forme presque pyramidale, dépourvue d'un rétrécissement suffisant au collet et de dents au bord incisif, n'offre, à la fixation du lacs, qu'une attache fuyante. Cet inconvénient est d'autant plus grave, qu'il est souvent difficile, sinon impossible, de saisir la partie, sans que des lambeaux d'arrière-faix ne soient compris dans l'anse. La jument ne laisse ordinairement pas à l'accoucheur, qui doit presque toujours agir avec célérité, précipitation même, la facilité de s'assurer si la partie est bien à nu, quand il fixe le nœud coulant ; ce qui fait que le lacs s'échappe souvent à la moindre traction, et cela au moment où, *à bout de force*, l'opérateur est sur le point d'atteindre le but.

Il est donc de toute nécessité de n'employer, à l'usage de lacs pour le poulain, qu'un cordeau dont l'attache a le plus de fixité possible. Feu notre regretté père, qui excellait dans l'art des accouchements, nous a dit que, pour remplir cette condition capitale, il ne connaissait rien de préférable au petit cordeau dont se servent les tisserands pour lier les pièces de toile.

Ce cordeau est formé par la réunion de 15 à 16 doubles d'un fil de lin ou de chanvre tel qu'il sort du fuseau ; sa longueur est d'un 1 mètre 50 centimètres environ ; il est très souple et très solide, légèrement tordu et arrêté à chaque extrémité par un petit nœud simple.

Tous ces menus détails, sur lesquels nous insistons, pourront paraître superflus, oiseux, puérils peut-être ; ce sont là des petits riens, il est vrai ; mais, pour avoir été méconnus ou négligés, combien de mères et de fœtus ont péri !

La suite permettra d'en juger.

Nous attendrons que nous ayons employé ce lacs pour démontrer l'importance des avantages que nous en retirons. Nous ferons également connaître les autres instruments qui nous ont utilement servi, lorsque l'occasion d'en faire usage se présentera.

5° Tout étant prêt, si la femelle est couchée, il faut la faire lever.

Nous insistons sur ce point capital de toute manœuvre : soit pour explorer les voies génitales ou s'assurer de la position du fœtus ; soit pour aller à la recherche de la tête ou des membres déviés ; soit pour fixer le lacs ou placer un crochet ; soit enfin, et surtout, pour repousser les parties trop avancées. Toutes ces opérations ne sauraient être bien exécutées si la femelle n'est pas debout. Nous disons plus : elles sont impraticables et dangereuses sur la femelle étant couchée. En effet, dans cette position, le ventre étant comprimé, offre moins d'espace à l'action de l'accoucheur : les viscères abdominaux refoulés en arrière pressent contre le fœtus qui, se trouvant trop rapproché de la cavité pelvienne et resserré dans un milieu trop étroit, oppose aux tentatives faites en vue de le repousser ou de le déplacer, une résistance passive insurmontable. D'un autre côté, étant couchée la femelle a plus de facilité pour faire des efforts expulsifs ; ils sont souvent tellement violents et continus que le bras de l'accoucheur, par la pression qu'il en subit, est, non-seulement mis hors d'état d'agir, mais de la fréquence de son passage dans le vagin, les tissus de cet organe et ceux qui l'avoisinent en reçoivent des meurtrissures plus étendues et plus profondes. A ces inconvénients, il faut encore ajouter celui, non moins grave, qui résulte de l'attitude extrêmement fatigante que doit prendre l'opérateur.

Cependant, il arrive que la femelle résiste à tous les moyens d'excitation employés pour la faire lever. Ce cas doit être rare chez la jument ; nous ne nous rappelons pas l'avoir jamais rencontré. Nous en avons vu, au contraire, qui, après avoir enduré tous les martyres, sont restées debout jusqu'au moment d'expirer. Chez la vache, le fait est plus fréquent ; mais il est souvent, plutôt l'effet de la paresse et de l'inertie, que d'une faiblesse réelle ; à moins que, celle-ci, ne soit la conséquence de la vieillesse ou de maladies engendrées par la misère ; quoiqu'il en soit, on peut fréquemment vaincre cette résistance par des moyens spéciaux : en versant un peu d'eau dans les oreilles ; en roulant et écrasant le bout de la queue entre le pied et le pavement de l'étable ; ou, ce qui est plus efficace, en faisant harceler la patiente par un chien. Cet animal intelligent est bientôt dressé à cette besogne, qu'il remplit avec un instinct admirable. Il faut que la vache soit presque morte pour qu'il ne la force pas à se lever. Aussi, tous les praticiens, qui desservent à la campagne une clientèle étendue, savent-ils apprécier l'utilité de cette précieuse bête : c'est un aide, un compagnon agréable et utile, et au besoin, un défenseur intrépide et fidèle. Notre père a toujours eu à ses côtés, pendant toute sa longue pratique, un grand chien bien dressé dont il faisait le plus grand cas ; aussi, le maréchal vétérinaire de Bouvignes et son grand chien sont-ils légendaires dans toute la contrée qu'ils ont parcourue.

Si, à l'aide de ces moyens, on ne parvenait pas à la faire lever, il faudrait mettre la femelle sur pieds à force de bras. Nous en avons décrit le procédé plus haut à propos de la réduction de la matrice.

Et si, enfin, il était impossible de la faire lever, de la mettre et de la maintenir debout, il faudrait bien terminer le part, dans la position défavorable où elle se trouve. Pour cela, on la placerait, sur un plan aussi en pente que possible, la tête en bas, de manière que la masse intestinale, obéissant à la loi de pesanteur, laisse plus d'espace aux manœuvres de l'accoucheur.

Chez la jument c'est, comme nous l'avons déjà dit,

l'irritabilité de cette femelle qui contrarie le plus le travail de l'accoucheur. Cette irritabilité est telle, qu'il est souvent impossible de la maintenir debout, et d'obtenir un moment de calme suffisant, pour terminer les manœuvres nécessitées par la position du fœtus. En vue de prévenir cet inconvénient, et, sans doute, le danger qui en résulte pour l'opérateur, on a conseillé de lever un pied de devant ou d'entraver les membres postérieurs. Ces moyens ne sont pas seulement inutiles, ils nous paraissent gros de périls : si les entravons empêchent les ruades, ils ne calment pas les douleurs, pendant lesquelles la femelle, comme affolée perdant tout sentiment, même, celui de la conservation, se jette violemment sur le sol pavé ou non. Il est donc dangereux de poster des aides, là où ils n'ont pas toute leur liberté d'action ; et la femelle retenue par les entravons, les pieds s'enchevêtrant dans la corde, Dieu sait ce qui pourrait en advenir ! tout au moins, assurément, beaucoup d'embarras et de perte de temps.

6° Trois aides suffisent pour maintenir la jument : un de chaque côté de la croupe, en appuyant chacun d'une main sur les hanches, l'empêchent de se jeter de travers ; de l'autre main, l'un tient la queue, sur laquelle il pèse, en l'écartant de manière à laisser libre l'ouverture de la vulve et l'entrée du vagin ; l'autre pince la région des lombes, quand la femelle menace de lever le cul, ou de faire des efforts expulsifs ; le troisième à la bride lui tient la tête haute en la caressant du geste et de la parole. Il est bon que ce poste soit confié à une personne habituée à la soigner ou à la conduire.

7° Quand nous ne parvenons pas, par ces moyens,

à obtenir des intervalles de calme assez longs pour accomplir notre travail, nous faisons promener la jument sur un terrain doux et en pente, ou sur le fumier de la cour, en la forçant d'avancer si elle fait mine de s'arrêter, soit qu'elle veuille se laisser tomber ou faire des efforts expulsifs. Nous avons ainsi beaucoup plus de facilité pour exécuter les manœuvres, principalement, lorsqu'elles ont pour but le refoulement ou le déplacement du fœtus.

La vache n'est pas aussi difficile à maintenir : trois aides placés, comme nous venons de le dire pour la jument, y parviennent facilement. Cette femelle n'a, du reste, d'autre propension qu'à se laisser tomber, à se jeter de droite et de gauche, et à frapper de sa longue queue l'accoucheur à la figure.

8° Les dispositions ci-dessus étant prises, nous nous abluons les mains et les bras avec de l'eau chaude mêlée d'une quantité suffisante d'huile grasse. Cette précaution est utile, surtout en hiver, alors que l'accoucheur a les mains froides ; la femelle en ressentirait une impression désagréable, dont le moindre inconvénient serait de la rendre plus indocile. Cela fait, en même temps que d'une main nous prenons un point d'appui sur la base de la queue, aidant ainsi à la relever, nous introduisons l'autre main, les doigts ramassés en cône, dans la vulve sans timidité, sans hésitation, comme sans brusquerie, et la glissons jusqu'à l'entrée de la matrice, dussions-nous la ramener ensuite en arrière afin d'explorer, plus attentivement, les parties du fœtus qui seraient engagées dans le bassin, et que nous aurions touchées sans avoir pu les reconnaître. Le bras et la main, par leur présence dans le vagin et au col de l'utérus, activent les douleurs de la parturition et portent la femelle à faire des efforts expulsifs plutôt qu'à se défendre par des ruades.

9° Lorsqu'on ne rencontre aucune des parties du petit sujet dans le bassin, on s'assure du degré de dilatation du col de la matrice et si cet organe est sain, s'il n'existe rien d'anormal ni de défectueux dans la cavité pelvienne, si la poche des eaux est déchirée et le fœtus à nu, et enfin, comment celui-ci se présente et quelle est sa position. Cette exploration demande peu de temps à tout accoucheur judicieux et hardi pour qu'il se rende rapidement compte de la situation.

10° La nécessité de déplacer le fœtus par une *version* ou une *mutation*, étant reconnue, pour y procéder il est indispensable de refouler préalablement dans la matrice, aussi profondément que possible, la masse fœtale ou les parties trop avancées. Nous avons déjà dit que, pour exécuter cette manœuvre, la femelle devait être debout, ou mieux, promenée sur un terrain en pente pendant qu'un aide, agissant vigoureusement, la force de fléchir les lombes. Dans ces conditions, la jument n'a pas autant de facilité pour résister, et les efforts expulsifs durant lesquels toute tentative serait vaine, quelle que fût la force employée, ont moins de fréquence, de violence et sont moins soutenus. Dès lors l'opérateur peut travailler avec plus de sécurité et plus efficacement.

11° Aucun auteur, en posant les règles générales relatives à la pratique des accouchements, n'oublie de recommander expressément, avant de les rentrer, de s'assurer des membres sortis en y fixant un lacs. Nous ne sommes pas absolument de cet avis : les cordes d'une certaine grosseur, par leur présence dans

le vagin et à la vulve, sont souvent un embarras pour
l'opérateur, en gênant ses manœuvres qui exigent, parfois, de la précipitation; et puis, n'est-il pas toujours
facile de retrouver et de ramener des parties qui ont
été rentrées? Nous comprenons qu'avant de les repousser, on fixe un lacs à la mâchoire ou à la queue, quand
on les a sous la main; la chose est alors plus facile pour
l'accoucheur qui manque de dextérité. Toutefois, il est
quelques cas, que nous ferons connaître, où cette
mesure, de fixer un lacs aux membres avant de les
rentrer, est parfaitement indiquée; c'est lorsqu'on doit
faire entrer la tête la première dans le bassin; mais
alors, il faut employer, non pas des cordes, mais des
petits cordeaux comme le lacs-forceps.

12° Lorsque les manœuvres sont terminées, que le
fœtus, remis en bonne position, est suffisamment engagé
dans la cavité pelvienne pour que son déplacement ne soit plus à craindre, que la jument soit couchée ou debout, on terminera immédiatement l'accouchement par des tractions modérées sur le fœtus,
correspondantes aux efforts de la mère et proportion-
nées à la résistance. Pour la vache il convient, la vie
du veau ne courant aucun danger, d'attendre qu'elle soit
couchée, surtout, si une certaine force de traction est
jugée nécessaire. Il arrive que cette femelle met longtemps à se coucher; la présence de personnes étran-
gères l'inquiète. On doit faire retirer le monde et
fermer la porte de l'étable. Seule, la personne qui a
l'habitude de la soigner restera près d'elle et, après
avoir recouvert la litière d'une couche de paille
fraîche et caché la lumière, attendra tranquillement.
Dès que la vache sera couchée, ce qui, dans ces condi-

tions, ne tarde pas, elle s'en approchera doucement, sans faire de bruit et, prenant de chaque main un des pieds du veau, exercera sur ces parties une légère traction, toujours suffisante pour ôter à la femelle l'envie de se lever. Alors, l'accoucheur et les aides avertis, entrent dans l'étable et, chacun à son poste, on termine l'accouchement, en agissant selon les règles indiquées plus loin. Cette précaution est utile, car, presque chaque fois, au moment le plus douloureux du passage du fœtus, la vache trébuche et tombant comme une masse, est exposée à se blesser ; et puis, étant couchée ses efforts sont plus soutenus et ceux des aides mieux combinés et partant plus efficaces.

La tête remise en position et convenablement engagée dans le bassin, il suffit de tendre sur le lacs fixé à la mâchoire pour qu'elle suive les membres qui doivent supporter les efforts de traction.

Lorsque, par suite du volume du fœtus, le déploiement d'une grande force est jugé nécessaire, on fixe un écheveau de fil brut dans chacun des paturons, en passant une des anses dans l'autre (fig. 13). Si ce moyen était insuffisant : on adapterait, à chaque écheveau, une corde, le long de laquelle on placerait, à distance, un ou plusieurs bâtons solides, de la longueur d'un mètre environ. Cette disposition permet de faire tirer à l'aise autant d'aides que le cas le réclame (fig. 22 et 23).

Pendant qu'on tire sur le fœtus, l'accoucheur placé à la croupe de la femelle, le dos tourné du côté de la tête, dirige la manœuvre pendant que, des deux mains, il agit avec force et de façon : à écarter les lèvres de la vulve, à maintenir le vagin pour qu'il ne soit pas entraîné ou déchiré, et à favoriser la sortie du fœtus.

Si la vache était d'une forte constitution et que le veau n'eut qu'un développement ordinaire on pourrait

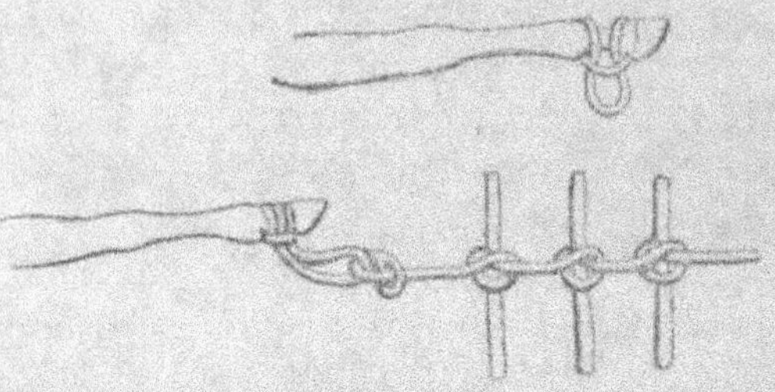

Figures 22 et 23.

se dispenser d'attendre qu'elle fût couchée pour terminer le part.

13° Une chose encore que le vétérinaire ne doit jamais perdre de vue, c'est que, chez la vache qui est en embonpoint, il y a de la ressource ; aussi ne doit-il jamais entreprendre une manœuvre ou opération pouvant entraîner des suites funestes, alors qu'il n'a que peu de chance de réussir, sans en avoir, au préalable, conféré avec le propriétaire et pesé de quel côté est l'avantage de tirer parti de la chair ou de s'exposer à tout perdre.

DIFFICULTÉS DU PART DÉPENDANTES DE LA FEMELLE.

Nous n'avons pas la prétention d'avoir vu toutes les difficultés, ou anomalies du part, qui se produisent chez les grandes femelles domestiques ; mais, nous espérons que les jeunes accoucheurs pourront trouver dans l'exposé des moyens et des faits que nous allons mettre sous leurs yeux, de quoi les guider dans tous les cas qu'ils rencontreront pendant le cours de leur pratique.

Nous commencerons cet exposé, auquel nous donnons la forme d'un récit, par les difficultés dépendantes de la mère; nous verrons ensuite celles qui proviennent du petit sujet, ou des deux en même temps; nous réservant, afin d'éviter des redites, de décrire les manœuvres, les procédés et les opérations obstétricales, applicables en dernier ressort à beaucoup de cas, quand nous rencontrerons ceux qui les réclament plus spécialement.

Déviation du col de l'utérus. — Rappelons, que nous sommes en présence d'une femelle en travail de parturition, et que la main, n'ayant rencontré aucune des parties du petit sujet dans le vagin, explore le col de la matrice. Il est entièrement fermé et dévié soit en haut soit en bas. Dans le premier comme dans le second cas, le fœtus, recevant l'impulsion des contractions de la matrice, est poussé dans une direction hors de l'axe de l'ouverture qui, n'étant pas sollicitée directement, reste inactive, et l'utérus se fatigant en contractions inutiles est frappé d'inertie. Ce fait reconnu, il importe d'agir sans retard. Pour cela : on fera quelques injections mucilagineuses ou huileuses dans le vagin; puis, on forcera doucement l'ouverture du col, d'abord, avec un doigt seulement, ensuite avec deux, et on parviendra, en peu de temps, à passer la main toute entière. Alors on déchire aussi largement que possible, les enveloppes fœtales; on s'assure de la présentation du fœtus; et, s'il est en bonne position, on saisit les parties les plus rapprochées de l'entrée de la matrice; et en agissant sur elles modérément et sans précipitation, on ne tarde pas à s'apercevoir que la dilatation du col s'opère, et qu'elle est bientôt assez complète pour que l'accouchement puisse avoir lieu.

Rigidité ou contraction spasmodique du col de l'utérus. — Ou bien on trouve le col plus ou moins fermé, donnant, ou non, issue à une espèce de grosse ampoule, formée par la poche des eaux, sans que rien d'anormal explique cet état, qu'on rencontre dans les parts dits : *tumultueux* et *languissants* comme nous l'avons vu plus haut, et qui n'est autre que la rigidité ou la contraction spasmodique du col, ou la conséquence de l'inertie de la matrice. Beaucoup d'accoucheurs, croyons-nous, ont confondu cet état du col, avec celui des cas que nous venons d'examiner, ou avec l'induration squir-rheuse de cet organe dont nous ne nions pas l'existence, mais, que nous n'avons jamais observé. Une fois, cependant, chez la vache, en trouvant le col utérin à peine assez dilaté pour y introduire difficilement la main, nous avons attendu, près de 24 heures, en passant de temps en temps la main dans l'ouverture, et jusque dans la matrice espérant, par là, obtenir une dilatation qui permit de terminer le part. Ce laps de temps écoulé, aucun changement n'étant survenu, nous avons pratiqué l'opération césarienne vaginale en faisant deux incisions, une de chaque côté du col et vers la partie supérieure. Il nous a semblé entendre crier les tissus sous l'instrument tranchant. Le part a pu s'accomplir sans grande difficulté. Le fœtus était mort depuis peu de temps.

Nous avons appris que la femelle avait eu, l'année précédente, un mauvais vêlage ; qu'il avait fallu déployer une grande force pour tirer le veau ; de là, supposant que le col de la matrice avait pu être blessé ou déchiré, il nous a paru assez rationnel d'attribuer, la dilatation incomplète du col, au tissu de cicatrice toujours moins élastique et extensible. La vache s'est bien rétablie sans avoir été trop défaite de cette opération. Elle n'a plus été remise au taureau, on l'a engraissée.

2° *Par un bandeau fourni par la matrice embrassant le front du fœtus.* — Nous devons mentionner, ici, une anomalie que nous croyons être assez fréquente, pour l'avoir observée plus d'une fois. Dans chacun des cas, le fœtus était en bonne position antérieure, les pieds hors de la vulve et le bout du nez à l'entrée de cette ouverture ; mais la tête était retenue par un bandeau membraneux charnu qu'elle entraînait avec elle. Ce bandeau ceignait le front, en le comprimant à partir du niveau des orbites et de l'origine de la convexité frontale.

En rencontrant ce cas, pour la première fois, nous avons cru à une dilatation incomplète du col, dont la partie supérieure était entraînée par le front du fœtus. Après avoir repoussé la tête dans la matrice, espérant qu'avec le temps la dilatation se complèterait, notre attente fut trompée : le bandeau qui suivait la tête dans le mouvement de recul, se représentait avec elle près de l'ouverture de la vulve à chaque effort expulsif. Reconnaissant la nécessité d'inciser cet obstacle, nous l'avons fait sur les deux points correspondants aux côtés du front. L'opération terminée, le part s'effectua sans difficulté, et sans que la mère en fût le moins du monde dérangée.

Dans d'autres cas semblables, nous avons, sans hésiter, agi de même, et chaque fois avec le même succès.

D'où provient ce bandeau, par quoi est-il formé? Serait-ce par une membrane hymen comme des auteurs le disent; ou, est-ce, comme nous l'avons d'abord pensé, que le col de l'utérus, insuffisamment dilaté, a pu être entraîné dans sa partie supérieure par le front du fœtus? C'est ce que nous ne saurions dire sûrement. Dans chacun des cas, pour lesquels nous avons été appelé à intervenir, les choses en étaient au point que nous avons indiqué; il était de toute impossibilité de constater l'origine de ce repli; et, le part terminé, il nous a toujours paru intempestif d'irriter les parties par des manipulations nouvelles et inutiles.

Quoiqu'il en soit, la division de ce pli sur un ou sur deux points est rationnelle et a réussi chaque fois parfaitement; tandis qu'il est certain que, en voulant terminer le part par la force, on déterminait des déchirures graves, ou le renversement du vagin et de l'utérus.

3° *Par constriction de la vulve.* — Nous signalerons, encore, un cas qui se produit chez les primipares d'une constitution riche et irritable: c'est la constriction de la vulve, qui s'oppose à la sortie du fœtus; les membres antérieurs, et le bout du nez, sont engagés dans son ouverture, et tellement étreints, qu'ils ne sauraient la franchir; et, par suite des efforts de la mère, ils entraînent avec eux le vagin et la vulve en faisant, au dehors une saillie volumineuse. Dans ce cas, il faut bien se garder d'agir intempestivement: en cherchant à extraire le fœtus par la force, on s'exposerait à avoir des déchirures graves et le renversement du vagin et de l'utérus. Il convient de repousser, un peu, le fœtus vers le fond du vagin, pour faire cesser la

pression et permettre de laver, de lotionner continuelle-
ment et abondamment la vulve, tant à l'extérieur qu'à
l'intérieur, avec une décoction mucilagineuse. L'effet
de ces lotions et de l'action des mains ne tarde pas à se
produire ; les tissus de la vulve se détendent et le part
peut avoir lieu.

Tous les cas signalés ci-dessus, nous ne les avons
observés que chez la vache ; c'est dire qu'il ne sont
pas fréquents chez la jument.

4° *Par conformation vicieuse du bassin.* — Nous
trouvons dans les auteurs que le bassin peut être
défectueux ou trop étroit. Ces cas doivent être très
rares ; nous ne les avons jamais observés. Les
accoucheurs vétérinaires ont encore, ici, croyons-
nous, copié les ouvrages de médecine humaine. La
femme ne peut-être condamnée à la stérilité ; aussi,
combien de malheureuses sont victimes de l'instinct
de procréation, alors que rachitiques, ou tristement
déformées, elles ne sauraient, en passant par toutes
les tortures des plus cruelles opérations obstétricales,
mettre au monde un enfant viable. Tandis qu'on
fait choix, pour la reproduction, des femelles les plus
remarquables par la taille, le développement, la conformation et la santé. De là la raison pour laquelle
nous pensons que les accouchements laborieux, par
suite des défectuosités du bassin, si fréquents chez
la femme, ne se présentent pas, ou sont extrêmement
rares, dans la pratique vétérinaire.

On parle de femelles *déhanchées*, *épointées*, accidents
occasionnés par l'abaissement ou la fracture de l'ilium,
nous n'avons jamais été appelé pour des femelles présentant cette défectuosité. Les éleveurs ont, sans

doute, des juments plus propres à mettre à l'étalon ; et, les vaches que nous avons connues, atteintes de cette difformité, donnaient un veau tous les ans sans le secours de l'accoucheur. Mon fils a encore, actuellement, une petite vache, ne se recommandant que par ses qualités lactifères, qui est déhanchée, pour s'être cassé l'ilium contre le chassis de la porte, en voulant rentrer trop précipitamment à l'étable ; et, depuis cet accident, elle a vêlé quatre ou cinq fois sans la moindre difficulté.

Nous disons donc, que si le bassin est trop étroit, c'est que le fœtus est trop développé, que son volume est en disproportion avec le passage qu'il doit franchir. Quoi qu'il en soit, on doit, dans ce cas, avoir recours à l'embryotomie. Nous renvoyons à la description de cette opération que nous donnons plus loin.

5° *Par la déchirure du vagin.* On peut trouver le vagin déchiré par les pieds du petit sujet à la suite de violents efforts d'expulsion ou de traction. Complication grave, qui rend le travail du part très laborieux, et dont les conséquences sont souvent mortelles, si l'accoucheur n'arrive pas à temps pour dégager les pieds de la fausse route dans laquelle ils sont engagés et les remettre en bon chemin.

Par la présence de kystes ou de polypes dans le vagin ou au col de la matrice. — La main de l'accoucheur, en passant dans le vagin, rencontre quelquefois des kystes, ou des polypes, assez développés pour gêner le passage du fœtus, le bistouri a facilement raison des premiers qui simulent, parfois, le renversement du vagin. Quant aux tumeurs polypeuses, nous les saisissons par la base, qui est toujours plus ou moins pé-

diculée, dans le nœud coulant de notre petit lacs, ou
d'une mince ficelle assez solide; et, les attirons pour
les mettre, le plus possible, à la portée de l'instrument
tranchant. Souvent ils s'arrachent par cette manœuvre ;
sinon, nous portons le bistouri au delà du nœud coulant, sur leur point d'origine et nous les incisons tout
simplement, sans nous inquiéter davantage de l'hémorrhagie qui, comme le disait notre père, ne saurait
effrayer que les jeunes praticiens. Ce procédé, aussi
efficace que simple et facile, n'a pas, que nous sachions,
encore été décrit.

Figure 24.

Par torsion de la matrice. — La main exploratrice
peut rencontrer au fond du vagin, à l'entrée de la
matrice, un repli, une barre, dont la base est à droite,
ou à gauche, de ce viscère ; il se dirige obliquement du
dehors en dedans et se perd, peu à peu, en s'éloignant
de son origine et en pénétrant à l'intérieur. Passée au-
dessus de cette barre, la main s'insinue dans un
rétrécissement, qu'on pourrait confondre avec une
dilatation incomplète du col de l'utérus, mais, bientôt

on s'aperçoit, au fur et à mesure qu'elle s'engage dans ce conduit, qu'elle doit faire un mouvement en spirale, pour arriver dans la matrice en position opposée à celle qu'elle a dû prendre en s'y introduisant. A ce signe, nous reconnaissons la torsion ou l'inclinaison de la matrice, ou si on veut, la torsion du col de cet organe.

Ce cas, assez fréquent chez la vache, nous ne l'avons observé qu'une seule fois chez la jument; et, chez cette femelle, la torsion était complète; c'est-à-dire, que nous n'avons su introduire qu'un doigt dans le conduit au fond duquel il parvenait, se contournant en position opposée à celle de son entrée. Une fois, aussi, nous avons rencontré chez la vache la torsion complète de la matrice.

M. Saint-Cyr, dans son traité d'obstétrique, a exposé longuement et savamment ce sujet qui, malgré son importance, était resté longtemps peu étudié sinon inconnu. Nous nous bornerons à citer ce travail, si remarquable, à tous égards, car, il ne saurait avoir, pour nous, qu'un intérêt pratique secondaire.

Quant au procédé qu'il préconise, dans le but de rétablir les rapports normaux de la matrice, nous ne l'avons essayé qu'une seule fois; alors, il est vrai, qu'il était encore à l'état embryonnaire, sortant des mains des praticiens qui, les premiers, l'avaient fait connaître. Le fœtus était placé en présentation postérieure et, bien que nous eussions suivi à la lettre les indications recommandées dans les écrits que nous avions lus, nos tentatives réitérées demeurèrent sans résultat. C'était en 1854 ou 1855, chez M. Scutnaire, bourgmestre d'Arbres. Nous avons alors terminé l'accouchement par la méthode qui nous a toujours réussi.

Avant de faire connaître cette méthode, que nous ferons suivre du procédé recommandé par M. Saint-Cyr, nous commencerons par affirmer que, dans tous les cas de parturition laborieuse ayant pour cause la torsion de la matrice, nous avons, nous ne disons pas, quelquefois, mais toujours, pu terminer l'accouchement d'une manière favorable pour la mère et souvent pour le produit ; que notre père et notre frère ne furent pas moins heureux que nous. Seulement la vache chez laquelle la torsion était complète fait exception. Il ne nous a été permis que de constater l'accident. Cependant, nous avouons, être quasi certain, que nos tentatives eussent été vaines. Les signes de la parturition s'étaient manifestés, trois semaines, environ, avant notre visite, par quelques efforts expulsifs peu intenses et se reproduisant à des intervalles assez éloignés ; par le gonflement du pis, etc. On attendit ; et, après quelques jours, ces signes avaient disparu. Le calme paraissait rétabli : la bête buvait et mangeait avec assez d'appétit ; mais son ventre s'avala de plus en plus, en même temps que le pis se défaisait ; si bien que, lorsqu'elle nous fut présentée, le ventre était excessivement avalé ; le vagin et la vulve, entraînés par le poids de la masse fœtale, rentraient fortement dans le bassin, en formant une excavation profonde et hideuse ; les mamelles étaient flétries et flasques ; l'appétit moindre et capricieux ; en un mot, l'ensemble de la femelle faisait prévoir l'explosion de suites fâcheuses et prochaines. L'exploration vaginale ne pouvait laisser le moindre doute sur la torsion complète du col de la matrice : le doigt indicateur de la main droite, introduit en pronation, ne pénétrait que difficilement dans le conduit et se tordait en supination sans pouvoir atteindre ce viscère.

La femelle sans être grasse était bien en chair. Le propriétaire préféra la conduire sur un marché, où elle fut vendue pour la boucherie, que de courir des risques contre lesquels nous n'avons pas cru, comme bien on pense, pouvoir le rassurer.

La torsion de la matrice, cette anomalie du part, nous avait été signalée par notre père qui s'était contenté de nous dire que, pour terminer l'accouchement dans les cas de ce genre, il fallait une heure d'un travail assez peu actif, mais continu; en agissant, tantôt sur une partie, tantôt sur une autre, par des manœuvres, dirigées de manière à faire cheminer le fœtus dans le sens opposé à la torsion et, ayant pour but principal, de faire entrer la tête la première dans le bassin.

M. Saint-Cyr nous apprend que la question, de préciser sur le sujet vivant quand la torsion est à droite ou à gauche, a été l'objet de nombreuses et longues discussions entre les praticiens, ainsi que parmi les membres des Sociétés savantes; et, il se flatte de dissiper par ses explications, la déplorable confusion qui règne sur ce sujet, en mettant tout le monde d'accord. Nous l'en félicitons bien sincèrement, mais cela nous importe peu. Pour nous quand la main, par exemple, ou un doigt de cette main, entre dans la spirale, la face palmaire plus ou moins en dedans, et qu'au fur et à mesure qu'elle s'y enfonce, elle se retourne de gauche à droite, et pénètre dans la matrice, cette même face palmaire en dehors et plus ou moins en dessus, le bras tordu de manière à ce que le coude se trouve en haut, nous disons que la matrice a fait un demi tour, ou un tour, de gauche à droite. Et si la même main droite pénètre dans la matrice en sens opposé, c'est-à-dire, que, si introduite en pronation, elle doit décrire une spire pour entrer dans la matrice en supination le coude étant en bas, nous reconnaissons que l'utérus a fait un demi tour ou un tour de droite à gauche. Cette manière, toute pratique, d'envisager le fait, permet de comprendre le but des manœuvres que nous exécutons, en vue de rétablir les rapports de l'utérus, par le redressement et la progression du fœtus.

De tous les cas de torsion que nous avons observés, ce sont ceux où l'inclinaison de la matrice avait lieu de gauche à droite et le veau en présentation antérieure qui ont été les plus fréquents. Supposons que nous ayions à terminer un accouchement se présentant dans ces conditions. La main en sortant de la spirale, après avoir déchiré les enveloppes fœtales à l'aide des ongles, constate que le fœtus en raison du sens de la torsion est incliné sur le côté gauche ; les membres et la tête sont plus ou moins rapprochés et repliés l'un sur l'autre. Nous commençons par passer, dans la spire, plusieurs fois les mains et les bras enduits d'une abondante couche d'huile grasse. Puis nous plaçons un lacs-forceps à la mâchoire inférieure et un dans le paturon de chaque membre. Alors nous travaillons sur la tête pour la retourner sur sa face droite et l'attirer dans le sens opposé à la torsion. En vue de favoriser cette manœuvre, nous faisons tirer obliquement sur le membre droit. Enfin, nous agissons de manière à retourner le fœtus sur le côté droit et le reporter ainsi, dans la direction contraire à la torsion de la matrice ou mieux de son inclinaison. Ce résultat obtenu, ou en partie, nous rentrons les membres dans la matrice en les repliant, et nous concentrons tous nos efforts sur la tête seule. Nous faisons tirer avec précaution sur le lacs ; d'abord, parce qu'il importe de ménager la mâchoire car, par une trop forte traction on pourrait l'arracher ; et, ensuite, parce qu'on ne gagnerait rien en employant la force : sous une traction soutenue les plis du col de la matrice au lieu de se redresser se resserrent et l'ouverture se rétrécit plutôt que de se dilater ; tandis que, par un travail exécuté avec lenteur, la tête avance doucement dans le sens opposé à la torsion et rétablit, insensiblement devant elle, les rapports de l'utérus qui se détord et se redresse peu à peu. C'est principalement en manœuvrant sur la face latérale gauche, l'oreille et la nuque, pendant que l'aide exerce une traction modérée sur la mâchoire, qu'on retire le plus d'avantage. Lorsque le fœtus est mort un petit crochet de boucher implanté dans l'orbite gauche est d'un emploi très-utile. Nous nous en sommes toujours bien trouvé : pendant que l'aide tire à la fois sur le lacs fixé à la mâchoire et sur la petite corde passée dans l'œil du crochet, de la main, que nous tenons sur cet instrument pour empêcher qu'il s'échappe, nous repoussons en même temps la tête dans la direction voulue. Dès que la tête est entrée dans le bassin toutes les difficultés sont vaincues.

Il va sans dire que ce travail exige souvent, pour être mené à bonne fin, qu'on modifie, qu'on change la direction des manœuvres, en agissant tantôt sur un membre seul, tantôt sur les deux et sur la tête. Mais c'est principalement sur cette dernière partie que l'accoucheur doit diriger son action à fin de l'amener seule et la première dans le bassin. Ce résultat obtenu le reste est facile. On conçoit que, dans un cas aussi compliqué, il soit impossible d'établir par des règles fixes et précises la conduite à tenir. Toutefois il sera aisé de comprendre, croyons-nous, par les détails ci-dessus, dans quel sens il faut opérer et le praticien pourra suppléer, par son intelligence et son jugement, à ce que nous ne saurions prévoir ou déterminer ici.

Nous affirmons de rechef que ces manœuvres exécutées avec discernement et persévérance aboutissent toujours, sans de grands efforts, à un succès certain après une heure, environ, de travail. La première fois que nous avons eu à aider une femelle dans un cas de parturition de ce genre, nous avouons avoir été très étonné d'obtenir, dans la limite du temps fixée par notre père, un résultat si inespéré en raison des difficultés qui, de prime abord, nous avaient paru insurmontables. Nous nous demandions si la détorsion ou le redressement de la matrice n'était pas l'effet des contractions de cet organe, provoquées et rendues plus intenses par les agissements de l'accoucheur, ou seulement de la direction, en sens inverse à la torsion, imprimée au fœtus. Avec l'expérience nous avons acquis la conviction que le fœtus, en avançant lentement, redresse la matrice qui n'est qu'inclinée.

Quoi qu'il en soit nous laissons à ceux de nos confrères qui essayeront notre méthode l'appréciation des succès que nous obtenons.

La tête un fois engagée dans le passage, le col de la matrice est suffisamment détordu pour que le part puisse s'accomplir. En ramenant alors, au moyen des lacs qui y sont fixés, les membres dans le bassin, on termine l'accouchement par une traction sur les trois parties en même temps. Le fœtus, à mesure qu'il avance, complète le redressement de la matrice et sort en faisant le tire bouchon.

Quel que soit le sens selon lequel la matrice est tordue, et quelles que soient la présentation et la position du fœtus, nous nous conduisons comme nous venons de l'indiquer pour l'exécution et la direction des manœuvres. Dans la présentation postérieure, nous agissons tantôt sur un membre, tantôt sur l'autre; mais d'abord, et particulièrement, sur celui d'audessus, de manière à reporter le fœtus sur le côté opposé à celui sur lequel il est couché. En tirant sur le forceps, préalablement et solidement fixé à la queue, on favorise le mouvement. Le travail est ordinairement un peu plus difficile et fatigant; nonobstant, nos efforts ont toujours été couronnés de succès endéans le même laps de temps.

Le cas de la jument nous a paru des plus extraordinaire. Nous devions, mon père et moi, nous trouver pour une consultation avec le confrère feu Vanderelst, à 4 heures de l'après midi chez M. Durieu alors maître de carrière à Maffles. Mon père appelé pour une jument en travail de parturition appartenant à M. Taquet, fermier de la dite commune, vint me prendre en passant à Ath. Arrivé chez M. Taquet, le père ne voulut pas me laisser entreprendre la besogne — j'étais à peine convalescent d'une maladie grave suite de l'inoculation de la morve. — Il fit ses préparatifs, et le bras dans le vagin il me dit : Nous nous trouvons ici, en présence d'un cas très rare, la torsion complète de la matrice. Mon habit ôté et la manche de ma chemise retroussée, je portai la main au col de l'utérus ; j'introduisis le doigt

indicateur dans l'ouverture où il s'engagea un peu de
champ, la face palmaire tournée en dedans, et décrivit
une spire en traversant le passage, pour pénétrer dans
le viscère la face dorsale en dedans, la face palmaire
en dehors et légèrement au dessus, le coude du bras
tordu et tourné en haut. Cette exploration terminée,
sans me dissimuler la gravité de la situation qui m'ap-
paraissait sans issue, je me promenais dans l'écurie
en réfléchissant sur ce qu'il y aurait bien à faire en cette
occurrence. Pendant ce temps, le père continuait toujours à agir plutôt, me paraissait-il, en explorateur en
méditation qu'en accoucheur actif. La jument se jetait
par terre de temps en temps et faisait de violents efforts
expulsifs. Remise debout, le père recommencait son
travail sans y mettre plus d'action ; quand, à ma grande
surprise, il me dit qu'il gagnait du terrain, que sa
main pénétrait entièrement dans la matrice et qu'il
sentait le fœtus. Il déchira les enveloppes ; les eaux
s'écoulèrent en abondance. Alors agissant sur le fœtus
qui était incliné sur le côté gauche, en présentation
antérieure, il ramena la tête dans le bassin, puis les
membres, en s'aidant des petits lacs qu'il avait préalablement fixés à ces parties, et termina le part en moins
d'une heure. Le poulain traversa le passage en faisant
la caracole ; il était encore en vie, mais il mourut
quelques heures après. La mère n'en a nullement
souffert.

Que se passa-t-il ? nous l'ignorons, nous sommes porté
à attribuer ce succès, certainement inattendu, au hasard par suite d'une circonstance heureuse, produite,
peut-être, par les chutes de la mère ou par un mouvement du poulain. Toujours est-il qu'à nos questions le

père nous répondait que l'expérience lui avait appris
que, dans ces sortes de cas, on ne devait jamais se
décourager trop tôt ; qu'il fallait agir avec prudence,
persévérance et courage et compter sur l'imprévu. Il
avoua qu'en commençant il avait peu d'espoir de
réussir. Mais dès qu'il put entrer la main dans la matrice, il fut certain de prendre le poulain ; car, selon lui
l'utérus est plutôt incliné, renversé que tordu. Les
faits confirment cette opinion.

Le procédé, recommandé par M. Saint-Cyr pour
rétablir les rapports de l'utérus dans les cas que venons
d'examiner, consiste : quand la torsion est à gauche à
rouler la femelle de gauche à droite ; et, lorsque la torsion est à droite, le roulement devra être fait de droite
à gauche.

Pour le premier cas, on couche d'abord la femelle sur
le côté gauche ; puis on la fait passer sur le dos, sur
les côtes droites, sur le sternum ou le ventre pour la
remettre sur le côté gauche. Dans le second cas, on
agit de la même manière, mais, en sens inverse : la
femelle est d'abord couchée sur le côté droit, et roulée
comme ci-dessus pour être ramenée sur ce côté du
départ. L'accoucheur favorise ces manœuvres en engageant la main dans le bassin et, pendant qu'on roule la
femelle, il cherche par un effort, en sens contraire, à
immobiliser la matrice, pour l'empêcher de suivre le
mouvement communiqué au reste du corps.

N'étant pas assez compétent pour nous permettre de
formuler une opinion au sujet de ce procédé, nous
nous recusons et laissons la parole à M. Saint-Cyr, que
nous copions textuellement :

« En agissant ainsi, on arrive *presque toujours* à ré-

» tablir l'utérus dans ses rapports normaux et à rendre
» l'accouchement possible. Mais on y arrive avec plus
» ou moins de facilité. Parfois le but est atteint après un
» seul tour ; d'autres fois, suivant la remarque de
» M. Weber, de Paris, confirmée par celle de plusieurs
» praticiens expérimentés, il faut beaucoup de persis-
» tance pour réussir, *et souvent on roule la vache pendant*
» *une heure et plus. L'opération est pénible, quelquefois*
» *douloureuse pour l'opérateur ; elle exige des dépenses de*
» *force auxquelles l'homme le plus vigoureux peut à peine*
» *suffire. Il faut que l'amour propre soit en jeu pour qu'on*
» *se donne autant de mal, et les efforts qu'on a dû déployer*
» *sont tels que souvent, quand on est arrivé à un bon*
» *résultat, on est exténué, hors d'haleine.*

» Ajoutons qu'on peut même rencontrer des cas qui
» sont réellement au-dessus de tous les efforts et dans
» lesquels, quoiqu'on fasse, la détorsion, et par suite
» l'accouchement, sont impossibles. Nos journaux en
» renferment plusieurs exemples, et il est plus que
» probable que tous les cas malheureux n'ont pas été
» publiés. »

Nous n'ajouterons rien à ces commentaires, ils sont
assez éloquents par eux-mêmes ; que ceux qui expéri-
menteront ce procédé et le nôtre jugent !

Notons que le procédé vanté par M. Saint-Cyr est
encore moins rassurant à l'endroit de la jument et,
disons que la réussite, dans le cas de torsion complète tant chez la vache que chez la jument, si tant est
qu'il y ait torsion, est plutôt l'effet du hasard que de
l'efficacité des moyens employés.

Ce sujet évoque dans mon cœur un triste et douloureux souvenir. Mon bon et regretté père est mort d'une

infection virulente contractée en opérant un accouchement laborieux chez la vache, ayant pour cause la
la torsion de la matrice. Ce fait encore gros de larmes
pour moi, n'est pas vide d'enseignement pour mes confrères. On vint me chercher pour une vache, appartenant à un ménager du faubourg de Tournay à Ath ;
elle était en travail de parturition depuis la veille au
soir. Ma clinique terminée, je me rendis, vers dix heures
du matin, près de la patiente. On me renseigna qu'une
personne, qui a quelqu'expérience en accouchement,
ayant travaillé sans pouvoir en sortir parce que,
croyait-il, la femelle n'était pas suffisamment préparée,
avait dit d'attendre jusqu'au matin, que le portant serait
peut-être mieux ouvert. Le jour venu et les choses
étant au même point, il convint qu'il fallait aller me
chercher. Après avoir reconnu par l'exploration la torsion du col de la matrice, je remis mes vêtements pour
courir, à une lieue plus loin porter mes soins dans un
cas plus urgent, promettant d'être de retour en moins
d'une heure — j'étais à cheval — et que je prendrais
alors le veau ; que du reste l'état de la vache n'offrait
rien d'inquiétant. En agissant ainsi, j'avais l'avantage,
sitôt l'opération faite, de rentrer chez moi, de changer
d'effets et de me nettoyer proprement.

Revenu à l'heure indiquée, je trouvai la besogne
terminée. Vous étiez à peine parti, me dit le propriétaire, que votre père vint à passer. Je l'appelai en lui
disant que ma vache ne savait pas vêler, que vous
l'aviez vue et comme le travail devait durer une
heure vous étiez allé, avant de l'entreprendre, jusqu'à
Faucoumont pour une affaire pressante.

Mon père toujours si bon pour moi, et si courageux

malgré son âge, se déshabilla et termina l'accouchement.
Quelques jours plus tard une éruption charbonneuse
se déclara aux mains et aux bras de mon père; le paysan en fut aussi affecté, et je n'en ai pas été épargné
bien que mon bras n'eût fait que passer dans les voies
génitales. Chez le paysan comme chez moi, ces tumeurs
morbides se développèrent régulièrement et franchement, et la chûte des bourbillons fut suivie de la guérison. Chez mon père les choses ne se passèrent malheureusement pas ainsi : les tumeurs charbonneuses
affectèrent une marche insidieuse et, malgré les soins
les plus actifs et les plus éclairés, la gangrène fit, tout-à-
coup, des progrès rapides et j'eus la douleur de perdre
le meilleur des pères, victime de son zèle, de l'amour
de son art, et de sa bonté pour moi ! !

Que de précautions ne doit-on pas prendre en pratiquant des opérations de ce genre ! Il ne faut pas que la
femelle soit malsaine, ou que le fœtus soit en putréfaction,
pour que l'accoucheur coure des dangers. Dans le cas ci-
dessus, le fœtus n'était mort que depuis quelques heures,
à peine, et la vache après le part ne présenta aucun signe
de mauvaise santé. D'où peut provenir cette matière
sceptique? Nous avons plusieurs fois, ainsi que notre
père et notre frère, dans le cours de notre pratique, été
atteints aux mains et aux bras d'éruptions charbonneuses à la suite de parts laborieux ; et nous avons
remarqué que c'était, presque toujours, quand nous
intervenions après des tentatives réitérées, interrompues pendant plusieurs heures, que nous étions
victimes de cet accident. La membrane muqueuse vaginale plus ou moins irritée par le passage répété des bras
et des mains, est alors le siège d'un suintement, dont

l'action virulente s'exerce sur les parties absorbantes de la peau, le corps gras qui les garantissait étant saponifié.

En pareil cas, lorsqu'on vient aussi tardivement le demander, le vétérinaire devrait refuser ses services; car, non seulement il a à lutter contre des difficultés plus grandes, conséquences de manœuvres intempestives longues et maladroites, mais il expose, encore, sa santé et sa vie.

Quoiqu'il en soit, il est de toute nécessité pour l'accoucheur, après tout accouchement laborieux, quel qu'il soit, de bien se nettoyer, de se laver à grandes eaux, d'abord, avec du savon, puis avec du vinaigre, de l'eau-de-vie, de l'eau ammoniacalisée, ou mieux, du chlorure de chaux, qu'on ne doit jamais oublier de prendre avec soi, quand on est appelé pour un accouchement.

DIFFICULTÉS DU PART DÉPENDANTES DU PRODUIT DE LA CONCEPTION.

Nous nous occuperons, d'abord, des difficultés de la parturition, par suite des présentations et positions défectueuses du fœtus, comme étant les plus intéressantes. En effet, elles sont, avec celles qui dépendent de la gestation double, presque les seules qui laissent à l'accoucheur l'espoir de sauver la mère et le produit; les autres ne permettant, tout au plus, que la conservation de la femelle; de plus, les moyens simples et inoffensifs à l'aide desquels nous y remédions, devant être très-souvent employés concurremment avec ceux qui, sans ménagement pour le fœtus, sont mis en usage dans les différents cas où le salut de la mère, seulement, préoccupe l'accoucheur, il est rationnel que nous adoptions cette marche.

Nous savons que le part s'accomplit spontanément 1° lorsque le fœtus étant placé sur son ventre le dos en haut, s'avance les pieds antérieurs en avant et la tête étendue sur les membres (*présentation antérieure et position vertébro-sacrée*); 2° ou quand, couché sur son ventre le dos en haut, il se présente les pieds de derrière étendus et la queue contre les fesses (*présentation postérieure position lombo-sacrée*) et que dans les présentations et positions inverses la parturition est également naturelle.

Toute disposition qui diffère de celles-là doit être considérée comme étant *dystocique* ou contre nature, c'est-à-dire, que le part est impossible sans l'assistance de l'homme.

Nous savons, aussi, que, dans l'une et l'autre des présentations par les extrémités, le fœtus peut être placé en troisième position : sur l'un ou l'autre de ses côtés ; (vertébro et lombo iliales droites et gauches) que ces positions, contraires à l'accomplissement du part, n'existent pas, le fœtus se replaçant de lui-même en première ou en seconde position, au fur et à mesure qu'il pénètre dans le passage.

Au lieu de l'un de ses bouts, la masse fœtale peut présenter une des faces de son corps : le dos ou le ventre, *présentations : dorso-lombaire et sterno-abdominale céphalo-iliales droites ou gauches*. Nous rencontrerons ces différentes présentations et positions, dont les distinctions savantes établies par les auteurs, fussent-elles rigoureusement exactes, sont sans importance pratique.

Des données ci-dessus, il résulte que, ramener toutes les déviations du fœtus à l'une ou l'autre des présentations et positions naturelles, est le but que par ses manœuvres, l'accoucheur doit se proposer d'atteindre.

Difficultés du part dépendantes des présentations anté-rieures. — Remettons-nous maintenant en présence de la femelle en travail de parturition difficile. La main exploratrice ne rencontre rien dans le vagin, le col de la matrice est parfaitement sain et suffisamment dilaté, elle trouve, à l'entrée du détroit pelvien, la masse fœtale à nu ou recouverte de ses enveloppes. Les eaux de l'allantoïde sont ordinairement écoulées ; en tous cas le travail du part est commencé depuis longtemps il y a indication de déchirer largement les membranes fœtales et de terminer l'accouchement. Il convient quelquefois, lorsque la matrice reste fermée, de provoquer la dilatation du col, par l'introduction répétée du doigt indicateur, qu'on promène avec douceur et précaution sur la muqueuse utérine qui avoisine son pourtour. Les parties du fœtus les plus rapprochées du bassin appartiennent au train antérieur ; il est incliné sur un des côtés, les genoux repliés en avant du pubis et la tête rapprochée des membres par l'incurvation du cou. Cette position se rencontre chez la vache, lorsque le part est languissant par suite de la mort du fœtus, survenue avant ou au moment où le travail commence : le veau au lieu d'obéir activement aux efforts d'expulsion, d'exciter, de solliciter l'action de la matrice, y oppose une résistance passive qui en détermine l'inertie. Nous ne nous y arrêterons pas ; la situation, du reste, est assez peu intéressante, et on y remédie facilement, par les moyens que nous développerons plus loin ; nous ne la signalons qu'en vue de procéder méthodiquement. Disons cependant, que, dans ce cas, il convient tout d'abord, de fixer le lacs-forceps à la mâchoire inférieure, puis d'amener les membres l'un après l'autre dans le bassin en commençant par le plus profond, celui sur lequel le fœtus est incliné, et, s'il heurtait contre le rebord du pubis, le soulever, en inclinant davantage la masse fœtale, pour le diriger vers le flanc et le faire entrer ainsi dans le passage, par le côté le plus large du détroit. On tire ensuite sur la tête qui s'étend sur les membres et le fœtus est remis en première position. Les efforts de la mère, aidés par une légère traction, suffisent alors pour terminer l'accouchement.

Si quelqu'une des parties du petit sujet est engagée dans le passage, un ou deux membres, par exemple, assez souvent les pieds se montrent à l'entrée de la vulve, la main s'assure en passant à quel train ils appartiennent. Toute personne qui se mêle d'accoucher

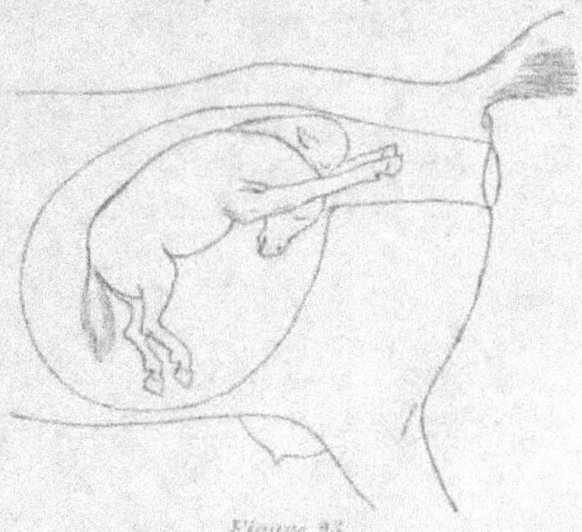

Figure 25.

les grandes femelles, rien qu'en glissant rapidement la main le long des membres, doit savoir les reconnaître. Nous ne nous étendrons pas davantage sur ce sujet.

Supposons que les deux membres rencontrés dans le bassin soient ceux de devant, et allons à la recherche de la tête. On la rencontre plus ou moins profondément et diversement déviée. Ainsi : 1° elle peut être plus ou moins encapuchonnée (fig. 25). Cette déviation commence par le bout du nez arrêté au rebord du pubis, la tête étant infléchie en avant ; c'est le premier degré. Elle peut s'accentuer davantage, jusqu'au point où la tête, passée entre les jambes, *tombe dans le pis*, comme disent les paysans. Le bout du nez est alors rapproché du sternum et le sommet du front ou la nuque, appuyé contre l'arcade pubienne (fig. 26) ; 2° simplement inclinée

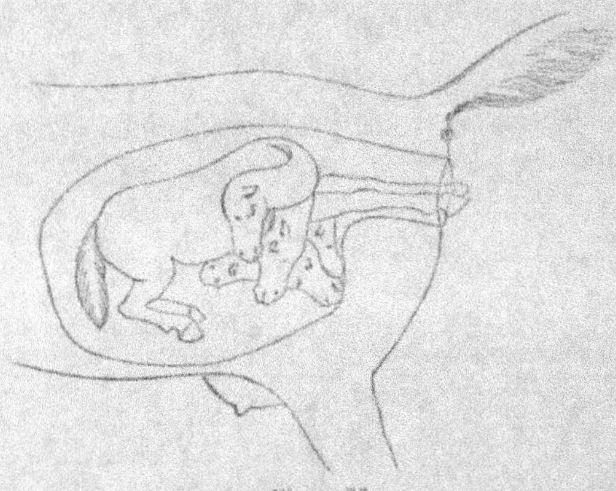

Figure 26.

de côté ; 3° inclinée de côté, le bout du nez porté dans l'angle formé par le flanc et le bord de l'arcade pubienne où il s'enclave ; 4° inclinée de côté et ramenée, par l'incurvation du cou, la face antérieure sous le rebord de l'arcade pubienne, la nuque regardant le flanc et le bout du nez étant engagé sous l'avant-bras; 5° inclinée de côté le long de l'épaule; 6° retournée en arrière le long du flanc, par l'inclinaison et l'incurvation du cou, et reposant sur la face maxillaire, quand elle n'est pas légèrement tordue sur son axe et renversée en haut et en dehors; 7° (fig. 27) le cou replié et étendu, ainsi que la tête, le long du corps du fœtus; 8° le cou replié sur les côtes et la tête étendue dans la direction du flanc; 9° le cou replié et étendu sur les côtes, dans une direction oblique de bas en haut, et la tête portée sur la région dorso-lombaire (voir 1, 2 et 3 de la fig.).

Telles sont les différentes déviations de la tête que nous avons observées. Dans la plupart des cas, les deux membres antérieurs étaient étendus dans le bassin, les pieds se présentant au dehors ou à l'entrée de la vulve.

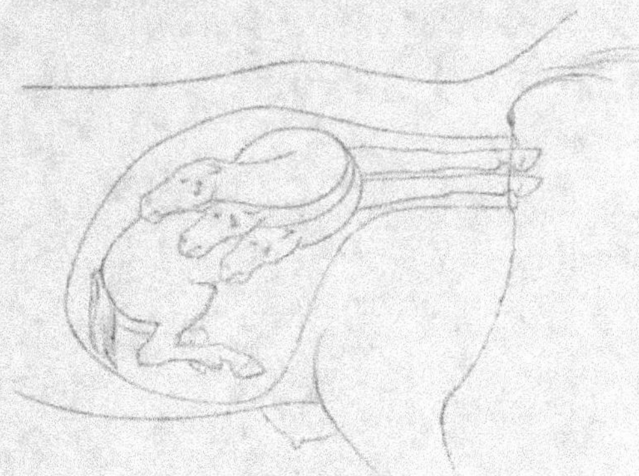

Figure 27.

En vue de simplifier l'exposé que nous allons en

faire, pour le rendre plus pratique et éviter des redites, nous diviserons en deux groupes les diverses déviations de la tête. Nous rangeons dans l'un (fig. 26) toutes les positions où la bouche du petit sujet est à la portée de la main, et dans l'autre (fig. 27), celles où la tête est inaccessible à la main de l'accoucheur au-delà de la nuque et des oreilles. Pour les déviations comprises dans le premier groupe, les difficultés du redressement dépendent ou du rebord du pubis, ou de la corde du flanc ou des membres du fœtus ; et pour celles du second groupe, de l'impossibilité de fixer un lacs à la mâchoire inférieure et de déployer le cou, tant à cause du manque d'espace que des dispositions anormales de cette partie.

Les difficultés du part dépendantes des déviations de la tête, comprises dans le premier groupe, sont certainement les plus intéressantes, car elles sont les plus communes et presque les seules qui, en raison de la terminaison rapide de l'accouchement, permettent d'espérer la conservation du jeune être. Cette espérance, un accoucheur habile la réaliserait presque toujours, s'il avait la chance d'intervenir à temps. Nous insistons sur ce fait avec la ferme conviction que tout poulain en présentation antérieure, quelle que soit la position de la tête, si la main de l'accoucheur peut atteindre la bouche, sera mis au monde assez facilement, souvent encore vivant, et sans que la mère coure plus de danger que si le part était naturel. Nous disons le poulain, car notre objectif est l'accouchement de la jument. Chez la vache, les manœuvres que ces cas réclament sont des plus faciles et jeux d'enfant. Nos frères, Jules et Jean, le premier, vétérinaire du gouvernement à

Lessines, le second, propriétaire à Bouvignies et conseiller provincial, ont fait leurs études au collége d'Ath, allant et venant ; notre père, pour se soulager un peu des fatigues d'une clientèle sans limite, avait initié le premier, puis le second à la pratique des accouchements. Ils étaient à peine âgés de 12 à 13 ans, et chaque fois qu'on venait nuitamment réclamer des secours pour une vache en travail de parturition, il ne fallait pas les appeler deux fois ; ils sautaient du lit, s'en allaient joyeusement à la besogne, et s'en acquittaient à merveille, à la grande satisfaction des clients qui, en l'absence du père, allaient même les chercher en classe.

Pour le vétérinaire attaché à son art, c'est encore un jeu que l'accouchement de la jument, mais souvent un jeu d'Hercule. Néanmoins, les obstacles à vaincre dépendent moins de la difficulté des manœuvres que de l'irritabilité, de l'indocilité et de la force de la femelle. Bien des fois, ce n'est qu'après un travail pénible, interrompu et recommencé à plusieurs reprises, que l'accoucheur, même le plus habile, parvient à faire une étape vers le but qu'il se propose d'atteindre.

Une chose que tous les accoucheurs ont souvent occasion de regretter, c'est de ne pouvoir introduire en même temps les deux mains dans la matrice. Tous sont d'accord pour reconnaître que, s'il était possible d'atteindre la tête du fœtus et d'agir sur elle avec les deux mains, son redressement serait d'une exécution aussi prompte que facile.

M. Brunet vétérinaire français, a si bien compris les avantages que retirerait l'accoucheur de l'emploi des deux mains que, pénétré de cette idée, il l'a érigée en principe, lequel, malheureusement, n'a pour nous qu'un seul défaut : c'est d'être impraticable dans les cas où son application pourrait être véritablement utile. En effet, est-il un praticien, ayant fait des accouchements, qui puisse admettre qu'il soit possible à deux hommes de porter chacun une main dans la matrice (eussent-ils des bras minces et longs comme ceux d'un gorille) pour agir ensemble à la profondeur qu'une seule main peut difficilement atteindre? Il faudrait pour cela ne tenir aucun compte des contractions de la matrice, des efforts expulsifs, qui paralysent si souvent la main de l'opérateur, et de l'indocilité de la femelle. D'ailleurs, si ce procédé était praticable dans quelques cas, il n'en serait pas moins inutile pour tout accoucheur habile. On verra par la suite que, à l'aide des manœuvres que nous pratiquons, on remédie aux différents cas observés par M. Brunet, avec plus d'art et autant de facilité et de succès, que par la méthode qu'il préconise.

Pourtant nous reconnaissons l'indispensable nécessité d'user, dans presque tous les cas, des deux mains pour redresser les déviations de la tête du fœtus : deux mouvements en sens opposés et exécutés en quelque sorte simultanément doivent concourir à cette manœuvre; or, une seule main ne saurait opérer ces mouvements, et l'introduction des deux mains dans la matrice est chose impossible. Le petit *lacs-forceps* nous permet de résoudre le problème : la partie libre représente le second bras de l'accoucheur et, le nœud coulant, la main, en un mot, c'est un bras et une main artificiels ajoutés au bras et à la main naturels, dont l'action, transmise du dehors, passe par le vagin et va dans la matrice, sans être gênante ni gênée, opérer directement sur le fœtus comme le ferait la vraie main.

L'accoucheur ayant adapté le nœud coulant du lacs à la mâchoire inférieure, et sa main étant libre, il pousse sur le front, ou sur un autre point de la partie supérieure, ou des faces latérales, ou sur le bout du nez, suivant le cas, et imprime à la tête un mouvement de refoulement dirigé directement ou obliquement de haut en bas. La tête ainsi dégagée du point où elle est enclavée, la main qui agit à l'extérieur, au moyen du lacs, l'attire tandis que celle qui manœuvre dans la matrice lui ouvre la voie, la dirige en avant, au-dessus, ou sur le coté de l'obstacle qui s'oppose à son redressement, et au besoin, lui fait un pont ou un plan incliné pour faciliter son entrée dans le bassin. Une fois le détroit franchi, la tête s'étend facilement en position.

Lorsque la tête est inclinée et retournée en arrière, elle peut être placée sur la face inférieure ou maxillaire, ou renversée de manière que cette face soit plus ou moins tournée en haut et en dehors ; si elle n'était pas dans cette position, il faudrait l'y mettre, d'abord pour fixer le nœud coulant et, ensuite, pour qu'en tirant sur la mâchoire, et en poussant de l'autre main sur le point de jonction du cou et de la tête, celle-ci, le bout du nez étant dirigé en haut, puisse opérer son mouvement de rotation sans être arrêtée par la corde du flanc.

L'accoucheur peut, au besoin, lorsqu'une certaine force de traction est nécessaire, confier la corde du lacs à un aide intelligent en lui indiquant ce qu'il doit faire.

Le redressement de la tête se résume donc en deux mouvements : le premier de refoulement, et le second d'extension s'exécutant en quelque sorte simultanément.

Tous les auteurs ne nous paraissent avoir vu, dans le lacs appliqué à la mâchoire inférieure, qu'un moyen de traction ; aucun, pas même M. Saint-Cyr, qui déclare avoir puisé les éléments de son traité à toutes les sources connues, n'a envisagé à notre point de vue l'emploi du lacs. Pour lui et pour les praticiens qu'il cite avec éloge MM. Schaack et Rainard d'après Bourdonnat, la main suffirait seule pour opérer le redressement de la tête. Nous en trouvons la preuve dans le passage suivant, page 466 de son traité.

« *C'est par l'extrémité des mâchoires qu'il convient de ramener la tête ; non en abaissant le menton et en tirant ensuite inférieurement au cou mais* SUPÉRIEUREMENT, *au contraire, après avoir forcé la ganache à se retourner de dessus en dessous et de dedans en dehors (le fœtus est supposé en première position). Pour cela, dès que la main peut atteindre l'extrémité des mâchoires, on porte les doigts dans l'auge, et, appuyant sur l'une des branches du maxillaire, on oblige la tête* A SE TOURNER A LA RENVERSE *de dedans en dehors et de bas en haut.* » Ainsi parle M. Schaack, et M. Saint-Cyr ajoute : « Une fois la tête ainsi renversée, il sera facile de la mettre en bonne position, en tirant sur l'extrémité libre des mâchoires, etc. » Il n'est donc pas ici question du lacs. Plus bas il dit : « Rainard donne, d'après Bordonnat, les indications suivantes, *qui nous paraissent rationnelles : placer la main sous le menton que l'on reçoit dans la paume de la main ; les doigts un peu écartés embrassent un peu au-dessus de ce point les deux côtés de la mâchoire, le pouce est introduit dans la bouche, sur le maxillaire, en arrière des dents incisives* (remarquons qu'il est question d'un veau et non d'un poulain), *on a ainsi un point d'appui solide, qui permet de*

ramener la tête en bonne position par une traction opérée
directement dans l'axe du bassin, surtout en agissant par
secousses répétées, beaucoup plus efficaces qu'une traction
continue. » Et M. Saint-Cyr fait observer que : « Si on
ne pouvait pas déployer, avec la main seule, une force suffisante, on ESSAYERAIT de placer un lacs à la mâchoire inférieure, lacs sur lequel tirerait un aide, etc. »

De ces citations, il résulte qu'on ne parle de saisir la
mâchoire inférieure au moyen d'un lacs, que pour
émettre un doute sur la possibilité d'y parvenir. De
plus, au chapitre qui traite spécialement, *des moyens
mécaniques d'extractions du fœtus*, c'est à peine s'il est
question du lacs, au point de vue de son application à
la mâchoire inférieure. M. Saint-Cyr se borne à dire :
« *que les lacs servent à saisir et à fixer les membres et la
tête* »... que, « *à la tête, l'espace interdentaire de la mâchoire inférieure offre* AUSSI UNE BONNE PRISE, MOINS *solide, il
est vrai, que celle du paturon, mais souvent fort utile.* » Et
il s'étend complaisamment sur leur application aux
membres, sur les règles selon lesquelles cette application doit se faire, et sur les *porte-cordes*, etc. Plus loin :
« *les lacs, dit-il, rendent de très-grands services à l'obstétrique vétérinaire...... ; appliqués aux membres, ils offrent
une prise solide qui permet d'exercer, sans crainte de leur
voir lâcher prise, les plus fortes tractions...... Toutes les
fois que le fœtus, après avoir été placé en bonne position,
éprouve quelque difficulté à sortir...... les lacs appliqués
aux membres et combinés, s'il y a lieu, avec les moyens de
traction appliqués à la tête, etc.* » Ces quelques citations
suffisent, pensons-nous, pour démontrer que M. Saint-
Cyr n'apprécie pas à sa juste valeur l'application du
lacs à la mâchoire inférieure, qu'il ne se rend pas

compte de son utilité et des avantages qu'on en retire, ne le considérant, absolument, que comme un moyen de traction.

Notons, ici, que de très fortes tractions sur la tête sont rarement nécessaires, à moins que, n'ayant su ramener les membres, on ne puisse agir que sur cette partie. Mais, dans ce cas, les efforts doivent porter sur un autre point que la mâchoire dont la résistance serait insuffisante et la corde, destinée à les transmettre, être adaptée d'une autre façon que nous indiquerons, quand nous serons en présence du fait nécessitant cette modification. Lorsqu'on a les membres, ou seulement un, en déployant sur eux toute la force, il suffit, ordinairement, de la tension soutenue du lacs-forceps fixé à la mâchoire pour terminer le part.

Nous affirmons de rechef que le lacs, tel que nous l'avons fait connaître, a une importance capitale dans tous les accouchements des grandes femelles, de la jument surtout, quand l'obstacle à la mise-bas dépend d'une déviation de la tête, et nous le proclamons aussi précieux, dans sa simplicité, que l'est le forceps pour l'accoucheur de la femme. Nous déclarons de plus, qu'à l'aide de ce petit instrument, tous les accouchements où la tête du fœtus est accessible à la main, sont relativement faciles, et que, sans lui, les neuf dixièmes sont impossibles. Notez bien que, notre objectif, est la jument.

Si, dans quelques cas, on a pu parvenir à ramener avec la main seule la tête en bonne position, ce n'est que dans les premiers moments du part, alors qu'elle n'est encore que légèrement inclinée en avant, de côté ou en arrière. Mais le plus souvent elle est arrêtée, à cause de sa longueur, dans le mouvement de rotation qu'on cherche à lui imprimer, par un obstacle provenant : ou du rebord de la cavité pelvienne, ou de la corde du flanc, ou d'une autre partie. Chez le veau, la tête est plus courte et partant plus facile à déplacer ; par contre, elle est plus grosse, l'effort de la main suffit rarement aussi pour l'attirer dans le bassin ; et, comme celle du poulain, quand on la lâche, elle retombe dans la position qu'elle occupait auparavant.

Plus tard, lorsque, par suite de la durée des contractions de la matrice et des efforts expulsifs, l'écoulement des eaux est complet et que la tête a pris de plus en plus une position défectueuse ; qu'elle se trouve en quelque sorte enclavée — tenons compte que le vétérinaire est rarement appelé avant que les choses en soient à cet état — quelle que soit la force de traction qu'on y applique, on ne parviendra jamais à la déplacer, ne fut-ce que d'une ligne, excepté dans le sens défavorable. Si la traction est opérée au moyen du lacs, on arrachera la mâchoire, et avec des crochets on brisera les os, plutôt que d'en obtenir le déplacement.

Quelques observations feront mieux, pensons-nous, que tous les arguments, ressortir l'utilité et les avantages du *lacs-forceps*.

Première observation. — En 1837, dans le courant du mois de février, j'habitais alors Lessines, je fus demandé pour une jument appartenant au sieur Vermiessen, cultivateur à Overboulaere, près de Grammont. Elle était en travail de parturition depuis la veille au soir. Quand j'arrivai, vers trois ou quatre heures du matin, je trouvai là tous les accoucheurs de l'endroit : bergers, maréchaux et autres. De plus, un vieil empirique de Grammont, guérisseur d'une certaine notoriété, et un confrère, M. Wyvekens, que je n'avais pas l'honneur de connaître. Tous mes préparatifs achevés, je m'approchai de la jument. Elle était difficile : l'attitude des oreilles, ses mouvements brusques de côté et l'intention manifeste de lever les pieds de derrière, l'indiquaient assez. M. Wyvekens ayant eu la bonté de me prévenir que je devais prendre garde, oh ! soyez sans inquiétude, lui répondis-je, je n'ai pas appris la pratique des accouchements sur un mannequin. Ces paroles, j'en conviens, auraient été malveillantes, si elles n'avaient échappé à la vivacité qui faisait alors le fond de mon caractère. Je lui en fis mes excuses ce jour-là même, et je les lui réitère encore aujourd'hui. En passant ma main dans les voies génitales, je rencontrai les pieds à l'ouverture de la vulve, et, en la glissant, le long des membres, je constatai qu'ils appartenaient au train de devant. J'engageai alors mon bras jusqu'à l'épaule, et je trouvai la tête repliée du côté du flanc droit de la mère, la nuque tournée vers cette région ; la face antérieure placée le long et au-dessous du rebord du pubis, le bout du nez s'engageant sous l'avant-bras gauche. Tous les accoucheurs désignés ci-dessus avaient tour à tour, avoué leur impuissance, après des efforts réitérés pour redresser la tête.

Cette situation bien reconnue, je me promettais un triomphe facile, et je jubilais déjà dans mon for intérieur.

Je demandai, plus par gestes que par paroles (je suis wallon et je me trouvais dans une contrée flamande) un mince cordeau. On m'apporta une ficelle à lier les sacs. Elle ne pouvait me convenir. On me donna ensuite un bout de filet à conduire les chevaux. Il ne me convenait pas davantage ; mais ayant vainement demandé si on ne pouvait me procurer un cordon, comme ceux que les tisserands emploient pour lier les toiles qu'ils portent au marché, force me fut de l'utiliser. Le nœud coulant étant fait à l'une des extrémités, j'en fixai l'anse à la mâchoire inférieure ; puis je refoulai la tête par le front pour écarter le bout du nez de l'angle formé par l'avant-bras et le pubis, dans lequel il était enclavé, je tirai de l'autre main sur le lacs, pour soulever la partie inférieure de la tête au-dessus du pubis et de l'avant-bras. Au moment où la manœuvre allait aboutir, le nœud coulant s'échappa, par suite d'un effort de traction nécessité par le peu de place qui existait, entre l'avant-bras et le pubis, pour le passage du bout du nez.

Cette circonstance fâcheuse ne se serait, certes, pas produite avec un cordeau d'une nature moins raide : le nœud coulant aurait eu plus de fixité.

Tout était donc à refaire. Je recommençai la même manœuvre sans plus de succès ; Dieu sait combien de fois je replaçai le nœud coulant ! et, toujours avec des difficultés de plus en plus grandes. L'indocilité de la femelle notamment me forçait à agir avec précipitation, sans pouvoir m'assurer si des lambeaux d'arrière-faix n'étaient pas compris dans l'anse ; de sorte que le lacs, manquant de fixité, devait s'échapper à chaque tentative de traction.

Afin de pouvoir agir avec plus de sécurité, je fis mettre la jument sur le fumier de la cour, et je travaillai pendant qu'on la faisait marcher. La température était très froide, il neigeait à gros flocons, et cependant, bien qu'à peu près nu jusqu'à la ceinture, je ruisselais de sueur, autant et plus, sans doute, de détresse que de travail. Ceux de mes lecteurs qui ont la passion de leur art, comme je l'avais alors, pourront seuls se rendre compte de l'état dans lequel je me trouvais ; le succès facile que je me promettais se changeait en une honteuse défaite ! J'étais fatigué, éreinté, mais non découragé. Je demandai de nouveau s'il n'y avait pas un tisserand parmi les personnes présentes. Pas de réponse. Alors je me décidai — le poulain étant déjà mort avant mon arrivée — à pratiquer l'arrachement du membre gauche, espérant ainsi agrandir l'espace par où je ferais passer le bout du nez avec une traction moindre. En un instant tout fut prêt, les aides ne me manquaient pas, et l'opération ne fit qu'un coup de temps. Le confrère Wyvekens ne s'en était pas même aperçu. Ce n'est qu'en voyant à ses pieds le membre détaché qu'il vint me dire : « vous avez opéré l'embryotomie d'une manière expéditive ; si j'avais connu votre procédé, j'aurais agi de même. »

Ce procédé que je tenais de mon père était encore, à cette époque, inconnu des auteurs et dans l'enseignement. Ce n'est que quatre mois plus tard, en juin, que M. Véret fils, qui le tenait aussi de son père, le publia dans le *Recueil pratique de médecine vétérinaire d'Alfort*. Il est bon de remarquer que c'est encore là un procédé précieux que l'enseignement orthodoxe a reçu des mains de l'empirisme.

Après l'enlèvement du membre, je crus que tout allait marcher à souhait. Je m'étais bien trompé. Le lacs réappliqué sur la mâchoire du fœtus s'échappa de nouveau ; je n'étais donc pas plus avancé qu'avant le démembrement. Abîmé de fatigue, à bout de force, je sentais le courage m'abandonner, mais la colère me soutint. Avec le jour la foule, déjà si nombreuse, augmentait à chaque instant sur le théâtre de ce désolant spectacle. Ne pouvant me résigner, quoique n'en pouvant plus, à quitter une partie que je voyais si facile à gagner, je m'écriai de nouveau, avec l'accent énergique du désespoir : n'y aurait-il donc pas un tisserand parmi tout ce monde ? Cette fois ma demande fut entendue, une voix wallonne me répondit : Oui, Monsieur, je suis tisserand, moi. Voulez-vous alors, lui dis-je, me procurer de suite un des petits cordons avec lesquels vous liez vos toiles ? Sa demeure n'était pas éloignée, il ne tarda pas à revenir avec la corde tant désirée. Faire le nœud coulant, l'attacher à la mâchoire du petit sujet, fut l'affaire de quelques secondes. Il tint solidement, cette fois, bien qu'une portion des enveloppes fœtales se fût encore glissée dans l'anse. J'exécutai facilement et rapidement le reste de la manœuvre. En quelques minutes l'accouchement était terminé, au grand ébahissement de toute l'assistance.

On trouvera, croyons-nous, cette observation intéressante à plus d'un titre. Elle démontre une fois de plus — *combien les grands effets tiennent souvent à de petites causes*, et que la vie d'une bête précieuse ainsi que de son produit, même la santé, sinon la vie de l'accoucheur, peuvent dépendre non pas ici d'un fil, mais de la réunion de quelques fils. Arrivé assez tôt près de la jument, muni du cordeau sauveur, j'aurais certainement, en quelques minutes, terminé l'accouchement sans que le poulain et la mère eussent couru le moindre danger.

La jument échappa, contre toute attente, à la mort ;
je dis contre toute attente, car combien n'en a-t-on pas
vu succomber qui n'ont pas souffert la centième partie
du mal que celle-ci a enduré ! Je la quittai bien persuadé qu'elle ne passerait pas le troisième jour, si, toutefois, elle allait jusque-là. Je ne m'étais heureusement
pas prononcé d'une manière absolue : d'abord, parce
que cette jument était douée d'une constitution énergique et qu'on n'avait point fait usage de moyens dangereux, et puis, parce qu'il est toujours prudent, dans
notre profession, de compter avec l'imprévu. Il m'eût
été trop pénible, je l'avoue, d'interdire tout espoir au
propriétaire, dans une circonstance aussi malheureuse,
et alors que je ne me sentais pas à l'abri de tout reproche.

Bref, j'avais prescrit les soins à donner à la jument
et recommandé de me donner de ses nouvelles après
le troisième jour, si toutefois elle n'était pas morte
avant. Le troisième jour elle vivait encore ; elle avait
bien délivré de l'arrière-faix et son état, relativement
assez satisfaisant, permettait de voir le danger de mort
s'éloigner. Je n'avais plus à redouter que la crise qui se
produit, toujours, en pareil cas, du huitième au neuvième jour.

Le neuvième jour on vint m'avertir, que son état
s'était beaucoup empiré depuis la veille au soir, qu'elle
refusait les aliments, ne prenait que peu de boisson, et
qu'elle faisait de violents efforts expulsifs pendant lesquels, le rectum se renversait et tombait quelquefois
jusque sur les jarrets. Je me hâtai d'aller la voir, et
constatai la vérité de ces renseignements. Des matières
sanieuses et des plaques de tissu mortifié, d'une odeur

fétide étaient rejetées de temps en temps par la vulve
pendant les efforts expulsifs. Je n'augurai pas mal de cette
circonstance ; l'état général ne présentant rien de bien
inquiétant. Je prescrivis un traitement approprié, sous
l'influence duquel les efforts expulsifs se calmèrent peu
à peu, et, quelques jours plus tard, je pouvais répondre de la guérison.

Mon excellent confrère M. Wyvekens, que je n'ai
plus eu le plaisir de rencontrer depuis de nombreuses
années, mais qui, je l'espère, est encore vivant et
plein de santé, pourrait témoigner de la parfaite
exactitude de ce récit.

On se demandera probablement, pourquoi je n'étais
pas muni de ce petit cordon dont j'appréciais si bien
l'utilité, et, comment M. Wyvekens, qui parle le fla-
mand, ne s'est pas fait mon interprète ? La réponse est
toute simple : je n'étais que depuis peu de temps dans
la pratique, et dans aucun des quelques cas de parturition chez la jument, pour lesquels j'avais été appelé
à intervenir, je n'avais eu à en faire usage ; ne l'ayant
jamais eu dans les mains, j'ignorais absolument en quoi
il consistait. Si je l'avais su, il m'eût été bien facile de
le confectionner. D'ailleurs, il ne m'était pas venu à l'idée,
que je pourrais un jour être embarrassé à cause de ce
cordon. Dans le pays wallon, je n'aurais eu qu'à parler
pour être servi. Je n'ai pas demandé à M. Wyvekens
de vouloir être mon interprète n'ayant pas pensé que,
dans la foule présente, il pouvait ne pas se trouver une
personne comprenant le wallon ou le français.
Chaque fois que je demandais si, parmi les assistants,
il ne se trouvait pas un tisserand ; j'ai cru, tout bonnement, que ma demande était parfaitement comprise et

qu'on ne me répondait pas, vu l'absence de tout homme de cette profession.

L'accouchement terminé, M. Wyvekens me déclara qu'il ne pouvait se rendre compte de ce que je demandais, attendu qu'il ne connaissait pas l'objet, ni l'usage que je voulais en faire. Je n'ai pu douter de sa sincérité puisque, moi-même, je n'aurais su m'exprimer autrement, que dans les termes dont s'était servi mon père pour me le désigner.

A partir de ce jour j'ai constamment eu dans la poche de ma trousse, de mon calpin, ou dans ma bourse plusieurs de ces petits cordons.

Deuxième observation. — On voudra bien m'excuser de ne pouvoir préciser les dates, n'ayant pas prévu, que je pourrais un jour en avoir besoin, je n'en ai pas pris note ; et, tant d'années se sont écoulées depuis lors que la mémoire me fait défaut. Du reste les dates ne font rien à la chose. C'est en 1855 ou 56 peu de temps avant les évènements qui m'obligèrent d'abandonner une profession que j'aimais tant et que j'exerçais, je puis le dire, avec quelque succès. On vint me prier de la part des frères Paul Wicq de Pipaix, village à une petite lieue de Leuze, de vouloir bien me rendre chez eux, pour une jument, en travail de parturition depuis la veille au soir. Il était environ neuf heures du matin. Sur les renseignements que le commissionnaire put me fournir, je lui déclarai qu'on me demandait une corvée inutile ; que la jument serait problablement morte avant mon arrivée, qui ne pourrait avoir lieu que dans l'après-midi ; et, qu'en admettant que je la trouvasse encore vivante, et que je parvinsse à extraire le poulain, elle n'en périrait pas moins. Il insista en me

disant que, quoi qu'il arrive, je serais bien payé. La
question d'argent, étant ce qui me préoccupait le moins,
ne m'aurait pas décidé. Ce n'est qu'en raison de ce
qu'il me disait : que les propriétaires du vivant de mon
père, qu'ils regrettaient beaucoup, n'avaient jamais eu
recours à d'autres vétérinaires, que je promis d'y
aller. Je pris le premier train partant d'Ath après-midi.
Je descendis à Leuze et arrivai à Pipaix vers trois
heures environ. Je trouvai la jument dans un état tout
à fait désespéré. Elle était plongée *dans l'accalmie* qui
précède la mort. Un engorgement déjà considérable
s'étendait de la vulve, en haut, jusqu'à la base de la
queue, et en bas, jusqu'aux mamelles, en se propa-
geant sur les fesses. La muqueuse du vagin était gonflée, froide, livide. Sans pousser plus loin mes
investigations, je dis au propriétaire, comme je l'avais
prévu, je vais faire une opération inutile ; mais je ne
saurais repartir sans avoir recherché l'obstacle qui a
rendu le part impossible, et sans avoir essayé si je
n'aurais pas fait mieux que celui ou ceux qui ont tenté
d'y remédier.

Me déshabiller, explorer et reconnaître la position du
fœtus fut l'affaire d'un instant. Le poulain était placé
en première position le cou incliné à gauche, la tête
dans le fond du flanc et le bout du nez enclavé dans
l'angle formé par cette région et le rebord du pubis.

La symphyse maxillaire était divisée, la lèvre inférieure déchirée, les os des orbites et du palais brisés,
on avait arraché les membres antérieurs et usé et
abusé des crochets, ce qui explique les progrès rapides
des phénomènes morbides, conséquences de blessures
graves. La manœuvre à exécuter devait consister, tout

simplement, à dégager le bout du nez en l'éloignant du flanc et du rebord de l'arcade pubienne, mouvement qui permettrait de le soulever au-dessus de l'obstacle, et de l'attirer dans l'axe du bassin. L'os de la mâchoire inférieure était brisé et à nu ; cette partie ne donnant plus de prise au lacs, j'appliquai le nœud coulant sur un lambeau de la lèvre inférieure ; puis refoulant la tête par le front et de haut en bas, je pus, en tirant de l'autre main sur le lacs, soulever le bout du nez au-dessus du rebord du pubis et l'amener dans le détroit pelvien comme je l'aurais fait en agissant directement avec les deux mains. Je terminai l'accouchement, en un clin d'œil, sans autre moyen de traction, que le lacs fixé au lambeau de lèvre ; de sorte que je ne mis pas plus de dix minutes pour délivrer cette jument, que d'autres avaient dû abandonner après toute une nuit d'un travail opiniâtre et, malheureusement, alors que tout était perdu.

J'ai pu dire comme le conquérant romain : *veni, vidi, vici.* Mais, hélas ! Je n'avais remporté qu'une victoire d'amour-propre.

Pressé de partir, pour ne pas manquer le train à Leuze, je me lavai et me rhabillai à la hâte, sans avoir le temps d'examiner les mutilations que le petit sujet avait subies, la chose en valait pourtant la peine.

Quant à la mère, un simple coup d'œil suffisait pour voir avec certitude, qu'elle serait morte avant le soir. J'appris, en effet, quelques jours plus tard, que j'étais à peine parti de quelques heures qu'elle succombait.

Cette observation ne paraîtra pas moins intéressante que la première. Elle confirme davantage encore ce

que nous avons dit de l'utilité du lacs-forceps et met
en évidence, *l'impossibilité de déplacer la tête du fœtus en
agissant avec une main seulement ou par une traction
continue*, quels que soient les moyens et la force employés.

Cette impossibilité est, en effet, ici démontrée par les
efforts considérables, (comme l'atteste l'état des os de
la tête) qui ont été faits à l'aide des crochets et,
sans doute, avant l'emploi de ceux-ci, par d'autres
moyens moins dangereux, alors qu'il ne m'a fallu qu'un
instant, pour obtenir le résultat désiré par l'action
combinée des deux mains, l'une agissant par l'intermé-
diaire du lacs fixé à la mâchoire inférieure. On dira,
peut-être, que la manœuvre était plus facile après
l'enlèvement des membres. C'est une erreur, l'enlèvement des membres ne change rien à la situation : leur
présence dans le bassin n'apporte aucun obstacle au
redressement de la tête. D'ailleurs, les tentatives les
plus désespérées n'ont été faites, cela n'est pas douteux,
qu'après l'arrachement des membres.

Troisième Observation. — Cette fois encore je ne saurais
me rappeler la date. Toujours est-il que le fait s'est passé
chez M. Hennuyez, bourgmestre d'Irchonwelz; on vint
me chercher vers cinq heures du matin. Quand j'arrivai sur les lieux, je trouvai le propriétaire et la femelle
épuisés par un travail qui durait depuis plusieurs heures.
Le sujet était une jument d'élite, lauréat de plusieurs
concours. Aux quelques paroles de reproche que je ne
pus m'empêcher de lui adresser, le propriétaire me
répondit qu'il n'avait pas osé me déranger la nuit; que,
du reste, il avait espéré pouvoir prendre le poulain,
habitué qu'il était d'opérer l'accouchement de ses

vaches. Il ajouta qu'il n'était pas parvenu à faire tenir un lacs sur la mâchoire du fœtus — ce lacs consistait en un bout de filet à conduire les chevaux, muni d'un nœud coulant fait en lacet — et que la jument étant irritable il avait dû travailler pendant qu'elle était couchée. Bref, mes préparatifs terminés, je fis lever la femelle. Les membres antérieurs du jeune sujet montraient leurs sabots à l'entrée de la vulve. La main, introduite dans la matrice, constata l'inclinaison du cou : la tête repliée et portée en arrière le long du flanc reposait sur la face maxillaire (fig. 28). Après l'avoir retournée en haut et en dehors, je pris la mâchoire inférieure dans l'anse du *lacs-forceps*, je relevai le bout du nez, et, poussant sur la région parotidienne en même temps que je tirais de l'autre sur la mâchoire, je redressai la tête, qui pivota sur son axe et la ramenai dans le bassin. En moins de vingt minutes l'accouchement était terminé.

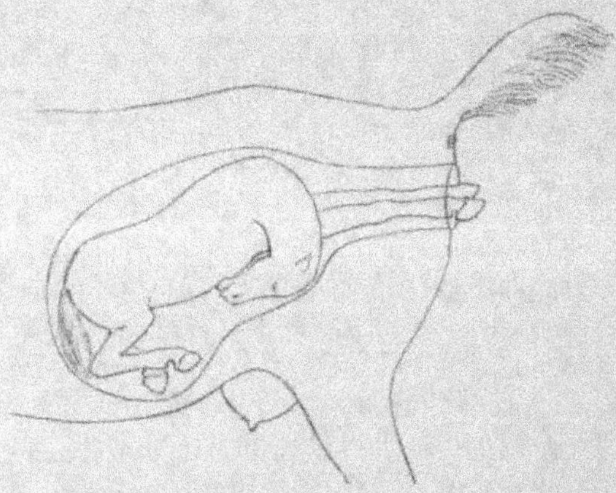

Figure 28.

Le poulain était mort. Pouvait-il en être autrement

après des manœuvres inconsidérées qui ont duré, sans interruption, jusqu'à mon arrivée?

La jument alla relativement bien pendant quelque temps. Du 7e au 8e jour les parties mortifiées se détachèrent sous forme d'énormes plaques laissant à nu une plaie considérable, affreuse qui s'étendait depuis les mamelles jusqu'à la base de la queue, elle entamait aussi les fesses et pénétrait jusqu'au fond du bassin dont la cavité représentait le gouffre béant d'un vaste ulcère, d'un rouge violacé, suintant des matières sanguinolentes et ichoreuses. La malheureuse bête se tenait constamment campée; expulsait fréquemment des urines en petite quantité, dont le contact sur la plaie lui arrachait des cris de douleur à briser l'âme. Mais la mort ne tarda pas à mettre fin à cette navrante situation.

Ces désordres sont la conséquence inévitable de manœuvres pratiquées trop longtemps sur la femelle étant couchée.

Nous nous bornerons à ces trois observations. Elles suffisent amplement pour justifier : et ce que nous avons dit concernant l'application et l'utilité de notre lacs pour le redressement de la tête du fœtus, et la dénomination de *forceps* que nous lui avons donnée.

De ces faits nous concluons hardiment : 1e que le secret du redressement de la tête du fœtus se trouve tout entier dans le *lacs forceps* que nous avons préconisé et recommandé à nos confrères depuis 1850, chaque fois que nous en avons eu l'occasion, notamment dans le cours que nous avons été chargé de donner aux aspirants maréchaux vétérinaires et toutes les fois que nous avons siégé au jury vétérinaire;

2° que ce petit instrument, aussi utile que simple, permet d'agir sur cette partie, à la profondeur que le bras peut atteindre, d'une manière tout aussi efficace que par l'emploi direct des deux mains, si cet emploi était possible.

Tout est obscurité et confusion dans les auteurs à l'endroit du redressement de la tête ; ils ne disent même pas, le plus souvent, s'ils ont pour objectif la vache ou la jument ; ils semblent croire que tout ce qui est facilement praticable chez la vache l'est également chez la jument, comme s'il était logique de prétendre que celui qui peut le moins doit pouvoir le plus. Ils ne se rendent pas compte pourquoi les difficultés du part doivent être plus grandes chez l'une des femelles que chez l'autre ; elles sont pourtant facilement appréciables : chez la vache, pour les raisons que nous avons indiquées plus haut, la tête du fœtus n'est jamais enclavée et la main peut toujours aisément l'atteindre ; mais à cause de sa grosseur, de la largeur du front et de la forme bombée de cette partie, on éprouve parfois assez de peine pour la faire entrer dans le détroit pelvien ; à cela il y a une compensation : la mâchoire conformée de manière à rendre l'attache du lacs plus facile et plus fixe, permet d'agir avec plus de force pour attirer la tête dans le bassin et l'étendre sur les membres. Chez la jument, la tête du fœtus est, en raison de sa longueur, ou retenue par un obstacle qui s'oppose à son redressement ; ou enclavée, ou difficile à atteindre avec la main ; il faut aussi plus de dextérité pour adapter le lacs à la mâchoire dont la conformation se prête peu à une attache solide. A ces inconvénients si nous joignions les difficultés qui résultent

de l'irritabilité et de la plus grande force de la femelle,
on pourra juger combien la tête du poulain est plus
difficile à redresser que celle du veau.

En vue de remédier à cet obstacle du part on préconise des pratiques impossibles, on a recours à des
moyens inconsidérés, imprudents et dangereux : les uns
recommandent des opérations qu'ils n'ont exécutées que
dans leur imagination où tout s'accomplit si bien; d'autres
affirment que par des mouvements vigoureux, prolongés
et saccadés, exécutés avec la main seule, il est possible
de ramener la tête du fœtus en bonne position ; tandis
que les praticiens, pour obvier à l'inconvénient résultant
des matières glaireuses qui, en rendant la partie extrêmement glissante, empêchent d'agir avec une certaine force, ont inventé toutes sortes d'instruments plus
ou moins ingénieux, mais d'une application et d'une
utilité fort contestables, et en tout cas beaucoup moins
avantageux que notre lacs-forceps ; il y en a même qui
ont imaginé, à l'imitation des gamins qui grimpent au
mât de cocagne, de faire usage de sable, de cendre, de
son, de sciure de bois, etc. pour augmenter l'action des
mains ; ce moyen serait ridicule s'il n'était nuisible.
D'autres enfin, à défaut de mieux, n'hésitent pas
à employer les crochets, implantés dans les orbites
ou dans l'espace intermaxillaire : procédé dangereux
qui ne saurait avoir, dans l'immense majorité des cas,
d'autre résultat que de tuer du même coup le jeune
être et la mère ! Aucun ne s'est douté, semble-t-il,
que le secret du redressement de la tête résidait dans
un petit lien attaché autour de la mâchoire inférieure. Il fallait, il est vrai, pour découvrir ce secret,
trouver d'abord celui de fixer solidement le lien ; or

tout prouve que, jusqu'aujourd'hui on n'y était pas
parvenu.

Tout ce qui a été écrit par les auteurs relativement
au redressement de la tête du fœtus n'ayant pour nous
qu'un intérêt de curiosité, nous ne nous y arrêterons pas
plus longtemps. Nous ne pouvons cependant nous empêcher de dire qu'on a publié sur les difficultés du
part chez les grandes femelles des choses vraiment par
trop curieuses. On passe en revue les diverses positions
défectueuses du fœtus qu'on rencontre dans la pratique et on y remédie avec une facilité surprenante : la
tête est-elle restée en arrière, il suffit de la ramener en
bonne position ; si les membres sont déviés, il n'y a qu'à
les prendre et les étendre en position naturelle etc. etc.
et on termine l'accouchement Pas plus difficile que cela !
Il est vrai que les choses se pratiquent ainsi sur le
mannequin.

Cela nous rappelle la réponse d'un aspirant maréchal-
vétérinaire à propos de la réduction de la matrice : par
un geste énergique des bras et des mains et dans un
langage aussi bref que wallon, *je l'prins*, dit-il, et
j'l'refoure ê dins ; l'auditoire partit d'un éclat de rire bien
senti auquel le récipiendaire prit part, bien persuadé que
le jury était émerveillé de sa dextérité.

Nous avons maintenant à voir les déviations de la
tête, rangées dans le second groupe, c'est-à-dire celles
où la bouche du fœtus est inaccessible à la main de
l'accoucheur.

La tête du fœtus, comme nous l'avons dit plus haut,
n'est pas toujours, chez la jument, accessible à la main.
Le cou peut être replié et étendu sur les côtes et la
tête portée fortement en arrière le long du corps, ou

dans le flanc, ou sur le dos ou les lombes (voir fig. 27).
Au point de vue pratique, ces positions n'en font
qu'une. La main exploratrice, dans l'un et l'autre cas,
ne parvient que difficilement à toucher la nuque ou les
oreilles avec le bout des doigts ; encore faut-il que l'accoucheur soit d'une taille plus que moyenne. Mais, pourrait-on atteindre jusqu'aux orbites et même jusqu'à la
bouche, que le redressement n'en serait pas moins
absolument impossible, quels que fussent les moyens
employés. On trouve, dans tous les auteurs, des relations et des procédés qui, supposons-nous, ont passé de
l'un à l'autre sans avoir été autrement contrôlés. Nous
nions qu'on ait pu passer autour du cou une corde à
anse ou à nœud, et nous affirmons que, lorsque cette
manœuvre a été pratiquée, le cou n'était qu'incliné et
que la tête ne pouvait être hors de la portée de la main ;
et, dans ce cas, nous connaissons un moyen plus simple
et plus rationnel. Mais à propos, véritablement, de la
situation dont nous nous occupons, nous réitérons nos
affirmations : qu'il est de toute impossibilité de passer
une corde autour du cou ; et, y parviendrait-on,
qu'avec tous les engins imaginables et les efforts de
traction les plus considérables, non-seulement on ne
redresserait pas la tête, mais on ne la déplacerait pas
d'une ligne dans aucun sens.

Nous avons, chaque fois, constaté, après la sortie du
fœtus, que sa tête représentait un segment de cercle,
dont la concavité correspondait à la convexité de la
région sur laquelle elle était appliquée, et sa convexité avec la concavité de la partie avec laquelle elle
était en rapport. Si, par un effort, on soulevait la tête
et le cou, ces parties retombaient à leur place presque

à la manière d'un ressort. Ne verrait-on pas là, la preuve que les données de la science, sur la position du fœtus, pendant la durée de la gestation, et qui changerait à l'époque de la mise-bas, ne sont pas rigoureusement exactes? Il est évident que, pour que la tête soit moulée sur la région contre laquelle elle reposait, le fœtus a dû conserver la même position depuis les premiers temps de son développement jusqu'à la mise-bas.

Dans ce cas donc, le redressement de la tête étant impossible, il n'y a pas à hésiter, ni de temps à perdre; il faut se hâter de profiter — de ce qui reste — des bonnes dispositions de la femelle, sans aggraver la situation par des tentatives inutiles : on prendra le poulain de vive force Si on reconnaissait qu'il est très développé — c'est le contraire qui a lieu ordinairement — on enlèverait le membre du côté sur lequel le cou est replié. Nous dirons plus loin comment on procède à ces opérations.

Ce procédé est cruel et les résultats incertains, mais, comme il n'en existe aucun autre qui permette plus que celui-là, d'espérer le salut de la mère, on ne doit pas craindre d'y avoir recours. Nous pouvons, croyonsnous, poser en fait — notre expérience nous y autorise — qu'une fois au moins sur trois, la femelle aura la vie sauve, et peut-être les résultats seraient-ils moins malheureux encore, si ce moyen pouvait toujours être exécuté avant que l'écoulement des eaux soit complet et que la jument soit mise hors de force par un travail trop prolongé et des manœuvres inutiles.

La première fois que je me trouvai en présence de cette difficulté du part, c'était peu de temps après mon retour de l'école; les pieds du fœtus se montraient à

l'entrée et en dehors de la vulve, et la main portée
aussi profondément que possible dans la matrice n'at-
teignait qu'avec peine la nuque et les oreilles. Depuis
une heure environ je m'épuisais en vains efforts pour
déplacer la tête et passer, comme on me l'avait enseigné, une corde autour du cou, quand, heureusement,
arriva mon père. En rentrant de sa tournée, il apprit
qu'on était venu me chercher pour une jument qui ne
savait pas donner son poulain. Se doutant bien que je
devais être dans l'embarras, il accourait à mon aide.
La position reconnue : Vous n'êtes pas fort en accouchement, me dit-il. — Mon père, d'un naturel très-
bon, était aussi très-vif ; et, dans l'exercice de son art, un
sarcasme tombait vite de ses lèvres : il avait, du reste,
cela de commun avec tous les hommes d'une nature
énergique et sûrs d'eux-mêmes. — Vous devriez savoir,
ajouta-t il, que le redressement de la tête dans cette
position est absolument impossible. Vous verrez tout-
à-l'heure qu'appliquée sur les lombes, elle est moulée
sur cette région. Il n'y a pas à compter sur la vie du
poulain, il est mort, ou il ne vivra pas ; le tirer de vive
force est la seule chance de conserver la mère. La
force de 15 à 16 hommes a suffi pour terminer le
part ; mais la jument succomba quelques heures
après.

Présentation de la nuque. — La tête du poulain peut
quelquefois être située à l'entrée du passage sans que
la bouche soit accessible à la main ; ainsi, on la trouve
repliée au-dessous du cou : la face postérieure ou
maxillaire correspond au bord inférieur de l'encolure
et la face antérieure ou frontale est appuyée sur les
membres ; de sorte que la nuque regarde l'entrée

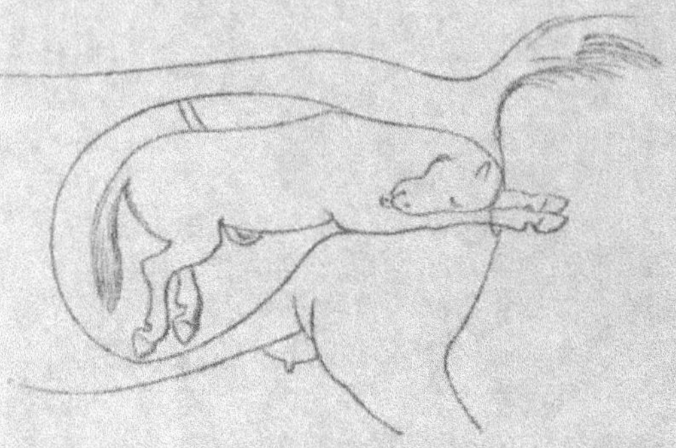

Figure 29.

de la vulve. Dans ce cas, si la tête et les membres sont trop engagés pour en obtenir le refoulement, il faut tirer le fœtus dans cette position. On y parvient sans trop de peine et sans danger pour la mère, en déployant la force nécessaire au moyen de cordes passées dans les paturons ; et, au besoin, par des tractions sur la tête en faisant usage du lacs-forceps fixé aux oreilles, ou de crochets implantés dans les orbites.

Obstacles dépendants des membres antérieurs. — La tête est bien placée : ce sont les membres qui font obstacle à la parturition.

4° Les deux membres antérieurs se présentent avec la tête comme dans la position naturelle, mais les pieds n'arrivent qu'au niveau du bout du nez ; ce qui indique que les coudes sont écartés et butent contre le rebord du pubis. Une traction suffisante exercée sur chacun des membres, l'un après l'autre, en même temps qu'on repousse, si cela est nécessaire, un peu la tête, lève facilement cet inconvénient, cas pour lequel, du reste, le vétérinaire est rarement appelé.

2° *Les deux membres accompagnent la tête, mais l'un passe sur le cou et la nuque en croisant la tête.* Cet obstacle ne serait pas grave, ni difficile à surmonter, si on s'en apercevait assez tôt. Il suffirait d'un petit lien passé dans le paturon du membre dévié, pour le replacer en bonne position en le tirant fortement de côté et de haut en bas en même temps qu'on repousse la tête ; et, en continuant la traction jusqu'à ce qu'il soit au niveau de l'autre. Mais ici encore, le vétérinaire n'est appelé que pour constater la gravité de cette position, ou plutôt les accidents redoutables qui en ont été la conséquence. Le membre dévié étant comprimé entre la tête du fœtus et la voûte osseuse du bassin, le pied pousse en avant, inflexible comme un pieu, et déchire les parois vaginales et le rectum dans une plus ou moins grande étendue. Ce fait s'est présenté à la ferme des pauvres à Gouferdeng. La masse intestinale, chassée par les efforts expulsifs, passa par cette déchirure et tomba jusqu'à terre. Affolée par des douleurs atroces, la femelle se livra à des mouvements désordonnés avec une violence inouïe et ses pieds, en s'enchevêtrant dans les anses intestinales, les dilacérèrent affreusement. Ce spectacle était tellement triste que, personne ne pouvant en supporter la vue, on ferma la porte de l'écurie, et on laissa la jument achever de se tuer. A notre arrivée, la mort avait mis fin à cette horrible scène.

3° *Un ou les deux membres sont restés en arrière ;* on les trouvera : fléchis au genou ou repliés sous le ventre, ou étendus de chaque côté le long du corps. Si l'homme de l'art pouvait être là, dès que le travail d'expulsion commence, il lui serait facile de replacer les membres dans la position qui permet au part de s'accomplir naturellement. Pour ce faire : Si la tête est engagée dans le détroit pelvien, on la refoule au-delà et on va à la recherche d'un membre, on le ramène et on le met en position.

En général, le redressement des membres, tant antérieurs que postérieurs, est d'autant plus difficile que le fœtus se trouve plus rapproché de l'entrée du bassin ; et c'est inutilement qu'on tenterait cette manœuvre quand ils sont engagés dans la cavité : il n'y a pas assez d'espace. Il faut, au préalable, repousser la masse fœtale, aussi profondément que faire se peut, dans la matrice ; et cela suffit, assez souvent, pour n'avoir plus qu'à prendre le pied et étendre le membre comme il convient.

Quand la main ne sait atteindre au-delà du genou, nous empoignons l'avant-bras en le ramenant vigoureusement. Ce mouvement, en faisant reculer l'épaule et fléchir le bras, rapproche le canon de la main qui le saisit, et, d'un coup de poignet, dirigé de bas en haut, fait plier l'avant-bras sur le bras en élevant le genou aussi haut que possible et en avant. Alors, en glissant la main sur le boulet, nous prenons le paturon, et par une secousse énergique, imprimée de bas en haut et en avant, nous complétons la flexion de la totalité du membre ; puis, en même temps qu'en agissant de l'avant-bras ou du coude en arcboutant, nous faisons reculer le genou et avec lui les rayons supérieurs et la masse fœtale, nous amenons le pied au-dessus du rebord du pubis. Quand il heurte encore à cet obstacle, nous l'élevons au-dessus, au moyen d'une sorte de plan incliné, formé en prenant la pince dans la paume de la main glissée en supination sous le sabot, pour l'attirer dans le bassin.

On opère de la main droite sur le membre droit et de la gauche sur le membre gauche en tenant le paturon en pleine main, le pouce dirigé en dedans et les doigts en dehors. On ne doit pas craindre d'employer toute la force nécessaire.

Une fois les membres remis en position et étendus dans le passage, on ramène la tête par les moyens que nous avons fait connaître et il ne reste plus qu'à terminer le part.

Nous dirions volontiers que ce sont là les règles à suivre pour le redressement des membres antérieurs. Mais peut-on appeler règles et baser sur des principes fixes des manœuvres qui s'exécutent en quelque sorte d'instinct, qui sont susceptibles de recevoir des circonstances, de l'initiative et du jugement de l'accoucheur de nombreuses modifications ? Lorsque le membre et ses articulations sont sains, il ne faut que le saisir par une des régions inférieures et lui imprimer un mouvement vigoureux pour, avec un peu d'intelligence et de réflexion, reconnaître à l'instant la conduite à tenir en vue de la mutation que le cas exige en évitant les heurtages.

Chez la vache, le redressement des membres, tant antérieurs, que postérieurs est, ordinairement, chose assez facile quand ils ne sont pas hors de la portée de la main, ni trop rapprochés du bassin ; il suffit, dans bien des cas, d'agir avec vigueur et franchise.

On parle du redressement des membres au moyen de cordes, et on a inventé des porte-cordes et des porte-nœuds, etc. Arrière tout cela : la main seule suffit, et, de tous les instruments imaginables, c'est le meilleur. On ne recule même pas devant l'usage des crochets. Pour Dieu ! qu'on se garde bien d'encourir la responsabilité d'une pareille manœuvre que nous n'hésitons pas à qualifier de criminelle.

4° *Lorsque la tête est trop avancée et pendante hors de la vulve*, que toutes les tentatives pour la refouler dans la matrice et ramener les membres restent infructueuses (fig. 30). On ne doit pas craindre d'extraire le fœtus sans changer la position en employant la force nécessaire. S'il était mort, on fixerait une forte corde autour du cou ; s'il vivait encore, on disposerait une corde en forme de licol en la faisant passer sur la nuque et le

Figure 30.

chanfrein, pour l'arrêter sous la ganache. Des aides, en nombre suffisant, tireraient sur la corde de toute la force nécessaire, en combinant autant que possible leurs efforts avec ceux de la mère.

Quand il n'y a qu'un seul membre resté en arrière,

la résistance est moindre évidemment ; mais, dans l'un et l'autre cas, nous sommes toujours parvenu à extraire le fœtus sans trop de difficulté.

Le passage du petit sujet à travers les voies génitales dans ces conditions peut facilement s'expliquer : la force de traction, en engageant le fœtus dans le détroit oblige les membres à s'étendre le long du corps, retenus qu'ils sont par l'arcade pubienne qui empêche leur entrée dans cette cavité ; alors la pointe de l'articulation scapulo-humérale, butant de chaque côté contre le pubis, fait reculer le membre et avancer l'épaule dans la vide de l'encolure. La poitrine se déprime et la force triomphe.

La décapitation pratiquée et conseillée, dans ce cas, par plusieurs praticiens et par les auteurs, n'est aucunement rationnelle ; nous ne voyons pas ce qu'on peut y gagner, mais nous savons parfaitement ce qu'on y perd.

Chez la vache, les manœuvres pour refouler la tête du fœtus et redresser les membres, offrent beaucoup moins de difficulté que chez la jument ; aussi parvient-on, presque toujours, à rétablir les choses en bonne position et à terminer le part sans trop de peine. Cependant, nous avons assez souvent extrait des veaux vivants alors qu'un ou les deux membres étaient restés en arrière.

Nous nous résumons : le fœtus en présentation antérieure dystocique peut être placé sur son ventre, sur son dos ou sur l'un de ses côtés. Les manœuvres nécessitées pour le redressement des membres sont, dans tous les cas, les mêmes : refouler en fléchissant tous les rayons et le membre ainsi raccourci, élever le pied au-dessus du rebord du pubis et l'attirer dans le passage ; mais, lorsque le fœtus est placé sur l'un de ses côtés, il y a avantage d'augmenter l'inclinaison en soulevant le membre qu'on dirige vers le flanc ; outre ce qu'on gagne en espace pour le déployer, la souplesse des parois de cette région et les dispositions de l'entrée du détroit offrent un accès plus facile.

Difficultés du part dépendantes des présentations postérieures. — Les difficultés que rencontre l'accoucheur dans la présentation postérieure, dépendent moins de la déviation des membres que du degré d'enclavement des parties dans le détroit pelvien qui en rend le refoulement extrêmement difficile, sinon impossible. Nous avons dit à propos de cette présentation que, lorsque le fœtus était placé sur le ventre le dos en haut, — position lombo-sacrée — les membres étendus dans le bassin et la queue appliquée sur les fesses, le part avait lieu naturellement par les seuls efforts de la nature ou avec l'aide d'une traction modérée. Nous avons dit aussi que, en position inverse, c'est-à-dire sur le dos le ventre en haut (*lombo-pubienne*), le part spontané est également possible ; que, dans la position latérale, sur l'un ou l'autre des côtés (lombo-iliales, droite ou gauche), les pieds s'engageant dans le bassin, le fœtus est remis de lui-même en première position au fur et à mesure que les membres s'avancent dans cette cavité ; de sorte que nous avons pu dire que cette position n'existait pas. Mais si les membres, un ou les deux, restent fléchis, le part ne saurait, dans aucun cas, s'accomplir naturellement (fig. 31).

Nous procédons au redressement des membres postérieurs par des manœuvres qui diffèrent peu de celles que nous avons fait connaître plus haut pour redresser

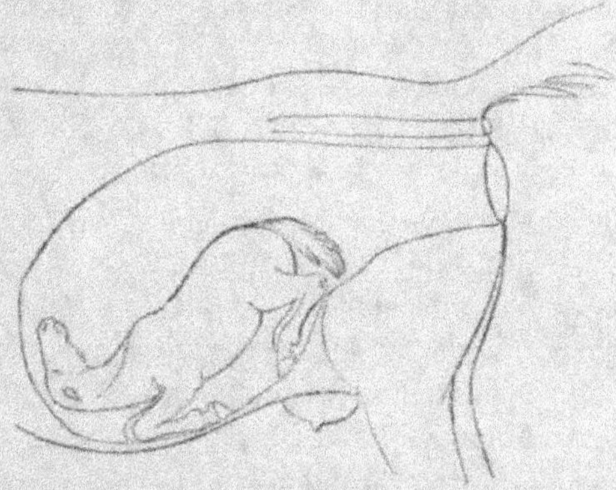

Figure 51.

les membres antérieurs. Lorsque le fœtus n'est pas trop rapproché de l'ouverture pelvienne, l'extension des membres postérieurs est quelquefois si facile, qu'il suffit de prendre le pied et de l'étendre dans le bassin. Mais, le plus souvent, la pointe du jarret va buter contre la voûte sacro-lombaire et le pied est arrêté par le rebord du pubis.

Placé sur l'un de ses côtés, le fœtus a les membres repliés en avant de l'arcade pubienne; pour les redresser, il faut commencer par le plus profond, celui du côté sur lequel le fœtus repose. On prend le pied en pleine main, on le soulève, et, par un mouvement de flexion énergique, qui augmente l'inclinaison du corps, on le dirige vers le flanc pour l'introduire dans le passage par le point le plus évasé du détroit. Nous avons déjà indiqué les avantages de cette manœuvre. En agissant de même pour l'autre membre, le fœtus est remis en première position.

Cette mutation s'obtient sans peine, surtout quand le fœtus est vivant et que les eaux ne sont pas entièrement écoulées. On convertirait de même la seconde position en première ; mais comme on peut prendre le fœtus sans y rien changer, cette manœuvre serait inutile.

Si, au lieu d'être fléchis en avant de l'entrée du détroit, les membres sont repliés sous le ventre ou étendus le long du corps, et que la croupe est trop rapprochée du bassin pour atteindre au-delà de la rotule ou de la jambe, nous refoulons le fœtus en poussant sur la croupe de bas en haut et en avant ; nous pouvons alors porter la main sur la rotule, gagner la jambe et la ramener en la fléchissant sur la cuisse qui fléchit sur la hanche. Cette manœuvre élève assez le jarret pour permettre de prendre le canon, et, d'un coup de poignet vigoureux, soulever le jarret contre la région sacro-lombaire en repoussant la jambe contre la cuisse ; puis, glissant la main dans le paturon, que le mouvement a mis à sa portée, nous prenons le pied à pleine main, les doigts le contournant en dehors et en avant le pouce en dedans, et le tenant fortement fléchi sur le canon, en même temps qu'avec l'avant-bras ou le coude en arc-boutant contre le canon ou le jarret nous faisons reculer le membre ainsi que la masse fœtale, nous élevons le sabot au-dessus du rebord du pubis et le membre s'étend de lui-même dans la cavité pelvienne.

Nous nous servons pour cette manœuvre de la main droite pour le membre gauche et de la gauche pour le membre droit.

On peut encore, tous les rayons du membre étant

fléchis, glisser la main sous le pied, prendre la pince dans la paume et le monter au-dessus du pubis. La main en supination fait l'office d'un plan incliné.

Souvent aussi il y a avantage de diriger le pied du côté du flanc pour le faire entrer dans le bassin ; on en connaît les raisons.

Les manœuvres pour redresser les membres de devant ou de derrière, le fœtus étant placé en première position vertébro ou lombo-sacrée, s'appliquent également aux positions inverses, et dans ces dernières elles sont plus faciles.

Les membres étant ramenés et étendus dans le bassin le lacs-forceps fixé à la queue, si elle avait une tendance à se relever, et un lacs à chaque paturon, si le besoin s'en faisait sentir, on termine l'accouchement par une traction intelligente et proportionnée à la résistance.

De tout ce que nous avons dit au sujet du redressement des membres tant antérieurs que postérieurs, nous concluons : qu'une traction continue sur ces parties, quelle que soit la force employée, restera sans effet si elle n'occasionne pas des blessures graves ; qu'il est indispensable, ainsi que nous l'avons démontré à propos du redressement de la tête, que la manœuvre se fasse en deux temps consécutifs : le premier de refoulement ou de flexion et le second d'extension ou de traction ; et qu'une action énergique et vigoureuse, en vue de fléchir les membres, n'a pas seulement pour résultat de les raccourcir en resserrant les angles formés par l'agencement des rayons, elle refoule en même temps la masse fœtale et ouvre, en face du détroit pelvien, un espace plus large pour les déployer et les attirer dans la cavité en évitant les heurtages et les enclavements.

Positions compliquées en présentation postérieure. — Les principales positions compliquées des membres postérieurs sont : 1° Les jarrets fléchis ; 2° les membres repliés sous le ventre ; 3° ou étendus le long du corps. Les obstacles résultant de ces positions seraient moins difficiles à vaincre si l'accoucheur pouvait toujours intervenir au commencement du travail du part. Plus tard, les membres, ou la croupe, ou les fesses sont ordinairement tellement engagés et enclavés dans le détroit, que le refoulement en est souvent impossible. L'écoulement de la presque totalité des eaux augmente encore la difficulté de cette manœuvre.

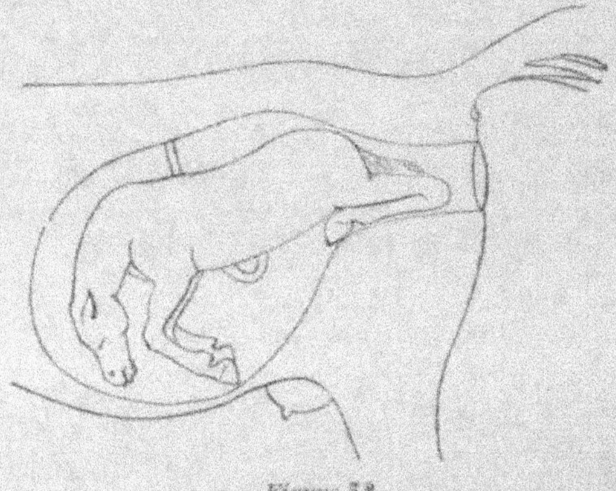

Figure 52.

1° *Présentation de la pointe des jarrets.* — Nous trouvons les jarrets fléchis et engagés dans le détroit pelvien. Si nous pouvions être là alors que les membres arrêtés par les canons qui, en butant contre le rebord du pubis, poussent en haut la croupe qui bute à son tour contre l'angle sacro–lombaire ; avant, en un mot, que les jarrets ne fussent enchassés dans le bassin, en refoulant la masse fœtale dans la matrice et en ramenant les membres, nous terminerions le part sans trop de peine et avec des chances de vie pour le poulain. Mais l'homme de l'art peut rarement intervenir alors que cette manœuvre est encore possible. Chaque fois que nous avons été appelé à remédier à cette difficulté du part, nous avons trouvé les canons et les jambes si engagés dans les voies génitales, que les jarrets se montraient à la vulve par la pointe des calcanéums ; et les fesses et la croupe étaient tellement enclavées dans l'ouverture du détroit et soutenues par les efforts expulsifs, que toutes nos tentatives pour repousser le fœtus étaient aussi impuissantes que si elles eussent été dirigées contre un mur. Dès lors, reconnaissant que toute obstination était vaine et craignant de compromettre la vie de la femelle en prolongeant cette situation qui, du reste, ne laissait plus d'espoir que le poulain fût encore vivant, nous avons terminé l'accouchement par un moyen expéditif, sans danger pour la mère, mais mortel pour le produit. De là l'indication de n'y avoir recours qu'en dernier lieu. Peut-être nous demandera-t-on pourquoi nous n'avons pas pris le poulain dans cette position, comme les maîtres le recommandent, Rainard, Delwart et autres, en affirmant avoir toujours réussi ? Notre réponse est bien simple : ce sont les tentatives faites avant notre arrivée qui nous en ont démontré l'impossibilité. Dans les deux circonstances où notre assistance a été réclamée, une corde était passée dans le pli des jarrets et avait servi à des tractions à outrance sans le moindre résultat ; ou plutôt, oui, avec un résultat : l'enclavement, qui rendait la situation irrémédiable.

En 1851, pendant la session du Jury vétérinaire, l'occasion de discourir sur ce sujet s'étant présentée, nous avons mis en évidence l'erreur dans laquelle versaient les auteurs, en avançant des faits que nous qualifions d'impossibles.

M. Delwart qui, dans son traité de parturition, a parlé de cette position, qu'il trouve même avantageuse et facile, à tel point qu'il recommande expressément de bien se garder de la changer, soutenait naturellement le contraire. M. Thiernesse, l'éminent directeur de l'Ecole de médecine vétérinaire de Cureghem, alors professeur d'anatomie, et dont l'autorité en cette matière et comme homme de science, est justement appréciée du monde savant, en entendant nos explications, n'hésita pas à en reconnaître la justesse. En effet, il est facile de comprendre que ce n'est pas l'augmentation du volume des parties engagées, — les jambes — par l'addition des canons et des pieds, qui fait obstacle à la marche du fœtus ; mais bien la région digitée qui, fléchie à la manière d'un crochet, se trouve accrochée au rebord du pubis. La flexion du pied ou la résistance du crochet qu'il forme est en raison directe de la flexion du jarret. C'est ce que tous les praticiens et les auteurs ne paraissent pas avoir compris. MM. Dieterichs et Ch. Donnaricix, avantageusement cité par M. Saint-Cyr, et MM. Boumeirster, Rueff et Lanzilotti, par les moyens qu'ils préconisent, — les premiers · la désarticulation des membres aux jarrets, et les seconds, à l'articulation femoro-tibiale, — prouvent, non-seulement, que la terminaison de l'accouchement en tirant sur les jarrets est impossible, mais encore qu'ils ignorent la raison anatomique qui s'y oppose.

M. Saint-Cyr ne paraît pas davantage s'en être rendu compte, comme le témoigne la déclaration : *qu'il adopte, sans hésiter, le procédé Donnaricix et Dieterichs*, auquel il donne — nous le croyons certes bien — la préférence sur celui de leurs confrères ; sans que pourtant nous puissions en saisir le motif : les deux procédés étant aussi irrationnels, aussi dangereux et aussi impraticables l'un que l'autre.

Le moyen que nous avons préconisé et employé avec succès, dans les deux cas où notre intervention a été réclamée, consiste simplement dans la section de la corde du jarret, près du sommet du calcanéum, section qui, outre le tendon du bifemoro-calcanéen, comprend celui du femoro-phalangien (le sublime ou perforé), fléchisseur de la région digitée. Il nous a suffi, après cette opération qui permet l'extension du pied, de tirer sur la corde passée dans le pli du jarret pour terminer l'accouchement. La mort du poulain, bien qu'il eût été impossible de le prendre autrement, nous a, dans les deux cas, épargné des regrets.

En tirant sur une corde passée dans le pli des jarrets, le poulain étant couché sur le côté, peut-être parviendrait-on à faire entrer les pieds dans le bassin par suite de la plus grande capacité du flanc, de la souplesse de ses parois et de l'évasement du détroit sur ce point de sa circonférence ; mais il est à craindre, et cela arriverait nécessairement, que le fœtus fasse un demi tour et soit attiré dans le passage pour y être accroché, comme dans les cas auxquels nous avons eu à remédier. Nous ne sommes pas éloigné de croire que c'est ainsi que les choses se sont passées dans les deux cas pour lesquels nous avons eu à intervenir.

Nous nions donc de la manière la plus formelle qu'il soit possible, en tirant sur les jarrets, dans la position qui nous occupe, avec n'importe quoi : des cordes ou des crochets, fût-ce même avec le crochet-forceps, de déplacer le poulain.

En seconde position (lombo-pubienne), on pourrait prendre le fœtus en tirant sur des cordes passées dans le pli des jarrets.

2° *Les deux membres postérieurs étant engagés dans le bassin : l'un étendu et l'autre fléchi au jarret*, il est moins difficile de repousser le fœtus et de redresser le membre ; mais si on n'y parvenait pas, on couperait la corde du jarret.

3° *Quand un membre postérieur est étendu dans le passage et l'autre sous le ventre*; si le refoulement est impossible, on fixe le lacs-forceps à la queue et des cordes dans le paturon, et, en tirant modérément sur ces parties, on termine le part sans trop de difficulté.

Présentation de la croupe. — La main exploratrice rencontre la croupe et la queue du petit sujet. Il est placé comme un lièvre au gîte, c'est-à-dire assis sur ses fesses, les membres étendus sous lui. Dans ce cas, nous repoussons la masse fœtale dans la matrice aussi profondément que possible. Pour cela, nous improvisons un repoussoir, en démanchant un balai d'écurie, et nous creusons du côté enchassé, à quelque 10 ou 15 centimètres de l'extrémité, des entailles destinées à retenir des étoupes ou de la filasse, de façon à former un bourrelet de grosseur suffisante. Le bout dépassant le bourrelet, étant bien raclé et huilé, nous

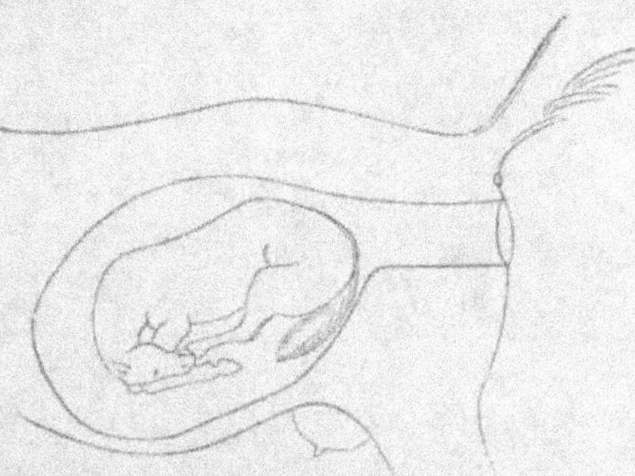

Figure 55.

l'introduisons dans l'anus du veau. Nous confions ce repoussoir à un aide et, pendant qu'il agit selon nos recommandations, en poussant en haut et en avant la masse fœtale, nous allons rechercher les membres. Par les manœuvres indiquées plus haut, nous les redressons et les ramenons aisément dans le bassin, et nous terminons le part sans difficulté, en tirant sur les lacs fixés aux membres et à la queue.

Dans toutes les présentations postérieures, il convient de fixer le lacs-forceps à la queue, soit comme moyen de traction, soit surtout pour empêcher cette partie de se replier à sa base, en formant un coude qui, en augmentant les difficultés du part, pourrait encore occasionner des blessures graves dont la déchirure de l'espace qui sépare la commissure supérieure de la vulve du rectum (le périnée), en formant une gouttière des deux ouvertures naturelles, serait la moindre conséquence.

M. Saint-Cyr fait bon marché de cette précaution en disant « que la queue ne saurait jamais être un obstacle » dont il faille tenir compte. »

La difficulté du part que nous venons d'examiner se présente assez fréquemment chez la vache ; et nous avons constamment terminé heureusement l'accouchement pour la mère et le veau.

Quand nous avons fait connaître ce procédé, on s'est récrié ; on l'a qualifié de barbare ; et l'opinion des théoriciens, que nous sachions, ne s'est pas encore modifiée à cet égard. Pourquoi ? Cela est bien simple ; parce que, à défaut d'expérience, ils n'ont pas voulu se donner la peine de réfléchir sur le mode d'action de ce repoussoir que nous improvisons au besoin. Ils croient probablement qu'il doit être enfoncé, sans ménagement, dans l'intestin rectum et le ventre du petit sujet. Mais ils se trompent : l'extrémité adoucie et arrondie, introduite dans l'anus est, pour soulever et repousser la croupe, dirigée de bas en haut et en avant ; de sorte que son action porte tout bonnement sur les dernières parties de l'intestin avoisinant la base de la queue. Il est de fait que cet engin, alors même qu'on négligerait de le garnir d'un bourrelet, ne pénètre dans le rectum que de quelques centimètres. Nous ne craignons donc pas d'affirmer que, comparé aux instruments perfectionnés d'après les principes de la science, tous les avantages sont en sa faveur ; d'abord, il n'est pas à craindre qu'il blesse la femelle, ni même le fœtus, et il atteint plus parfaitement le but ; ensuite, il ne coûte rien et il n'est jamais un embarras pour le praticien.

Un grand fermier de nos amis qui, d'ordinaire, mettait la main à l'œuvre quand le travail de la parturition ne se présentait pas trop mal, et à qui nous avions, dans la conversation, fait connaître ce procédé, eût, quelques jours plus tard, l'occasion de l'expérimenter. Il réussit à merveille, sans avoir même pris la précaution de borner et d'adoucir l'action du manche à balai. Le veau a été élevé et engraissé sans qu'on se soit jamais aperçu qu'il avait été empalé pour être mis au monde.

Cette position du fœtus chez la jument offre plus de difficulté, attendu que chez cette femelle on doit se garder d'agir avec un instrument quelconque pour repousser le fœtus, alors surtout qu'on a de fortes raisons de croire qu'il vit encore. Dans ce cas, nous faisons mettre la jument sur un terrain en pente, et, pendant la marche, nous refoulons le fœtus en prenant la base de la queue entre le pouce et les doigts, et, au besoin, en entrant le pouce dans l'anus. Dans ces conditions, le mouvement que nous nous proposons d'opérer s'obtient sans beaucoup de peine : la main atteignant une des jambes, pour peu que celle-ci soit ramenée, la position est conquise et la manœuvre assurée ; le redressement de l'autre n'offre plus de difficulté.

Toutefois, si on ne parvenait pas, par ce moyen, à arriver jusqu'aux membres on ferait usage du repoussoir, en ayant soin de s'en servir avec circonspection et prudence : le poulain est plus précieux que le veau, et l'irritabilité de la jument et ses mouvements brusques rendent l'emploi de tout repoussoir dangereux.

Les membres de derrière ne sont pas seulement un obstacle à la parturition, en présentation postérieure, ils peuvent l'être aussi en présentation antérieure : soit par suite d'anomalie, de conformation défectueuse, ou par leur entrecroisement, ou en butant contre le rebord du pubis. L'homme de l'art, dans ces sortes de cas, n'est jamais requis qu'après que des tractions à outrance ont été exercées ; à son arrivée, il trouve le fœtus sorti jusqu'aux lombes et pendant par la vulve. Nous ne comprenons pas qu'on ait pu conseiller d'ouvrir le ventre du fœtus, d'en arracher les viscères, pour aller dégager les parties qui s'opposent à l'accouchement. Tout espoir de prendre le jeune être vivant étant perdu, n'est-il pas plus simple d'opérer la détroncation ? On repousse ensuite le train de derrière en le culbutant dans la matrice et on reprend un pied, que le reste suit en se déployant.

Alors même que le fœtus ne serait pas mort, le rentrer dans la matrice étant chose impossible ; atteindre l'obstacle avec la main ne l'étant pas moins, sacrifier le petit sujet, en le coupant en deux, est l'unique ressource à laquelle on doit recourir sans hésiter pour le salut de la mère.

Présentation par les fesses. — Les efforts expulsifs et les contractions de la matrice sont tels chez la jument, que le poulain se présentant à l'entrée du détroit, par la pointe des fesses, est forcé d'y pénétrer. Dans cette position, du reste assez naturelle, l'extrémité postérieure ainsi disposée forme un cône un peu brusque, à la vérité, le sommet n'étant pas loin de la base. Toutefois, il est certain que si le poulain n'était pas trop fort, le part pourrait avoir lieu par les seuls efforts de la nature. Nous avons été appelé à aider la femelle chevaline dans quelques accouchements de ce genre. La première fois, nous avons fait des tentatives réitérées pour repousser la masse fœtale, fortement engagée

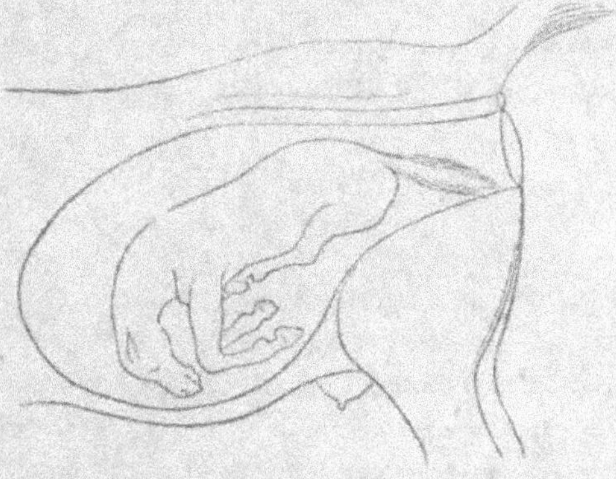

Figure 54.

dans le bassin, et nous nous sommes bientôt aperçu
que, en dépit de nos efforts, le poulain tendait plutôt à
sortir. Alors le lacs-forceps adapté à la queue et la
portion de cet appendice, située au-dessous de l'attache
du nœud coulant, étant repliée sur la partie située
au-dessus, nous avons fixé sur le doublement de la
queue un second lacs justement au-dessus du premier. Ainsi affermis l'un par l'autre, les lacs ont permis
à un aide de déployer toute sa force. Par cette traction exercée patiemment, en la combinant avec les
efforts de la mère, et aidée de l'action des mains à la
vulve, la sortie du fœtus s'est opérée parfaitement et
sans beaucoup de peine.

Dans d'autres cas tout-à-fait identiques, nous avons,
sans autres tentatives préalables, employé avec un
égal succès le même procédé. Une fois seulement le
fœtus vivait encore, mais il mourut peu de temps après

sa sortie. Les mères n'ont pas été plus dérangées que si le part s'était accompli dans de bonnes conditions, et nous ne doutons pas que, si elles avaient pu être assistées plus tôt, ou si on avait eu la précaution de les promener en attendant notre arrivée, nous n'eussions pas eu à regretter la perte des poulains.

Présentations transversales. — De même que la masse ovoïde du fœtus se présente par ses bouts, elle peut aussi se trouver à l'entrée du passage par l'une de ses faces. Ces présentations sont dites : *transversales.* Le fœtus placé sur l'un ou l'autre de ses côtés est couché en travers du détroit pelvien par le dos ou par le ventre, les parties antérieures situées à droite ou à gauche. Ce fait admis, les présentations que M. Saint-Cyr désigne de *dorso-lombaire* et de *sterno-abdominale* ne sauraient exister ; dès lors, les désignations de présentations *transversales: dorso-pubienne* et *sterno-pubienne iliales droite ou gauche* définiraient plus exactement, selon nous, la position du petit sujet.

Dans la première de ces présentations, la main de l'accoucheur rencontre le dos, les lombes ou le garrot du fœtus ; et, dans la seconde, les quatre membres et la tête, ou les quatre membres seulement, ou bien un membre de chaque bipède, ou un membre d'un bipède et deux de l'autre avec ou sans tête ; ou, enfin, un seul membre du bipède antérieur.

Les efforts de l'accoucheur, dans ces différents cas, doivent tendre à ramener l'une des extrémités du fœtus à l'entrée de la cavité pelvienne et à en éloigner l'autre. Si cette version était praticable, le reste ne serait pas difficile. Mais cette manœuvre en présentation *dorso-pubienne* offre toujours des difficultés insurmontables; et en présentation inverse, ou *sterno-pubienne*, on peut rencontrer des positions en présence desquelles l'accoucheur le plus habile doit aussi se reconnaître impuissant.

Ces présentations nous ont, malheureusement, fourni chacune un exemple de l'impossibilité de terminer le part. Nous croyons faire chose utile en les rapportant.

Premier fait. — C'était en 1837, en avril ou mai. La jument appartenait à M. Evrard d'Hellebecq ; elle avait une taille élevée, une large carrure et le ventre spacieux. Nous étions encore jeune dans la pratique. Après nous être épuisé à passer et repasser les mains dans les voies génitales pour aller constater l'impossible, — le bras engagé jusqu'à l'épaule, nous atteignions à peine, avec le bout des doigts, la région lombaire du fœtus au niveau de la réunion du dos et

Figure 54.

des lombes, — et avoir tenté vainement, à l'aide d'un

repoussoir, de faire avancer le devant pour rapprocher le derrière de la cavité pelvienne et vice-versâ, ne sachant plus à quel saint nous vouer, force fut d'avouer notre impuissance.

Le propriétaire avait en nous une pleine et entière confiance ; la situation et l'impossibilité absolue d'y remédier étant reconnues, on fit abattre la jument. Afin de bien juger de la position du fœtus, on retira la matrice avec ménagement. Etalée sur le sol, sa configuration était celle de la lune au croissant : un arc de cercle renflé au centre et pyramidal à ses extrémités, que le fœtus, exceptionnellement fort, remplissait exactement : le tronc occupait la partie moyenne ou le corps de l'utérus ; les membres antérieurs et la tête étaient contenus dans l'extrémité droite ou la corne droite et les membres postérieurs dans l'extrémité gauche ou la corne gauche. Plus de trace d'humeurs dans le viscère dont les parois enveloppaient le fœtus à la façon d'un gant et en dessinaient parfaitement les formes. Ce fut inutilement que nous avons essayé de le déplacer d'un côté ou de l'autre. Pour le prendre, il a fallu inciser le corps et les cornes de la matrice d'un bout à l'autre. Notons qu'il était mort depuis au moins 24 heures.

Il est évident, on le reconnaîtra avec nous, que c'était là un cas de parturition impossible, et, *contre l'impossible, nul n'est tenu* ; cet adage fut notre consolation.

Deuxième fait. — Appelé nuitamment, dans le mois d'avril 1850, si nous avons bonne mémoire, pour une jument en travail de parturition, appartenant à M. Lizon, fermier à la *Tourette* d'Isières, nous avons

trouvé, dans le bassin, le membre antérieur droit du
fœtus le pied étant visible à l'entrée de la vulve. Le
bras enfoncé aussi profondément que possible, nous
touchions avec peine avec le bout des doigts l'ars, le
coude et puis plus rien (fig. 35).

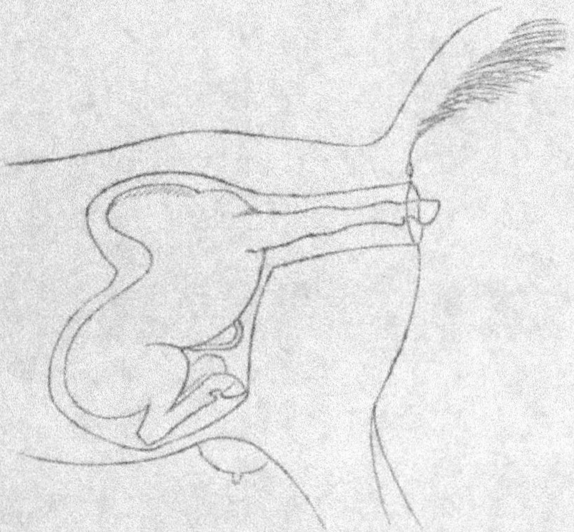

Figure 35.

C'était bien certainement là une présentation *sterno-
pubienne*. Aucun auteur, que nous sachions, ne fait
mention d'un cas où le fœtus présente un membre antérieur seulement, excepté M. Delwart, qui n'en dit que
quelques mots ; et le fait, croyons-nous, dépendait
d'une présentation antérieure et non transversale.

La femelle, belle, jeune, vigoureuse, de première
force, de haute taille, de large carrure, avait le bassin
profond, les flancs vastes et l'abdomen ample : après
avoir, à diverses reprises, rentré et ressorti le membre

et fait des tentatives réitérées pour déplacer le fœtus tant à droite qu'à gauche, et, n'obtenant aucun résultat, nous avons pris le parti d'enlever le membre par arrachement ; espérant, à tout hasard, que cette forte traction pourrait produire un déplacement favorable. L'opération fut exécutée en conservant intacte la peau du membre, afin d'y fixer un lacs si la situation se modifiait assez pour permettre des manœuvres ultérieures, qui rendissent possible la sortie du fœtus soit par traction forcée ou autrement. Il n'en fut rien. Le membre arraché n'apporta aucun changement. Nous essayâmes de nouveau, par des efforts vigoureux et énergiques, de déplacer le fœtus et de ramener à la portée de la main l'une ou l'autre des parties antérieures ou postérieures. Peines inutiles ! force nous fut de reconnaître l'impossibilité de prendre le poulain. Le propriétaire, homme intelligent, le comprit et la pauvre bête fut abattue.

La matrice, détachée et étalée sur le sol, permit de constater que le fœtus, très-développé et d'une taille et d'une force exceptionnelles, était couché sur le côté gauche et remplissait toute la cavité utérine. La tête et le membre gauche, repliés et portés en arrière, occupaient la corne droite, le tronc, le corps de la matrice et le train postérieur, la corne gauche. Les parois du viscère, appliquées et comme collées sur le fœtus, en dessinaient exactement la forme. Comme dans le cas précédent, il n'a pas été possible de changer la position du cadavre dans un sens ni dans l'autre. Cette fois encore, nous avons pu nous consoler de n'avoir su faire l'impossible.

Serions-nous le seul qui avons eu la malchance

d'être obligé d'assister au sacrifice de deux mères pour
n'avoir pu les délivrer! Les auteurs et les publications
périodiques, que nous sachions, n'en rapportent pas
un exemple. Il est, sans doute, plus pénible d'avouer
des revers que de proclamer des succès. Mais les
insuccès n'ont-ils pas aussi leur côté instructif? Nous
l'avons pensé en publiant les nôtres. Dans les livres
théoriques, œuvres où l'imagination a le premier rôle, il
n'est point de parturition impossible; on y accomplit
les versions les plus étonnantes avec la plus étonnante facilité. En écrivant, on se représente un corps
flottant dans un liquide où il obéit à la moindre impulsion; et là dessus on bâtit des théories, on indique des
manœuvres impraticables comme ne pouvant manquer
de réussir; on fait exécuter au fœtus des cumulets, des
culbutes, que c'est un vrai plaisir! Aussi est-ce à des
hommes compétents qui ont été aux prises avec les difficultés de la pratique, à des praticiens sérieux, que
nous faisons appel pour juger de l'impossibilité que
nous indiquons.

Mais enfin, nous dira-t-on, il vous restait d'autres
moyens à tenter avant de sacrifier les femelles : qu'a-
viez-vous de plus à redouter? Oui, cela est vrai,
extraire le fœtus par morcellement ou lui ouvrir un
passage par le flanc. Voyons, est-ce bien sérieusement
que ces opérations sont recommandées et seraient-elles
praticables? Et si elles l'étaient, dans les cas, bien
entendu, que nous venons d'exposer, combien de
temps faudrait-il au chirurgien le plus habile pour les
exécuter, et quelles sont les chances de succès?
Peut-on exiger d'un praticien dont les forces se sont
épuisées pendant un travail opiniâtre et rationnel de

plusieurs heures, qu'il se tue pour tenter l'impossible et aboutir, inévitablement, au même résultat, c'est-à-dire la mort de la femelle après de plus longues et plus cruelles souffrances ?

Des entreprises aussi formidables ne peuvent être tentées que dans les écoles et à titre d'expérience ; là les aides intelligents ne manquent pas, plusieurs professeurs peuvent tour à tour, quand l'un est fatigué, reprendre la besogne ; et, une considération qui a bien aussi son importance, c'est que là le public, plus habitué à assister à des spectacles de ce genre, s'émeut moins facilement ; et si des complications redoutables se produisaient — elles sont inévitables — qui empêchassent l'opérateur d'aller jusqu'au bout, qu'en résulterait-il ? Absolument rien, tandis que des événements pareils laisseraient dans les villages une impression déplorable et les commentaires désobligeants iraient leur train.

Pour conclure : nous maintenons, jusqu'à preuve contraire, que toute version est impossible dans les cas ci-dessus spécifiés et nous déclarons irrémédiables toute présentation et position où les extrémités du tronc et les parties détachées du fœtus sont inaccessibles à la main. A moins, peut-être, que l'intervention de l'homme de l'art puisse avoir lieu au moment même, ou peu d'instants après la rupture de la poche des eaux. Or, on sait que, sans une circonstance fortuite, l'accoucheur ne saurait intervenir que lorsque le travail du part dure déjà depuis plusieurs heures, c'est-à-dire après l'écoulement complet des eaux et la rétraction de la matrice. Dans ces conditions, les grands déplacements sont impraticables. De là l'indication pour le vétérinaire de faire comprendre à ses clients l'urgence de promener la jument jusqu'à son arrivée, en empêchant qu'elle se couche et se livre à des efforts expulsifs. Nous disons, en outre, que l'embryotomie, qui ne peut être tentée que par le morcellement et la déchiqueture, est humainement impossible, et nous posons en fait que, fût-il facile de couper nettement le poulain en deux, on ne parviendrait pas encore à en retirer les morceaux. L'opération césarienne abdominale n'est pas davantage praticable, pour prendre le poulain, il faudrait inciser une des cornes de la matrice dans toute son étendue; et encore! et puis après!!

D'ailleurs, notre père nous a souvent répété que lutter contre des difficultés semblables, c'était se tuer pour vouloir l'impossible; qu'il n'y avait absolument rien à faire et qu'on ne devait pas craindre qu'un autre fît mieux.

Présentation des quatre membres à la fois. — Au lieu de présenter le dos en travers du détroit pelvien, le fœtus est ici placé en sens opposé, c'est-à-dire qu'il présente son ventre à l'ouverture pubienne, présentation que M. Saint-Cyr désigne improprement, selon nous, de *sterno-abdominale*, position céphalo-iliale droite ou gauche. La désignation de sterno-pubienne nous paraît plus convenable. Quoi qu'il en soit, le fœtus est, le plus souvent, couché presqu'en rond sur l'un ou l'autre des côtés, position dans laquelle les parties postérieures et antérieures sont, à peu près, également rapprochées du détroit et à la portée de la main; ce qui fait dire *que le fœtus se présente des quatre membres à la fois* (fig. 36). Nous n'entrerons pas dans tous les détails que comportent les positions variées que peut prendre le

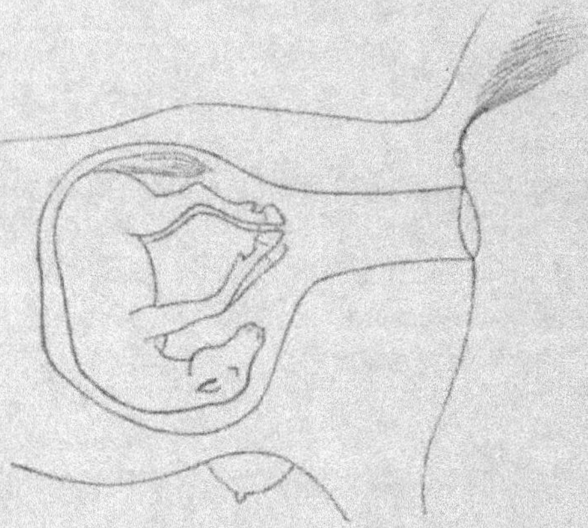

Figure 36.

poulain dans cette présentation. Nous nous bornerons
à constater qu'on rencontre à l'entrée du passage, ou
plus ou moins engagés dans cette cavité, tantôt les
quatre membres avec ou sans la tête, tantôt un membre
d'un bipède et un ou les deux de l'autre avec ou sans
la tête, et quelquefois un seul membre. Le cas de la
jument Lizon, rapporté ci-dessus, appartient évidemment à cette présentation. Il suffit que nous sachions
qu'il est possible, dans presque tous les cas, de manœuvrer au choix sur le train de devant ou sur celui
de derrière. Eh bien, malgré les réticences des uns et
l'opposition des autres, nous n'avons jamais hésité à
prendre le fœtus par les parties postérieures en ramenant ou maintenant les membres dans le bassin, pendant que nous en éloignions les parties antérieures.
Pour cela, nous passons dans le paturon de chacun

des membres postérieurs un lacs, que nous confions à un aide ; et, pendant que nous faisons tirer sur les deux membres pour les étendre dans la cavité pelvienne, nous renfonçons ou nous retenons dans la matrice les parties antérieures en poussant énergiquement sur le point que la situation indique : le sternum, par exemple. Une fois les membres postérieurs bien engagés dans le passage, il n'y a plus à craindre de voir la tête ou les membres antérieurs pénétrer dans l'entrée du détroit. Nous fixons alors un lacs-forceps à la queue, que nous tenons droite pendant que les aides tirent sur les membres et le part se termine sans grands efforts. La raison d'en agir ainsi est très-simple et facile à saisir ; ici il n'y a que deux parties à rechercher et à redresser, tandis que pour ramener le fœtus en présentation antérieure il y en a trois et elles offrent des difficultés plus grandes ; le travail serait donc plus long et plus pénible.

Ce n'est pas toujours sans quelque peine qu'on parvient à exécuter les manœuvres que nous indiquons si à notre aise ; mais avec de la persévérance, du courage et de la présence d'esprit, on réussit constamment ; et, assez souvent même, la mère et le poulain ont la vie sauve.

Cependant, en ce cas comme en beaucoup d'autres choses, il y a une exception à la règle. Il est évident que si les membres antérieurs et la tête sont plus rapprochés du détroit que les postérieurs, et à plus forte raison s'ils sont déjà quelque peu engagés dans cette ouverture, il sera plus rationnel de faire sortir le fœtus par le devant ; mais, quand aucune partie du petit sujet n'est encore entrée dans le passage, l'avantage, sans nul doute, est en faveur du train postérieur. Il en est de même si un ou les deux membres antérieurs s'engagent en même temps qu'un ou les deux postérieurs ; c'est à refouler le devant et à terminer l'accouchement par le derrière que les efforts de l'accoucheur doivent tendre.

Pour exécuter les manœuvres que ce cas réclame, il est indispensable que la jument soit debout, et, en la faisant marcher sur la descente d'un terrain en pente, le travail de l'accoucheur sera plus efficace encore.

On a vu, il est vrai, des accoucheurs vouloir terminer le part par des tractions à outrance, exercées au moyen de la force d'un ou de plusieurs chevaux ou de machines, sur un membre de devant, un de derrière et la tête, ou sur les quatre membres en même temps. Mais ce sont là de tristes exceptions qui n'attestent que trop la vérité de ce que nous avons dit au commencement de ce livre : que le jeune praticien voit danser des fantômes autour de cette scène qui l'effraie, et, dans le trouble de ses esprits, il oublie le peu qu'il a appris et ne sait plus ce qu'il fait. Nous ne nous y arrêterons pas davantage.

Chez les petits ruminants : la brebis et la chèvre, les déviations du fœtus sont les mêmes que chez la vache ; et la main pouvant, comme chez celle-ci, être introduite dans la matrice, on y remédie par les mêmes moyens.

Chez les multipares : la truie, la chienne et la chatte, la déviation des membres n'est pas un obstacle dont il faille tenir compte. Les difficultés du part proviennent presque toujours d'un fœtus mort placé en travers de l'entrée du détroit pelvien. Chez les truies de grande taille, l'introduction de la main dans la matrice étant possible, il est aisé d'y remédier.

Chez la chienne et la chatte, outre l'obstacle résultant d'un fœtus mort, on rencontre encore des difficultés qui dépendent de la grosseur et de la rondeur de la tête. L'étroitesse des voies génitales s'opposant à l'entrée de la main rend le travail de l'accoucheur plus difficile. Cependant, au moyen de fortes injections huileuses et en agissant avec le doigt en guise de crochet, ou à l'aide d'une ou de deux cuillères, ou de tout autre instrument en fil de fer ou en bois que la circonstance suggère au génie de l'accoucheur, on parvient, dans la plupart des cas, avec de la patience et du raisonnement, à vaincre l'obstacle et à terminer le part.

OBSTACLES A LA PARTURITION VENANT D'UNE MALADIE DU FŒTUS.

Hydrocéphalie. — Certaines maladies du fœtus rendent la parturition difficile ou laborieuse par l'accroissement de quelqu'une des parties du corps. Ainsi la main exploratrice rencontre une tête dont le développement volumineux empêche son entrée dans le détroit pelvien. La tumeur qui constitue cette anomalie commence à partir de la partie inférieure du front et s'étend jusqu'à la nuque. Elle comprend, en un mot, toute la région crânienne. Du côté du museau, au contraire, les régions nasales et maxillaires sont peu développées (fig. 37). La tête représente assez exactement celle d'un oiseau : du pluvier ou du vanneau, par exemple. Cet état est dû à un épanchement séreux dans la cavité crânienne : *hydropisie du cerveau, hydrocéphalie.*

Cette cause de dystocie peut exister en même temps qu'une présentation et position défectueuses.

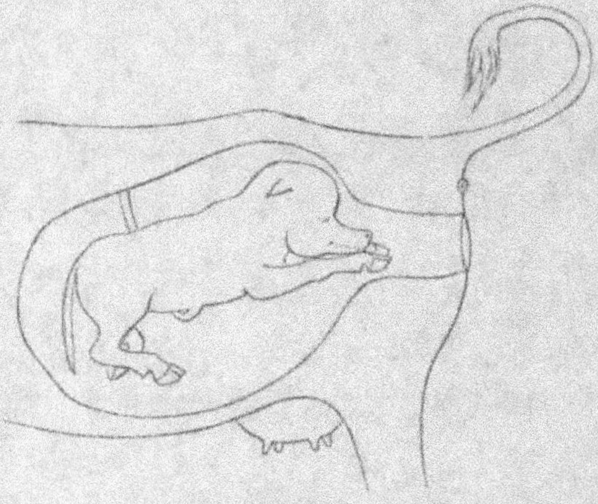

Figure 57.

La terminaison du part offre des difficultés plus grandes qu'on n'est porté à le croire par la lecture de ce qui a été écrit relativement à ce sujet. Il semblerait, en effet, qu'en ponctuant simplement le crâne pour donner écoulement au liquide qu'il contient, la tête s'affaisse et que plus rien ne s'oppose à son entrée dans le détroit. Mais il n'en est pas ainsi : quand le liquide est écoulé, la tête n'a point, ou très-peu, diminué de volume ou changé de forme. « On a conseillé alors, dit M. Saint-Cyr, *d'écraser la tête soit en la comprimant avec un* FORCEPS CÉPHALOTRIBE, *soit en la serrant fortement entre les mains.* » Ce dernier procédé, que M. Saint-Cyr se contente de trouver *bien peu énergique,* serait certainement efficace ; mais, malheureusement, on ne dit pas comment on peut introduire les deux mains dans la

matrice pour prendre entre elles la tumeur hydrocéphalique.

Nous n'avons eu qu'une seule fois l'occasion, pendant la durée de notre pratique, d'intervenir dans une
parturition difficile déterminée par un fœtus hydrocé-
phale. La vache appartenait à un sieur Faro, berger,
demeurant à Moulbaix ; et ce n'est pas sans de sérieuses
difficultés que nous sommes parvenu à terminer l'accouchement. Le veau se présentait du devant : les
deux membres antérieurs se trouvaient à l'entrée de la
cavité pelvienne, et la tête plus profondément dans la
matrice, en bonne direction. Au développement considérable de la région crânienne, il nous a été aisé de
reconnaître la nature de l'obstacle. Nous avons d'abord
donné écoulement au liquide par une incision pratiquée avec le bistouri à serpette. Procédé opératoire
rationnel auquel nous n'hésitons pas à donner la préférence sur la ponction par le trocart, car, en admettant que cet instrument soit assez long et qu'on l'eût
sous la main, nous ne pensons pas qu'il serait aussi
facile, qu'on le dit, de l'enfoncer par un coup sec sur le
pommeau, ou par un mouvement de vrille, sans que
la tête du fœtus fût maintenue dans une position fixe ;
condition indispensable que les auteurs passent sous
silence. D'ailleurs, il est évident qu'une incision aussi
étendue que possible sera plus efficace qu'une simple
ponction. Il ne suffit pas, en effet, de donner seulement écoulement au liquide, il faut surtout que la tête,
par le rapprochement des parois de la tumeur, perde
assez de volume pour qu'elle puisse franchir l'entrée
du passage.

Pour faire cette incision, la main armée du bistouri,

la lame cachée entre le pouce et l'index, étant introduite dans la matrice et la tête du fœtus maintenue fixe
par la tension du lacs-forceps adapté à la mâchoire
inférieure, nous avons fendu la voûte crânienne sur sa
partie moyenne, point qui nous paraît être le plus
avantageux. Cette opération terminée, les parois de la
tumeur, bien que largement divisées et quoi qu'elles
fussent presqu'entièrement fibreuses ou fibro-cartilagi-
neuses, ne cédèrent pas assez à l'action de la main
pour permettre d'attirer la tête dans le bassin. Il nous
a fallu travailler bien longtemps et patiemment avant
d'atteindre ce but. Par des tractions trop fortes sur la
mâchoire, il est à craindre de voir cette partie, si peu
résistante dans le cas qui nous occupe, se briser et
s'arracher, et on perdrait du coup le moyen d'action le
plus avantageux. L'emploi des crochets implantés dans
les orbites serait dangereux : les os orbitaires, étant
très-minces, ont peu de solidité. En raison de ces considérations, après nous être assuré des membres antérieurs en fixant un cordeau dans les paturons, et les
avoir renfoncés dans la matrice, l'ouverture pelvienne
étant libre, nous avons manœuvré de manière à y
attirer la tête seule. Par une tension soutenue et modérée du lacs-forceps et par des tractions énergiques
exercées alternativement sur les parties latérales et
centrale de la tête au moyen du doigt indicateur, en
guise de crochet, enfoncé dans les orbites et dans l'ouverture du crâne, nous sommes, enfin, parvenu à faire
entrer la tête assez avant dans le passage pour terminer le part, en ramenant les membres et en tirant
simultanément sur les trois parties et sur le haut de la
tête à l'aide des doigts introduits dans la poche crâ-

nienne. Sous la pression de la voûte du bassin, à mesure que la sortie s'opérait, la tumeur diminua de volume par le rapprochement de ses parois.

Nous avons pensé après coup, qu'un bâton recourbé en crochet, comme le pommeau de certaines cannes, eût rendu le travail moins difficile ; le crocheton étant introduit dans l'ouverture du crâne, nous eussions pu agir plus fortement et plus efficacement qu'avec les doigts.

Chez tous les sujets, la tumeur hydrocéphalique ne présente pas le même développement, et le volume de la tête est rarement aussi considérable que dans le cas que nous avons observé. Notre père et notre frère ont pu, plusieurs fois, extraire des fœtus hydrocéphales sans avoir dû ponctuer ou inciser le crâne, soit qu'ils procédassent, après s'être assurés des membres, en faisant entrer la tête seule dans le bassin, soit en agissant simultanément sur les trois parties.

On a conseillé l'embryotomie par la désarticulation des membres. Cette opération est absolument inutile ; on ne saurait rien y gagner, on ne peut qu'y perdre ; que le fœtus soit en présentation antérieure ou postérieure.

Les difficultés que nous avons eues à surmonter nous ont suggéré une idée, que nous eussions certainement mise en pratique si un nouveau cas s'était présenté. Nous introduirions un crochet à longue tige dans le fond de la bouche du fœtus, pour l'implanter aussi profondément que possible dans l'ouverture gutturale des cavités nasales, ou mieux, dans le crâne même ; ce qui ne nous paraît pas impossible par cette voie. On tirerait sans ménagement sur cet instrument,

quels que fussent les délabrements qui en résulteraient;
plus ils seraient grands, plus notre idée triompherait.
Il va sans dire que nous aurions soin d'infléchir un peu
la pointe du crochet du côté du manche afin d'éviter
pour la mère les dangers d'un échappement.

A défaut d'un crochet convenable, nous en impro-
viserions un en bois en prenant à un arbre une branche
de grosseur et de longueur voulues, présentant à l'extrémité inférieure une division assez forte et résistante
et disposée de façon à pouvoir en faire un crochet ; on
la retrancherait à quelques centimètres de son insertion à la branche principale qui doit faire l'office de
manche, et, en amincissant en pointe aux dépens
des couches externes la partie restante de la division,
on aurait un solide crochet.

A l'aide de cet instrument improvisé, on atteindrait,
croyons-nous, le but aussi parfaitement qu'avec un
crochet métallique artistement confectionné. Par des
tractions qu'on pourrait impunément exercer avec la
plus grande force, on parviendrait certainement à faire
entrer la tête dans le bassin : les parois peu solides
de la tumeur comprimée contre la voûte osseuse s'é-
craseraient.

Nous recommandons ce procédé à nos confrères.
L'expérimentation n'en coûte rien, et nous le croyons
absolument inoffensif.

Peut-être aussi pourrait-on glisser l'anse d'une
corde dans le cou du fœtus; on attirerait, au moyen du
lacs-forceps fixé à la mâchoire, le museau dans l'axe
du détroit pelvien, et alors, en tirant de toute la force
nécessaire sur la corde passée autour du cou, la tumeur
entrerait dans la cavité du bassin en s'y aplatissant.

Pour le cas où le fœtus, se présentant du derrière, serait entièrement sorti, à l'exception de la tête qui resterait engagée, si, par la force de traction qu'on peut déployer, on ne parvenait pas à faire entrer la tumeur dans le passage, ce dont nous doutons fort, le premier procédé, que nous n'avons exécuté, bien entendu, qu'en imagination, serait encore praticable : On couperait d'abord le cou, en ménageant assez de peau pour y fixer un lacs en vue de maintenir la tête fixe ; puis, on introduirait le crochet, en suivant le trajet de l'œsophage et de la trachée jusqu'à la voûte crânienne et on l'y implanterait pour terminer la manœuvre, comme nous l'avons dit plus haut. La réalisation de cette idée nous paraît bonne à être essayée, ne fût-ce qu'à titre d'expérience.

Notre frère a accouché une vache de deux jumeaux hydrocéphales en présentation postérieure. Le passage de la tête, pour chacun des sujets, s'est fait à l'aide d'une traction un peu plus soutenue que pour un accouchement ordinaire.

Hydropisie abdominale. — Le fœtus affecté d'*hydropisie abdominale, ascite* peut venir à terme et avoir un développement normal. Nous n'avons eu à intervenir que dans un seul cas de parturition difficile par suite de cette cause. Le veau s'est présenté en position naturelle, la tête étendue sur les deux membres antérieurs. Le propriétaire, un cabaretier près de la station à Maffles, en voyant que les choses se présentaient bien, crut qu'il n'y avait qu'à aider la mère par de légères tractions sur le fœtus pour terminer l'accouchement. Tout alla bien jusqu'à la sortie de la poitrine ; alors, les tractions modérées ne suffirent plus. Il en exerça de plus énergiques, et gagna encore difficile-

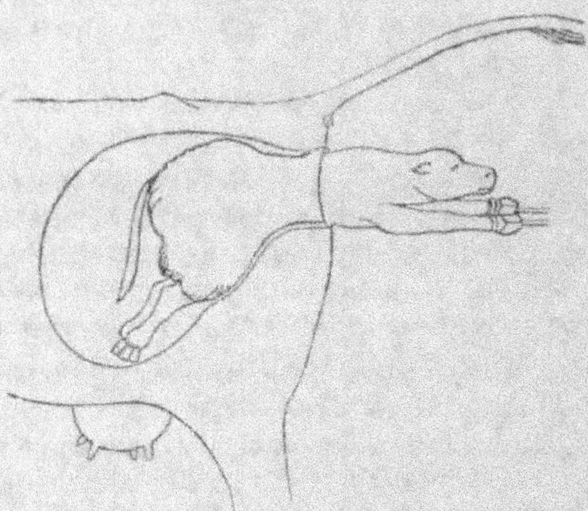

Figure 38.

ment quelques centimètres ; puis, il fut arrêté tout
court. Laissant le fœtus à moitié sorti et pendant par la
vulve, il vint nous chercher. En arrivant, nous avons,
dans l'intention de bien nous assurer de ce qui se passait, renouvelé les tractions. Vains efforts! La colonne
vertébrale du fœtus paraissait distendue, et le ventre
allait en se rétrécissant du sternum et du cercle des
côtes jusque dans l'intérieur du vagin ; mais il nous fut
impossible de passer la main dans la matrice et de
constater la nature de l'obstacle qui opposait une résistance aussi invincible. N'étant retenu par aucune considération — le veau était mort, — nous nous proposions de
retrancher la partie sortie, en la détachant à la réunion
des lombes avec le sacrum, afin de pouvoir, en
culbutant ensuite le reste dans la matrice, être rensei-

gné sur ce qui se passait d'anormal ; et il nous eut suffi de reprendre l'un ou l'autre des pieds pour attirer au dehors le restant du veau. Rien donc de plus rationnel que ce procédé, quelle que pût être la cause des difficultés que nous avions à surmonter. Mais avant et par intuition, nous avons enfoncé le bistouri dans le ventre, sur la direction de la ligne médiane, en arrière de l'ombilic, au point de départ de l'incision circulaire que nous avions à faire à la peau, pour procéder à la détroncation. Un liquide séreux s'échappa à flots par cette ouverture et le part se termina sans peine. La femelle n'en a pas été dérangée.

En présence d'un cas rare, qu'on n'a jamais vu, auquel on ne s'attend pas, alors que le fœtus, parfaitement développé, est vivant et en position naturelle, sans nul doute, tout accoucheur se serait trompé, et, comme le propriétaire, il croirait pouvoir terminer le part sans difficulté, en prêtant à la mère une légère assistance. Evidemment, les choses se passent toujours ainsi, quand elles se présentent comme ci-dessus. Plus de neuf fois sur dix, cette maladie, croyons-nous, ne saurait être constatée pendant le séjour du fœtus dans la matrice. Pour sentir la *fluctuation* et le *liquide rebondir*, on a oublié, ici encore, de dire comment on devait procéder pour aller promener la main sur le ventre du petit sujet.

On dit aussi que le liquide refoulé, comprimé et sans issue, était renvoyé dans les parties sorties en produisant un œdème. Cette observation nous paraît inexacte : le liquide comprimé se répand plus facilement du côté des parties restées que du côté opposé, et c'est le rétrécissement de la région abdominale jusque dans la cavité pelvienne, sans que l'état des voies génitales expliquassent ce fait, qui fixa notre attention et nous porta à penser que l'obstacle qui s'opposait à la parturition pourrait bien se trouver dans le ventre du veau. En effet, le liquide refoulé par la pression des parois du bassin, au fur et à mesure que les efforts de traction faisaient avancer le fœtus, était chassé du ventre et se répandait dans les mailles déchirées et distendues du tissu cellulaire, en convertissant les régions postérieures en une énorme tumeur, espèce de vessie ou plutôt d'outre (fig. 38).

Les choses se passeraient probablement de même dans la présentation postérieure. Ces sortes de cas exigent, de la part de l'homme de l'art, beaucoup de circonspection. Il suffit d'être averti, par un exemple comme celui rapporté ci-dessus, pour être, avec un peu de réflexion, bientôt mis sur la voie. L'obstacle reconnu, on ouvre largement le ventre du fœtus.

OBSTACLE DÉPENDANT DE LA PRÉSENCE DE DEUX FŒTUS.

Les *parts gémellaires* ou *parts doubles* sont assez fréquents, moins cependant chez la jument que chez la vache. Ils peuvent présenter des difficultés si variées, qu'il est presqu'impossible, non-seulement de les déterminer, mais simplement de se les représenter toutes en imagination. Cependant, une remarque qui ne nous a jamais trompé, que nous avons constamment reconnue vraie, et qui n'a pas encore été signalée par aucun auteur ou praticien, que nous sachions, facilitera, dans bien des cas, les recherches et abrégera le travail de l'accoucheur. Nous avons toujours eu à nous féliciter de l'avoir prise pour guide dans les différents cas d'accouchements de cette nature que nous avons eu à terminer.

Les deux fœtus ne sont jamais également développés, l'un est toujours un peu plus fort que l'autre.

Partant de cette remarque, qui nous a été signalée par notre père, et que, depuis 1850, nous avons communiquée à plusieurs de nos confrères, chaque fois que plus de deux membres du même bipède, soit antérieur, soit postérieur, se présentaient au passage, nous nous sommes tout bonnement attaché à faire la différence de grosseur qu'ils présentaient entre eux pour nous assurer des deux pareils. S'ils appartiennent au train postérieur, nous repoussons le troisième dans la matrice en faisant tirer sur les deux autres. S'ils sont de devant, nous procédons de même, puis nous allons à la recherche des têtes pour fixer le lacs à la mâchoire inférieure de celle qui, par sa grosseur, correspond au développement des membres que nous tenons.

Une traction très-modérée est plus que suffisante pour terminer le part, les fœtus étant toujours moins forts que quand il n'y en a qu'un.

Ces indications nous paraissent suffisantes pour guider l'accoucheur dans toutes les situations, aussi variées qu'elles puissent être.

Si l'homme de l'art était appelé de prime-abord, avant qu'aucune tentative n'eût été faite, il pourrait facilement commettre quelque méprise, alors surtout que deux membres postérieurs, ou deux antérieurs suivis d'une tête, seraient au passage. Mais, comme ordinairement on n'a recours à lui qu'après que des tractions ont été exercées pour terminer le part, son attention ne peut manquer d'être mise en éveil. Avec un peu d'instinct obstétrical, et en tenant compte de la remarque que nous avons signalée, il s'apercevra aisément qu'il est en présence d'une parturition double. S'il pouvait encore lui rester quelque doute, il s'en assurerait en glissant la main le long de l'un des membres pour la ramener le long de l'autre ; s'il ne rencontre pas le poitrail ou le raphée (l'entre-deux des cuisses), c'est qu'ils n'appartiennent pas au même sujet.

PARTURITIONS DIFFICILES OCCASIONNÉES PAR UNE CONFORMATION MONSTRUEUSE DU FŒTUS

L'accoucheur est quelquefois déconcerté par des présentations tellement anomales que, pour le moment, il a peine à s'en rendre compte. Nous avons observé un cas de ce genre chez une vache, appartenant à un petit cultivateur de Ligne, dont nous avons oublié le nom. La main exploratrice rencontra, juste en face de l'axe pelvien, le bout du nez du veau : la tête se présentait dans une position horizontale et fixe, les membres antérieurs écartés l'un de l'autre et situés en-dessous et de chaque côté de la tête, avaient une direction légèrement oblique de dedans en dehors et les pieds s'avançaient jusque près de l'ouverture de la vulve. En haut, sous la voûte lombo-sacrée, les membres postérieurs renversés au-dessus de la tête étaient dirigés vers les côtés supérieurs de l'entrée du bassin ; la queue, également renversée dans le même sens, occu-

pait le milieu de l'espace que les membres laissaient
entre eux, et se prolongeait au-dessus de la partie
médiane de la nuque et du front ; de sorte que l'ensemble, accessible à l'exploration, représentait exactement une noisette contenue dans son brou : le bout
du nez simulait la pointe nue du fruit, et les membres
et la queue les barbes du brou. Les membres tant antérieurs que postérieurs, ainsi que la tête et le cou, qui
était très-court, ne jouissaient que d'une mobilité fort
restreinte ; toutes les articulations étant entièrement ou
en partie ankylosées. Les membres ressemblaient à des
bâtons noueux. Que faire en pareil cas? Nous n'avions
de facilité pour agir que sur les membres antérieurs, et
quelle facilité ! Nonobstant, nous nous sommes mis en
devoir de les enlever par arrachement. Le premier se
brisa à l'articulation huméro-radiale ; soit, nous avons
attaqué le second, et, à notre grand étonnement, la
traction exercée sur cette partie pour l'avulser amena
le tout.

Nous avons alors pu examiner à l'aise cette monstruosité, à laquelle les naturalistes donnent le nom de
Célosomien (κήλη, hernie. σωμα, corps), ou de *schisto-
corme réfléchi* : toutes les articulations des membres
étaient plus ou moins ankylosées, et le cou, très-court,
presqu'inflexible ; la colonne vertébrale, également
raide, représentait un demi-cercle dont la convexité
était du côté du ventre et la concavité du côté du dos ;
les côtes renversées dans le même sens formaient une
cavité renfermant les membres et la tête et concou-
raient, avec ces parties, à compléter la similitude que
nous avons trouvée entre la conformation de ce fœtus
et une noisette renfermée dans son brou. Les viscères

abdominaux et pectoraux, dépourvus de tout vestige d'enveloppe, étaient entièrement libres du côté opposé ; en un mot, le corps était retourné, la peau et les membres en dedans et les viscères en dehors. Le volume de la masse égalait, à peine, la moitié d'un veau ordinaire.

Notre père et notre frère ont tiré des veaux appartenant au même genre de monstruosité. Ils étaient diversement conformés et se sont présentés dans des positions variées et plus ou moins difficiles. Cette espèce d'anomalie n'est pas, paraît-il, très-rare chez la vache.

Notre père a accouché une vache d'un monstre que les savants désignent, croyons-nous, de *cyscéphalien*, (de συν avec et κεφαλη tête) dont la tête, presque ronde, avait deux bouches, quatre yeux et quatre oreilles ; le cou était très-court et la poitrine double ; mais, par leur disposition, les côtes ne formaient qu'une cavité renfermant les viscères en nombre double. Les abdomens étaient distincts et les membres au nombre de huit, dont quatre antérieurs et quatre postérieurs. Le monstre vint à terme et son développement, pour la masse, équivalait à peine à celui d'un veau ordinaire. Les membres, tant ceux de devant que de derrière, ne présentaient de différence ni en longueur ni en grosseur. A l'aide de crochets enfoncés dans deux des orbites et d'une corde passée autour du cou, on le tira sans qu'on dût lui faire subir aucune mutilation. Inutile de dire qu'il était mort.

Si le monstre s'était présenté du derrière, il eût, certainement, été impossible de l'extraire sans avoir recours à l'embryotomie.

Toutes les monstruosités ne sauraient avoir, pour

nous, qu'un intérêt de curiosité. Il n'est pas possible, en effet, d'établir, même approximativement, des principes pouvant servir de guide à l'accoucheur. Celui-ci doit prendre conseil de son jugement et de l'expérience qu'il a déjà acquise ; et, comme les parturitions de cette nature ne se produisent ordinairement que chez la vache, les difficultés étant moins grandes, avec un peu de réflexion et en tirant parti de toutes les ressources que lui offrent les manœuvres et les opérations obstétricales, il parviendra, toujours, à vaincre les obstacles ; d'autant plus, qu'il peut agir avec moins de ménagements, la critique ayant peu de prise dans les circonstances extranaturelles.

DES MÔLES.

Nous dirons ici un mot d'une production qui n'est pas un fœtus et qui ne saurait trouver sa place parmi les monstruosités. On ne sait trop ce que c'est : un faux germe, paraîtrait-il. Toujours est-il qu'elle est un résultat de la fécondation : un fruit — qu'on ne peut dire avorté — d'une mauvaise ou imparfaite conception.

Cette production, qu'on appelle môle, du latin *moles*, masse, peut se trouver et se développer seule dans la matrice. Ordinairement, cependant, elle accompagne un fœtus naturel ; elle grossit et est expulsée avec lui. C'est une masse mollasse fibro-charnue, traversée par quelques petits vaisseaux, sans le moindre vestige de tissu osseux ou cartilagineux. Sa forme est plus ou moins régulièrement arrondie et aplatie et son volume varie depuis la grosseur du poing jusqu'à peu près celui d'un fœtus ordinaire. Elle est munie d'une espèce d'ombilic et d'un cordon ombilical, et elle est enveloppée d'une peau recouverte de poils absolument semblables à ceux qui garnissent la peau d'un fœtus.

Après un part laborieux chez une vache, en explorant la matrice, nous avons trouvé et ramené cinq ou six de ces môles. La plus volumineuse avait environ la forme et la grosseur d'un pain de 4 à 5 livres ; elle était couverte extérieurement de poils formant des taches de la même couleur que celles que présentait la peau du fœtus Parmi les autres, quelques-unes avaient la grosseur des deux poings et les autres du poing seulement, mais toutes offraient la même organisation.

Nous avons envoyé la plus développée à l'École de médecine vétérinaire de Cureghem, où elle figure encore au cabinet d'anatomie et d'histoire naturelle si curieux et si instructif que possède cet établissement.

OPÉRATIONS QUE NÉCESSITENT LES CAS DE PARTURITION DIFFICILE.

Extraction forcée. — Le fœtus peut être sain et en bonne position, le bassin de la femelle bien conformé et les voies génitales exemptes de toute maladie et anomalie et, pourtant, le part ne saurait s'accomplir. L'excès de volume du fœtus donne la raison de ce fait, assez fréquent chez la vache, principalement chez les primipares qui ont été livrées, avant l'âge, à un taureau de trop forte race. Une intervention intempestive, avant que les voies soient bien préparées par un travail aussi prolongé et aussi parfait que le veut la nature, ou un fœtus mort, gonflé et emphysémateux par suite d'un séjour plus ou moins long dans la matrice, où il a subi un commencement de décomposition, ont souvent, aussi, pour conséquence la difficulté ou l'impossibilité de terminer l'accouchement.

Quoi qu'il en soit, l'homme de l'art est rarement appelé avant que des tractions fortes et soutenues, opérées, quelquefois, par des moyens mécaniques plus ou moins dangereux, aient été faites. Néanmoins, il n'est pas dit que de nouveaux essais, conduits et exécutés intelligemment, n'aboutiront pas. On doit les tenter. Pour cela, on adapte à l'anse libre des écheveaux de fil brut de lin, préalablement fixés dans le paturon de chacun des membres sortis, des cordes le long desquelles des hommes, en nombre suffisant, puissent se placer et tirer à l'aise. Si le fœtus était mort et qu'on pût y parvenir, on passerait une corde autour du cou plutôt qu'à la mâchoire. Quand la femelle est debout, il faut attendre qu'elle se couche : cette attitude étant plus avantageuse dans tous les cas et, surtout, lorsque l'emploi d'une grande force est nécessaire. L'accoucheur, placé à la croupe, dirige l'action des aides, en même temps qu'en agissant énergiquement des deux mains pour dilater la vulve et contenir le vagin, il favorise, à la manière de la contre-extension, la marche du fœtus.

Lorsqu'il se produit un temps d'arrêt, nous faisons exécuter des tractions obliques, alternativement de droite à gauche et de gauche à droite, en *birlonyeant*, comme on dit dans le pays wallon ; ce mot est si expressif et rend si bien la chose que nous regrettons qu'il ne soit pas français, et, d'autant plus, que la langue française n'a pas son équivalent. C'est toujours vers les régions des épaules et des hanches que cette manœuvre est décisive. On conçoit que, si on ne peut faire entrer dans le bassin les deux épaules ou les deux hanches en même temps, il sera moins impossible d'obtenir ce résultat en tirant sur chacune d'elles séparément. Lorsque les efforts de traction restent sans effet en prenant le fœtus entre les bras et en l'accrochant des deux mains par un repli de la peau, nous lui imprimons vigoureusement un mouvement de rotation de droite à gauche ou de gauche à droite; quelque léger que soit le déplacement obtenu par cette manœuvre, il est souvent favorable.

En procédant de la sorte et, simultanément, avec les efforts expulsifs de la femelle, nous avons, dans beaucoup de cas, sans faire courir de trop grands dangers à celle-ci, amené au dehors un fœtus dont la sortie paraissait impossible.

Mort depuis quelque temps, le fœtus est gonflé comme un veau que le boucher a insufflé pour le dépouiller. Des incisions longitudinales, commencées à la nuque et prolongées le long du cou et du corps, à mesure que la sortie s'opère, donnent issue aux gaz; et le volume de la masse diminuant avec l'emphysème, l'extraction s'accomplit peu à peu. Les efforts de traction doivent être dirigés sans violence ni précipitation : en agissant avec lenteur, on donne aux gaz le temps de se dégager. Par l'embryotomie, on obtient le même résultat : les déchirures déterminées par l'arrachement des membres permettent aux gaz infiltrés dans les tissus de s'échapper. Au besoin, pour dégonfler les viscères intestinaux, on plonge, en débridant, la lame d'un couteau dans le ventre.

Quand on ne parvient pas à déplacer le fœtus et à le faire avancer par les moyens que nous venons d'indiquer : soit que son volume est réellement disproportionné avec l'ouverture du bassin ; soit que l'écoulement des eaux, complet depuis longtemps, rende impossible le glissement du fœtus ; s'il fallait déployer une force de traction trop considérable, et capable d'exposer la vie de la mère, comme le principal objectif de l'accoucheur est le salut de celle-ci, et que l'embryotomie est moins grosse de dangers que les tractions à outrance, il est préférable, c'est un devoir même, de recourir à cette opération, dont nous donnons plus loin la description du fœtus.

Mais, d'un autre côté, dans bien des cas aussi, l'embryotomie est impraticable, ou serait autant et plus dangereuse que l'extraction à outrance ; dès lors, il n'y a plus à hésiter, c'est à ce dernier moyen qu'il faut avoir recours.

Cette nécessité étant reconnue, nous y procédons sans retard : en faisant préparer en quantité une forte décoction mucilagineuse ou, ce qui est mieux, parce que cela fait perdre moins de temps, de l'huile grasse ; en réunissant des aides en nombre suffisant, en disposant les cordages et autres moyens de traction, et en fixant la femelle convenablement.

Il faut, avant de se mettre à l'œuvre, que tout soit prêt et bien en ordre, afin que l'opération puisse être terminée en un coup de temps.

Pour cela, nous prenons deux cordes solides ; si nous n'en trouvons pas d'assez longues, nous ajustons plusieurs bons traits, trois ou quatre, et nous plaçons de distance en distance de forts bâtons, d'un mètre environ de longueur, en les fixant par leur milieu. Des dents brutes de herse, il y en a dans toutes les fermes, étant tout apprêtées pour cet usage, est ce qui convient le mieux. Quinze à seize hommes peuvent aisément déployer leurs efforts sur les cordes ainsi préparées. Cette force nécessaire est suffisante. C'est de cette façon qu'on doit disposer les cordes toutes les fois qu'une grande force de traction doit être employée.

Quand nous opérons à l'écurie ou à l'étable, la femelle est couchée sur une épaisse litière et attachée solidement au moyen de deux longes passées dans l'anneau d'un fort licol, si c'est une jument, ou autour des cornes si c'est une vache, et nous prenons soin que le derrière se trouve en face de la porte pour donner aux aides plus d'espace et d'aisance.

La contre-extension au moyen d'un câble, ou autre engin, passé dans le pli des fesses, et sur lequel trois ou quatre hommes, par une traction opposée à celle exercée sur le fœtus, maintiennent la femelle, est une modification apportée par l'enseignement théorique à la méthode ancienne en usage. Est-ce une amélioration? Nous ne le croyons pas ; et, ce que l'expérience nous a appris à ce sujet le raisonnement le confirme. En effet ; avec contre-extension l'extraction du fœtus se fait brusquement, comme par arrachement ; sans contre-extension, au contraire, les parties du fœtus et celles de la mère s'y disposent peu à peu et progressivement de sorte qu'au moment difficile et décisif, elles ont acquis leur maximum de dépression chez le fœtus et d'élargissement chez la mère.

La femelle doit être couchée ; pour obtenir cette position point n'est besoin d'employer la force, on attend qu'elle se couche d'elle-même. Il suffit, alors qu'un aide se place à la tête et la maintienne, tandis qu'un second tire sur les parties sorties du fœtus, pour qu'elle ne cherche pas à se lever.

Quant le fumier de la cour offre une couche assez épaisse et molle c'est là que, de préférence, nous plaçons la femelle ; son corps en s'y enfonçant est retenu suffisamment pour résister aux efforts de traction à la manière de la contre-extension.

Tout étant prêt ; pendant qu'on injecte force mucilage on huile dans les cavités génitales en poussant les injections aussi avant que possible au moyen d'une seringue à canule large, nous fixons dans les paturons du petit sujet, les cordes dont nous venons d'indiquer la préparation ; cela fait, les aides étant chacun à son poste : deux à chaque bâton, l'un en dehors de la corde et l'autre en dedans, placé à la croupe et les mains à la vulve pour maintenir les parties, nous dirigeons la manœuvre en recommandant de tirer avec ensemble, progressivement, sans précipitation ni saccades. Nous surveillons attentivement ce qui se passe. Sous ces puissants efforts, les membres du fœtus se distendent, la poitrine déprimée par la pression des parois du bassin s'engage, petit à petit, dans ce canal. Vient un instant où la femelle ne touche plus le sol ; elle est soulevée entre les liens fixés à sa tête et ceux sur lesquels tirent les aides ; c'est le moment décisif où la force triomphe. Nous supposons que nous opérons à l'écurie, sans contre-extension, pour extraire un poulain dont le cou est replié et la tête portée en arrière dans le flanc, ou sur le dos ou les lombes.

Quant on opère la femelle étant couchée sur le fumier, son corps, d'abord entraîné, ramasse derrière la croupe un mont qui, à un moment donné, l'arrête tout court ; c'est en ce moment que le tronc du fœtus, augmenté du volume du cou et de la tête, s'engage, contraint et forcé, dans le détroit le parcourt avec rapidité et le part est terminé.

Il est urgent, sitôt le fœtus dehors, de détacher la femelle pour qu'elle puisse se remettre de l'ébranlement considérable qu'elle a subi.

Les suites de cette opération cruelle, mais de nécessité absolue, appartiennent désormais au hasard. Le fœtus est ordinairement mort, ou il succombe peu d'instants après sa sortie.

Nous insistons sur ces différents points : qu'on ne doit pas attendre pour employer la force quand elle est reconnue indispensable ; que tout doit être bien et solidement préparé ; que rien ne manque ou ne soit oublié au moment de mettre la main à l'œuvre, afin que la force nécessaire, calculée d'avance, puisse être déployée sans que rien ne rate.

De l'embryotomie. — L'extraction forcée doit souvent avoir pour auxiliaire ou complément l'embryotomie.

L'embryotomie est cette opération qui a pour but de retrancher des parties du fœtus, ou de diminuer son volume, pour rendre son redressement possible, ou faciliter son passage à travers les voies génitales. Nous n'avons plus à nous occuper ici de la ponction du crâne, ni de celle de l'abdomen, opérations qui, comme nous l'avons dit plus haut, se pratiquent sur le fœtus en cas d'hydrocéphalie et d'ascite. Nous ne reparlerons pas davantage de la section de la corde du jarret, ni de la lardation du fœtus emphysémateux. Nous ne nous occuperons de l'embryotomie que dans son application aux membres et au tronc.

Cette opération, aujourd'hui parfaitement connue, est certainement, de tout le répertoire de la chirurgie obstétricale, celle dont les règles sont le mieux établies et les résultats les plus sûrs. Elle était du domaine de l'empirisme longtemps avant la fondation des écoles vétérinaires, et resta ignorée de l'enseignement jusqu'en 1837, époque où M. Véret fils la fit connaître, dans un mémoire qui a été publié par le *Recueil pratique de médecine-vétérinaire* d'Alfort, cahier de juin 1837. Notons, cependant, que le procédé de M. Véret, tel qu'il l'a décrit, laisse à désirer. La force qui doit être déployée pour obtenir l'arrachement des membres n'est pas suffisamment indiquée ; et la position debout de la femelle qu'il recommande, nous la considérons, au contraire, comme étant tout à fait défavorable ; et cela, pour plusieurs raisons : d'abord, parce qu'il est plus difficile d'attirer le membre à avulser et de pratiquer à la peau les incisions que l'opération exige ; et, ensuite, parce qu'il n'est pas douteux que, pendant les efforts de traction, la femelle ne se laisse tomber. Nous ne comprenons pas non plus pourquoi il faut *souvent huiler la vulve de la mère*. Nous ferons observer encore que M. Véret n'est pas certain qu'on puisse toujours, après la détroncation, retirer le train de derrière en tirant sur un pied seulement ; il dit de ramener les deux membres postérieurs et d'en détacher un ; en laissant croire que la force employée pour enlever les membres de devant, suffit pour ceux de derrière. Enfin il ne parle pas de l'embryotomie dans son application en présentation postérieure.

Le procédé que nous allons décrire, notre père, qui le tenait du sien, nous le communiqua à notre retour de l'école; et, le confrère M. Wyvekens, alors vétérinaire du Gouvernement à Grammont, nous le vit mettre en pratique en février 1837; quatre mois donc, avant que parut le mémoire de M. Véret. Il resta ébahi de la célérité et de la facilité de son exécution. Après tout, cette opération, en apparence redoutable, est en réalité si peu savante, que nos jeunes frères la pratiquaient comme de vieux praticiens.

Notre père qui nous avait agréablement plaisanté au sujet des connaissances, à l'endroit de l'embryotomie, que nous avions rapportées d'Alfort, ne tarda pas à avoir l'occasion de pratiquer sous nos yeux, l'enlèvement d'un membre par *son procédé*, comme il le désignait. Une jument, appartenant à un sieur Delaunoy de Bouvignies, ne pouvait mettre au monde son poulain qui se présentait les deux membres antérieurs fortement engagés dans le bassin, les pieds hors de la vulve, le cou replié sur le côté gauche, et la tête reposant sur les lombes. Le démembrement, bien qu'il put être utile, n'était pas rigoureusement nécessaire; mais notre père tenait à profiter de cette circonstance heureuse pour notre instruction. Toutefois, nous devons faire observer qu'il était parfaitement convaincu de la mort du poulain, et, en tout cas, de son inviabilité. Il pratiqua cette opération avec tant de facilité, de célérité, et si proprement, que nous avons dû avouer que nous ne savions rien; et que nous eussions été bien embarrassé, s'il nous avait fallu opérer ce démembrement d'après les principes enseignés dans les écoles. On le serait encore à moins, nous répondit-il, car, je défie, qui que ce soit, de détacher un membre complètement par les moyens que vous connaissez. La théorie peut en être très savante, mais elle est impraticable.

Supposons, maintenant, qu'un fœtus trop volumineux par suite d'un développement excessif, ou de la décomposition, ne puisse passer par les voies génitales ; ou qu'une déviation ou toute autre anomalie exige, pour rendre le passage possible, l'ablation d'un ou deux membres et la détroncation. Les préparatifs, excepté les injections mucilagineuses ou huileuses, sont les mêmes que ceux indiqués plus haut pour l'extraction forcée : aides, cordages, femelles, etc., tout doit être compté, disposé et fixé comme il est dit.

Toutes ces dispositions étant prises, on serre les cordes dans le paturon du membre à avulser pour le tirer, en forçant s'il le faut, au-dessus du boulet et jusqu'au genou ou au jarret, si c'est possible. Quand nous prévoyons l'utilité de ménager, éventuellement, un moyen de traction, nous pratiquons une incision circulaire sur la partie supérieure du boulet, en ayant soin de ne pas intéresser les tissus sous-jacents : tendons, ligaments, etc. Puis, la lame du bistouri introduite sous la peau du côté interne, nous la divisons, en labourant, jusqu'à l'ars ou à l'aîne, et nous écorchons le membre aussi haut que nous pouvons atteindre ; chose qui se fait vite et avec facilité : un aide tirant sur la peau en même temps que nous la détachons avec l'instrument tranchant. Cela fait, nous commandons aux aides de déployer leurs forces sur les cordes fixées dans le paturon, tandis qu'un autre tire en sens contraire sur la peau. Cette espèce de contre-extension favorise beaucoup l'avulsion du membre. Pendant ce temps, nous divisons transversalement les muscles de la région de l'ars ou de l'aîne, en promenant autant que faire se peut de droite à gauche, et de gauche à droite, la lame du bistouri entre le membre et le sternum, ou à la face interne et supérieure de la cuisse. La section des muscles, quelqu'incomplète qu'elle soit, permet d'arracher le membre avec une force de traction moindre. Puis, le bras engagé dans la matrice, nous poussons fortement contre le fœtus, et, sans incident, le membre est enlevé en un clin d'œil.

Quand il n'y a pas utilité de ménager la peau, on attire le membre jusqu'au genou ou au jarret et on pratique l'incision circulaire, le plus possible au-dessus de ces articulations, en prenant garde d'intéresser les tissus sous-jacents. La peau étant divisée du côté interne jusqu'à l'ars ou à l'aine, l'opérateur, étendu de tout son long sur le sol, les pieds soutenus par un appui et le bras dans le vagin, pousse de toutes ses forces contre le sternum ou les ischions du fœtus. Cette contre-extension favorise puissamment l'arrachement du membre qui se déchausse et s'enlève aussi facilement et complètement que par l'autre procédé, mais cette méthode est encore plus expéditive.

Sept ou huit hommes emportent haut-la-main un membre antérieur du veau ; il en faut 2 ou 3 de plus, 8 ou 10 pour le poulain, et 10 ou 12 sont nécessaires quand il s'agit d'un démembrement postérieur. En tout cas, on doit tenir à avoir plutôt un ou deux aides en plus qu'en moins.

Nous déclarons formellement indispensable le déploiement de cette force pour l'arrachement des membres, même après les préparations ci-dessus indiquées. Qu'on juge, d'après cela, de la véracité des faits rapportés par les auteurs, sur la foi des publications périodiques, où l'on peut voir que six hommes ont suffi pour arracher à l'aide d'un crochet, sur un fœtus naturel, des membres postérieurs entiers, et avec la peau encore, et sans aucune division préalable ; alors que, fussent-ils des hercules, ils n'arracheraient pas la peau seulement.

Le second membre étant enlevé par le même procédé, il est entendu que nous opérons sur le train de devant, nous amenons la tête au dehors au moyen d'un lacs fixé à la mâchoire inférieure ; nous passons autour du cou l'anse des cordes qui ont servi à arracher les membres et nous faisons tirer sur cette partie jusqu'à ce que le corps du fœtus soit parvenu à la région des lombes, des hanches ; là, ordinairement, il est arrêté d'une manière invincible. Sans discontinuer les tractions, nous incisons la peau sur tout le pourtour du corps à l'endroit le plus rapproché de la vulve, pour diviser les parois du ventre et les muscles des régions lombaires et sous-lombaires, en gagnant progressivement des couches superficielles aux plus profondes. Alors, à l'aide d'un effort plus soutenu et de l'instrument tranchant, nous détachons le tronc à la réunion des lombes au sacrum. En procédant ainsi, il reste assez de peau et de parties molles pour recouvrir, au moment du passage dans les voies génitales, les saillies osseuses mises à nu par la détroncation. Nous replongeons ensuite le train postérieur dans la matrice, résultat qu'on obtient facilement en poussant sur le point central du rachis ; et puis nous allons chercher un des pieds, qu'on retrouve toujours sans peine, et nous l'amenons au dehors ; la croupe et l'autre membre suivent en se déployant. La main de l'accoucheur suffit seule pour accomplir ce dernier acte de l'accouchement par embryotomie.

Cette manière de procéder à l'extraction du train postérieur n'était pas connue en 1831, et n'est pas encore indiquée par aucun auteur ou praticien, que nous sachions, bien que, cependant, nous l'ayons divulguée depuis de nombreuses années en la communiquant à nos confrères. Ne s'en seraient-ils pas bien trouvé ? Nonobstant ce, nous la maintenons véritable et présentant un avantage considérable sur celle qui consiste à ramener les deux membres, méthode qui doit encore souvent nécessiter de grands efforts de traction, sinon l'avulsion d'un des membres.

Le manuel opératoire est, à peu de chose près, le même, lorsque le fœtus se présente du derrière ; seulement, comme nous l'avons dit, une plus grande force est nécessaire. La peau étant incisée circulairement au-dessus du boulet, et longitudinalement à la partie interne du membre jusqu'à l'aine, on la détache le plus haut possible par le procédé indiqué pour les membres antérieurs, et on divise les muscles de la région sous-pelvienne quand, par les efforts de traction, la distension des membres les met à la portée du bistouri. L'arrachement se fait à l'articulation coxofémorale. Si, par une traction soutenue au moyen du lacs-forceps et de cordes sur la queue, le membre conservé et la peau de celui arraché, le reste ne peut être extrait, l'arrêt se fait ordinairement vers le milieu de la poitrine ; on retranche la partie sortie et on replonge l'autre dans la matrice. Les pieds sont toujours faciles à retrouver et à redresser ; ramenés, ainsi que la tête dans le passage, si l'extraction est encore impossible, on avulse un membre, puis l'autre, s'il y a nécessité ; après quoi, le lacs fixé à la mâchoire suffit pour terminer l'accouchement.

Nous n'avons jamais opéré la *décapitation*, cette opération ne pouvant être, dans aucun cas, nécessaire ou utile.

Quant à la *déviscération* et à la déchiqueture du fœtus et tout ce qui s'en suit, indiqués par les auteurs, nous abandonnons ces opérations inutiles et au-dessus des forces humaines aux carnassiers : ils sont plus aptes que l'homme à les conduire à bonne fin.

OPÉRATIONS CHIRURGICALES POUR ÉLARGIR LES VOIES NATURELLES OU EN CRÉER DE NOUVELLES A LA SORTIE DU FŒTUS

On a vu que, pour terminer le part, il est quelquefois nécessaire d'agrandir les voies naturelles, et qu'en cas d'insuffisance de tous les moyens pour faire sortir le fœtus par ces voies, on a conseillé de lui en ouvrir une nouvelle par le ventre de sa mère. Nous croyons devoir ajouter quelques détails complémentaires à ce que nous avons déjà dit relativement à ces opérations, dont nous ne nous sommes occupé qu'incidemment.

Ces opérations sont connues sous le titre générique de *césariennes*, du nom du premier Empereur des Romains, qui, selon l'histoire ou la légende, fut mis au monde à l'aide d'un de ces procédés. Elles consistent :

1° dans la division de la symphyse pubio-ischiale ou la *symphyséotomie*, opération qui, si elle a jamais été pratiquée, est depuis longtemps condamnée ; 2° à inciser le col de la matrice ou opération *césarienne vaginale ou hystérotomie vaginale* ; 3° à extraire le fœtus par le ventre de la mère, opération *césarienne abdominale* ou *gastro-hystérotomie*.

L'opération *césarienne vaginale* ou *hystérotomie vaginale* a pour but l'agrandissement des voies naturelles par le débridement du col de la matrice. Elle est indiquée en cas de dilatation insuffisante de cette ouverture, par suite d'une altération des tissus de l'organe, ou d'une autre cause quelconque souvent difficile à apprécier ; et elle consiste dans quelques incisions pratiquées sur différents points de la circonférence de l'ouverture du col.

L'instrument dont nous nous sommes servi pour opérer ces incisions dans le cas rapporté plus haut, et que nous avons supposé être une induration squirreuse du col de l'utérus, était un bistouri convexe ordinaire. Le bistouri boutonné, concave sur tranchant, eût mieux convenu. Mais, n'en étant pas muni, force nous fut d'employer celui que nous avions. Nous l'avons introduit en le tenant le long du pli de la paume de la main au moyen des doigts annulaire et auriculaire, le tranchant masqué par le pouce et le majeur, le dos de la lame appuyé contre la pulpe de l'index, et nous avons pratiqué deux incisions de 10 à 12 centimètres environ, une de chaque côté, sur la partie supérieure et latérale du col, en donnant à ces incisions une direction légèrement oblique de dedans en dehors. En incisant sur le plan médian supérieur ou inférieur, comme certains auteurs l'indiquent, on s'expose à blesser le rectum ou la vessie. Après cette opération, nous avons pu terminer le part, le fœtus étant placé en bonne position, la femelle n'en a pas le moins du monde paru dérangée.

Pour les autres cas où la tête du fœtus se montrait près de l'entrée de la vulve, retenue par un bandeau charnu qu'elle entraînait avec elle et qui empêchait sa sortie par la constriction qu'il exerçait sur le front, nous avons encore fait usage du bistouri convexe ; ici, cet instrument est moins désavantageux que dans le cas précédent. La partie mise à découvert par l'écartement des lèvres de la vulve, nous avons divisé le bandeau en procédant de dehors en dedans sur les deux points correspondants à la direction de la ligne du centre des muscles temporo-maxillaires, ou crotaphites, en l'entamant le plus près possible de son sommet.

Ces incisions sont d'une exécution facile, mais il faut opérer avec précaution pour ne pas intéresser les tissus qui servent de répondant, bien que le mal n'en serait pas grand.

L'opération et le part terminés, l'écoulement d'un peu de sang ne nous a pas ému, et, dans aucun cas, nous n'avons eu à nous occuper des suites.

L'opération césarienne abdominale ou gastro-hystérotomie a pour but l'extraction du fœtus par le ventre de la mère. Nous n'avons jamais essayé ce moyen, non que nous manquions d'audace, mais il nous a toujours répugné d'offrir à la foule, en remplissant le rôle de bourreau, le spectacle cruel du martyre d'une noble bête.

Nous nous sommes permis ailleurs de demander si c'était bien sérieusement qu'on recommandait, en vétérinaire, cette opération empruntée à la médecine humaine. Bourgelat, l'illustre fondateur de l'enseignement de la médecine des animaux, est le premier qui a préconisé l'application de ce procédé à la femelle chevaline ; mais il ne la conseille que pour prendre un poulain de race précieuse, alors qu'on aurait peu d'espoir de sauver la mère. Son unique but était donc de sacrifier la mère à la conservation du poulain. Examinée à ce point de vue, l'opération a un but spécial, sans pourtant qu'elle soit pour cela plus sérieuse ; en effet, vu l'impossibilité reconnue de l'intervention opportune de l'homme de l'art, peut-on espérer extraire vivant un poulain sur mille ? Et saurait-on l'élever ?

Chez la vache, cette opération pratiquée dans l'unique but de conserver le produit, serait sans inconvénient, le veau presque toujours retiré vivant, s'élèverait aussi facilement, que s'il était sorti par les voies naturelles ; et, sitôt l'extraction terminée, on jugulerait la mère. Les chairs étant propres à la consommation on en tirerait parti.

Tentée pour sauver la mère, cette opération, sur la jument, n'a aucune chance de réussir ; et, sur la vache, elle est condamnée par les principes les plus élémentaires de l'économie la moins raisonnée ; car, en supposant même qu'elle puisse toujours avoir des suites favorables : les soins, les embarras et le traitement occasionneraient, dans tous les cas, des frais beaucoup plus grands que la perte, assez minime, résultant du débit de la viande à un prix au-dessous

de sa valeur. Dans les villages, lorsqu'une bête bovine
est frappée d'un accident soudain qui oblige de l'abattre sur les lieux mêmes, chacun appréciant qu'un
pareil malheur lui pend au-dessus de la tête, et, engagé
par quelques centimes en moins qu'à la boucherie,
considère comme un devoir d'y approvisionner son pot
au feu. La bête est ainsi promptement débitée et, à part le
profit en lait et en beurre, qui eut, quand même été
perdu par l'opération, la perte subie par le propriétaire est insignifiante.

Quant au manuel opératoire, il est assez simple;
mais les procédés diffèrent. Bourgelat recommande,
la jument étant abattue et couchée sur le dos, de faire
une incision en croix d'environ un pied et demi à la
partie moyenne et inférieure du ventre; d'autres
conseillent d'ouvrir le ventre depuis le pubis jusqu'à
l'ombilic par une incision longitudinale sur la ligne
médiane; de pratiquer sur l'utérus une ouverture de
même dimension et dans le même sens; d'inciser largement les enveloppes fœtales, de prendre inconti-
nent le petit animal, de lier, si, bien entendu, il
est retiré vivant, le cordon ombilical à 10 ou 12 centimètres du ventre, ensuite de couper le cordon à
quelques centimètres au-dessous de la ligature.
Bourgelat ne dit rien des soins subséquents à donner à la femelle qu'il voue à la mort. Les autres
réunissent les bords de l'incision, tant de la matrice
que du ventre, par des sutures, en recommandant
de maintenir la femelle couchée pendant deux ou trois
jours, etc.

Les parois abdominales étant divisées, le ventre ouvert conséquemment, les gros intestins, dit-on dans le

manuel opératoire, se montrent, on les écarte, etc. Nous admettons que les choses se passent ainsi sur le cadavre; mais n'ayant jamais vu pratiquer cette opération sur la jument vivante et vigoureuse, le tableau tel que nous le représente notre imagination, est tout autre : Les efforts expulsifs déterminés par les douleurs du part, et la violence des contractions musculaires de la femelle voulant se soustraire à l'action de l'instrument tranchant, et à la gêne d'une contention forcée, ont nécessairement pour conséquence l'expulsion par l'ouverture du ventre de la masse intestinale qu'aucune force ne saurait retenir ; et alors, se déroule une situation telle, que nous craignons fort que le chirurgien le plus habile et le plus maître de lui-même puisse en sortir à son honneur ; et si, à force de courage et d'un travail opiniâtre, il parvient à rétablir les choses et à terminer l'opération, la femelle encore vivante, il se sera épuisé en pure perte, les suites ne pouvant être douteuses.

Pour les petites femelles, dont la chair peut être utilisée pour la consommation, mieux vaut aussi en profiter que de courir le risque presque certain de tout perdre.

Reste la chienne, sur laquelle des essais peuvent être tentés sans inconvénient. Chez cette femelle, on pratique l'incision sur le flanc droit.

SOINS A DONNER AUX FEMELLES APRÈS UN ACCOUCHEMENT

LABORIEUX.

Après tout accouchement laborieux et toute opération obstétricale, alors qu'elle a beaucoup souffert ou qu'elle est très-fatiguée, la femelle réclame les plus grands soins. On devra d'abord la faire lever : la position debout étant plus favorable au rétablissement, dans leurs rapports normaux, du vagin, de la matrice et des organes que les efforts expulsifs et de traction auraient pu déplacer. Pour étancher sa soif, toujours ardente en pareil cas, on ne lui donnera d'abord qu'un demi-seau d'eau légèrement blanchie et tiède et on réitérera de demi-heure en demi-heure jusqu'à ce qu'elle soit rassasiée; lui en donner trop d'un coup serait nuisible. On la frictionnera et on la bouchonnera vigoureusement, pendant un quart d'heure et plus, sur toute la surface du corps et particulièrement sur les membres; puis on l'enveloppera dans de bonnes couvertures et on la tiendra chaudement à l'abri des courants d'air en tenant la porte du local fermée et en calfeutrant, si c'est en mauvaise saison, toutes les issues pouvant donner accès à des bouffées de vent ou à de l'air froid. Quand, après quelques heures de repos, l'état général accusera de la réaction, si c'est une jument d'une bonne constitution et que le poulain soit mort, on pratiquera une saignée à la jugulaire et on la réitérera dans les vingt-quatre heures si elle est indiquée par l'exploration du pouls.

On se gardera de la traire, afin de ne pas provoquer l'établissement de la sécrétion laiteuse, car il est toujours plus difficile et plus dangereux de faire tarir le lait une fois qu'il a pris son cours.

On la tiendra à une diète sévère. On ne peut lui donner, par jour, qu'une botte ou deux de paille de froment de bonne qualité et des boissons tièdes : de l'eau de son légèrement farineux en petite quantité et souvent.

On lui passera trois ou quatre lavements émollients par jour.

Lorsque, après quatre ou cinq jours de l'emploi de ces moyens, on pourra juger de la nature des suites, on se conduira selon l'indication.

CONCLUSION.

L'accouchement des grandes femelles n'est pas un art bien savant; on fait mieux avec plus de hardiesse et de bon vouloir que de savoir. La connaissance des quelques pratiques-principes indiquées dans ce livre suffit, le reste s'acquerra par l'expérience, pour remédier à tous les cas remédiables de la parturition difficile chez les femelles domestiques.

FIN.

TABLE DES MATIÈRES

FIN DE LA TABLE DES MATIÈRES.

ERRATA.

9 782329 236018